高含硫气田安全生产技术

张庆生　编著

中国石化出版社

内容简介

本书以高含硫气田危害因素分析、安全防控技术及隐患排查治理的安全管理为主线，对高含硫气田硫化氢泄漏应急处置技术进行了系统介绍，收集整理了高含硫气田生产中的异常事件并对典型事件开展了情景构建，突出了本质安全管理要求。内容上吸收了高含硫气田安全风险评价和隐患排查治理最新的研究成果，总结了高含硫气田开发生产安全控制的成功经验。旨在把基础理论、新技术应用与高含硫气田安全生产管理相结合，使读者在学习高含硫气田安全管控知识的基础上，又能很快上手进行实际操作，为日后的工作打下良好的基础。该书可供从事气田开发的管理人员和现场工作人员参考使用。

图书在版编目（CIP）数据

高含硫气田安全生产技术 / 张庆生编著 . —北京：中国石化出版社，2020.9

ISBN 978-7-5114-5897-1

Ⅰ.①高… Ⅱ.①张… Ⅲ.①高含硫原油-气田-安全生产-生产管理 Ⅳ.① TE38

中国版本图书馆 CIP 数据核字（2020）第 146979 号

中国石化出版社出版发行

地址：北京市东城区安定门外大街 58 号

邮编：100011　电话：(010)57512500

发行部电话：(010)57512575

http://www.sinopec-press.com

E-mail：press@sinopec.com

北京柏力行彩印有限公司印刷

全国各地新华书店经销

*

787×1092 毫米 16 开本 22 印张 549 千字

2020 年 9 月第 1 版　2020 年 9 月第 1 次印刷

定价：148.00 元

编 委 会

前　言

含硫气田是指产出的天然气中含有硫化氢以及硫醇、硫醚等有机物的气田。目前，世界上已发现 400 多个具有商业价值的含硫气田，它们主要分布在加拿大、法国、德国、俄罗斯、中国等国家以及北美和中东等地区。我国含硫气田主要分布在四川盆地川东北地区和渤海湾盆地，气产量占全国气量的 60%。

我国高含硫气田普遍具有气藏埋藏深，地质条件复杂，压力高、含水，多位于人口稠密地的特点，开发难点主要表现在：

地质特征复杂。高含硫气藏多为深层、高温、高压气藏，气藏非均质性强，常伴有地层水，目前已经发现的高含硫气藏最大埋深 7000m，最高原始压力超过 80MPa，气藏最高温度 175℃，H_2S 最高含量超过 $200g/m^3$。高含硫气藏储层类型复杂，常常包含裂缝－空洞、裂缝－孔隙、孔隙性以及边、底水活跃性储层。

开采投资大、评价要求高。与大型高含硫气藏开采配套建设的天然气净化厂、集输管网投资大，建设工程量大，难于沿用常规气藏逐步完善产能建设的开发模式，因此，在开发时对作业的安全和管材的性能都有更高的要求，在开发同等储量和产量时，高含硫气田需要更高的投资和管理费用。并且，一次性规模化建设投产的开采方案对气藏早期描述、产能快速评价等开采早期评价技术提出了更高要求。

开采工程技术难度大。高含硫气藏含有 H_2S、CO_2 和有机硫，其开采工程技术更为复杂，高含硫气藏的安全清洁高效开发对完井技术、井筒工艺及工具材质、压裂酸化液体系和增产改造工艺技术都提出了更高要求，同时集输过程必须解决腐蚀检测与控制的难题，净化工艺必须满足大规模天然气处理和严格的污染排放标准要求，安全环保方面必须实现气田水、H_2S 的零排放。

H_2S 腐蚀严重，环境与安全风险高。高含硫气藏多位于多山、多静风、人居稠密地区。根据四川已开发气田的统计分析表明，含硫气井腐蚀非常严重，极大地影响了气田的正常生产和开发期限及气田的采收率。高含硫天然气腐蚀性强，所含 H_2S 毒性大，H_2S 的存在会腐蚀气田的生产设备、施工设备（如完井和注入管线的材料等）和运输系统。钻完井、地面集输、天然气净化等生产环节一旦出现问题将造成严重的环境与安全事故。

气田硫沉积严重。H_2S 气体中硫元素在开发时会析出形成硫沉积，堵塞地层、使产量降低，采收率降低。在国内外，不管是高含硫，还是低含硫气田，在含硫气田的开发过程都会出现硫堵现象，因此硫沉积的研究对含硫气藏的开发至关重要。硫的沉积会减小地层孔隙度，降低地层渗透率，影响气井产能。气井产能随元素硫沉积量的增大而降低，下降程度则由气相相对渗透率决定。当采气速度较大时，气体对硫黄的携带能力大，可将硫黄的固体小颗粒带出，从而减少了硫黄的沉积，因此在高含硫气田的开发过程中，为了防止硫沉积，要适当地采用高速开采的方式进行开发。

易形成水合物堵塞管线。高含硫天然气中含有大量的 H_2S，它的天然气水合物形成温度比较高，特别是在高 H_2S 浓度、高压条件下，易形成天然气水合物。在天然气的生产和储运过程中，气体通过的设备在环境温度较低时易发生冰堵，造成气田生产油管及输送管线的堵塞，给气田的开发造成相当大的困难，影响气田正常生产。

2000 年以来，随着龙岗、罗家寨、普光、元坝等气田的发现，我国迎来了高含硫天然气开发高峰，在借鉴国外先进经验的基础上，攻克了高含硫气田开发一系列难题，建立了一套较为完整的开发生产配套技术和安全管理体系，实现了高含硫气田的安全开采。

普光气田是我国建设开发的规模最大、丰度最高的高含硫气田，至 2012 年底，共探明天然气地质储量 $4121.73\times10^8m^3$，主要含气层位为二叠系长兴组、三叠系飞仙关组，是一个高含 H_2S，超深层，地层压力高、温度高、含气井段长，储集层厚度大、非均质性强、气水关系复杂的特大型气田，平均井深近 6000m，地下压力达到 55MPa 以上，气藏 H_2S 含量 15%、CO_2 含量 8%。2005 年 12 月 28 日，普光主体区块第一口开发井普 D-1 井（后更名为 P302-1 井）开钻。2009 年 10 月，普光气田全面投产，具备年产混合气 $110\times10^8m^3$ 的生产能力和 $120\times10^8m^3$ 年高含 H_2S 天然气处理能力；截至 2018 年 9 月，普光气田已累计生产天然气 $706\times10^8m^3$，外输净化天然气超过 $500\times10^8m^3$。

元坝气田是我国第二大酸性气田，已探明天然气储量 $2194\times10^8m^3$，气藏平均埋深约 6700m，具有超深、高温、高含硫、多压力系统、气水关系复杂等特点，是世界上罕见的超深高含硫生物礁气田，也是世界上建设难度最大、风险最高的气田之一。2007 年，中国石化在元坝 1 侧 1 井取得重大突破，拉开了元坝气田大规模勘探的序幕。2011 年，元坝气田开发建设正式启动。气田建设分试采项目和滚动项目两期建设。至 2015 年，元坝气田二期共 $34\times10^8/a$ 净化气产能建设任务全面完成，目前投产 31 口井，具备混合气 $1200\times10^8m^3/d$ 的生产能力。

本书以高含硫气田生产工艺方案设计、基于风险分析和隐患治理的安全管理为主线，对高含硫气田硫化氢泄漏应急处置技术进行了系统介绍，收集整理了含硫气田生产异常事件并对典型事件开展了情景构建工作，突出了本质安全管理要求。内容上吸收了高含硫气田安全风险评价和隐患排查治理最新的研究成果，总结了高含硫气田开发生产安全控制的成功经验。旨在把基础理论、新技术应用与高含硫气田安全生产管理相结合，使读者在学习高含硫气田安全管控知识的基础上，又能很快上手进行实际操作，为日后的工作打下良好的基础。

本书主编张庆生。内容共分六章，涵盖高含硫气田开发工艺技术、风险分级与防控、隐患排查治理、应急处置技术以及安全管理等。其中，第一章由王飞、邵理云、郭永杰、洪祥、王国昌编写，第二章由王和琴、朱向丽、肖斌、程艳会、肖真、吴明畏、张苏猛、吴钰编写，第三章由洪祥、肖斌、张恬、周培立编写，第四章由邵志勇、林魂、马红星、景新选、潭江渝编写，第五章由董利刚、吴勃宏、王浩、周嵩锴、赵贵林编写，第六章由李国平、洪祥、肖斌、邵志勇、郭永杰、刘洪编写。

在本书编写过程中，各级领导给予了高度重视和大力支持，中原油田某分公司HSE监督管理部、采气厂、天然气净化厂、应急救援中心、生产服务中心等单位提供了大量基础资料，刘洪、冯逍、于艳秋、王庆银、苗辉等专家和同志对教材进行了审定并提出了宝贵的修改意见，在此一并表示感谢！

鉴于国内高含硫气田开发生产尚处于起步阶段，安全管理和安全控制技术方面还需要不断积累完善，加之编写人员水平有限，书中难免存在不足和错误之处，敬请专家和读者批评指正，以便不断改进和完善。

目　　录

第一章　含硫气田开发工艺技术

第一节　采气工艺

采气工程是气田开发中的一项重要内容，是在气藏地质和气藏工程研究的基础上，以分析气井生产系统为手段，研究天然气在井筒中的流动规律，并在科学合理利用气藏天然能量的原则下，采用最优化的采气工程方案、设计合理的管柱结构、选择相应的增产措施以及配套工艺技术，把埋藏在地下的天然气资源经济、安全、有效地开采出来，以实现气田长期高产、稳产开发。

采气工程技术的设计与应用是否合理将影响到气田的整个开发过程，关系到气田开发的安全以及开发的经济效益。对于高含硫化氢、二氧化碳的天然气藏，采气工程技术不仅要适合气藏特性，要有合理的完井方式以及相应的增产措施，而且更重要的是要选择耐腐蚀的管材以及防腐和安全控制技术，才能保证气藏长期安全高效开发。而当今社会，提倡安全绿色发展、以人为本，对于高含硫化氢、二氧化碳天然气田的开发，采气工程技术显得尤为重要。

一、钻井完井工艺技术

1. 完井方式

常见的完井方式主要有射孔完井、裸眼完井、割缝衬管完井、裸眼砾石充填完井及套管砾石充填完井等。综合考虑某气田地质因素、钻井固井工艺、经济效益及作业完井技术水平，采用了套管射孔完井和裸眼完井两种方式。完井方式的选择主要考虑了以下因素：

（1）碳酸盐岩储层，地层不出砂，不采用防砂的完井方式。

（2）气井投产前必须采用有效的增产措施，才能达到高产稳产的效果，完井方式的选择应考虑后续储层改造施工的工艺要求。

（3）气藏储层厚度大，各类储层交错分布，纵向非均质性强，投产井段长，完井方式应满足长井段投产作业、酸压时均匀布酸以及井壁稳定等的要求。

2. 井身结构

1）井型及井身结构特点

（1）井型多，包括直井、大斜度井、裸眼水平井、套管水平井。

（2）埋藏深，生产套管多采用外径 Φ177.8mm 套管，一般下至 4200~7000m。

（3）套管完井产层段及以上 200m 井段、裸眼完井裸眼段以上 300m 井段使用镍基合金生产套管，其余井段使用高抗硫套管。

（4）裸眼井采用 Φ212mm 钻头钻开气层，气层段以上下入 Φ177.8mm（内径 152mm）套管完井，形成“上小下大”的特殊井身结构。

（5）为了防止膏盐层蠕变导致套管损坏，膏盐层段采用厚壁生产套管。

2）套管完井井身结构

直井、定向井以及大部分水平井采用套管射孔完井方式完井。井身结构数据见表 1-1-1。

表 1-1-1　套管完井气井井身结构数据

开次	井眼直径 /mm	套管外径 /mm	套管下入深度 /m	水泥返高	备注
导管	660.4	508	20~80	地面	
一开	444.5	339.7/346.1	300~1800	地面	封固中生界侏罗系中上部地层
二开	314.1/320	273.1/244.5	1800~4600	地面	
三开	241.3	222.3+177.8+193.7 或 177.8+193.7	4200~7000	地面	Φ193.7mm 套管主要封固三叠系嘉陵江组四 ~ 五段膏盐层

3）裸眼完井井身结构

水平井采用裸眼完井方式。井身结构数据见表 1-1-2。

表 1-1-2　裸眼完井水平井井身结构数据

开次	井眼直径 /mm	套管直径 /mm	套管下入深度 /m	水泥返高	备注
一开	660.4	508	40~90	地面	
二开	444.5	339.7/346.1	700~1000	地面	封固中生界侏罗系中上部地层
三开	314.1/320	273.1/244.5	2700~4000	地面	
四开	241.3	222.3+177.8+193.7 或 177.8+193.7	5000~6500	地面	Φ193.7mm 套管主要封固三叠系嘉陵江组四 ~ 五段膏盐层
	212				Φ212mm 钻头钻进

3. 固井技术

固井技术主要从防止水泥浆失重、预防井漏等方面，解决高压气层压稳防窜问题，对各层套管固井分别采用了不同的技术措施以提高固井质量。

1）表层套管固井

采用内插法固井工艺，降低了井漏风险。采用常规密度 + 低密度低温早强型水泥浆体系，在套管鞋附近200m使用常规密度水泥浆体系，保证套管底部的封固质量，其余井段采用低密度水泥浆体系，以降低液柱压力，保证水泥浆一次性返至地面。

2）技术套管固井

对于封固段长度超过4000m或安全密度窗口小于0.2g/cm^{3}的井，采用双级固井工艺。利用正注反挤、变排量顶替等措施控制井口压力，防止漏失。水泥浆体系以非渗透防气窜体系为主，并加入高效堵漏纤维，提高水泥浆的防漏能力。采用双密度环空液柱结构，领浆为漂珠微硅高强低密度水泥浆体系，尾浆为常规密度水泥浆体系。替浆时在分级箍上下100m之间注入保护液，减少分级箍打开后管内泥浆与管外水泥接触污染，有助于提高二级固井质量和分级箍处的固井质量。

3）生产套管固井

采用抗高温防气窜水泥浆体系，在主力气层段水泥浆中加入胶乳防气窜剂，气层以上采用非渗透防气窜剂，控制水泥浆的失水小于50mL，水泥浆防气窜能力系数小于3。少数井也曾采用旋转尾管注水泥固井工艺，并在套管串中放置高温聚酯螺旋减阻刚性扶正器，有利于尾管旋转，提高套管居中度和顶替效率。

二、生产完井工艺技术

1. 影响生产完井工艺的因素

对于某高酸性气田，影响生产完井工艺的因素主要有流体性质、固井质量、井身结构、井型井况和完井作业技术水平等。

1）流体性质

流体性质不仅限制了射孔器材、完井管柱、井下工具、井口装置等材质的选择，还影响到完井工艺及施工。某气田完井材料的选择除了要满足超深井高温、高压所需要的力学性能，还必须满足在高浓度的H_2S、CO_2及高矿化度地层水等流体性质条件下长期服役的要求；工艺设计要保证井筒具有严密的气密封性，以防流体泄漏引发安全事故。

2）固井质量

固井质量是影响生产完井工艺的重要因素之一。若固井质量不合格，含硫气体将直接从胶结较差的界面上窜，与上部生产套管接触，甚至进入技术套管和表层套管，对上部套管柱造成H_2S应力腐蚀、氢脆等。在投产作业施工中，射孔、酸压对产层段套管水泥环也会造成一定程度的损伤。如果生产套管的固井水泥胶结质量差，施工过程会导致更严重的水泥环破碎断裂，使水泥环封固质量变得更差。同时，高酸性气田完井管柱一般设计有封隔器，要求封隔器坐封位置的固井质量必须可靠。

3）井身结构及井型

井身结构及井型对生产完井工艺的主要影响因素有钻完井方式、套管程序、井筒直径、井斜大小、全角变化率和水平段长度等，直接影响到生产完井管柱的结构设计、生产油管、完井工具的选择、射孔和酸压工艺及施工参数设计。尤其是套管水平井和裸眼水平井的井身结构，不仅关系到射孔管柱与完井管柱能否顺利下入、完井工具的操作能否按设计实施，而且更重要的是影响到施工及井控安全。

4）完井作业技术水平

完井作业技术水平是完井工艺设计中的重要因素。完井工艺要结合作业装备能力、井控装备及技术、操作人员作业技术水平、消防气防能力、安全环保要求等方面进行设计，在保证施工安全的前提下，做到工序合理、操作性强。

2. 生产完井工艺选择

某气田套管完井的开发井生产完井工艺有三个主要内容，即射孔、酸压和完井生产。在生产完井工艺设计时，重点需考虑三方面因素，一是作业安全，二是储层污染，三是作业成本。高酸性气田气井生产完井工艺的选择应在保证施工安全的前提下，充分考虑经济性、高效性和可操作性，尽量减少压井次数，避免对产层造成多次污染。

某气田开发井主要采用酸压投产方式。套管完井的开发井可采用三种生产完井工艺：一是射孔、酸压、生产分三次下入管柱投产；二是射孔—酸压—生产一体化管柱投产；三是射孔、酸压—生产分两次下入管柱投产。

对于套管完井的开发井，“工艺一”需要频繁起下管柱和多次压井作业，打开储层后作业周期长，井控风险较大，储层易污染。“工艺二”需要丢枪或带枪生产，要求气井预留较长的口袋或者采用合金材质的射孔枪，大大增加了成本。“工艺三”程序为：射孔后循环压井，起出射孔管柱；下酸压生产一体化管柱；投球坐封，验封后进行酸压施工。“工艺三”减少了酸压后因压井对地层造成的污染，降低了作业安全风险；不需要丢枪或带枪生产，降低了投产作业成本。因此，某气田套管井选用射孔后酸压—生产两次管柱投产的完井工艺。

裸眼完井的开发井，生产完井时应尽量减少多次管柱作业、多次压井带来的储层污染，降低安全作业风险。与两次下入管柱投产的方式相比，一次性下入酸压—生产管柱方式投产安全风险小、对储层造成的污染小，更适合酸性气田裸眼井完井投产。

三、射孔工艺技术

1. 射孔工艺

油气田开发中成熟的射孔工艺有电缆输送射孔、过油管射孔、模块化射孔和油管输送射孔等方式。

电缆输送式射孔是在套管内用电缆把射孔器输送到目的层进行定位射孔。施工时使用高密度压井液压井，由于井内没有油管，一旦发生气体上窜，无法及时循环压井，安全风险大。由于电缆强度的限制，难以一次性将射孔枪下入井底，限制了此工艺在深井和长井段射孔的应用。

过油管射孔工艺是先在井内下入油管，再用射孔电缆把射孔枪从油管内下至目的层，对准射孔段进行射孔。该射孔方式的优点在于射孔后可以直接排液求产，减少了压井液对地层的污染时间，相对于电缆射孔易于控制射孔中途可能发生的井口溢流。缺点是射孔枪的尺寸受到限制，射孔穿深较浅。

模块化射孔工艺是采用单芯电缆传输方式，首先将射孔器支撑装置锚定到预定深度，然后将射孔所需的全部模块化射孔器分次下入井内，最后引爆射孔弹，达到多支射孔器分次下井、一次点火完成的目的。该射孔工艺充分发挥了电缆传输方式动用设备少、作业方便、施工时间短等优势，射孔枪不需要电缆或油管连接，能自行锚定在射孔目的层位，一次射开超长射孔井段并自动丢枪到井底。尤其适合大厚层气井射孔、油管强度要求较高的超深井射孔、间喷且产量低的油气井补孔作业。

油管输送射孔工艺是使用油管将射孔枪下至油气层部位射孔，该技术有投棒引爆和加压引爆两种引爆方式。油管输送射孔可采用各种有枪身射孔器，以便实现高孔密、深穿透、大孔径、多相位射孔的需要，从而获得最佳的油气井产能状态。一次下井可以同时射开较长的井段或多个层段的地层，适用于大斜度井、水平井及复杂井的射孔作业。特别是对于高压油气层射孔，采用该工艺，可有效建立循环，确保井控安全。

某气田气井井深、高含 H_2S、投产井段长、射孔安全要求高，通过对上述射孔工艺的对比分析，应采用油管输送射孔、射孔后压井提枪的射孔工艺。

2. 高含硫气井射孔工艺要求

为避免射孔过程中发生管柱脱落、枪身腐蚀断裂及引爆传爆失效等事故，提高工艺的安全性和可靠性，射孔工艺应满足：

（1）射孔管柱应具有足够的抗拉强度、抗震性能并具有一定的耐腐蚀性，能满足井深 6500m、跨度 1200m 的射孔施工需要。

（2）某气田气井射孔时，压井液密度为 1.27g/cm^3，井下液柱压力达到 75MPa，起爆射孔枪时，射孔枪承受的液柱压力大于 100MPa。考虑到分级起爆射孔爆轰波的影响，射孔枪耐压指标应不低于 140MPa，射孔枪应具有较高的抗压、抗挤强度。

（3）射孔井段长，射孔器由多支射孔枪组成，一支射孔枪内可装数十发深穿透射孔弹，射孔弹同时爆炸产生的强大爆轰波在瞬间作用于射孔枪管，其枪身材质应具有一定的综合机械性能，以保证不被撕裂或断裂。

（4）射孔施工时间长，腐蚀环境恶劣，射孔枪必须具有在井底环境中不被 H_2S 腐蚀断裂的抗腐蚀性能。

3. 射孔管柱结构

为最大限度提高射孔管柱的抗震性能和安全性能，保护套管和水泥环，在射孔管柱结构设计中主要采取以下技术措施：

（1）输送射孔枪的油管采用不同壁厚的油管组合，即上部使用厚壁油管，下部使用薄壁油管。这样既减轻了管柱的自身重量又保证管柱具有足够的抗拉强度。

（2）采用了分段延时起爆工艺。将数百米长的射孔枪串分成若干个独立的起爆单元，按顺序延时起爆，避免爆轰波的叠加，以减小射孔对射孔管柱的冲击。

（3）对于直井和大斜度井，在每一级起爆单元上各安装一套径向减震器和一套纵向

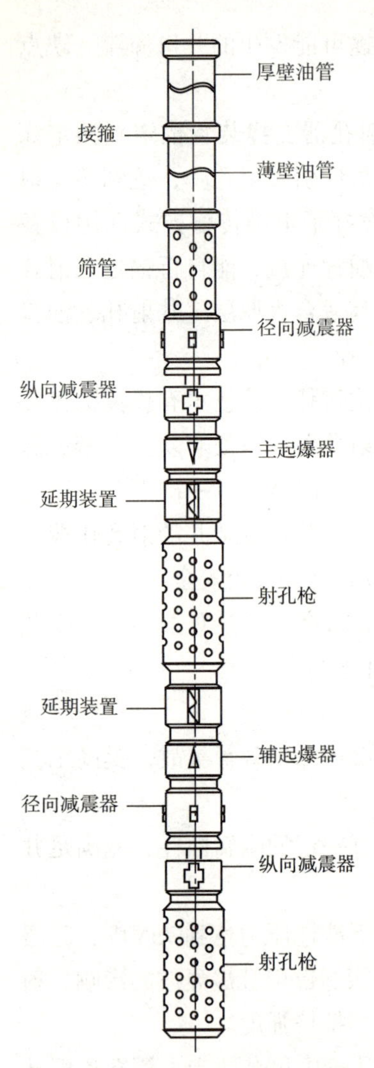

图 1-1-1　射孔管柱结构示意图

减震器，分别减小射孔器的径向摆动和纵向震动载荷。对于水平井，在每一级起爆单元上安装一套纵向减震器，以减小射孔器的纵向震动载荷。

射孔管柱结构示意图如图 1-1-1 所示。

4. 分段起爆长度和顺序的确定

1）射孔枪分段长度确定

射孔枪串的分段可根据气井夹层段长度、射孔弹数量、射孔层厚度等具体情况进行综合设计，一般每个单独起爆射孔器串长度不大于 150m。分段延时起爆，减少单次起爆药量，每次爆炸做功能力减小至 370×10^6J 左右。

由于导爆索传爆具有自然衰减的特性，数百米射孔枪传爆失败的风险较大，分段起爆的起爆点多，可在一定程度上降低传爆失败的几率。150m 射孔长度在油管输送射孔中属于中等长度，施工成功率高。

150m 射孔枪最多装 2180 发小 1m 弹，炸药 98.1kg。根据现场施工经验 2180 发射孔弹同时爆炸不足以震断油管，而且对套管冲击引起的膨胀变形也只有 1~2mm。

如果存在 30m 以上的大夹层段，即使夹层上下的射孔段不长，也应将其分为独立的起爆单元，保证传爆成功率。对于连续的长射孔段，分段位置尽量在物性差的储层，减少对 I 类层的占用。

2）起爆顺序的确定

射孔器起爆顺序一般有两种，一种是从上向下起爆，另一种是从下向上起爆。如果射孔器从上向下起爆，上部起爆单元先引爆，引起下部射孔器剧烈地向上冲击，下部的纵向减震器不能发挥作用，容易引起下部射孔器的传爆系统脱接，造成下部射孔器不能按设计起爆。从下向上起爆时，下部的起爆单元先引爆，它在向上冲击未引爆的射孔器时，其间的纵向减震器发挥作用，吸收部分冲击力，对未引爆射孔器的影响较小。另外，从下向上起爆时，即便已射开层段发生异常，仍不影响上部层段射孔。因此，超长射孔枪串延时起爆单元的起爆顺序采用从下向上依次起爆比较合理。

5. 射孔枪

1）射孔枪材质

针对某气田气井流体性质和射孔作业工艺要求，参照 NACE MR 01–75/ISO 15156 标准，经过实验研究，研制开发了 27CrMo27Vs 抗硫钢材，其成分见表 1-1-3。该材料屈服强度 890MPa，抗拉强度 936MPa，延伸率 22%。应用表明，用该材料制造的射孔枪能满足某气田射孔施工的要求。

表 1-1-3 27CrMo27Vs 抗硫钢材成分表

C	Si	Mn	P	S	Ni	Cr	Mo	Cn	Al	V	Pb	Sn	As	Sb	Bi
0.25	0.23	0.45	0.008	0.002	0.03	0.51	0.76	0.06	0.017	0.08	<0.001	0.0049	0.0056	<0.002	<0.001

2）射孔枪规格

选择射孔枪的规格主要考虑两方面的因素，一是射孔枪在射孔后的变形不致发生井下卡枪事故；二是射孔枪的规格和射孔参数的设计相匹配，射孔枪的外径越大，越有利于调整射孔参数。防止射孔卡枪和增大射孔枪外径是一对矛盾，射孔枪规格的选择需要综合考虑。

某气田生产套管为 Φ177.8mm（内径 152.5mm）套管，与此套管相匹配的射孔枪规格有 Φ102mm、Φ114mm、Φ127mm、Φ140mm 四种可供选择。表 1-1-4 是这四种射孔枪对 Φ177.8mm 套管的适应性比较。

表 1-1-4 四种射孔枪适应性比较

射孔枪型	外径 /mm	套管内径 /mm	射孔前枪套间隙 /mm	最大毛刺高度 /mm	射孔枪膨胀 /mm	射孔后枪套最小间隙 /mm	射孔参数相对分值	评价
102	101.6	152.5	50.9	5	5	35.9	0.85	偏心严重
114	114	152.5	38.5	5	5	23.5	0.9	较合适
127	127	152.5	25.5	5	5	10.5	1.0	最合适
140	140	152.5	12.5	5	5	–2.5	1.2	卡枪风险大

由表 1-1-4 可以看出，与 Φ177.8mm 套管相匹配的射孔枪有 Φ127mm 和 Φ114mm 两种。若使用 Φ127mm 射孔枪，射孔弹和射孔枪的配合更趋合理，穿孔深度和孔径比较大，但基于以下原因，在直井和大斜度井的射孔工艺中选用了 Φ114mm 射孔枪，水平井的射孔工艺中选用了 Φ102mm 射孔枪。

（1）射孔器爆炸后会发生膨胀和弯曲变形，射孔后枪身上毛刺较高，上提射孔枪易在较大狗腿度处和套管缩径段卡枪，射孔枪外径越大，卡枪风险越大。

（2）Φ127mm 射孔器质量比 Φ114mm 射孔器多 16%，射孔后形成的爆轰冲击力也明显增大，射孔管柱脱落的风险增加。

（3）考虑到射孔后需对地层进行酸压改造，选用外径较小的射孔枪，适当降低射孔穿深不会对生产井的产能产生明显影响。

（4）射孔后枪身上毛刺较高，射孔枪外径越大，卡枪的风险越大。

（5）由于大直径射孔器质量比小直径射孔器大，在水平井段的摩阻更高，射孔后枪身遇卡的风险也更大。因此，水平井射孔宜选用外径较小的射孔枪。

3）射孔枪长度

射孔枪越短，单位长度射孔枪串上的接头越多，由接头造成的射孔盲区越长。射孔枪太长，固弹架和射孔弹质量大，对固弹架在枪内的固定强度要求高，射孔器在井下输送途中弯曲变形的可能性增加，而且质量太大，不利于搬运和装配射孔器。

经过分析和试验，Φ114mm射孔枪的单支最大长度定为3.8m，有效长度为3.5m；Φ102mm射孔枪长度定为4.3m，有效长度4.0m。这既利于射孔枪在水平井弯曲段的起下，又能避免射孔枪永久变形引起的定向精度下降或定向失败。

6. 射孔弹

与Φ102mm射孔枪、Φ114mm射孔枪配套的射孔弹有102弹、127弹、小1m弹、大1m弹等。其中小1m弹和Φ102mm射孔枪或Φ114mm射孔枪配套穿孔性能最高，所以优先选择小1m弹。表1-1-5是三种射孔枪装配不同射孔弹后的地面打靶数据。

表1-1-5　三种射孔枪装配不同射孔弹后地面打靶数据

枪型号	Φ102mm		Φ114mm		Φ127mm	
弹型号	102弹	小1m弹	127弹	小1m弹	127弹	大1m弹
最大孔密/(孔/m)	16	16	16	16	16	16
混凝土靶穿深/mm	≥700	≥850	≥720	≥900	≥850	≥1000
孔径/mm	10.5	12.5	12	12	11	13
适用套管/mm	139.7	139.7	177.8	177.8	177.8	177.8

7. 起爆装置

1）起爆方式

起爆系统最重要的要求是可靠性和安全性，不误爆、不早爆、不迟爆。对于长井段射孔，常用的起爆技术有单点起爆、多级投棒起爆、分级压力起爆和多级压力延时起爆四种，各起爆技术的特点及对长井段射孔的适应性评价见表1-1-6。

表1-1-6　常用起爆技术特点及对长井段射孔的适应性评价

起爆方式	技术特点	长井段射孔适应性
单点起爆	用导爆索连接各枪串过夹层，一个起爆器，一次性起爆，爆轰波能量叠加，技术简单	容易传爆中断，爆轰能量大，对水泥环造成损害较大，不利于油套管保护
多级投棒起爆	多个撞击起爆器，从头部串联，分级起爆	不适用于斜井，不能控制起爆顺序
分级压力起爆	多个压力起爆器，从头串联加压起爆，起爆时间间隔短	对夹层段长度要求较严，适用于油管加压起爆；爆轰波能量叠加，对水泥环损害较大
多级压力延时起爆	多个压力起爆器，任意排列顺序，用延时起爆控制各枪串分级起爆，延时射孔	各起爆单元独立密封，所有起爆器互不干涉，爆轰波能量不叠加，对水泥环损害小

通过技术对比和分析，确定某气田气井射孔采用多级压力延时起爆技术，为减小射孔器起爆时对未引爆射孔器的纵向震动影响，按自下而上的顺序起爆。

2）双效压力起爆器

为保证起爆成功率，根据某气田气井特点专门设计了双效压力起爆器。该起爆器采用与射孔枪相同材质，耐温160℃/48h，耐压140MPa。其工作原理是：射孔管柱下到位以后，环空打压，压力从起爆器的上部沉砂管传递到缓冲器，剪断活塞组件四周的销钉，活塞迅速推动击针向下运动，促使下部的双发火火工件动作，从而激发起爆器动作，产生爆轰。其中沉砂管可防止油管内固体杂质进入起爆器，压力缓冲器防止激动压力导致误激发动作，双发火火工件的双保险保证了射孔起爆成功率，同时可以简便地连接在枪头、枪尾及枪身中部。双效压力起爆器结构如图 1–1–2 所示。

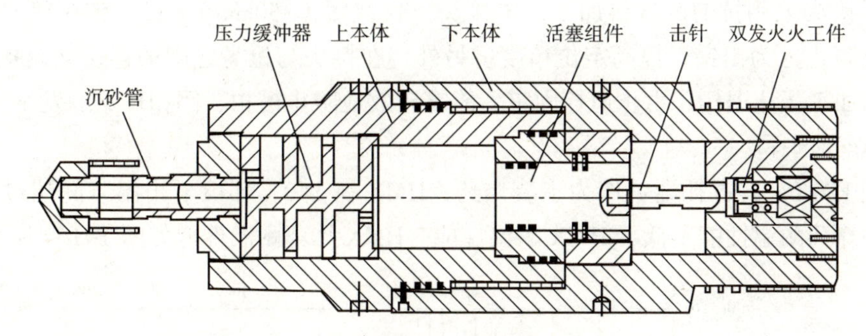

图 1–1–2　双效压力起爆器结构示意图

3）延时装置

延时装置主要由隔板点火器、延时机构、爆炸机构等组成，其结构如图 1–1–3 所示。延时装置上部与双效起爆器连接在一起，下部接射孔器。在压力起爆器发生动作之后，产生初始冲能，并直接作用于延时装置上部的隔板点火器。隔板点火器上装有一定量的受主火药，受主火药动作将延期装置中的钨系延时药点燃，延时药燃烧结束后，点燃爆炸机构，引爆导爆索，从而完成整个起爆动作。隔板点火器主要用于隔离延时药，防止进液导致失效。钨系延时火药主要根据药量及射孔器长度调整延时时间，调整精度高。

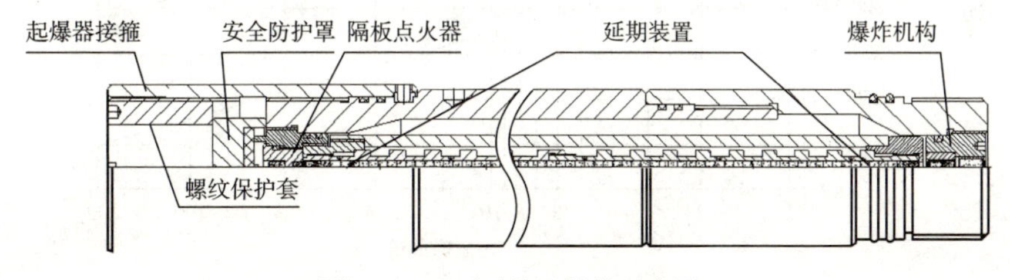

图 1–1–3　延时装置结构示意图

8. 传爆装置

1）固弹装置

长串射孔器使用的传爆火工件多，传爆接点多，射孔弹固定在弹架上的牢固程度，直接影响到射孔弹的发射效率和射孔效果。在用油管向井下输送射孔器过程中，顿钻和溜钻是很难避免的，由此产生的震动容易导致固弹架轴向压缩，传爆接点距离拉长，从而造成传爆中断或爆燃。为了解决这一问题，改进并使用增强型固弹系统，其特点是：

（1）采用高强度焊管，每间隔 1m 安装一个扶正环，以防止固弹架弯曲和磨破导爆索。

（2）射孔枪管设计为上拉下托，两个力联合作用于固弹架，在 50kg 射孔弹的负荷下，可承受速度 4.8m/s 的冲击，保证了固弹架的固定强度。

（3）两端设计导爆索螺口锁紧机构，对导爆索密度影响小，方便调整，防止人为操作失误造成导爆索损伤。

2）传爆接头

传爆接头采用抗 H_2S 材料加工，单接头，盲区短（350mm）。设计传爆管自动对齐结构，可防止人为出错，提高定位精度。另外，在接头与枪身之间的连接处及接头内部连接处均加工了止退槽，由止退栓固定，能够有效地防止松扣、倒扣现象的发生。

3）炸药选择

选用 HMX（奥古托金）作为主装炸药，HMX 在 140℃环境下耐温时间超过 100h，其他下井炸药耐温性能不低于 HMX 耐温性能。HMX 炸药耐温性能如图 1-1-4 所示。

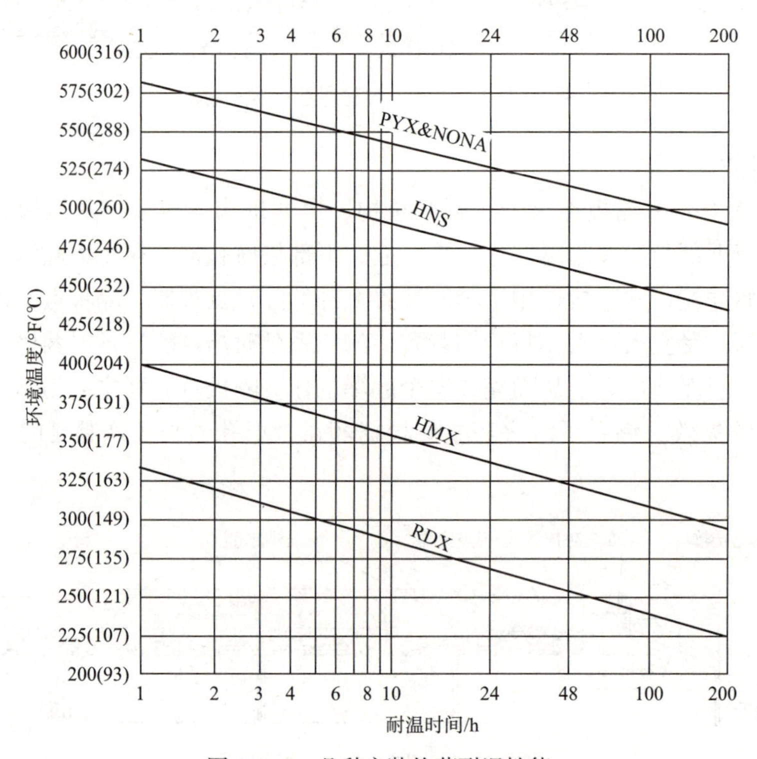

图 1-1-4　几种主装炸药耐温性能

4）导爆索

常用导爆索具有高温环境下自然收缩的缺点，收缩率 3%~6% 不等，在不同温度下的自然收缩率见表 1-1-7。某气田井下温度 130℃左右，射孔器在井下滞留时间长，导爆索收缩容易引起传爆接点脱接。此外，射孔采用的耐高温 1m 弹炸药压制密度高，要求高爆速（大于 7500m/s）爆轰波起爆。因此选择耐高温、低收缩、高爆速导爆索 80 HMX，耐温达到 140℃ /100h，130℃温度下收缩率低于 1%，爆速 7800m/s。该导爆索在技术上进行了改进：

（1）使用低收缩的编织丝线，减小收缩性。

（2）选择软化点高、拉伸屈服强度大的涂层材料，增大涂层对导爆索收缩的阻力。

选用装药密度和均匀度高、产品稳定性好的传爆管。火工器材装药性能不低于80HMX，能有效提高井下复杂环境下的稳定性和可靠性。

表 1-1-7 常用导爆索在不同温度下的自然收缩率 %

型号 \ 温度	100℃	110℃	120℃	130℃	140℃	150℃
80 RDX	2.30	3.30	4.10	4.80	5.30	5.60
80 RDX LS（黑索金）	0.70	0.70	0.70	0.70	0.70	0.70
80 HMX	0.30	0.30	0.30	0.30	0.30	0.30

9. 射孔参数优化

1）基本数据选择

基于完善井底沟通条件的射孔参数优化，所需的基本数据主要有气井半径、供给半径、污染半径、井底流压等。某气田射孔参数优化基本参数见表 1-1-8。

表 1-1-8 某气田射孔参数优化基本参数

项目	参数	项目	参数
气井半径 /mm	120.7	$K_{垂}/K_{水平}$	0.2
供给半径 /m	500	渗透率 K/mD	1.63
井底流压 /MPa	53	压实程度	0.25
污染深度 /mm	300	压实厚度 /mm	12.7
污染程度	0.55	套管 /mm	177.8
地层厚度 /m	238	射孔液相对密度	1.27
边界压力 /MPa	56	气层中部深度 /m	5300

（1）气井半径：选用钻井时钻遇生产层的钻头半径。某气田气井采用 241.3mm 钻头钻开气层，气井半径为 120.7mm。

（2）供给半径：可根据井网类型和井距确定，开发井通常取井距的一半。某气田气井平均井距 1000m 左右，供给半径 500m。

（3）污染深度：等于污染半径减去气井半径。

（4）污染程度（k_s/k）：定义为损害带渗透率（k_s）与原始地层渗透率（k）之比。由于试井解释成果只给出了污染表皮系数值，可根据表皮系数 S 的计算公式（1-1-1）反推污染程度，计算结果见表 1-1-9。

$$S_v=(k/k_s-1)\ln(r_s/r_w) \tag{1-1-1}$$

式中 S_v——总表皮系数；

k——原始地层渗透率，$10^{-3}\mu m$；

k_s——污染带渗透率，$10^{-3}\mu m$；

r_s——污染带半径，m；

r_w——井眼半径，m。

表 1-1-9 某气田测试层段试井解释结果和污染程度计算结果

井名	Pg1	Pg2			Pg4
层位	飞一～二下	飞一～二下	飞一～二中	飞三	飞一～二下
测试层段 /m	5610.3~5666.24	5027.5~5102	4933.8~4985.4	4776.8~4826	5759.5~5791.6
解释模型	复合气藏	变表皮 + 均质	变井储 + 复合气藏	双重介质 + 复合气藏	变井储 + 复合气藏
总表皮系数	6.55	56.3	0.69	0.73	10.4
污染表皮系数	5.61	55.34	0.12	0.35	9.4
污染程度	0.18	0.02	0.91	0.78	0.12

2）射孔参数敏感性分析

在气井半径、污染半径等基本数据的基础上，选取不同的孔深、孔径、孔密、相位角、压实程度、污染程度，进行射孔参数敏感性分析。

（1）孔深、孔密敏感性分析。射孔深度、射孔密度的敏感性分析结果如图 1-1-5 所示。在孔深小于损害深度时，孔深的增加使产率比明显增加，孔密增加也使产率比增加。当孔深穿过钻井损害区后，产率比大幅度提高，但孔密的增加对产率比增加的幅度很小。

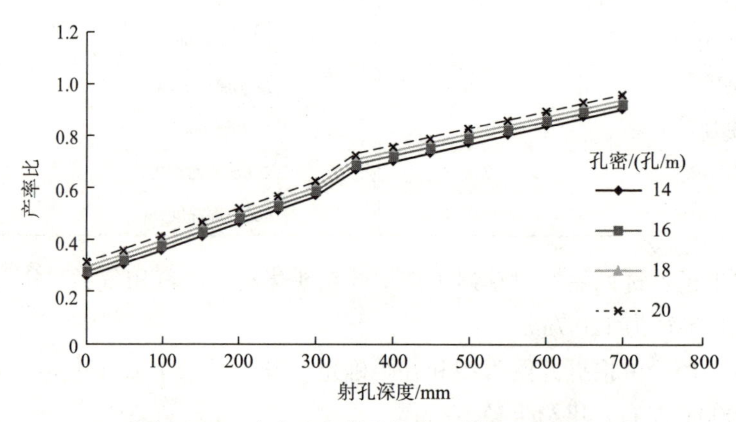

图 1-1-5 产率比与射孔深度、射孔密度关系

（2）孔深、相位角敏感性分析。产率比与孔深、相位角的关系如图 1-1-6 所示，由图分析可知：相位角为 0° 和 180° 时不利于发挥气井产能，选用 60° 、90° 、120° 相位时射孔弹穿过损害带后气井产率比更大。

（3）孔深、孔径敏感性分析。产率比与孔深、孔径的关系曲线如图 1-1-7 所示。由图 1-1-7 表明，孔径对气井产率比有显著影响，随着孔径增大气井产率比也增大，尤其是孔眼穿透损害区后孔径的作用更为显著。

（4）孔深、压实程度敏感性分析。射孔弹的压实程度（K_e/K_o）代表了射孔弹品质，其值越小表明压实带渗透率越小，压实越严重。射孔深度、压实程度的敏感性分析结果如图 1-1-8 所示，结果表明在损害带中压实程度对射孔井的产能有较大影响。

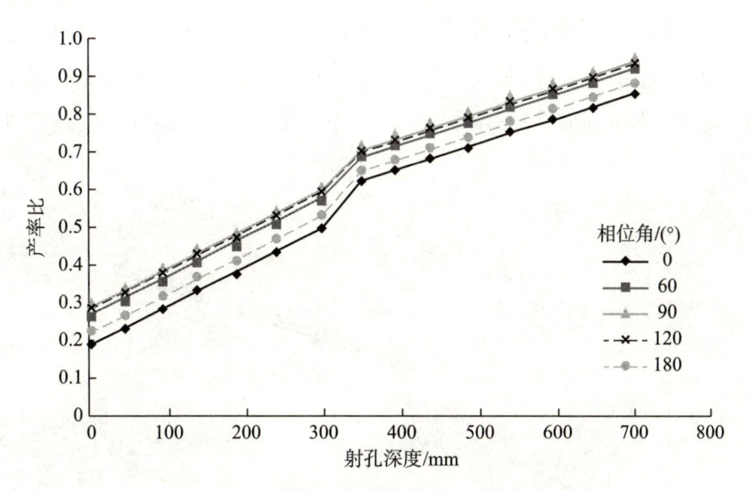

图 1-1-6　产率比与射孔深度、相位角关系

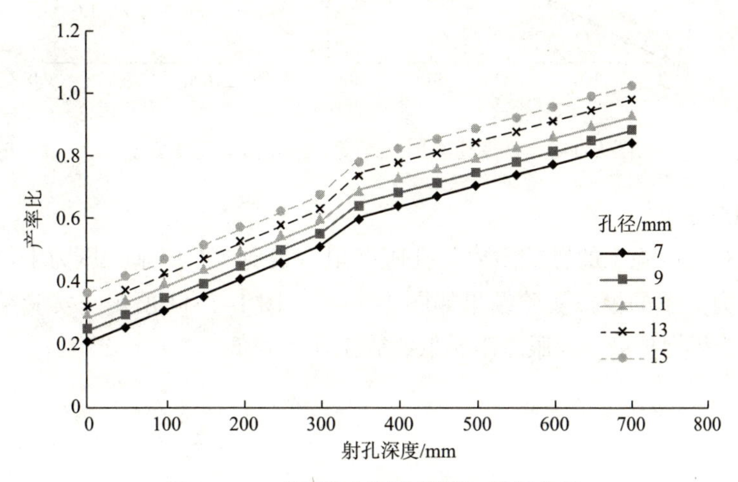

图 1-1-7　产率比与射孔深度、孔径关系

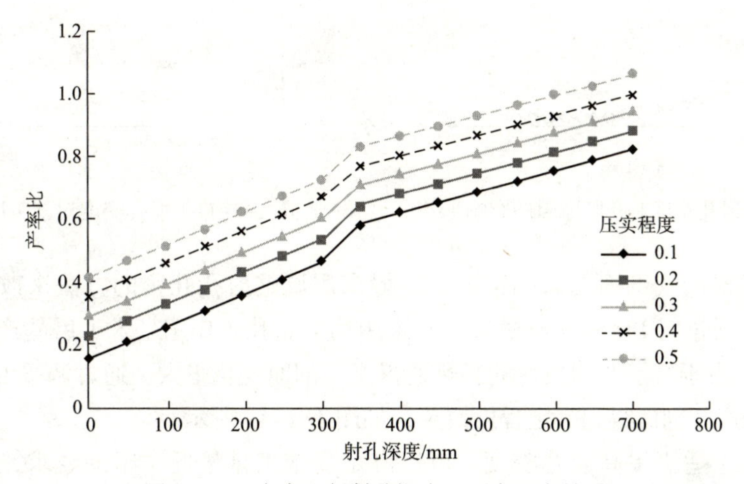

图 1-1-8　产率比与射孔深度、压实程度关系

（5）孔深、钻井污染程度敏感性分析。钻井污染程度（K_s/K_o）为损害带渗透率与原始地层渗透率之比，比值越小表明污染越严重。孔深、钻井污染程度的敏感性分析结果如图 1-1-9 所示。由图可见钻井污染程度对气井产能有明显影响，在孔眼未穿过损害区时影响更为显著。

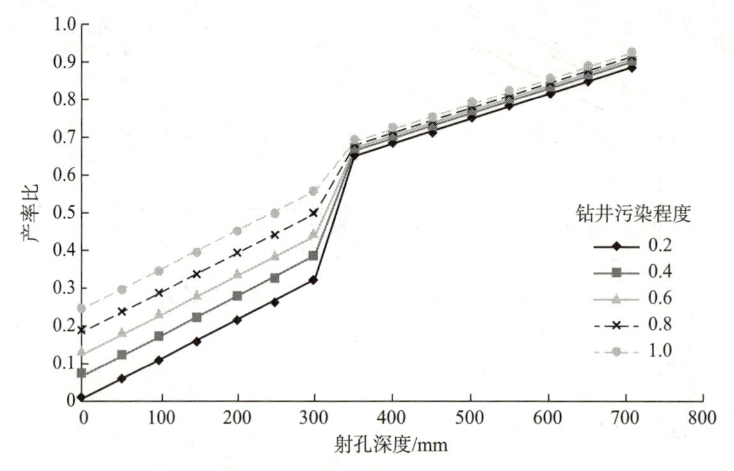

图 1-1-9　产率比与射孔深度、钻井污染程度关系

3）射孔孔眼密度

射孔孔密对酸压施工的影响主要是孔眼摩阻，表现在井口施工压力上。孔密与孔眼摩阻和施工压力关系的模拟实验结果如图 1-1-10、图 1-1-11 所示。实验结果表明孔密越高，射孔完善程度越高，孔眼摩阻越低，施工压力越低。

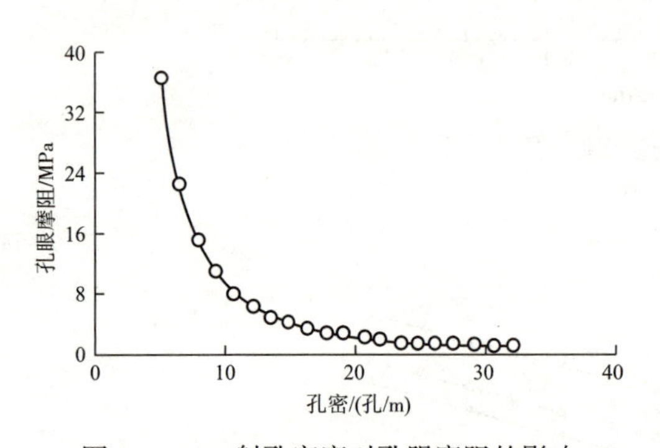

图 1-1-10　射孔密度对孔眼摩阻的影响

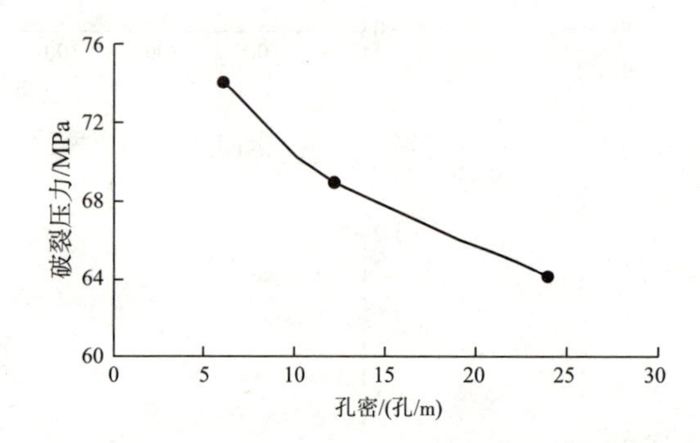

图 1-1-11　射孔密度对施工压力的影响

射孔孔密对产气剖面的影响很大，一般采用调整射孔孔密的方法来改善产气剖面的均匀程度。通过对 PD-1 井数模研究，采用均匀布孔（16 孔 / 米）后的产气剖面如图 1-1-12 所示，由于气层非均质性的影响使得产气剖面变化很大。通过调整 II 类和 I 类层孔密，气井的产气剖面得到一定程度改善，如图 1-1-13 所示。

对酸压井，适当提高射孔密度，可以满足高施工排量低摩阻的要求，提高孔眼与裂缝的沟通程度，增加裂缝在孔眼处起裂的机会，降低地层破裂压力。但由于某气田非

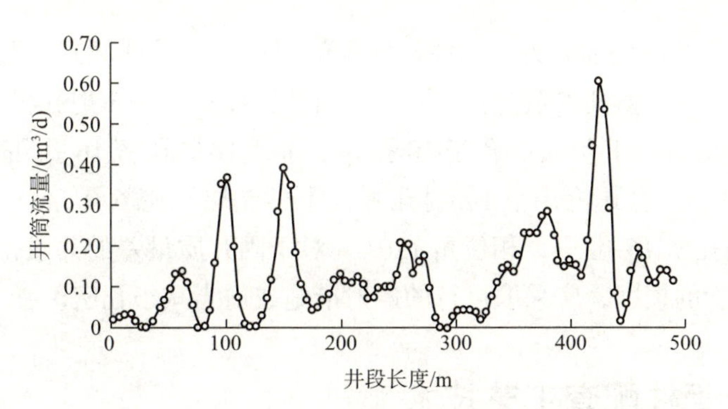

图1-1-12 长井段气井产气剖面（均匀布孔，16孔/米）

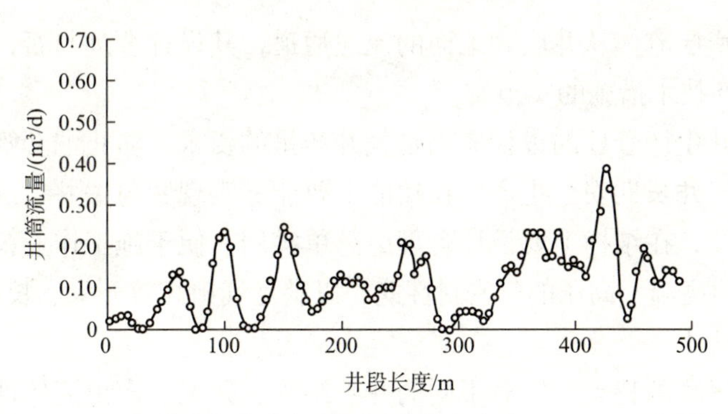

图1-1-13 长井段气井产气剖面（非均匀布孔，6-10-16孔/米）

均质性强，考虑长井段酸压时均匀吸酸的要求，应在吸酸剖面预测的基础上，优化孔密分布。

4）射孔相位

射孔相位对气井产能影响相对较小，但是对于酸压施工却有着重要影响。合理的相位可以控制裂缝的起裂位置，防止多裂缝的产生，避免较高的附加裂缝弯曲摩阻。

理想的酸压施工条件是，孔眼和储集层的最大主应力方向一致，因此从孔眼处起裂的裂缝将沿着最小阻力的最佳裂缝平面（Preferred Fracture Plane，PFP）扩展。如图1-1-14所示。

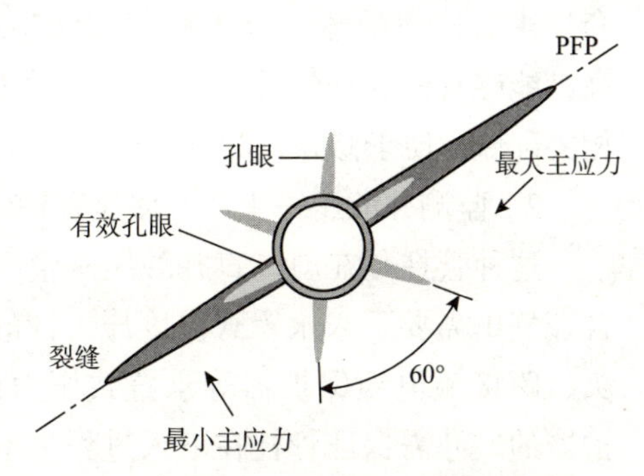

图1-1-14 裂缝起裂方位示意图

对于已知裂缝平面的情况，采用180°相位定方位射孔，可以大大减少射孔孔眼摩阻和提高酸压施工效果。造缝点依赖于裂缝PFP与孔眼的夹角。裂缝PFP与孔眼的夹角小于30°，射孔孔眼与裂缝之间能够形成有效沟通；裂缝PFP与孔眼的夹角大于30°，裂缝将不会在孔眼处产生，流体必须通过第二界面与裂缝连通，导致施工压力升高，可能造成多条不对称裂缝。

对于裂缝平面方位未知或射孔枪不具备定向条件的情况，采用的相位角应尽量使裂缝PFP与孔眼的夹角最小，适用于酸压施工的相位一般有45°、60°和120°。

综合考虑完善井底沟通条件、与酸压匹配的射孔参数设计原则以及射孔对套管的影响等因素，设计某气田射孔参数为：直井、定向井选择 Φ114mm 射孔枪，小 1m 射孔弹，Ⅰ类储层孔密 8 孔 /m，Ⅱ类储层孔密 10 孔 /m，Ⅲ类储层孔密 16 孔 /m，相位角 60°；水平井选择 Φ102mm 射孔枪，小 1m 射孔弹，Ⅰ类储层孔密 6 孔 /m，Ⅱ类储层孔密 10 孔 /m，Ⅲ类储层孔密 16 孔 /m，相位角 120°。对于固井质量差的井段，考虑到储层改造过程中减小对套管的损害，应采取可行的避射措施或适当减小孔密。

四、生产管柱配套工艺技术

生产管柱是产层流体从井底到地面的流通通道，其设计合理与否，直接关系到气井的产量和各种生产技术措施的实施。

某高含硫气井生产管柱的设计应满足气井产量的要求，防止油套管腐蚀，满足储层改造需要，保证气井长期安全生产。在功能上要能够实现紧急关井、压井循环、后期测试、作业施工安全，在结构上要设计合理、简单实用、便于施工作业，并具有足够的抗压、抗拉强度和耐高温、高压的气密封性能，以满足气田高效开采、长期稳产的要求。

1. 管柱结构设计

根据高含硫气藏的特点，针对不同的井身结构、井况、产出流体性质和生产需要，设计了五种不同功能的酸压—生产一体化管柱。

1）斜、直井酸压—生产一体化管柱

主要适用于高含硫气藏井况条件较好的直井和大斜度井，由井下安全阀、循环滑套、永久式封隔器、坐落短节和球座组成（图 1-1-15）。该管柱结构简单，安全性能高，能够有效保证气井的酸压生产联作。同时采用插入密封、磨铣延伸筒、坐落短节等相关部件，便于修井、测试等施工作业。

2）监测井酸压—生产一体化管柱

这种管柱是在斜、直井酸压—生产一体化管柱的基础上进行改进而来的，应用于高含硫气田需要下入永置式温度压力计的监测井。该管柱增加了井下压力计托筒、Y 形接头、跨接箍电缆保护器等永置式压力计配套设备（图 1-1-16）。管柱中跨接箍电缆保护器的尺寸需保证管柱在下入过程中不会因电缆与套管碰撞挤压而导致监测信号传输失败。Y 形接头和井下压力计托筒紧接在永久式封隔器上部，确保压力计监测数据接近于井底流压，增强数据的准确性、有效性。该管柱不仅具有斜、直井管柱的功能优点，而且能够实时监测井下压力、温度数据，性能可靠，可长时间在井下稳定工作。

3）套管水平井笼统酸压—生产一体化管柱

这种管柱主要用于水平井和部分大斜度井。管柱结构的主要变化是将常规一体化管柱下部的剪切球座换成水平井专用的棘爪型球座，下部接引鞋（图 1-1-17）。这种管柱结构能有效地保证管柱的顺利下入，提高水平井坐封的成功率，满足水平段产层的改造需要。

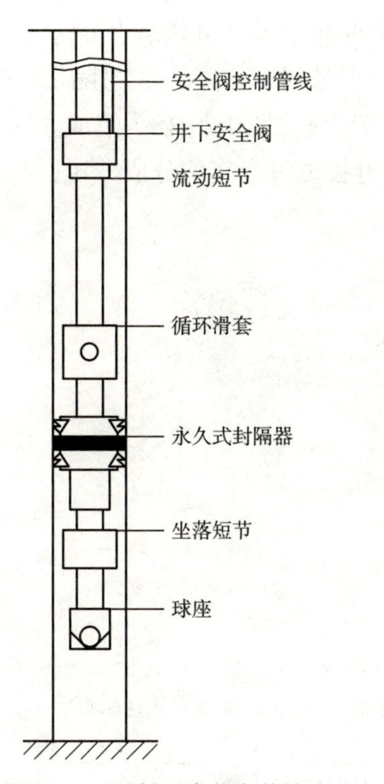

图 1-1-15　斜、直井完井管柱

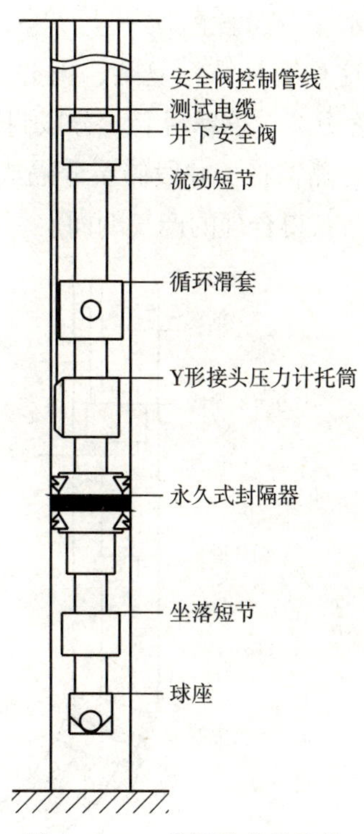

图 1-1-16　监测井完井管柱

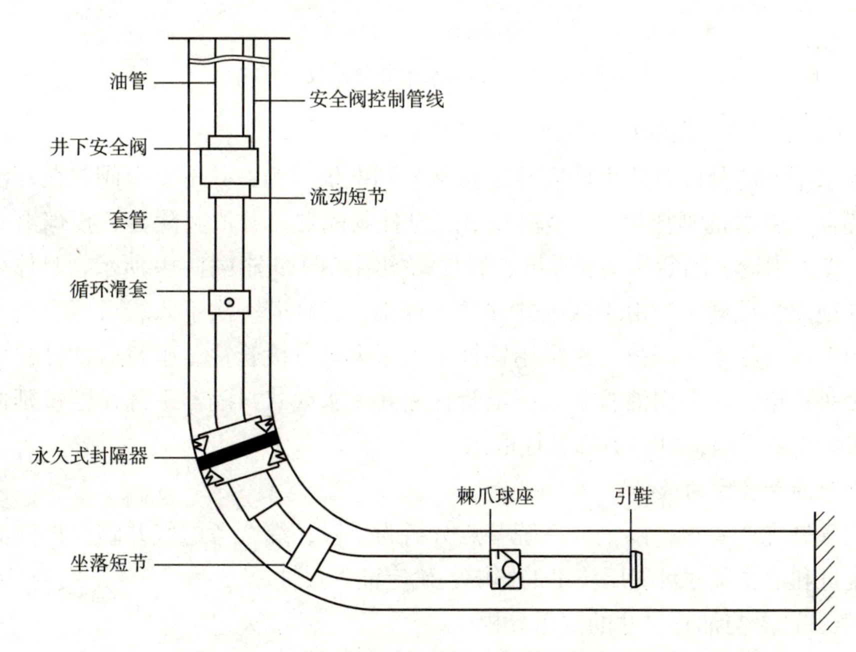

图 1-1-17　套管水平井笼统改造完井管柱示意图

4）套管水平井分段酸压—生产一体化管柱

套管水平井分段酸压—生产一体化管柱主要用于投产井段较长的水平井和部分大斜度井。这种管柱结构复杂，由井下安全阀、循环滑套、永久式封隔器（带磨铣延伸筒）、坐落短节、投球滑套、分段封隔器和剪切球座（图 1-1-18）组成。这种管柱主要利用分段封隔器将长井段储层分隔成多段，通过投球滑套实施分段酸压，有利于酸压时均匀布酸，获得合理的产气剖面。

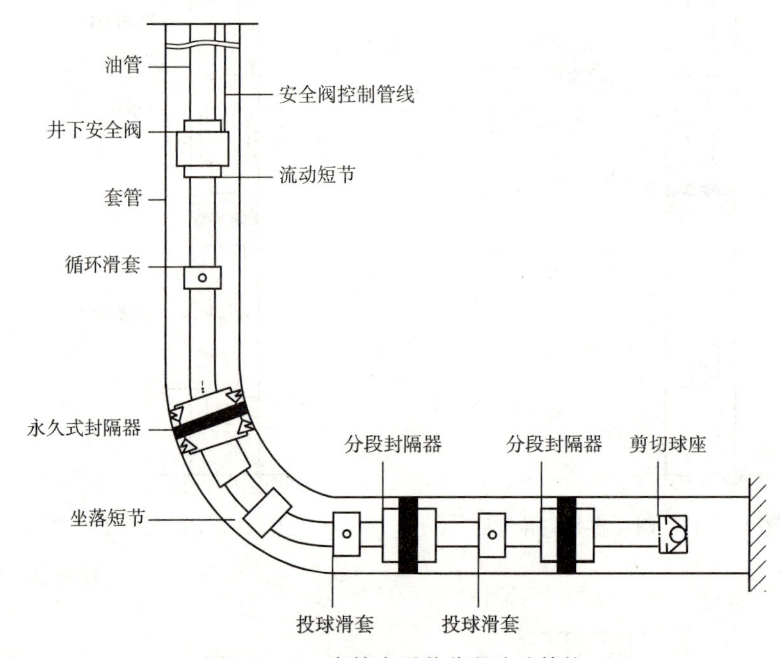

图 1-1-18　套管水平井分段改造管柱

5）裸眼水平井分段酸压—生产一体化管柱

裸眼水平井的分段改造生产管柱结构从上到下依次为：井下安全阀、循环滑套、永久式封隔器（带磨铣延伸筒）、坐落短节、悬挂封隔器、分段封隔器、投球滑套、分段封隔器、压差滑套、隔断球座和浮鞋，管柱结构示意图如图 1-1-19 所示，具体分段数需根据单井地质情况确定。由于裸眼井井壁不规则，管柱若一次下入，可能会遇卡遇阻，因此采用两次管柱下入。第一次采用钻杆下入水平段分段管柱，坐封后钻杆柱从悬挂封隔器处丢手；第二次采用油管下入回插管柱完井。永久式封隔器下部带磨铣延伸筒，以后若要采取作业措施，可将上部管柱取出。

2. 生产油管尺寸的选择

根据气井配产要求，以生产系统节点分析为手段，综合考虑气井临界携液流量、冲蚀临界流量和油管尺寸对酸压施工的影响，确定油管尺寸。

1）气井产量与油管尺寸的关系分析

为使节点分析结果更符合实际需要，利用某气田气井实测数据，选用不同的多相流相关式进行气井温度压力剖面的拟合，优选出井筒流动关系式。

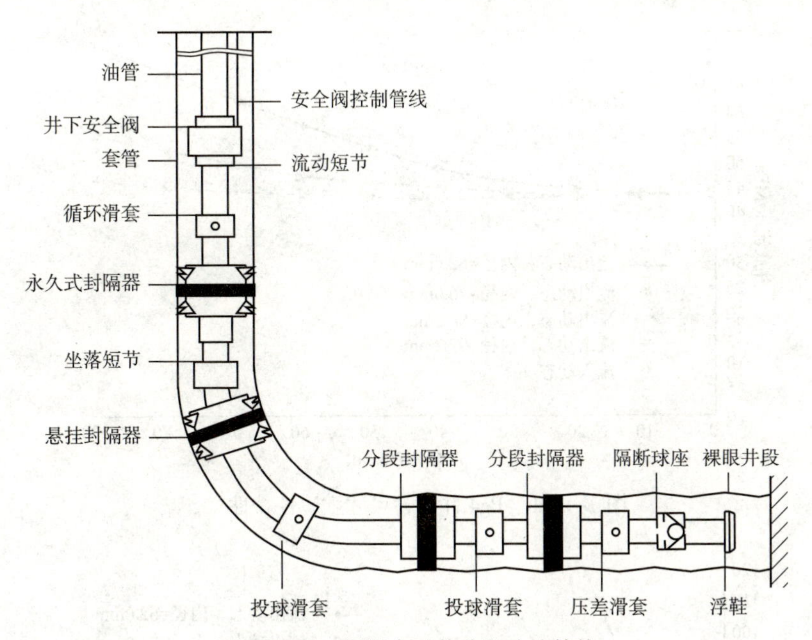

图 1–1–19 裸眼水平井分段改造管柱

利用优选出的流动关系式，进行生产系统节点分析。选取井底为节点，分别计算出地层流入曲线和在定井口压力（30MPa）时不同尺寸油管的流出动态曲线，得到不同尺寸油管的协调产量（表 1–1–10、表 1–1–11）。图 1–1–20、图 1–1–21 为某两口井的井底节点系统分析曲线图。

表 1-1-10 Pg4 井不同尺寸油管的协调产量

序号	油管尺寸 /mm		井底流压 /MPa	产量 /（$10^4m^3/d$）
	外径	内径		
1	73.0	62.0	48.97	40.12
2	88.9	76.0	45.55	48.94
3	101.6	88.3	43.79	52.86
4	114.3	97.2	43.08	54.49

表 1-1-11 Pg6 井不同油管下的产量

序号	油管尺寸 /mm		井底流压 /MPa	产量 /（$10^4m^3/d$）
	外径	内径		
1	73.0	62.0	54.85	55.12
2	88.9	76.0	54.09	108.65
3	101.6	88.3	53.01	157.65
4	114.3	97.2	52.08	196.53

根据油管尺寸和产量关系图表分析可知：随着油管内径的增加，井底流压降低，产量增大，油管外径由 Φ73mm 增至 Φ88.9mm 时产量增幅最大。根据某气田单井配产（40~100）$\times 10^4m^3/d$，Φ88.9mm、Φ101.6mm、Φ114.3mm 的油管可满足生产需要。

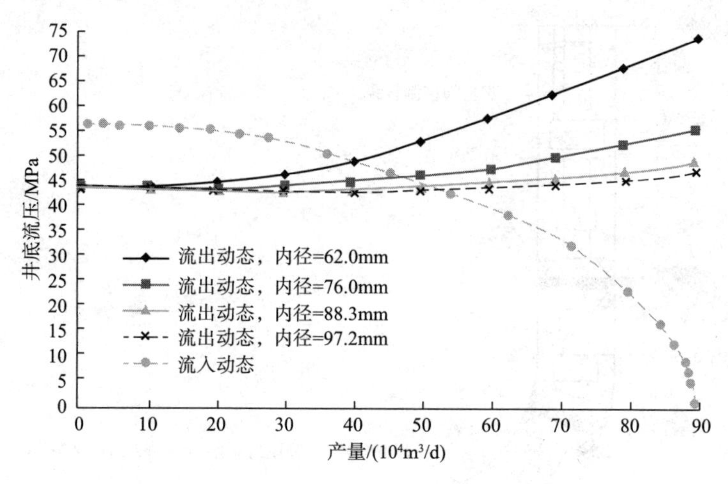

图 1-1-20　Pg4 井油管尺寸敏感性特性

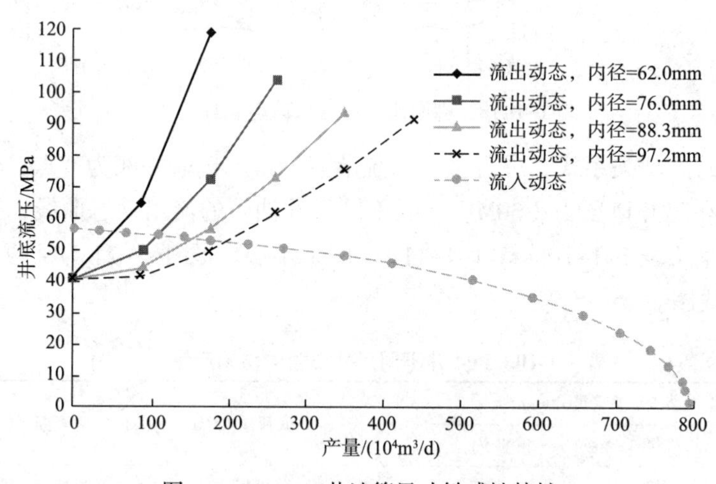

图 1-1-21　Pg6 井油管尺寸敏感性特性

2）不同直径油管抗气体冲蚀性能分析

当单井配产较高时，气体冲蚀对管柱的影响问题在油管尺寸优化研究中不可忽视。若生产管柱内径较小，管内流速过高，气体冲蚀可能造成油管漏失或断裂。因此，设计合理的油管直径，可防止或减轻冲蚀对油管造成的损坏。

根据 API RP 14E 标准，气体冲蚀临界流速计算见式（1-1-2）。

$$v=\frac{c}{\sqrt{\rho}} \tag{1-1-2}$$

式中　v——冲蚀流速，ft/s；

c——经验常数，无因次；

ρ——混合物密度，lb/ft^3。

考虑高含硫气藏强腐蚀环境因素，为安全起见，c 值取 100。

采用公制单位，可以推导出临界冲蚀流量的计算，见式（1-1-3）。

$$Q=5.164\times10^4 A(\frac{P}{ZT\gamma_g})^{0.5} \quad (1\text{-}1\text{-}3)$$

式中 A——油管截面积，m^2；

γ_g——气体相对密度；

P——油管流动压力，MPa；

Z——气体压缩系数；

T——气体温度，K；

Q——临界流量，$10^4m^3/d$。

利用气井基础数据计算出不同内径油管气体临界冲蚀流量，详见表1–1–12。

表1-1-12 不同油管临界冲蚀流量

井号	油压/MPa	气体相对密度	不同内径油管气体临界冲蚀流量/($10^4m^3/d$)			
			62mm	76mm	88.3mm	97.2mm
Pg1井	10	0.7199	31.80	47.65	64.93	83.21
	15		36.72	55.02	74.98	96.09
	20		41.05	61.524	83.83	107.43
	25		47.40	71.04	96.79	124.04
	30		53.0	79.42	108.22	138.69
Pg2井	10	0.717	32.01	50.88	69.33	88.85
	15		39.2	62.32	84.91	108.82
	20		45.27	71.96	98.05	125.65
	25		50.61	80.45	109.62	140.48
	30		55.44	88.13	120.08	153.89
Pg4井	10	0.7443	31.42	49.94	68.05	87.21
	15		38.48	61.16	83.34	106.81
	20		44.46	70.62	96.231	123.33
	25		49.67	78.96	107.59	137.88
	30		54.42	86.50	117.86	151. 04

从表1–1–12可以看出，按井口压力30MPa计算，为避免出现气体冲蚀现象，产量$50\times10^4m^3/d$以下，应选用内径62mm油管（外径73mm）；产量（50~80）$\times10^4m^3/d$，应选用内径76mm油管（外径88.9mm）；产量（80~100）$\times10^4m^3/d$，应选用内径88.3mm油管（外径101.6mm）；产量（100~140）$\times10^4m^3/d$，应选用内径97.2mm油管（外径114.3mm）。

3. 不同直径油管携液能力预测

最小携液流量可采用气井连续携液模型（Turner模型）进行计算。Turner模型导出的气井临界携液流速和临界携液流量公式分别见式（1–1–4）、式（1–1–5）。

临界携液流速：

$$V_g=5.48\left[\frac{\sigma\left(\rho_1-\rho_g\right)}{\rho_g^2}\right]^{0.25} \quad (1\text{-}1\text{-}4)$$

临界携液流量：

$$Q_{sc}=2.5\times10^4\frac{pAV_g}{ZT} \quad (1-1-5)$$

式中 V_g——气井排液最小流速，m/s；

Q_{sc}——气井排液最小流量，$10^4m^3/d$；

ρ_l——液体的密度，kg/m^3；

ρ_g——气体的密度，kg/m^3，$\rho_g=3484.4\frac{\gamma_g p}{ZT}$；；

σ——气液表面张力，N/m；

A——油管截面积，m^2；

p——压力，MPa；

T——温度，K；

g——重力加速度，$g=9.8m/s^2$。

不同管径油管在不同压力下的临界携液流量计算结果见表 1-1-13。由表可看出：压力越高，临界携液流量越高；油管管径变大，气井临界携液流量增大。由于某气田单井配产远高于临界携液流量，所以不会出现井筒积液。

表 1-1-13 不同油管临界携液流量 $10^4m^3/d$

温度 /℃	油管内径 /mm 压力 /MPa	62	76	88.3	97.2
65	20	7.11	10.68	14.42	17.47
	25	7.74	11.63	15.69	19.02
	30	8.22	12.35	16.67	20.20
	35	8.56	12.87	17.37	21.05
	40	8.88	13.35	18.02	21.83
	45	9.10	13.68	18.46	22.37
	50	9.8	13.94	18.82	22.80
	55	9. 44	14.19	19.15	23.21
130	20	5.89	8.85	11.95	14.48
	25	6.45	9.69	13.07	15.84
	30	6.91	10.38	14.01	16.98
	35	7.28	10.93	14.76	17.88
	40	7.61	11.44	15.44	18.71
	45	7.86	11.82	15.95	19.33
	50	8.07	12.13	16.38	19.85
	55	8.27	12.43	16.78	20.33

4. 酸压施工参数与油管尺寸的关系

某气田气井采用的是酸压生产一体化管柱，所以设计油管尺寸时应兼顾酸压施工措施的需要。图 1-1-22 是油管尺寸与摩阻损失关系曲线。

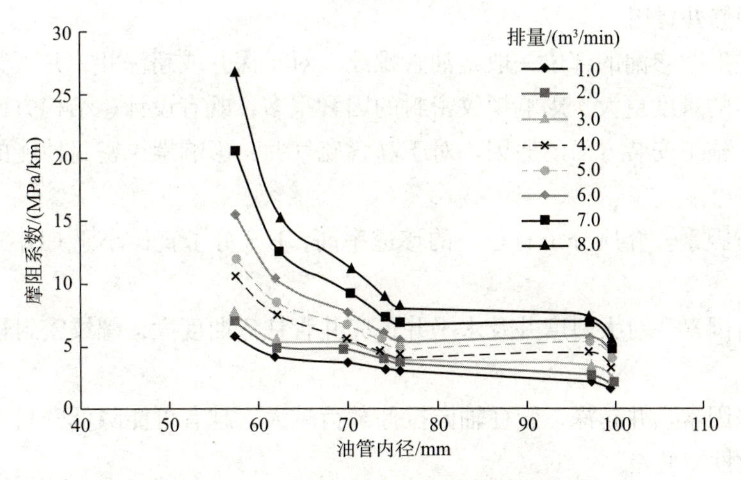

图 1-1-22 油管尺寸与摩阻损失关系曲线

从图 1-1-22 中可以看出，油管直径越大，摩阻损失越小；排量越大，摩阻损失越大。

酸压排量越大，酸蚀有效作用距离越长，储层改造效果越好。同时，为了保证套管、油管、井下工具与地面设备在限压条件下安全使用，应对施工排量进行优化。根据井口泵压模拟计算（见第五章）结果，采用 Φ88.9~114.3mm 油管，胶凝酸排量可以达到 8.0~10.0m^3/min，因此，Φ88.9mm（壁厚 6.45mm）、Φ114.3mm（壁厚 8.56mm）油管可以满足加大施工排量、降低施工摩阻的要求。

5. 油管尺寸选择

综合油管尺寸敏感性分析、油管尺寸与临界携液流量及临界冲蚀流量的关系、油管尺寸与酸压施工压力等计算结果，结合单井平均配产，考虑管柱与井下工具配套的实际情况，某气田酸压生产一体化管柱优先选用 Φ88.9mm（壁厚 6.45mm）油管；经过措施改造产量可达到 $100\times10^4m^3$/d 以上的单井，选用 Φ114.3mm（壁厚 8.56mm）油管，见表 1-1-14。

表 1-1-14 单井配产和油管尺寸对照表

单井配产 /（10^4m^3/d）	30~100	100~140
油管外径 /mm	88.9	114.3
壁厚 /mm	6.45	8.56

6. 管柱连接螺纹选择

1）气密封的必要性

含硫气田气井的流体性质、井况条件和完井方式，决定了气井完井管柱的连接必须具有良好的气密封性，以保证气井长期安全生产。

井筒安全是气井长期安全生产的重要保证，而管柱渗漏是危害井筒安全最主要的因素之一。管柱渗漏可能导致油套串通，套压升高，套管腐蚀加剧，造成安全隐患。某气井采用永久式封隔器完井方式，完井管柱和井下工具全部采用镍基合金材质，管柱渗漏也将导致高额修井费用。

生产管柱发生渗漏的部位一般是油管螺纹。对于深井或超深井，井下管柱螺纹数量多，控制渗漏的难度更大。影响螺纹密封的因素很多，既有设计、结构方面的原因，也有加工制造、施工安装方面的原因。对于高含硫气井，影响螺纹密封性能的因素主要包括三个方面：

（1）介质因素。介质分子直径小的渗透率高，H_2S 分子直径小于 CH_4 分子直径，更容易渗漏。

（2）井斜因素。对大斜度井及水平井，完井管柱弯曲度大，螺纹密封性能下降，易发生渗漏。

（3）井深因素。井越深，管柱轴向拉伸载荷越大，越有可能降低密封面接触压力，导致螺纹密封性能变差。

某气田地层压力高，H_2S 含量高，井型多为大斜度井、水平井，最大井深达 7000m，生产井管柱轴向负荷大，弯曲度大，管柱螺纹工况恶劣，渗漏风险大。因此，某高含硫超深井生产管柱螺纹，除了要有足够的抗拉、抗扭、抗弯曲强度以外，还应具有在恶劣工况条件下的气密封性能，必须选择性能优良、高品质的气密封螺纹。除此以外，螺纹的安装质量也是保证管柱密封性能关键因素之一，在安装过程中，不仅要严格保证上扣扭矩符合要求，同时需在油管连接下井时进行油管螺纹的气密封检测，以确保上扣质量。

2）气密封螺纹的密封机理

气密封螺纹在结构上设计了专门的密封结构和扭矩台肩，在确保气密封性能的同时，其连接强度、抗黏扣、耐应力腐蚀等性能优于常规 API 螺纹。

（1）螺纹形式。由于增加了密封结构，螺纹不再起主要的密封作用，设计时普遍采用连接效率高的偏梯形螺纹。不同厂商在形状方面做了适当改变，设计了不同的承载面角度和导向面角度，主要目的是提高接头抗复合载荷的能力，同时兼顾上扣操作的方便性。

（2）密封结构。金属对金属密封结构是依靠光滑的金属表面弹性过盈配合实现密封，是螺纹密封的技术关键。螺纹接头的气密封性、耐粘接性都与接头的密封结构紧密相关，通常接头粘接主要发生在密封面上。密封结构的形式主要有：锥面对锥面（如 VAM TOP、NSCC），球面对锥面（如 NK3SB），球面对柱面（如 FOX）等几种类型。若选择锥面对锥面形式，则接触面积较大，在同样的接触压力下可获得较好的密封效果；如果选择锥面对球面和球面对柱面，要获得同样的密封效果，则需要较高的接触压力。

（3）扭矩台肩。扭矩台肩可以有效保证接头的气密封性能、连接强度、抗黏扣、耐应力腐蚀等性能，还可以提高接头抗压缩及弯曲变形能力。通常选用的台肩有直角台肩和反向台肩，与直角台肩相比，反向台肩在拉伸载荷下仍能保持较高的接触压力，具有更好的密封效果。

3）气密封螺纹选择

某气田主要对VAM系列、3SB、NSCC和FOX等气密封螺纹进行了分析评价。

（1）VAM系列气密封螺纹。VAM气密封螺纹已经形成了VAM ACE、VAMS、VAMHW、NEW VAM、VAM TOP系列，可适应不同服役条件的要求，其中VAM TOP气密封螺纹应用较广泛。

VAM TOP扣沿用偏梯形螺纹牙型，继承了偏梯形螺纹连接强度高的优点。为了克服偏梯形螺纹密封性能欠佳的缺点，改进了螺纹结构密封形式。VAM TOP以钩状螺纹（承载面角度−3°，导向面角度10°）、锥面对锥面、反向15°锐角扭矩台肩、双重金属接触形式提高了连接的密封性能（图1–1–23）。带有20°锥度金属与金属密封系统，在复杂的井况条件下也能保持完整性。钩状螺纹设计增大了对滑扣的阻力，减小了在更高弯曲和拉伸/压缩之下对接箍上的周向应力，适合在长斜井和水平井上应用。在复合载荷条件之下，反向角度扭矩台肩表现出良好的密封性能和结构阻力。

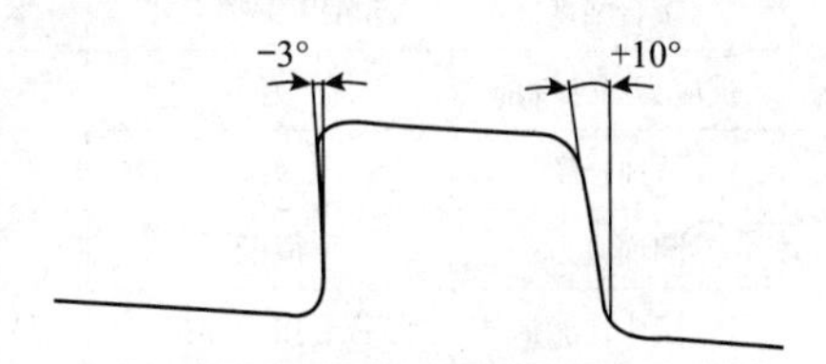

图1–1–23　VAM TOP螺纹牙型

（2）3SB气密封螺纹。3SB气密封螺纹采用凹凸不平改进型梯形螺纹，连接强度高，不易滑脱。该螺纹0°承载角、45°导向角，锥度1∶16，每英寸8牙和5牙牙型（图1–1–24），接箍表面镀铜或镀锌，球面对锥面线接触、直角扭矩台肩密封，抗过扭能力强，密封部位采用移动接触点产生的金属对金属密封。3SB气密封螺纹可承受周向压缩和弯曲载荷。

（3）NSCC气密封螺纹。NSCC气密封螺纹采用API偏梯形螺纹牙型，接头的抗拉强度高。螺纹部倾斜度1∶16，接箍表面镀铜或镀锌，锥面对锥面接触、90°双内扭矩台肩，三重金属密封，使接头具有良好的气密封性能（图1–1–25）。阶梯式双直台肩结构使接头具有良好的抗过扭能力和抗弯能力，并且有利于保护主密封。接头上的圆周应力较低，有利于防止应力腐蚀开裂。NSCC气密封螺纹一般适用于气井和热采井。

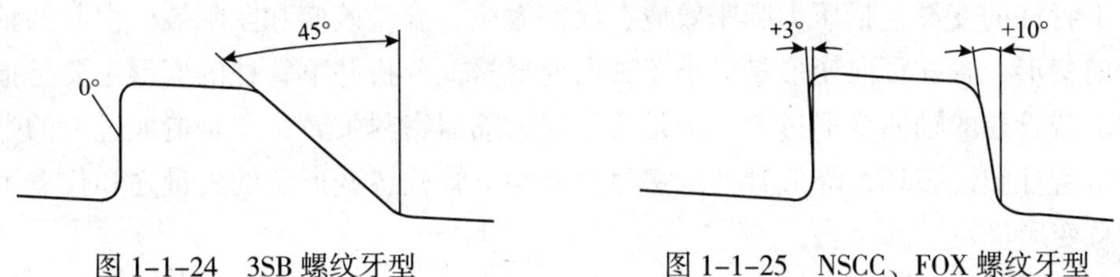

图1–1–24　3SB螺纹牙型　　图1–1–25　NSCC、FOX螺纹牙型

（4）FOX气密封螺纹。FOX气密封螺纹同样采用API偏梯形螺纹牙型，内螺纹采用变螺距设计，有效地改善了螺纹的应力分布，负载主要由中间部分螺纹承受，两端螺纹应力较低，连接强度高。弧面对弧面金属主密封和内台肩弧面副密封结构，使之具有良

好的气密封性能。–25° 圆弧内台肩有利于在弯曲载荷作用下保持接头的完整性。

VAM TOP、3SB、NSCC 和 FOX 4 种特殊气密封螺纹性能参数见表 1–1–15。

表 1-1-15　4 种气密封螺纹性能表

项目	VAM TOP	3SB	NSCC	FOX
连接方式	接箍式	接箍式	接箍式及整体式	接箍式
管端	平式	平式	平式	平式
螺纹特征	–3° 承载面、10° 装配面	0° 承载面、45° 装配面	3° 承载面、10° 装配面，内螺纹齿底加深	3° 承载面、10° 装配面，内螺纹为微变螺距
金属密封数 / 处	2	2	3	3 个连接圆弧
密封性能	好	好	良好	良好
接合强度	同 API 偏梯形扣	≥管体	同 API 偏梯形扣	> 管体
抗应力腐蚀性能	好	较好	较好	较好
弯曲强度	好	好	好	好
圆周应力	很低	最低	低于最小屈服强度	很低
接头性能	易上扣、卸扣	易上扣、卸扣	易上卸扣、耐粘扣、耐损伤	螺纹负载分布均匀

由于某气田气井井深、温度高、压力高、高含 H_2S、强腐蚀，气井多为大斜度定向井、水平井，油管螺纹不仅要具有高的连接强度和耐腐蚀性能，还要求管柱在弯曲条件下仍具有耐高压的气密封性。

某气田在气密封螺纹选择时，充分考虑气井井况条件、各种气密封螺纹性能特点和适用范围，同时考虑到市场应用情况、使用可靠性、螺纹维修及接头配制的方便灵活性等综合因素，选择 VAM TOP 扣作为完井管柱及井下工具的连接密封形式。

7. 生产管柱力学分析

力学分析是进行管柱安全性评价的基础。对一体化管柱进行不同作业过程中力学分析，是进行管柱设计的基础。通过建立井下管柱的通用力学模型，综合考虑不同作业过程中影响管柱变形、受力的因素，并结合各作业过程的施工参数，对某气田气井管柱进行了力学分析、计算和安全性能评价。

1）井下管柱变形形式

井下管柱的变形包括压力膨胀效应、活塞效应、温差效应和摩阻效应引起的轴向变形和径向变形。管柱径向变形量远小于轴向变形量，分析井下管柱的变形主要是指其轴向变形。若管柱的轴向变形过大，一是会引起封隔器密封失效；二是造成过大的螺旋弯曲，导致管柱塑性破坏，降低管柱的密封性。井下管柱各变形量的矢量之和代表了井下管柱的总变形量。

2）井下管柱力学分析

以 P5–1 井为例，对该井在不同作业工序及生产过程中的载荷、应力及变形进行计算。该井管柱为 Φ88.9mm 镍基合金油管，壁厚 6.45mm，钢级 125，在空气中的质量为 13.7kg/m，材料的屈服强度为 862MPa。管柱下深 5020m，套管外径 Φ177.8mm，内径

Φ152.5mm，封隔器坐封位置4966m。井筒在酸压、生产过程中的温度、压力分布如图1-1-26所示。

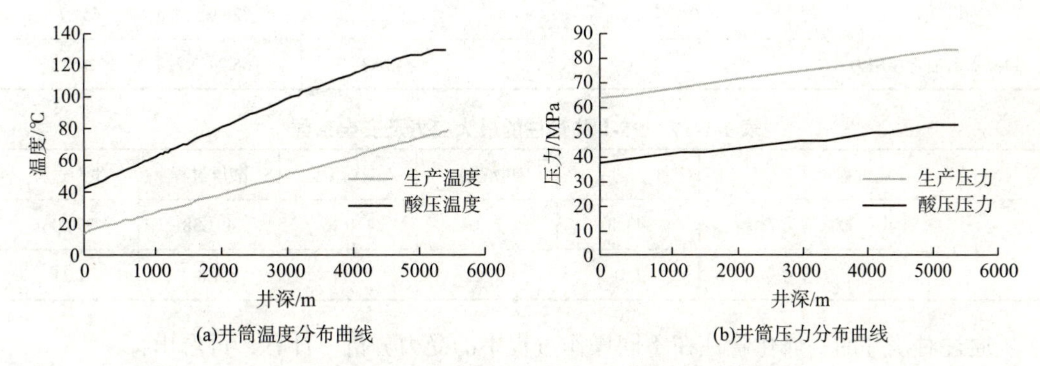

图1-1-26 P5-1井酸压、生产过程温度分布曲线

按照该井在不同作业过程中的工况参数计算，对应管柱的轴向应力和等效应力分布如图1-1-27、图1-1-28所示，管柱在不同工况下井口处的载荷及强度校核结果见表1-1-16、表1-1-17。

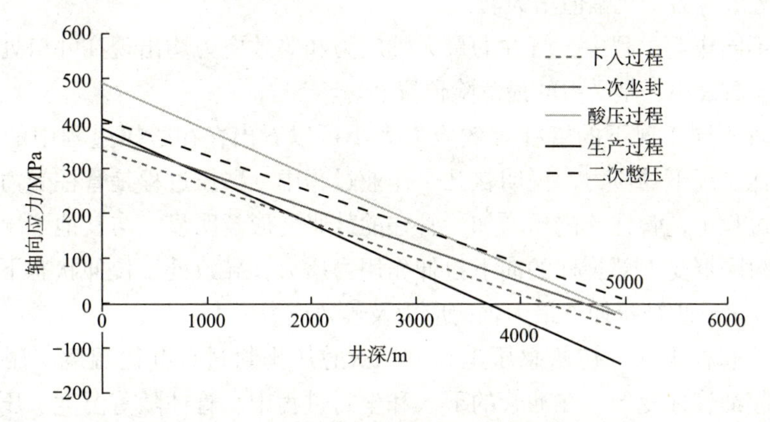

图1-1-27 不同操作过程中管柱的轴向应力分布

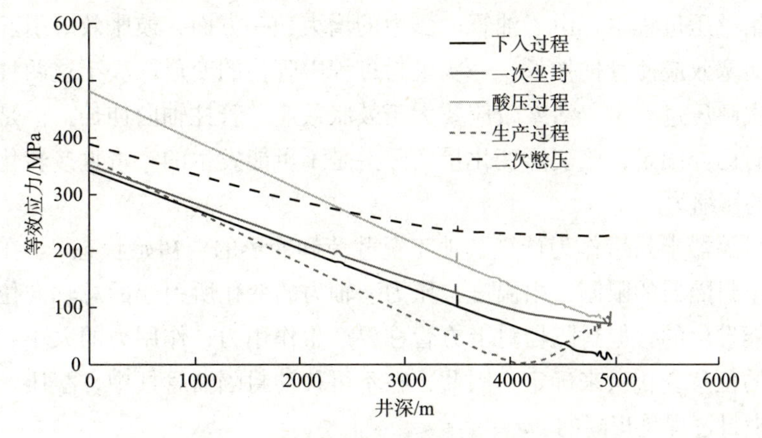

图1-1-28 不同操作过程中管柱的等效应力分布

表 1-1-16　P5-1 井的管柱载荷

作业过程	下入过程	初次坐封	二次憋压	酸压过程	生产过程
井口轴力 /kN	570.0	619.9	685.2	820.9	651.7
封隔器对油管作用力 /kN	0		43.53	65.24	226.92

表 1-1-17　P5-1 井管柱的最大应力及安全系数

作业过程		下入过程	初次坐封	二次憋压	酸压过程	生产过程
井口	最大应力 /MPa	343.40	371.04	410.16	491.38	390.06
	安全系数	2.51	2.32	2.11	1.8	2.21

通过对该井的一体化管柱在不同操作过程中的受力分析、计算，可看出：

（1）管柱在下入井筒、初次坐封、二次憋压、酸压、生产过程中的轴应力沿着井深方向基本呈线性递减变化，到达一定深度以后，该点处的管柱轴应力降为 0，则该点以上管柱承受拉力，以下部分承受压力。

（2）等效应力曲线基本呈曲线分布，在狗腿度变化急剧处（3500m）有较大的弯曲应力，导致等效应力变化幅值增大。

（3）在不同作业过程中，管柱的最大轴应力和等效应力均出现在井口处，管柱在井口处的安全系数最小，是受力的最危险位置。

（4）比较不同工况下的管柱等效应力大小可以看出，在酸压过程中的管柱应力值明显大于其他工况下的应力，说明在几个作业过程中，酸压过程是管柱受力的最恶劣工况。在酸压过程中，管柱的内压增加，管柱的鼓胀变形越明显，与其他工况相比，管柱轴向缩短，封隔器受上部管柱的向下拉伸作用力增大，导致处于拉伸状态下的井口（危险位置）管柱进一步被拉伸，最大轴向应力及等效应力增大。

（5）完井管柱下入、初始憋压坐封、二次憋压坐封过程井筒温度、压力是不相同的，都将引起油管柱变形。在油管的下入和坐封过程中，管柱随着温度、压力、载荷的变化可以发生自由变形，封隔器对管柱无作用力，其中由温度、轴力引起的轴向伸长较明显；在初始憋压过程中，由于油管内压力的增大，一方面，鼓胀效应引起轴向缩短，另一方面，活塞效应使管柱伸长，一次坐封过程中管柱的变形取决于这两种效应的相对大小；在二次憋压过程中，活塞效应要大于鼓胀效应，管柱轴向伸长，但是由于封隔器在一次坐封时已经固定，该变形变化量实际上是不可能发生的，将直接转化为封隔器对上方油管柱的压缩力。

（6）将封隔器坐封后作为计算其他工况载荷和变形的“初始状态”。在酸压和生产过程中，由于封隔器的限制，由温度、压力、轴力的变化所引起的总轴向位移变化，实际上是不可能发生的。但封隔器对上方管柱要产生作用力，作用力的大小和方向根据四种效应产生的位移变化量来确定。因此，在不可移动封隔器管柱中，酸压、生产过程的总变形量与坐封过程是相同的。

由某气田投产作业井管柱力学分析可以看出，在投产作业的不同阶段，酸压过程中油管柱的工况最为恶劣。因此在投产作业以及气井生产时管柱的安全性能主要反映在酸压过程中。某气田酸压管柱的受力分析和强度校核表明，气井管柱在酸压过程中的安全系数基本达到 1.8 以上，管柱能满足酸压和生产的安全性能要求。

五、井下工具

井下工具是完井管柱的重要组成部分，是实现储层改造、生产测试、洗井压井、腐蚀防护、风险控制等作业和生产必不可少的配套装置，其种类繁多，且功能各异，可根据不同井况和不同的作业施工目的及需求合理选配。高含硫气井对井下工具的性能有特殊要求，不仅要具有足够的耐高温、抗高压等性能指标，还要有高抗 H_2S、CO_2 和地层高矿化度水的性能以及长期的工作稳定性，以满足投产作业及生产的需要。某气田高含硫气井采用的井下工具主要有：井下安全阀、永久封隔器、循环滑套、坐落短节和球座等。

1. 井下安全阀

井下安全阀是实现井下安全关井的重要工具，在井口发生火灾、井口失控等紧急情况以及井口特殊作业、长期关井时，通过关闭井下安全阀，截断井内流体通道，控制井内流体外泄，从而达到控制气井的目的。井下安全阀安装在管柱上部，采用液控管线和地面控制系统相连，实现井下安全阀的开关控制。

某气田气井使用的井下安全阀是油管输送、可回收式、阀板类型的安全阀，带自平衡机构，主要由弹簧套筒、阀板、推筒、弹簧、活塞、控制管线等组成。开启井下安全阀时，从控制管线加液压，推动活塞和推筒运动，启动自平衡装置，再通过活塞、推筒的继续运动完全打开安全阀的阀板，保持液控管线压力，使阀板处于常开状态；关闭时，通过控制系统释放控制管线的压力，活塞在压缩弹簧和井筒内压力的作用下复位，阀板反弹关闭，实现井下关井。

井下安全阀液压传动装置和液控管线采用全金属密封接头，保证了液控系统的长期有效。阀板与阀座之间采用球面、曲面或锥面配合，全金属密封，具有良好的高压气密封性能。图 1-1-29 是典型的井下安全阀结构示意图。表 1-1-18 是三种匹配 Φ88.9mm 油管、耐压等级 70MPa（10000psi）的井下安全阀规格尺寸。

表 1-1-18 井下安全阀规格尺寸

序号	型号	最大外径 /mm	最小内径 /mm	长度 /m
1	TSME-10	143.51	71.42	1.98
2	$3^1/_2$in NE	136.65	71.45	1.42
3	WPE-10	147.57	71.37	1.75

2. 滑套

某气田采用循环滑套、投球滑套、压差滑套三种类型的滑套。投球滑套、压差滑套都是分段酸压施工中用来实现管内流体与产层连通的工具。

1）循环滑套

循环滑套由上下接头、套筒、扩散槽、内套筒、密封元件等组成（图 1–1–30）。主要用于连通油管与环空，建立循环通道，实现作业时顶替泥浆或完井液等作业。某气田所用的循环滑套主要用于气井后续作业施工时进行洗井或循环压井，以实现气井作业安全、顺利进行。循环滑套在下井时处于关闭状态，可通过钢丝或连续油管作业操作滑套开关工具，开启或关闭滑套。

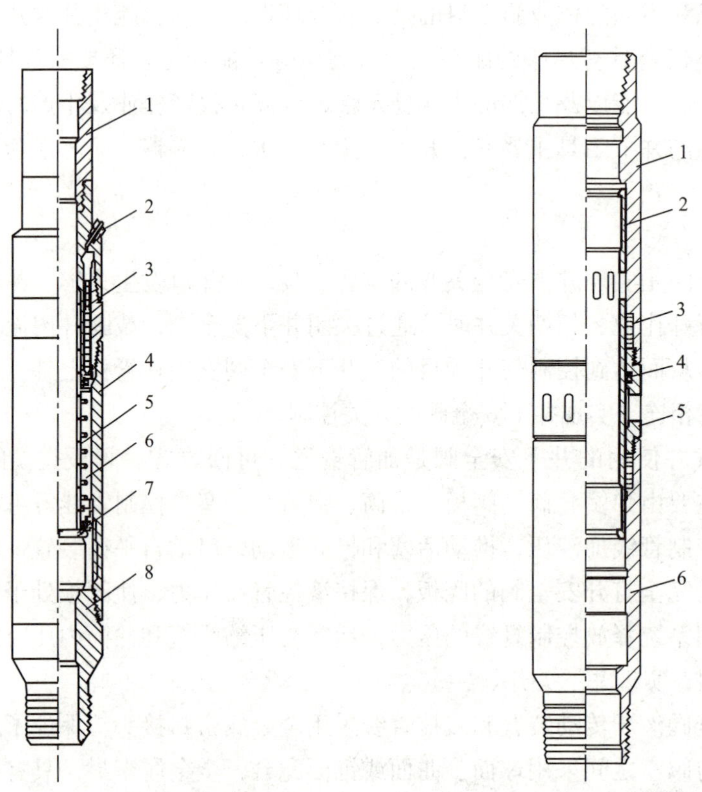

图 1–1–29　井下安全阀结构示意图

1—上接头；2—控制管线接头；3—活塞；4—弹簧套筒；5—推筒；6—弹簧；7—阀板；8—下接头

图 1–1–30　循环滑套示意图

1—上接头；2—内套筒；3—密封元件；4—扩散槽；5—套筒；6—下接头

某高含硫气井使用的循环滑套具有以下特点：①滑套密封元件与流通孔道之间设有扩散槽，可在开启滑套时控制流体的速度，缓慢平衡压差，以防止气流对密封元件造成冲蚀损坏；②滑套流通面积大，减少了流体对工具的冲蚀，保证了工具使用的可靠性；③密封件适合高酸性气体环境，具有减阻抗磨的特性，不易与金属粘连，能保证长期开关正常。

表 1–1–19 是三种与 Φ88.9mm 油管匹配、耐压 70MPa（10000psi）的循环滑套规格。

表 1-1-19 循环滑套规格尺寸表

序号	型号	最大外径 /mm	最小内径 /mm	长度 /m
1	$3^1/_2$in CMD	135.6	69.85	1.330
2	$3^1/_2$in XD	117.4	71.45	1.331
3	OptiSlv–D	114.3	71.37	1.334

2）投球滑套

投球滑套由上下接头、本体、衬套、球、球座、锁环等组成（图 1–1–31）。滑套设计开孔和止退机构，以实现滑套打开时的流体连通和衬套定位。滑套下井时，衬套遮挡开孔并用销钉固定，油套不连通。酸压施工时，油管内投球加压，剪断销钉，球、球座和衬套一起下行并被止退机构锁定，露出压裂孔，实现油套连通。

3）压差滑套

压差滑套的结构相对简单，主要由上下接头、本体和内衬套组成，结构如图 1–1–32 所示。其工作原理是依靠内衬套面积差，在压力作用下形成压差，推动内衬套移动而打开滑套。压差滑套一般安装于分段酸压管柱的最下段，下部连接有球座。分段酸压时，投球打压，当作用在衬套上端和下端的压差达到滑套开启压力后，固定销钉剪断，内衬套下行，本体上的开孔露出，实现油套连通。

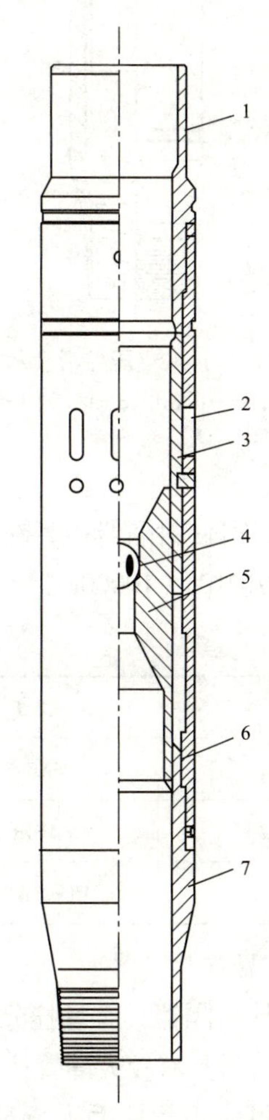

图 1–1–31 投球滑套示意图

1—上接头；2—压裂孔；3—衬套；4—压裂球；5—球体；6—本体；7—下接头

3. 封隔器

1）永久式封隔器

某气田高含硫气井在完井管柱中设计采用了液压坐封永久式封隔器，其目的是阻止产层流体进入环空，避免生产期间上部套管承受高压和酸性气体的腐蚀。该封隔器承压能力高，抗 H_2S、CO_2 腐蚀，性能可靠，作业施工简单。主要由上下接头、中心管、液压活塞、锚定卡瓦、锁紧机构、密封胶筒及密封件等组成（图 1–1–33），并配有插入密封总成和磨铣延伸筒。封隔器采用双向卡瓦机构，坐封后具有较大的管柱锚定力，完全可以满足某气田深井、高压的完井管柱要求。密封胶筒采用 AFLAS 材料，具有耐高温、抗 H_2S 和 CO_2 腐蚀的特点，满足某井下工况要求。封隔器上部配套的插入密封总成，可实现管柱丢手与对接，以方便后期修井工艺需要。封隔器下部配有磨铣延伸筒，以配合专用磨

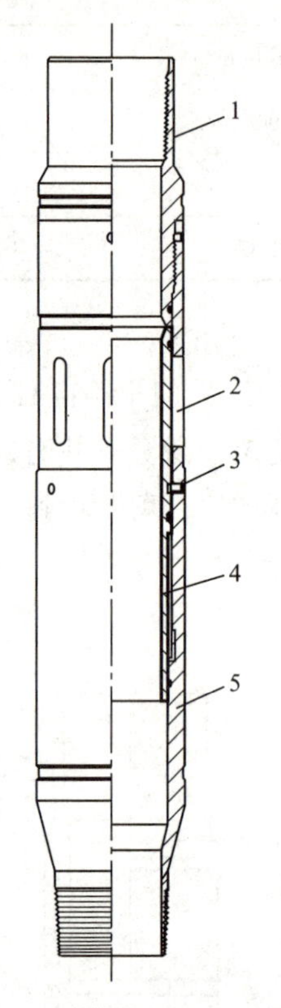

图 1–1–32　压差滑套示意图

1—上接头；2—压裂孔；3—销钉；4—衬套；5—本体

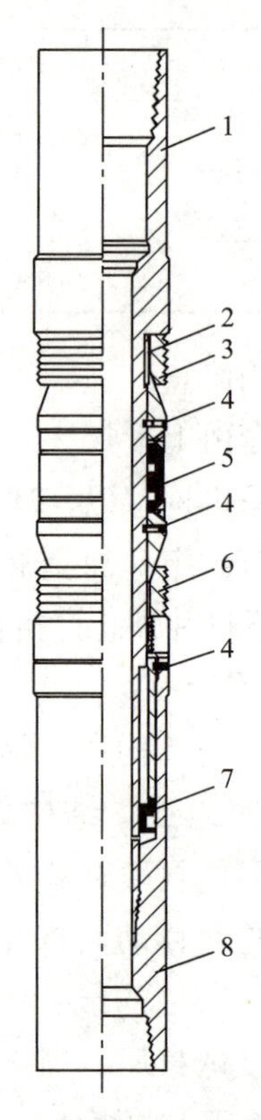

图 1–1–33　永久式封隔器示意图

1—封隔器本体；2—锁键；3—上卡瓦；4—剪切销钉；5—密封胶筒；6—下卡瓦；7—活塞；8—下接头

铣工具，可使封隔器在磨铣后回收下部管柱。表 1–1–20 是三种用于 Φ177.8mm 套管、耐压等级 70MPa（10000psi）封隔器规格尺寸。

表 1-1-20　封隔器技术规格尺寸

序号	型号	最大外径 /mm	最小内径 /mm	长度 /m
1	SAB–3	138.89	82.55	1.56
2	MHR	144.45	80.52	1.806
3	UltraPak HU	144.45	82.55	1.56

2）悬挂封隔器

悬挂封隔器具有悬挂分段管柱和回接生产管柱的作用。悬挂封隔器采用双向卡瓦机构，坐封后具有较大的管柱锚定力，结构如图 1–1–34 所示。封隔器上部配套的插入密封总成，可实现管柱丢手与对接。本体内径 98.4mm，VAM TOP 气密封扣，Inconel 718 材质，密封胶筒采用 AFLAS 材料。

3）分段封隔器

分段封隔器实现对产层分段，满足水平井分段酸压需要。分段封隔器通过投球憋压坐封，结构如图1-1-35所示。本体内径61.6mm，VAM TOP气密封扣，Inconel 718材质，密封胶筒为AFLAS材料。根据封隔器胶筒膨胀能力及井径，某气田裸眼水平井采用扩张式分段封隔器，套管水平井采用液压式分段封隔器。

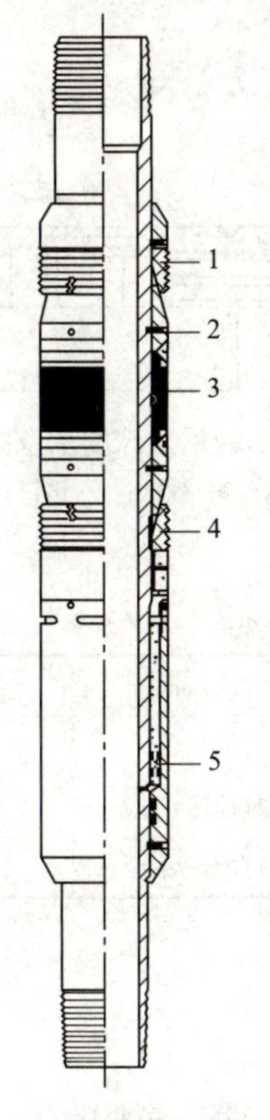

图1-1-34 悬挂封隔器示意图

1—上卡瓦；2—剪切销钉；3—密封胶筒；
4—下卡瓦；5—活塞

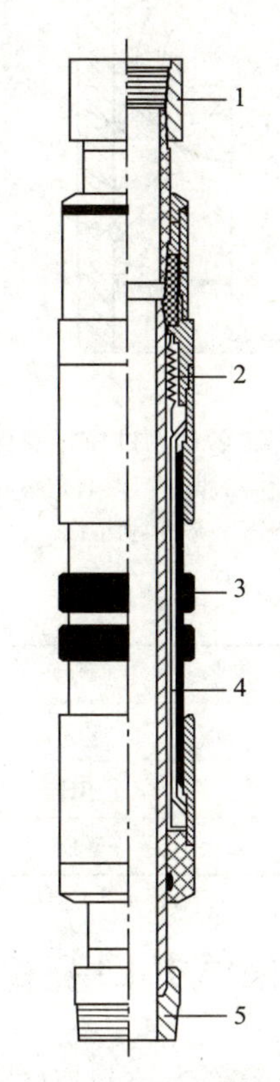

图1-1-35 分段封隔器示意图

1—上接头；2—弹簧；3—密封胶筒；
4—本体；5—下接头

4. 球座

球座是液压封隔器坐封时的配套工具，设计在封隔器以下。球座主要由本体、球、座和销钉组成。封隔器坐封时，向油管中投球，球坐落在球座上面，油管加压至坐封压力，封隔器坐封，继续加压，剪断销钉，球掉入井底。某气田气井完井管柱使用的球座有两种，即剪切型球座和棘爪型球座（图1-1-36、图1-1-37）。剪切型球座一般安装于管柱底部，其特点是销钉被剪切后，球和座一起掉入井底，适用于直井和大斜度井；棘爪型球座下端可以连接油管，其特点是打压后棘爪下移并张开，球落入井底，适用于水平井。表1-1-21是三种与Φ88.9mm油管匹配、耐压等级70MPa（10000psi）的剪切型球座规格尺寸。

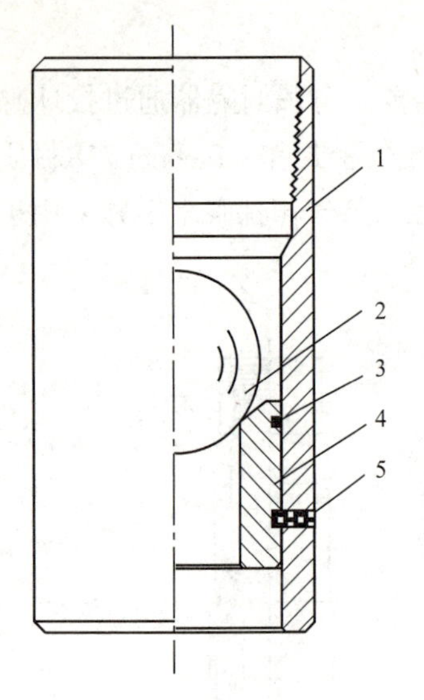

图 1-1-36　剪切型球座示意图

1—球座主体；2—剪切球；3—O 形密封圈；4—球座；5—剪切销钉

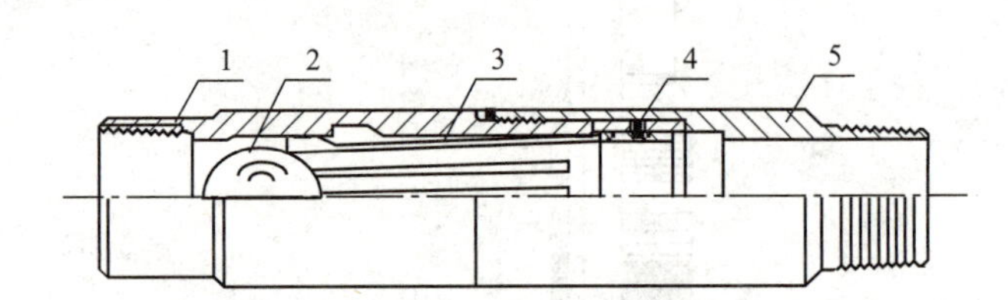

图 1-1-37　棘爪型球座示意图

1—上接头；2—剪切球；3—棘爪；4—销钉；5—下接头

表 1-1-21　剪切型球座规格尺寸

序号	型号	最大外径 /mm	最小内径 /mm	长度 /m
1	$3^1/_2$in	114.3	68.58（打掉球后）	—
2	RH	108.46	66.04（打掉球后）	0.281
3	WFT	114.55	76.07（打掉球后）	0.3

六、采气井口装置

井口装置作为控制流体方向、压力、流量的关键装备，具有重要的生产控制和安全控制作用。某气田天然气组分中含有高浓度的 H_2S、CO_2，井口装置不仅要具备抗腐蚀性能，还应具备防止 H_2S 泄漏和监测控制的功能，因此，某气田井口装置的材质选择、技术参数、结构性能、功能配套及生产维护至关重要。

1. 采气井口参数

采气井口装置选择主要依据气井地层压力、最高井口关井压力、井口施工压力、流体性质、温度等参数和工况来确定。某气田 H_2S 平均含量为 15.16%，CO_2 平均含量为 8.64%，地层压力为 55~79.7MPa，最高井口关井压力为 45MPa，预测酸压施工井口压力为 50~95MPa，井口最高温度为 80℃，结合某气田地面环境，参照 API 6A、NACE MR-0175/ISO 15156 等标准，确定采气井口装置的主要技术参数：

额定工作压力：70MPa（10000psi）、105MPa（15000psi）

材料级别：HH

规范级别：PSL-3G（选择流程如图 1-1-38 所示）

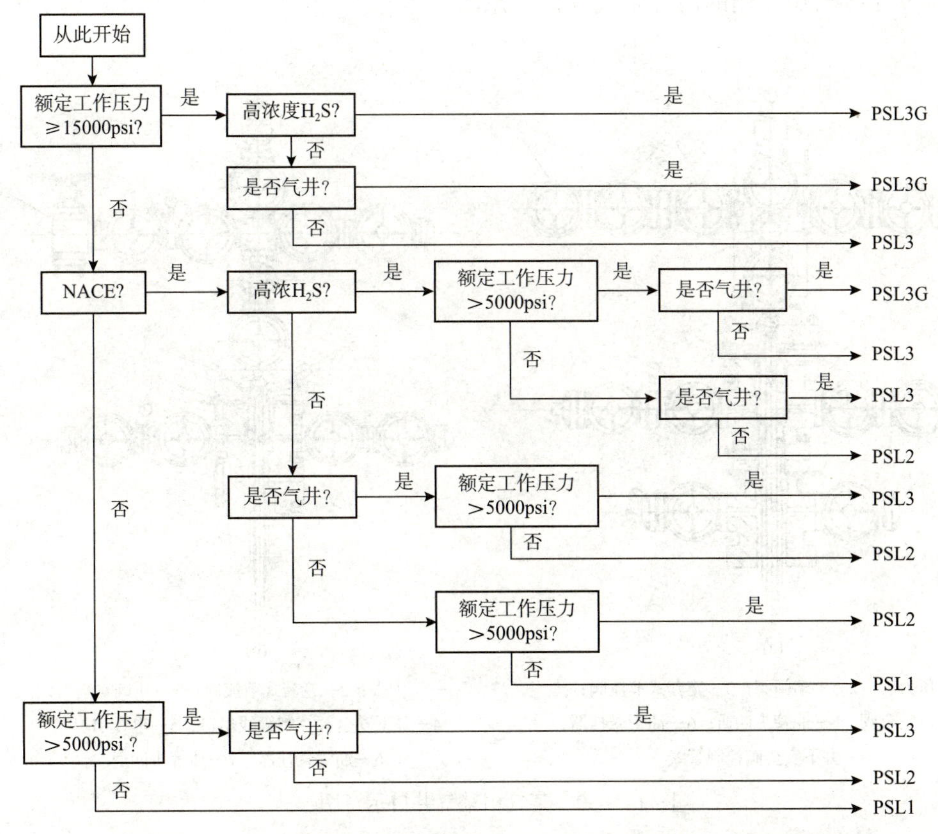

图 1-1-38 API 推荐的井口和采油树主要部件的产品规范与等级流程图

性能级别：PR2

温度级别：P-U（-18~121℃）

2. 采气井口结构及特点

1）采气井口结构形式

采气井口主要有十字形、Y 形和整体式井口等结构形式。十字形井口分单翼和双翼两种，在主通径上安装井口安全阀，以适用气井的安全控制、生产和施工需要。双翼井口有利于酸压增产措施排液。Y 形井口采用整体锻造，漏点少，抗冲蚀能力强。整体式井口由一个锻件制成本体，多阀组成一体，井口高度低，占用空间少，减少了潜在的泄漏通道，提高了气井的安全性。

为了满足气井安全生产、增产措施的需要，并便于生产维护和井口维修，某气田采气井口设计为十字形双翼双阀结构。主通径上配一个液动安全阀，可用于气井紧急手动或自动关井。井口采气树帽采用法兰连接，用于生产测井、钢丝作业及其他井筒处理措施时防喷装置的安装和操作。两侧翼各配置两只平板闸阀，以满足投产作业、生产、维护的需要，并在一翼设置了仪表法兰，用于安装压力、温度传感器，以便获取井口生产数据及实现数据远程传输。末端安装笼套式节流阀，达到井口节流和调节产量的目的。

图 1-1-39 是某气田使用的两种采气井口示意图。

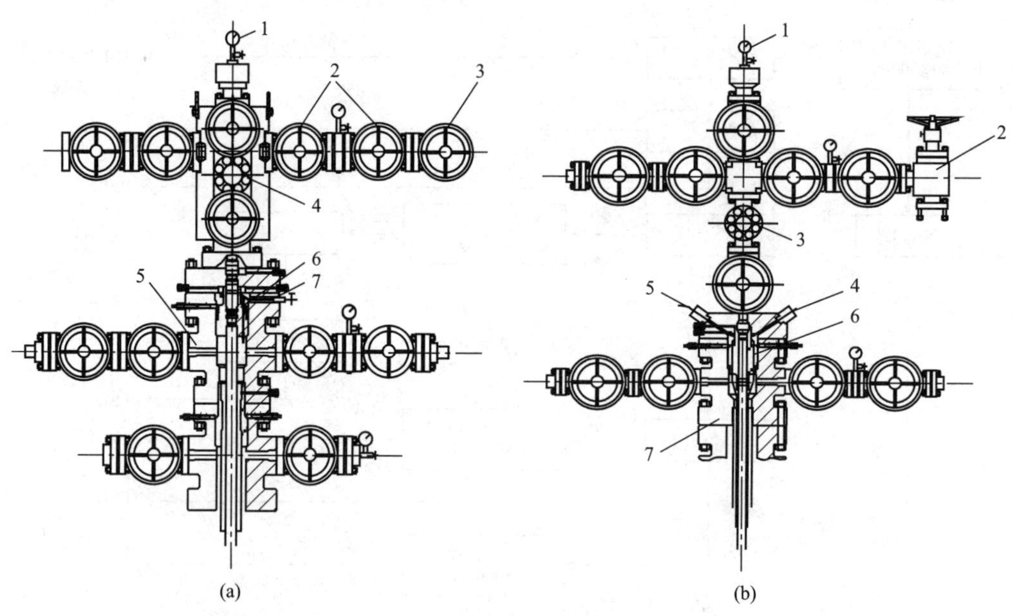

1—压力表；2—手动闸阀；3—笼套式节流阀；
4—井口安全阀；5—油管头四通；6—油管悬挂器；
7—井下安全阀控制管线

1—压力表；2—笼套式节流阀；3—井口安全阀；
4—井下安全阀控制管线出口；5—电缆出口；
6—油管悬挂器；7—油管头四通

图 1-1-39　某气田采气井口示意图

根据某气田单井日产气量差异大的特点，选择不同规格参数的井口以满足不同气井生产的需要。对于单井配产在 $100\times10^4\text{m}^3/\text{d}$ 以上的气井，选择 103.19mm（$4^1/_{16}$in）主翼通径；对于单井配产在 $100\times10^4\text{m}^3/\text{d}$ 以下的气井，选择 77.79mm（$3^1/_{16}$in）主翼通径。针对某气田丛式井布井特点和井场安全控制的需要，配套了两井和三井井组安全控制系统。

2）采气井口技术特点

（1）采气井口整体材料等级为 HH 级，具有耐高低温、抗冲损、抗 H_2S 及 CO_2 腐蚀的性能。本体与流体接触部位采用堆焊 Inconel 625 镍基合金，堆焊厚度 3.2mm；密封钢圈为 Incoloy 825 镍基合金；油管悬挂器及阀杆、阀座、阀板材料均为 Inconel 718 镍基合金。

（2）井口安装液动安全阀，具有紧急关井功能，并具有剪断钢丝和电缆的能力。液动安全阀采用失效关闭设计，能够保证在异常情况下迅速关井。执行器与阀体腔隔断，当阀杆有泄漏时，泄漏气体不会窜入执行器内，保证了执行器的性能稳定。液动安全阀与井组控制系统相连，具有与场站乃至气田的联锁控制功能，能够保证在出现 H_2S 浓度超标等应急响应时接受控制系统的指令，实现关井功能。

（3）井口安装的数据传输系统可实现井口压力、温度等数据实时监测与数据远传，以便随时掌控井口生产动态。

（4）井口的结构形式和选用的阀件保证安装、作业和维修的简便。双翼结构可保证完井作业过程中洗压井、酸压、放喷试气等作业时流程连接施工便利。双阀结构可进行不停产更换闸阀。闸阀阀杆具有背密封功能，可带压更换阀杆密封盘根和其他零件。笼套式节流阀笼套采用硬质合金，抗腐蚀性更高；压力平衡杆及止推轴承降低了执行器扭矩，减小了阀杆的负载，操作扭矩小。

（5）独特的密封形式保证井口具有可靠的高压气密封性能。在采气井口的关键部位，如套管悬挂器脖颈、油管悬挂器脖颈、油管悬挂器本体与油管四通之间均采用金属密封；井口各法兰之间采用镍基合金材质钢圈密封；井下安全阀液控管线与井口各部件之间的穿越采用卡套金属密封。

3. 井口安全控制系统

某气田采用丛式井组开发，每个井场安装一套井口安全控制系统，以确保遇到火灾或爆炸、H_2S 含量超标等异常情况时实现对单井或丛式井组的紧急自动关断。井口安全控制系统与场站控制系统联锁，能接受并响应来自场站控制系统的 ESD 紧急关断控制命令，既能实现就地关断，也能实现远程关断。

1）井口安全控制系统主要组成及功能

井口安全控制系统装置主要包括手电双功能泵、高低压先导阀、油箱、调压阀、氮气瓶、易熔塞、压力表、电磁阀、压力传感器、温度传感器等，如图 1–1–40 所示。

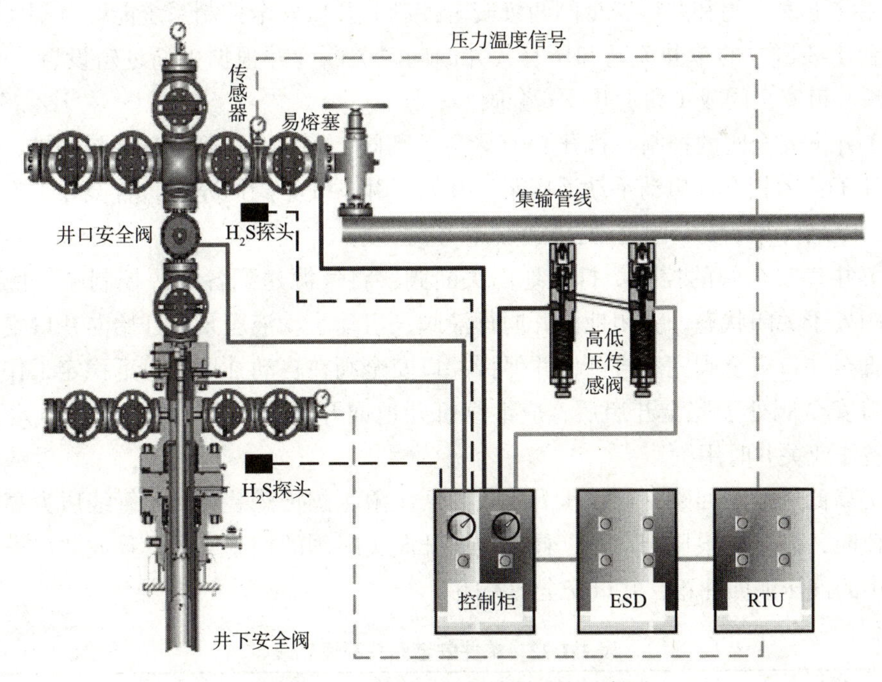

图 1–1–40　某气田地面控制系统示意图

针对现场和整个井场超高压、超低压、气体泄漏、火灾或地震、山洪等异常情况，安全控制系统装置能迅速发出报警信号，并能使井口、井下安全阀自动紧急关井（也可进行就地手动关井以及远程检测和控制），从而避免现场爆炸等重大危险事故的发生。井口安全控制系统具有以下功能和特点：

（1）井口控制系统在出现 H_2S 浓度超标或任何一井发生火灾时都能同时关闭单井或多井。

（2）能实现手动开关井功能。开井时，先打开井下安全阀，接着打开井口安全阀；关井时，先关闭井口安全阀，再关闭井下安全阀。完全关井时，井口安全阀和井下安全阀的先后关井时间在 0~60s 内可调节。

（3）每口井的井口安全阀和井下安全阀的液压控制回路能够实现完全相互独立的自动补压功能，以保持安全阀的正常开启。

（4）进行钢丝绳作业出现紧急情况需要关闭井口时，井口安全控制系统在关闭井口安全阀的同时产生较大剪切力，将井下作业的钢丝绳剪断，实现井口完全快速关闭。

（5）井口安全控制系统能够采集每口井的井口安全阀开关、井下安全阀开关和 ESD 远程关断状态、井口压力和井口温度信号、套管压力和套管温度信号，并传送至中控室。同时，也能接受中控室发出的远程信号，使井口关闭。

2）井口安全控制系统的工作原理和控制逻辑

（1）工作原理。井口安全控制系统由各气井单井控制系统组成，共用一个进气气源和供液箱，集中回油，各单井的 ESD 关断阀出口并联在一起。

采用井下安全阀和井口安全阀两级安全控制。井口安全控制系统能够分别实现对同一个平台 1~3 口井的单井关断和所有气井的同时关断，并根据关断逻辑设置（表 1–1–22）关断井口安全阀或（和）井下安全阀。

（2）井下安全阀的控制。打开 ESD 紧急关断阀，将气源送到各气源控制端，使井下安全阀处于关闭状态。启动手动液压泵，开始向井下安全阀内充压，直至井下安全阀完全打开，以维持井下安全阀自动补压状态下稳定工作。

（3）井口安全阀的控制。打开地面关断阀，将气源送到各气源控制端，使地面开向关闭阀处于关闭状态，关闭地面开向排液阀，启动手动液压泵，开始向井口安全阀内充压，直至井口安全阀完全打开，并保持井口安全阀在自动补压状态下稳定工作。作业时，井口安全阀处于完全开启后，应继续打开地面开向排液阀，接着打开气动泵驱动阀，以备作业关井时用。

（4）高低压控制回路。管线压力接入高低压限压阀传感装置，当管线压力高于或低于设定值时，高低压限压阀动作，释放地面开向关闭阀的控制气源，释放井口安全阀控制回路中的液压油回油箱，井口安全阀关闭。

表 1-1-22 单井安全阀关断逻辑表

关闭	自动控制动作			控制屏	切断时间 /s
控制方式	远程 ESD	易熔塞	高低压传感器	手动操作	
井口安全阀	√	√	√	√	15~60
井下安全阀	√	√	×	√	35~120

3）井口 ESD 关断联锁控制

井口 ESD 关断联锁控制由两部分组成：来自集气站站控系统的 ESD 紧急关断控制和井口安全控制系统就地 ESD 紧急关断控制。由于井口 ESD 关断联锁控制隶属于集气站站控 ESD 系统，一旦井口出现下列各种紧急情况，需要集气站站控系统进行统一的 ESD 关断联锁控制。

（1）井口发生火灾或爆炸。井口发生火灾或爆炸时，集气站站控系统向井口安全控制系统的 RTU 发出紧急关断控制信号，关闭井场全部生产井的地面和井下安全阀。

井口安全控制系统将地面、井下安全阀的阀位状态信号和易熔塞阀的阀状态信息自动发送给集气站站控系统。

（2）井口方井池内 H_2S 含量超标。当集气站站控系统检测到井口方井池内 H_2S 含量超标时，向井口安全控制系统的 RTU 发出紧急关断控制信号，关闭对应生产井的地面和井下安全阀。

井口安全控制系统将地面、井下安全阀的阀位状态信号自动发送给集气站站控系统。

（3）井口地面 H_2S 含量超标。当集气站站控系统检测到井口地面 H_2S 含量超标时，向井口安全控制系统的 RTU 发出紧急关断控制信号，关闭对应生产井的井口安全阀。

井口安全控制系统将地面、井下安全阀的阀位状态信号自动发送给集气站站控系统。

（4）井场可燃气体含量超标。当集气站站控系统检测到井场可燃气体含量超标时，向井口安全控制系统的 RTU 发出紧急关断控制信号，关闭井场全部生产井的井口安全阀。

井口安全控制系统将地面、井下安全阀的阀位状态信号自动发送给集气站站控系统。

4）井口安全控制系统与集气站站控系统的联锁

井口安全控制系统采用 RS485 接口、Modbus 传输协议，使用屏蔽双绞线进行信号的接收和数据的上传。可对中控室提供七个上传数据信号：井口压力和温度、套管压力和温度、井口及井下安全阀阀位状态信号与易熔塞状态信号，并可接受来自中控室的远传控制信号实现以下四种功能：单井井口安全阀关断、单井井下安全阀关断、全井场井口安全阀关断、全井场井下安全阀关断。

井口安全控制系统与集气站站控系统之间的关断信号采用硬线连接，进行井口安全控制系统与站控系统联锁控制。

第二节　集输工艺技术

一、地面集输工程设计

1. 设计原则

1）工程设计借鉴和采用国际先进标准

对于高含硫气田的开发，国内还没有相配套的规范和技术标准，应尽可能借鉴国外开发同类气田的经验，开展气田集输工艺设计、材质评选、腐蚀控制等方面的工作。在设计过程中可参考采用ISO标准、API标准、ASME标准等国际标准。

2）采用先进的集输工艺，保证系统安全、环保、经济运行

集输工艺的选择要根据气田的特点决定。国外常用的有干气输送、湿气输送（包括湿气混输、气水分输）。

高含硫天然气的干气输送一般采用分子筛脱水，高酸性天然气的干气输送，可有效提高输送过程的安全性。

集气管线采用气液混输工艺，可以实现气田污水的集中处理，有效解决集气站分离污水难于处理、维护费用高、环境污染等问题。

3）采用先进的设备及材料，适应气田开发需要

用于高含硫气田集输系统的设备管道材料必须采用符合ISO 15156《石油天然气工业——油气开采中用于含H_2S环境的材料》和ISO3183—3《石油天然气工业输送钢管交货技术条件第3部分：C级钢管》等国际标准的优质抗硫碳钢。

4）建立完善的腐蚀监测系统

高含硫气田集输系统的腐蚀是气田安全生产的大敌，要结合国外腐蚀领域发展的综合技术做好集输系统的防腐和在线腐蚀监测，确保高含硫集输系统的安全可靠。建立适应高含硫环境下的在线腐蚀监测系统。

5）建立完善的紧急截断系统，减少事故危害

可靠的紧急截断系统（ESD）可以在事故发生时有效地减少集输系统H_2S的泄漏量，降低由此造成的环境污染并大幅度减少人员伤害。所以高含硫气田的集输系统必须设置独立、与过程控制系统分开的的安全系统，确保紧急截断系统（ESD）安全可靠。

2. 集输工艺选择

高含硫气田在选择合理的集气工艺方案时，首先应尽可能简化集气工艺，减少站内气体泄漏；还应综合考虑环境保护因素，减少气田内废气、废水排放点，从而达到方便生产管理，提高集输工艺经济效益的目的。通过对国外高酸性气田开发情况的调研来看，净化厂靠近气田建设，气田集气采用湿气输送工艺是较为成熟的、经济的。因此，在气田集气工艺总流程设计时，应对天然气性质、气井产量、气井压力和温度、天然气中的含水量等基础资料进行综合分析和方案对比，确定气田采用干气输送工艺或湿气输送工艺、单井是否设置分离器等工艺方案。

二、干气输送技术

常用的天然气集输工艺分为干气输送和湿气输送两种，所谓干气输送是指原料气先经脱水处理后再集输，而湿气输送一般是指原料气仅在井口降压分离掉液相水后即进入集气管线。在集输过程中，由于操作压力和温度不断下降，天然气的露点也不断下降而析出冷凝水/凝析油。当气/液两相混输时，可能会因在管线内沉积液相水而导致严重的

管线内腐蚀和形成水合物堵塞等安全生产问题。为解决此问题，国外从20世纪60年代起又开发了湿气加热后以保温管线输送的工艺。迄今为止的理论与实践均表明，只要管线中没有液相水存在，高含硫原料气的湿气输送是安全的。当然，再辅以合理的管材选择、高效缓蚀剂和腐蚀监测设备的使用、定期清管排液等技术措施，可使安全生产进一步得到保障。

1. 干气输送工艺

干气输送工艺的优点是，不需采用伴热保温输送，管外径较小，埋深也无特殊要求，线路施工难度较小；线路压损较小，在地形起伏地区，压损远小于两相流动所引起的压损；无集气支线阀室；不需考虑管材腐蚀裕量，管材重量轻；清管频率及其操作费用低；集气干线不需加注缓蚀剂和醇，不设中间加热站，气田的经营费用少；高含硫气就地脱水提高了输气系统的安全性。干气输送工艺的缺点是，部分集气支线的管材和安装费用增加；集气站、脱水站的投资增加；对于高含硫气田，为处理污水，要在集气站就地打气田水回注井，投资较高；增加了废水、废气的排放点，不利于环保。

干气输送是指在气田内部建脱水装置，各井来气分离后进入脱水装置处理后再进计量装置，经脱水后的干天然气计量后经集气干线输往净化厂，使从集气站输至净化厂过程中天然气无凝析液产生，管线内腐蚀也可得到解决。

2. 脱水工艺

为了实现原料气的干气输送，必须在集气站对高含硫天然气进行脱水处理。可选的脱水工艺有低温分离、固体吸附和溶剂吸收三种方法。

1）低温分离脱水工艺

低温分离法一般用于气藏地层压力的天然能量充足的气田，利用在节流过程中的J–T效应，天然气经过节流后在低温条件下进行分离，分离凝液后的天然气经过换热升温后外输。低温分离工艺可使分离后的天然气露点达到–25~–5℃，远低于输送条件下环境温度。由于外输管道的最低温度高于分离温度，在管道中不会再产生凝液，实现天然气的干式输送。

低温分离工艺应用于含凝析油的天然气脱水，可以使烃 / 水露点一次分离达到外输要求。

低温分离工艺必须核算分离条件下水合物形成的可能性，并根据水合物形成的条件加注水合物抑制剂。

不带外冷源的节流低温分离工艺流程如图1–2–1所示。

在井口可利用的压力能充足的条件下，优先选用不带外冷源的节流低温分离工艺。当气田开发后期依靠井口压力节流不足以产生足够的低温时，可以外加辅助冷源保证分离温度。

2）三甘醇脱水工艺

溶剂吸收法是利用脱水溶剂的良好吸水性能，通过在接触器或者吸收塔内天然气与溶剂逆流接触进行气、液传质以脱除天然气中的水分。脱水剂中甘醇类化合物应用最为

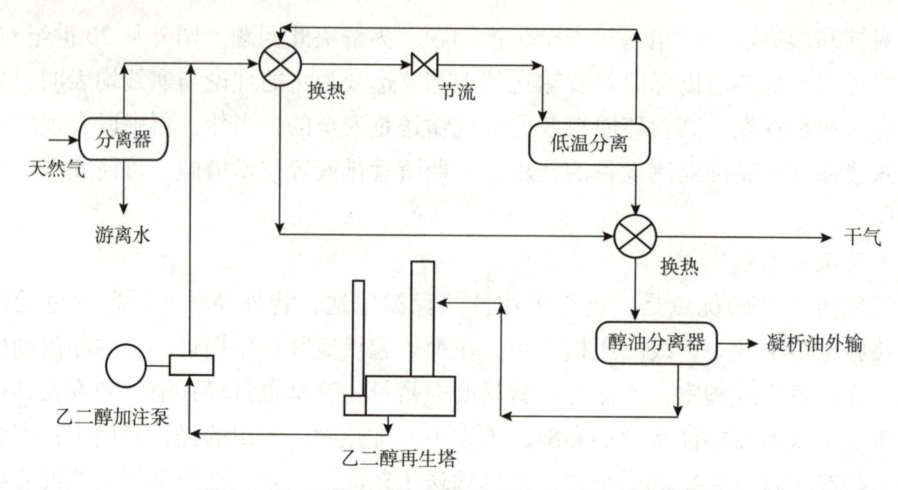

图 1-2-1　不带外冷源的节流低温分离工艺流程图

广泛，其中三甘醇（TEG）溶剂为最佳。TEG 在操作条件下性质稳定，吸湿性高，容易再生，蒸气压低，气态携带损失小。TEG 脱水可使天然气的露点达到 -20~-5℃，于输送条件下的环境温度。

此工艺流程由高压吸收和低压再生两部分组成（图 1-2-2）。原料气先经吸收塔外和塔内的分离器（洗涤器）除去游离水、液烃和固体杂质，如果杂质过多，还要采用过滤分离器。由吸收塔内分离器分出的气体进入吸收段底部，与向下流过各层塔板或填料的甘醇溶液逆流接触，使气体中的水蒸气被甘醇溶液吸收。离开吸收塔的干气经气体 / 贫甘醇换热器先使贫甘醇进一步冷却，然后进入管道外输。

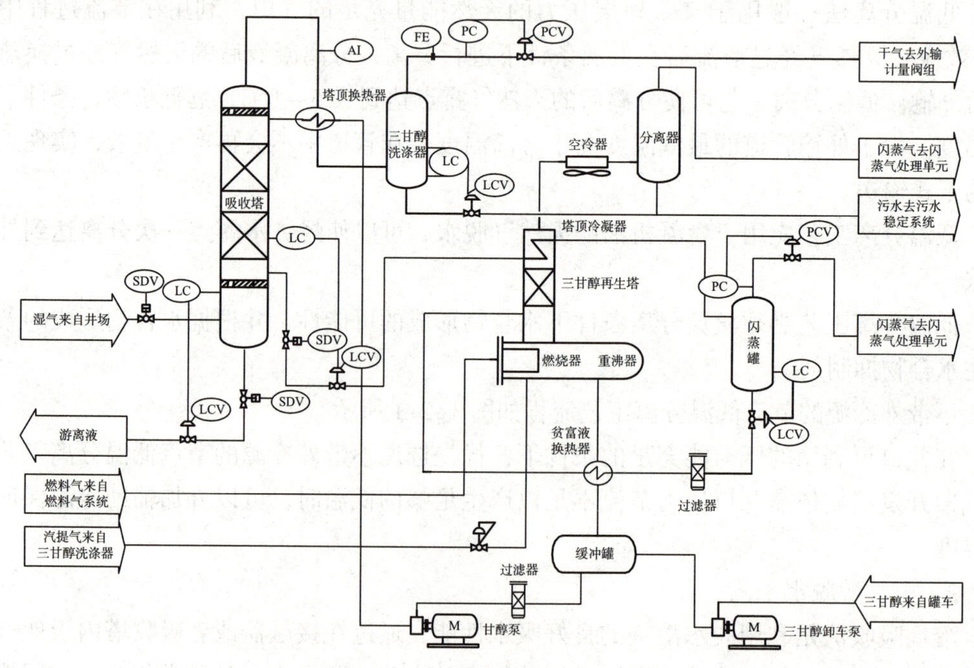

图 1-2-2　三甘醇脱水工艺流程图

吸收了气体中水蒸气的甘醇富液（富甘醇）从吸收塔下侧流出，先经高压过滤器除去原料气带入富液中的固体杂质，再经再生塔顶回流冷凝器及贫 / 富甘醇换热器（贫甘醇换热器）预热后进入闪蒸罐（闪蒸分离器），分出被富甘醇吸收的烃类气体（闪蒸气）。此气体一般可以作为本装置燃料，但含硫闪蒸气则应灼烧后放空。从闪蒸罐底部流出的富甘醇经过纤维过滤器（滤布过滤器、固体过滤器）和活性炭过滤器，除去其中的固、液杂质后，再经贫 / 富甘醇换热器进一步预热后进入再生塔精馏柱。从精馏柱流入重沸器的甘醇溶液被加热到 177~204℃，通过再生脱除所吸收的水蒸气后成为贫甘醇。

为使再生后的贫甘醇液浓度在 99% 以上，通常还需向重沸器或重沸器与缓冲罐之间的贫液汽提柱中通入汽提气，即采用汽提法再生。再生好的热贫甘醇先经贫 / 富甘醇换热器冷却，再由甘醇泵加压并经气体 / 贫甘醇换热器进一步冷却后进入吸收塔顶循环使用。出 TEG 吸收塔的干气露点与 TEG 的浓度、吸收塔操作温度的关系如图 1–2–3 所示，汽提气与 TEG 再生浓度的关系如图 1–2–4 所示。

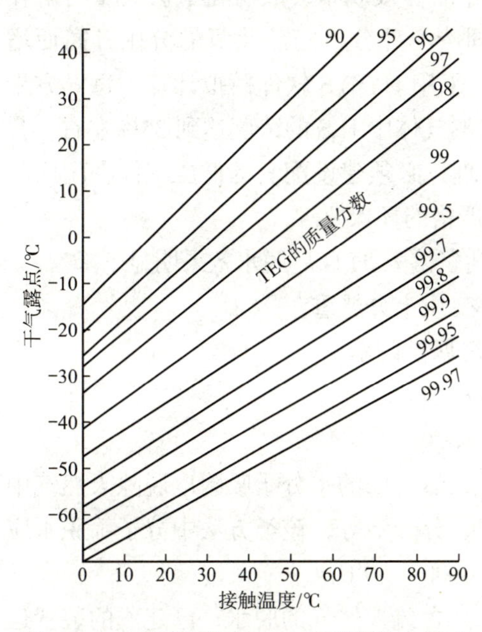

图 1–2–3 与不同浓度 TEG 相平衡的水露点

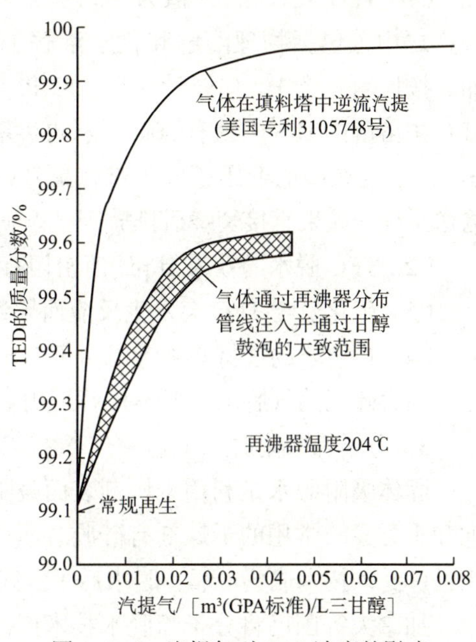

图 1–2–4 汽提气对 TEG 浓度的影响

脱除每千克水所需要的 TEG 循环量大约在 17~42kg 之间。TEG 的循环量还和贫 TEG 的浓度以及要求的露点降有关。

图 1–2–5 为实际塔板数分别为 4、6、8 时的贫 TEG 加注量与露点降低程度的关系。

质量分数吸收法是目前天然气工业中普遍采用的脱水方法，应用该法脱水后，天然气水露点完全能够满足脱水装置外输天然气要求，工艺成熟可靠。

它的优点：TEG 在操作条件下性质稳定，吸湿性高，容易再生，蒸汽压低，气态携带损失小，质量分数使用寿命长，成本低；缺点是：干气露点不能满足深冷回收轻烃凝

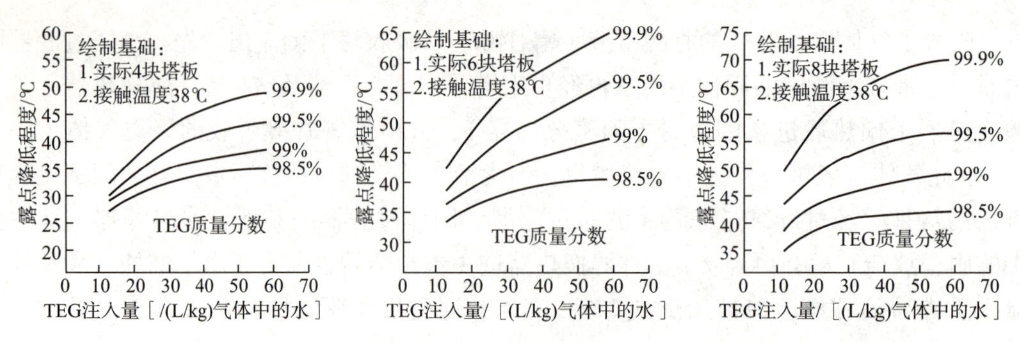

图 1-2-5 在不同 TEG 注入量条件下露点的降低程度

液的要求，原料气中有轻质油时，会有一定的发泡倾向，破坏吸收，装置投资和操作费用高。

对于高含硫天然气而言，如采用 TEG 吸收法脱水，将存在以下一系列难以解决的问题：

（1）TEG 大致在 pH 值为 8.5 的碱性条件下才能有效脱水，故硫化氢会大量溶解在 TEG 之中（包括物理溶解和化学溶解），且物理溶解部分将随硫化氢的分压升高而增加。按原料气含 H_2S15%计，在 9.5MPa 下脱水，采用 HYSYS 软件模拟计算，每立方米 TEG 中溶解的 H_2S 大约有 80kg，从再生塔顶排出的气体中 H_2S 的浓度达到 35%左右。含 H_2S 浓度这么高的低压废气很难在集气站进行处理，必须建设配套的低压气体密闭回收输送系统，如果直接焚烧后排放则难以满足日益严格的环保要求。

（2）TEG 脱水的效果与 pH 值密切有关，硫化氢溶入 TEG 后脱水效果明显下降。

（3）硫化氢与 TEG 会发生反应而导致的降解变质十分严重。

（4）再生塔的选材必须考虑由于 H_2S 导致的塔腐蚀问题。

高含硫天然气脱水一般不推荐采用 TEG 吸收法。

3）分子筛吸附脱水工艺

固体吸附脱水是利用干燥剂表面吸附力将湿天然气中的水分子吸附以脱除天然气中饱和水方案。常用的干燥剂有硅胶、活性氧化铝、分子筛等，该类方法中分子筛脱水应用最广泛，技术成熟可靠，脱水后干气露点可达 -100~-60℃。

加拿大等国已将分子筛脱水技术广泛应用于高含硫天然气的脱水，已建成的装置运行情况良好。随着对安全和环保的日益重视，国外近期建成的高含硫脱水装置基本均为分子筛脱水。

（1）分子筛的选择。常用分子筛的性能及用途见表 1-2-1。

用于高含硫天然气脱水必须选用耐酸分子筛。

（2）分子筛脱水工艺流程。典型的分子筛脱水两塔流程如图 1-2-6 所示。

干燥塔采用固定床结构，两塔切换操作，一台工作时（上进下出），另外一台进行再生、冷吹（下井上出）。

表 1-2-1 常用分子筛的性能及用途

分子筛型号	3A		4A		5A		10X		13X	
形状	条	球	条	球	条	球	条	球	条	球
孔径 /10^{-1}nm	~3	~3	~4	~4	~5	~5	~8	~8	~10	~10
堆积密度 /（g/L）	≥650	≥700	≥660	≥700	≥640	≥700	≥650	≥700	≥640	≥700
压碎强度 /N	20~70	20~80	20~80	20~80	20~55	20~80	30~50	20~70	45~70	30~50
磨耗率 /%	0.2~0.5	0.2~0.5	0.2~0.4	0.2~0.4	0.2~0.4	0.2~0.4	≤0.3	≤0.3	0.2~0.4	0.2~0.4
平衡湿容量 /%	≥20.0	≥20.0	≥22.0	≥21.5	≥22.0	≥24.0	≥24.0	≥24.0	≥28.5	≥28.5
吸附热 /（kJ/kg）	4190	4190	4190	4190	4190	4190	4190	4190	4190	4190
吸附分子	直径 <0.3nm 的分子，如 H_2O、NH_3、CH_3OH 等		直径 <0.4nm 的分子，如 C_2H_5OH、H_2S、CO_2、SO_2、C_2H_4、C_2H_6 和 C_3H_6		直径 <0.5nm 的分子，如表左侧各分子、C_3H_8、nC_4H_{10}~$C_{22}H_{46}$、nC_4H_9OH 及更大的醇类分子		直径 <0.5nm 的分子，如表左侧各分子及异构烷烃、烯烃及苯		直径 <0.5nm 的分子，如表左侧各分子及二正丙基胺	
排除分子	直径 >0.3nm 的分子，如 C_2H_6		直径 >0.4nm 的分子，如 C_3H_8		直径 >0.5nm 的分子，如异构化合物及四碳环状化合物		二正丁基胺及更大分子		三正丁基胺及更大分子	
用途	不饱和烃如裂解气、丙烯、丁二烯、乙炔干燥；极性液体如甲醇、乙醇干燥		空气、天然气、专用气体、稀有气体、溶剂、烷烃、制冷剂等气体或液体的深度干燥		天然气干燥、脱硫、脱 CO_2；PSA（N_2/H_2）分离、H_2 提纯；正构烷烃分离、脱硫、脱 CO_2		芳烃分离；脱有机硫		原料气净化（同时脱除水及 CO_2）；天然气、LPG、液烃的干燥、脱硫（脱除 H_2S 和 RSH）；一般气体干燥	

注：表中数据取自锦中分子筛有限公司产品资料。

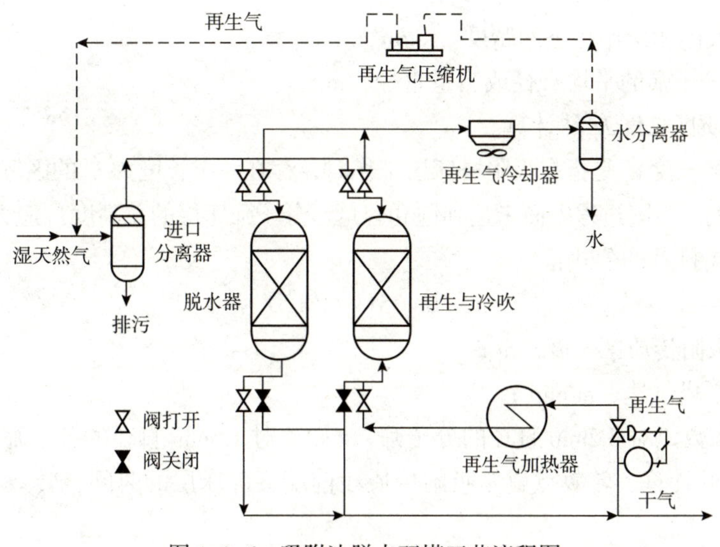

图 1-2-6 吸附法脱水双塔工艺流程图

分子筛脱水的再生，气可以采用脱水之后的干气，也可以是未脱水原料天然气。对于高含硫天然气脱水，其再生气的 H_2S 含量较高不能作为燃料气，再生气通常需要经过冷却分离后再增压返回到原料天然气进行再次脱水。

若使用湿气再生，可通过流程优化利用原料天然气自身的压力返回至脱水塔前的原料天然气中；而使用干气作为再生气，再生气则需由压缩机增压后返回至原料气中。再生气量一般为原料气量的 5% ~10%。

（3）分子筛吸附塔的设计计算。

①吸附周期的确定。对于两塔流程，操作周期一般为 8~24h，通常取 8~12h。如果要求干气露点较低，脱水周期应短一些。此外，压力低，水含量高的天然气脱水周期也不宜大于 8h。两塔流程中再生周期中加热的时间约是再生时间的 65%左右，对于 8h 切换周期吸附塔，再生时间的分配大致是：加热 4.5h，冷却 3h，备用和切换时间 0.5h。

②吸附塔直径计算。吸附塔直径取决于适宜的空塔流速和适当的高径比。空塔气速按照以下半经验公式计算：

$$D=\sqrt{\frac{4V_s}{\pi w_0}} \tag{1-2-1}$$

$$w_0=\frac{\sqrt{C\rho_b\rho_g D_p}}{\rho_g} \tag{1-2-2}$$

式中 D——吸附塔直径，m；

V_s——操作状态下天然气的流量，m^3/s；

w_0——空塔气速，m/s；

C——系数，气体从上向下流，C=0.25~0.32，气体从下向上流，C=0.167；

ρ_b——分子筛堆积密度，kg/m^3；

ρ_g——气体在操作状态的密度，kg/m^3；

D_p——分子筛的平均直径或当量直径，m。

③吸附传质区长度 h_z 的计算。

吸附传质区长度 h_z 是指在吸附塔床层工作时，存在一个长度为 h_z 的区域，在这段区域内，分子筛正处于吸附过程中而未达到饱和容量。分子筛床层的总高度 h_T 应大于 2 倍的 h_z。

根据 GPSA 推荐的公式：

$$h_z=0.435(V_o/35)^{0.3}Z \tag{1-2-3}$$

式中 h_z——吸附传质区长度，m；

V_o——空塔气速，m/min；

Z——系数，对 3.2mm 直径的分子筛，Z=3.4 对 1.6mm 直径的分子筛，Z=1.7。

④转效点的计算。转效点就是吸附传质段前端突破床层的时间，转效点必须大于操作周期。

$$\theta_B=0.01X\rho_b h_T/q \tag{1-2-4}$$

式中 θ_B——达到转效点的时间，h；

X——分子筛的有效吸附容量，%；

ρ_b——分子筛堆积密度，kg/m^3；

h_T——分子筛床层的总高度，m；

q——床层截面积的水负荷，$kg/(m^2 \cdot h)$。

⑤气体通过床层的压降。可以根据 GPSA 推荐的 Ergen 公式计算：

$$\Delta P=h_T(B\mu V_o+C\rho_g V_o^2) \tag{1-2-5}$$

式中 ΔP——压降，kPa；

B，C——系数，按照表 1-2-2 取值；

其他符号意义同前。

表 1-2-2 系数 B、C 取值

分子筛	B	C
3mm、2mm 球形分子筛	4.155	0.00135
3mm、2mm 圆柱形分子筛	5.357	0.00188
1mm、6mm 球形分子筛	11.278	0.00207
1mm、6mm 圆柱形分子筛	17.60	0.00319

⑥分子筛的再生。分子筛吸附达到转效点后，需要进行再生。露点要求低时，尽可能采用干气再生，再生气的温度应达到 180~260 ℃，当再生气出吸附塔的温度达到 180~200 ℃时，并保持恒温 2h 后，再生完毕。

再生气量的计算：

$$\text{总的再生气量：} G=1.1Q/q_H$$

$$Q=Q_1+Q_2+Q_3+Q_4$$

$$Q_1=m_1c_{p1}(t_2-t_1)$$

$$Q_2=m_2c_{p2}(t_2-t_1)$$

$$Q_3=4186.8m_3$$

$$Q_4=m_4c_{p4}(t_2-t_1)$$

$$q_H=C_p[t_3-(t_2'-t_1)/2]$$

式中 G——再生气总量，kg；

Q——再生过程需要的总热量，kJ；

Q_1——加热分子筛需要的热量，kJ；

Q_2——加热吸附塔体钢材需要的热量，kJ；

Q_3——脱附吸附的水需要的热量，kJ；

Q_4——加热铺垫的瓷球需要的热量，kJ；

q_H——每千克再生气的放热量，kJ；

m_1，m_2，m_3，m_4——分子筛的质量，吸附塔筒体及附件钢材的质量，吸附水的质量和铺垫的瓷球质量，kg；

c_{p1}，c_{p2}，c_{p4}，c_p——分子筛的比定压热容，钢材的比定压热容，瓷球的比定压热容和天然气的比定压热容，kJ/（kg·℃）；

t_1——吸附塔吸附操作温度，℃；

t_2——再生结束时再生气进出口平均温度，℃；

t_2'——再生结束时再生气进口温度，℃；

t_3——再生气进吸附塔的温度，℃。

冷吹气的用量计算：

冷吹时，冷吹气携带走的热量只包括分子筛冷却的热量 Q_1，冷却吸附塔筒体及附件钢材的热量 Q_2，以及冷却瓷球的热量 Q_4。

计算步骤同加热过程一样。

4）高含硫天然气分子筛脱水

对于高含硫天然气采用分子筛脱水，在系统有压力能可利用的条件下尽可能使用湿气作为再生气，装置可节约一台压缩机，能耗也较小但脱水深度相对较低。

在气田集输系统中使用分子筛脱水仅仅是为了满足输送过程的需要，所以水露点的要求不高，一般不低于－60℃就可以了。

如果使用高压吸附，降压再生，在切换过程中要控制升压与降压的速度，一般不宜超过 0.3MPa/min。

高含硫化氢分子筛脱水系统通常在再生气冷却器进口处要加注溶硫剂以防止元素硫在冷却器中沉积导致堵塞。

脱水装置分离出来的污水中含有 H_2S，甲醇，缓蚀剂等化学药剂。再生气冷却分离出来的污水中溶解有大量的 H_2S，必须密闭储存。这些污水应通过集中处理后回注地层，防止对地表水源产生污染。

三、湿气输送技术

1. 湿气输送工艺

湿气输送工艺的优点是，可节省部分集气支线的管材和安装费用；节约集气站、脱水站的投资；沿途无废水废气排放，有利于环保；减少因脱水而消耗的压力损失。湿气输送工艺的缺点是，对于高含硫气的远距离湿气输送而言，输气系统的安全风险较大；集气支线和集气干线均需采用伴热保温输送，施工难度较大，集气干线沿线要设置注醇、加热泵站，站址选择受地理条件制约，难度较大；对于地形起伏较大的地区，气水混输的两相流压力损失较大，增大了井口回压，使系统的设计压力提高，导致管材和设备费用增加；集气干线需考虑腐蚀裕量，长距离输送管道的投资增加较大；沿线需加注缓蚀剂、醇并增设中间加热站，长期经营费用较高。

气田管网的布置无论是枝状还是放射状，无论采用干气输送工艺还是湿气输送工艺，都是根据气田构造形状、地面地形地貌、集气干线相对关系和投资额来决定。一般情况下，湿气输送减少了气田脱水站的建设投资和操作费用，经济性较好。在管道输送距离较短，地形起伏不大，脱硫厂距离气田很近的情况下，宜采用湿气输送工艺。

湿气输送是指天然气不经过脱水处理，直接在水汽饱和条件下输送。由于在天然气输送过程中温度的下降，在管道中会产生凝结水 / 凝析油，由此会带来腐蚀，段塞流等问题。湿气输送又可分为湿气混输和湿气分输两种工艺。

1）湿气混输工艺

井口不设置分离器，井下采出的天然气和水、凝析油直接进入管道系统输送。采用混输集输工艺，井站设施简单，无生产分离器。集气管线采用气液混输工艺，其流程如图 1-2-7 所示。

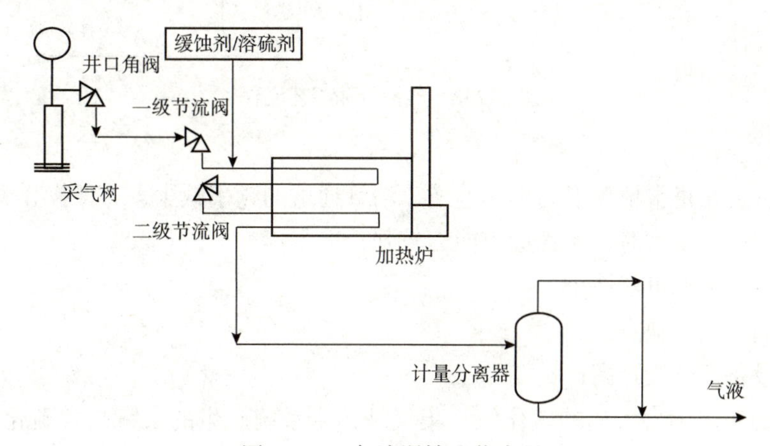

图 1-2-7　气液混输工艺流程

正常生产情况下，管道系统中产生的水 / 凝液，由天然气流直接夹带至末站，需要定期进行清管作业保持管道输送能力。加拿大在高含硫气田集输系统的短距离输送中通常采用这种工艺。为了防止管道系统中形成水合物堵塞管道，需要在井场设置加热炉，并且采用保温管道，使输送温度高于水合物形成温度。

由于输送管道中常年存在游离水，为了降低腐蚀速率保护管道，必须连续加注缓蚀剂。加拿大气田通常采用两种缓蚀剂，油溶性缓蚀剂和水溶性缓蚀剂；油溶性缓蚀剂用于管道内壁涂膜，一般情况下每 3 个月进行一次涂膜作业。水溶性缓蚀剂为连续加注，要求游离水中缓蚀剂的浓度要保持 1000ppm 以上。

井场必须设置水合物抑制剂的加注系统以保证管道系统的安全输送。湿气混输系统应进行段塞流分析，末站的分离器应能够承受段塞的冲击。

2）湿气分输工艺

在井场设置分离器，分离游离水和凝析液，分出的游离水和凝析液与天然气分别输送。与两相混输工艺相比，井场设备多了分离器、污水储罐和污水输送泵等设备。分输工艺的天然气属于饱和含水，在管道中仍然会有凝结水产生，为防止腐蚀和水合物的形成，输送管道仍然需要加热保温和加注缓蚀剂、水合物抑制剂，所以井场的其他的设备如加热炉、计量加药系统与混输工艺均无差别。污水可以通过车拉或管道输送到污水处理与回注站。气液分输工艺流程如图 1-2-8 所示。

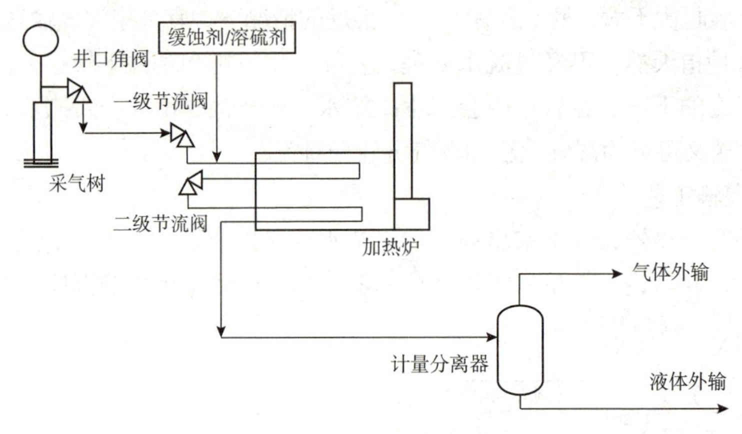

图 1-2-8　气液分输工艺流程

湿气分输工艺的优点：

①集输管道在正常情况下为单相输送，清管通球的频率减少，方便操作管理；

②采出地层水量大时，流程适应能力较强；

③形成段塞流的可能性小。

湿气分输工艺的缺点：

①站内设备多，投资高；

②分离的污水中含大量的硫化氢，集气站污水系统产生的大量高含硫化氢低压气必须回收处理；

③需要建设独立的污水输送管网，建设投资高。

2. 湿气输送辅助系统

从地层中开采的天然气都含有水蒸气，水蒸气在一定条件下会生成冷凝水、冰塞、水化物，在管输高酸性气体时，它将对管子产生强烈腐蚀。天然气水化物的形成会在井口截流阀等处造成冰堵，影响天然气井的正常开采。为了防止高压天然气在节流和输送过程中形成水合物，必须采取防止水合物形成的措施，通常采用天然气井口加热装置和加抑制剂防冻集输工艺，这是气田常用的两种成熟技术。

1）加热保温

高含 H_2S、CO_2 天然气田集输系统普遍采用的防冻加热设备为水套加热炉，天然气水化物的形成温度将直接影响水套加热炉的进出加热温度，从而影响水套加热炉的加热功率，影响水套加热炉的选型，直接影响工程投资。尤其对特高含硫气井，为保证安全，在选材上对高压盘管要求具有特高抗硫性能，要求供货商对材质的选择和加工制造应严格执行 SY/ T0599—1997《天然气地面设施抗硫化物应力开裂金属材料要求》的规定，水套加热炉造价较高，因此对特高含硫气井水套加热炉选型影响更大。

目前国内外常用的加热设备主要为水套加热炉和电热带。水套加热炉适用于热负荷波动范围较大的场合，且易于操作和控制，使用也比较安全，因而通常用于井口加热和长输管道加热输送。电热带则常用于集输系统的辅助加热中，优点是热效率高、发热均匀、温度控制准确、可实现远控及遥控、易于实现自动化管理、管理费用低、投资少。其缺点是功率小、电热丝寿命短、加热量偏小、不适用于大输量的野外埋地管道加热。

经分离后的天然气进入加热炉加热，在压力和水含量不变的情况下，加热后的天然气温度高于水合物的形成温度。输气管线采用保温处理，从而保证天然气输送管道沿线温度高于水合物形成温度。

2）水合物抑制剂

为了避免在低温分离过程中析出的冷凝水形成水合物堵塞系统，需要加注水合物抑制剂。常用的抑制剂为甲醇或乙二醇。

抑制剂的加注量可以用哈默施密特（Hammerschmidt）公式计算：

$$W=\frac{\Delta t\times M}{K+\Delta t\times M} \tag{1-2-6}$$

式中 W—— 抑制剂在液相水中的质量分数，%；

Δt —— 为防止水合物形成所需要的温度降，℃；

M —— 抑制剂的相对分子质量；

K —— 抑制剂常数，甲醇为 1297，乙二醇和二甘醇为 2220。

目前国内气田集输系统中最常用的水合物抑制剂是甲醇和乙二醇，二甘醇和三甘醇通常应用于脱水装置中。

水合物抑制剂的选用要根据气田特点、开发方式综合考虑。甲醇和乙二醇都可以有效地防治水合物冻堵现象的发生，相对而言，甲醇的解冻效果较好。

甲醇具有中等毒性，易挥发，通过呼吸道、食道侵入人体，对人中毒剂量为 5~10mL，致死剂量为 30mL，如果空气中含量达 39~65mg/m^3，人在 30~60min 内会出现中毒现象。使用甲醇必须采取可靠的安全措施。

甲醇可用于任何操作温度，故可适用于较低的温度场合，由于甲醇沸点低、蒸气压高，相当数量的甲醇会蒸发为气相，一般情况下喷注的甲醇蒸发到气相中的部分不再回收。回收液相甲醇在经济上并不合算，虽然甲醇价格相对便宜，但用量、损耗均较大。但液相水溶液如果不回收，废液的处理将是一个难题。所以对一个气田，如果甲醇的总消耗量较大，产生的甲醇水溶液量较多时，应该考虑回收再生。

对于常规天然气系统中回收的甲醇水溶液，只需要经汽提蒸馏后就可回收甲醇重复使用，由于从塔底排出的污水中仍然含有约 0.1%的甲醇，这部分污水必须进一步处理后回注地层。

但是对于高含硫气田集输系统中回收的甲醇，由于其中含有大量的 H_2S，首先必须采用惰性气体（如 N2）把溶解的 H_2S 气提出去，然后才能进入甲醇汽提回收装置。

由于甲醇是从汽提塔的顶部蒸出的，高矿化度的地层水从汽提塔底部排出，所以甲醇的循环使用不会导致矿物质在系统中的浓缩，因而甲醇作为抑制剂适用于有高矿化度地层水采出的气田。但由于采用惰性气体气提后的甲醇水溶液中仍然含有 300~500mg/L 的 H_2S，所以在甲醇汽提塔的设计时要充分考虑 H_2S 带来的腐蚀问题。

乙二醇无毒，沸点比甲醇高得多，蒸发损失量小，并具备甲醇相同的作用，防冻效果好，易于再生回收，可以重复使用。对于高产、不出地层水的气田集输系统，以及天然气低温分离系统应该优先选用乙二醇为水合物抑制剂。

由于乙二醇的再生是一个简单的浓缩过程，工艺过程以及操作控制相对甲醇再生要简单得多。但对于可能有高矿化度的地层水系统中，由于再生过程中由于矿物质的不断浓缩，易导致再生设备结垢堵塞。

所以对于井口出地层水的气田集输系统，应该考虑选用甲醇或者在井口设置采出水分离器，避免高矿化度的地层水与乙二醇溶液混合。

3）缓蚀剂加注

应该根据气质条件和地层水性质选择合适的缓蚀剂，连续加注的缓蚀剂推荐用量为：$57L/100 \times 10^4 m^3/d$。

在每个井的井口处进行连续缓蚀剂加注。加注位置分别设在单井出口 ESD 阀至井口加热炉之间，以及酸气管线出站发球筒前，并且都在甲醇注射位置之前。

每个站采用一套缓蚀剂加注系统，设备采用成套撬装，包括药剂罐、加注泵、可雾化喷头等。

4）清管工艺

清管工艺是保证管道安全运行的必要措施。

高含硫气田内部的整个集输管网必须采用全密闭式的清管流程方案，即各段管线的清管液体将从各首端输至末端，最后输至集气末站统一处理。通过清管作业清除管道中的积液、机械杂质等，确保输送管道畅通。

3. 集输管道阀室设置

在集气系统中，紧急截断阀室的作用是在管道爆破或泄漏后自动关闭事故管段，防止事故扩大。设置截断阀室数量的前提是，既要将整个系统的风险降到最低，又要尽可能地节约投资。

目前，国内对紧急截断阀室设置的规定主要是针对输气干线的，对于高含硫气田集气系统尚无相应的规定。

加拿大高含硫气田紧急截断阀室的设置距离是根据管道的地区类别及管内 H_2S 的体积来确定的，紧急截断阀室的距离最小不能小于 1km，一般都在 1~4km 范围内，其选择依据见表 1–2–3。

加拿大与我国的国情有很大不同，例如地广人稀，酸气管道可以很容易地避开人口密集区和城镇，而我国特别是四川省要这样做就很困难，因而在四川高含硫气田的开发中，应根据实际情况设置紧急截断阀室。

表 1-2-3 加拿大高含硫气田紧急截断阀室的设置依据

地区类别	人口密度 /（人 /km²）	设计安全系数	管内 H_2S 体积 /m³
1 类	≤10	0.72	>6000
2 类	10~46	0.6	2000~6000
3 类	>46	0.5	300~2000
4 类	四层以上楼房	0.4	<300

根据工程经过地区等级以及环评要求，确定管内可释放的H_2S的体积，再根据式（1-2-7）计算不同管径管线紧急截断阀室的设置距离。

$$\frac{\Pi}{4}\times D_0^{\ 2}\times L\times p_1\times C_0=V_{H_2S}\times p_0 \tag{1-2-7}$$

式中 D_0——酸气管线的内径，m；

L——紧急截断阀室的间距，m；

p_1——酸气管道的操作压力，MPa；

C_0——H_2S 的物质的量的浓度，mol/L；

V_{H_2S}——H_2S 的释放量，m³；

p_0——标况下的压，0.1MPa。

四、集输系统安全控制技术

气田集输通常采用以计算机为核心的监控与数据采集（Supervisory Control And Data Acquisition，SCADA）系统完成对管道、站点以及井口的监视、控制和管理。

1. 集输控制系统工程

1）概述

SCADA 系统通常由调度中心、站控系统、阀室控制系统、井口 RTU 等组成，当然，根据项目的规模和整个气田的具体地理位置的分布，也会有不同的组合，譬如没有单独的井口 RTU，设置多个调度中心互相备用等。

对于 SCADA 系统来说，其主要技术在于：通信网络、数据采集、数据归档。一般来讲，根据项目的重要程度，对通信网络和数据处理方面会有一定的冗余要求。对于高酸性气田来讲，由于其高危险性，因此对 SCADA 系统的可靠性的要求就非常高。

首先，通信网络通常应该设置主、备通信网络，目前主网络通常采用光纤，备用网络根据项目的具体情况就有多种方式：数传电台、扩频微波、卫星、公网等。

其次，对于高含硫气田，需要时刻关注其生产运行的状况，一方面要保证平稳运行，尽可能采集相近的数据以用于数据建模，更好地指导气田开发；另一方面也是为了能够及时地发现异常情况，做到防患于未然。因此，通常需要将实时数据库服务器与历史数据库服务器分开独立设置，同时分别冗余配置；历史数据服务器一般需要外挂冗余磁盘阵列（RAID），并配置磁带机周期性进行数据备份。

冗余磁盘阵列是用来保存重要数据的一种手段，目前已广泛应用于各种服务器系统中，主要有以下几种类型：

（1）RAID 0：即 Data Stripping 数据分条技术。RAID 0 可以把多块硬盘连成一个容量更大的硬盘群，可以提高磁盘的性能和吞吐量。RAID 0 没有冗余或错误修复能力，成本低，要求至少两个磁盘，一般只是在那些对数据安全性要求不高的情况下才被使用。

（2）RAID 1：RAID 1 称为磁盘镜像。把一个磁盘的数据镜像到另一个磁盘上，在不影响性能的情况下最大限度地保证系统的可靠性和可修复性，具有很高的数据冗余能力，但磁盘利用率为 50%，故成本最高，多用在保存关键性的重要数据的场合。RAID 1 有以下特点：

① RAID 1 的每一个磁盘都具有一个对应的镜像盘，任何时候数据都同步镜像，系统可以从一组镜像盘中的任何一个磁盘读取数据。

②磁盘所能使用的空间只有磁盘容量总和的一半，系统成本高。

③只要系统中任何一对镜像盘中至少有一块磁盘可以使用，甚至可以在一半数量的硬盘出现问题时系统都可以正常运行。

④出现硬盘故障的 RAID 系统不再可靠，应当及时地更换损坏的硬盘，否则剩余的镜像盘也出现问题，那么整个系统就会崩溃。

⑤更换新盘后原有数据会需要很长时间同步镜像，外界对数据的访问不会受到影响，只是这时整个系统的性能有所下降。

⑥ RAID 1 磁盘控制器的负载相当大，用多个磁盘控制器可以提高数据的安全性和可用性。

（3）RAID 0+1：把 RAID0 和 RAID1 技术结合起来，数据除分布在多个盘上外，每个盘都有其物理镜像盘，提供全冗余能力，允许一个以下磁盘故障，而不影响数据可用性，并具有快速读 / 写能力。RAID0+1 要在磁盘镜像中建立带区集至少 4 个硬盘。

（4）RAID 2：电脑在写入数据时在一个磁盘上保存数据的各个位，同时把一个数据不同的位运算得到的海明校验码保存在另一组磁盘上。海明码可以在数据发生错误的情况下将错误校正，以保证输出的正确。但海明码使用数据冗余技术，使得输出数据的速率取决于驱动器组中速度最慢的磁盘。RAID2 控制器的设计简单。

（5）RAID 3：带奇偶校验码的并行传送 RAID 3 使用一个专门的磁盘存放所有的校验数据，而在剩余的磁盘中创建带区集分散数据的读写操作。当在一个完好的 RAID 3 系统中读取数据时，只需要在数据存储盘中找到相应的数据块进行读取操作即可。但当向 RAID 3 写入数据时，必须计算与该数据块同处一个带区的所有数据块的校验值，并将新值重新写入到校验块中，这样无形会增加系统开销。当一块磁盘失效时，该磁盘上的所有数据块必须使用校验信息重新建立，如果所要读取的数据块正好位于已经损坏的磁盘，则必须同时读取同一带区中的所有其他数据块，并根据校验值重建丢失的数据，这使系统减慢。当更换了损坏的磁盘后，系统必须一个数据块一个数据块地重建坏盘中的数据，整个系统的性能会受到严重的影响。RAID 3 最大不足是校验盘很容易成为整个系统的瓶颈，对于经常大量写入操作的应用会导致整个 RAID 系统性能的下降。RAID 3 适合用于数据库和 WEB 服务器等。

（6）RAID 4：RAID4 即带奇偶校验码的独立磁盘结构，RAID4 和 RAID3 很像，它对数据的访问是按数据块进行的，也就是按磁盘进行的，每次是一个盘。RAID4 的特点和 RAID3 也挺像，不过在失败恢复时，它的难度可要比 RAID3 大得多，控制器的设计难度也要大许多，而且访问数据的效率不怎么好。

（7）RAID 5：RAID 5 把校验块分散到所有的数据盘中。RAID 5 使用了一种特殊的算法，可以计算出任何一个带区校验块的存放位置。这样就可以确保任何对校验块进行的读写操作都会在所有的 RAID 磁盘中进行均衡，从而消除了产生瓶颈的可能。RAID5 的读出效率很高，写入效率一般，块式的集体访问效率不错。RAID 5 提高了系统可靠性，但对数据传输的并行性解决不好，而且控制器的设计也相当困难。

（8）RAID 6：RAID 6 即带有两种分布存储的奇偶校验码的独立磁盘结构，它是对 RAID5 的扩展，主要是用于要求数据绝对不能出错的场合，使用了二种奇偶校验值，所以需要 N+2 个磁盘，同时对控制器的设计变得十分复杂，写入速度也不好，用于计算奇偶校验值和验证数据正确性所花费的时间比较多，造成了不必需的负载，很少人用。

（9）RAID 7：RAID 7 即优化的高速数据传送磁盘结构，它所有的 I/O 传送均是同步进行的，可以分别控制，这样提高了系统的并行性和系统访问数据的速度；每个磁盘都带有高速缓冲存储器，实时操作系统可以使用任何实时操作芯片，达到不同实时系统的需要。允许使用 SNMP 协议进行管理和监视，可以对校验区指定独立的传送信道以提高效率。可以连接多台主机，当多用户访问系统时，访问时间几乎接近于 0。但如果系统断电，在高速缓冲存储器内的数据就会全部丢失，因此需要和 UPS 一起工作，RAID7 系统成本很高。

（10）RAID 10：RAID 10 具有高可靠性与高效磁盘结构，它是有个带区结构加一个镜像结构，可以达到既高效又高速的目的。这种新结构的冗余磁盘阵列价格高，可扩充性不好。

当然，冗余磁盘阵列的种类以及各种组合还有很多，但对于工程应用来说，通常 RAID 1 是经常的选择。

最后，在数据传输协议上较以往的 SCADA 系统做了较大的调整，对于传统 SCADA 系统来说，通常都是采用轮询的数据采集机制，数据传输协议通常采用 MODBUS-TCP/IP，这种通信方式会增加信道和存储器的负荷，同时不支持时间标签功能。对于目前的 SCADA 系统来说，已经开始有了新的变化，通常采用 OPC、DNP3、0 或 IEC 60870-5-104 等通信协议，支持多种扫描方式，如周期扫描、例外扫描、查询、例外报告、报警、广播等，具有错误校验、带时间标记传输等功能。同时设定轮询采集数据的周期为 60s。60s 内，数据传输应采用例外报告的方式，或者在数据值出现明显变化（例如 >5%）的时候，主动向实时数据服务器传输数据。这种方式综合了轮询以及例外报告两种方式，在满足数据变化精度的前提下，大大减少了数据量。

2）数据采集与监控系统

气田的SCADA系统一般包含了两套子系统：一套用于正常工艺生产控制（PCS），一套是用于安全仪表系统（SIS）。此两套系统功能独立，硬件也分别独立设置，共用或者独立设置数据通信网络。

高含硫气田因为其介质的剧毒性，与其他一般的SCADA系统不同。通常来说，一般的SCADA系统只是设置就地的安全仪表系统（SIS），但是由于高含硫气田气质的剧毒性，因此需要将整个气田集输，包括站场、阀室、管网都纳入安全联锁的范畴，以便能够实现最大限度地安全保护。

（1）系统组成。

①站场部分。站场控制系统（SCS）由两套子系统组成，分别是过程控制系统（PCS）和安全仪表系统（SIS）。过程控制系统采用通用的PLC系统，负责站内的生产流程以及辅助流程的数据采集和控制，并接收调度中心（DCC）调度控制指令；安全仪表系统根据工艺流程中的各种失控事件以及火气检测异常报警，安全联锁相关设备，确保人员以及生产的安全，并接收调度中心安全仪表系统的指令。

②阀室部分。阀室控制系统（BSCS）由两套子系统组成，分别是远程终端单元（RTU）和安全仪表系统（SIS）。远程终端单元采用通用的RTU系统，负责线路截断阀的状态检测以及正常的开关控制，并接收调度中心调度控制指令；安全仪表系统根据线路截断阀配套电子防爆管控制单元中的压降速率报警以及火气检测异常报警，安全联锁相关设备，确保人员以及生产的安全，并接收调度中心安全仪表系统的指令。

③调度中心部分。调度中心是全气田数据采集、监视以及控制的枢纽，汇总各站场、阀室的数据集中显示，并负责对数据进行分析、整理、归档等工作，同时能够根据现场的数据，结合气田仿真软件，对气田的工艺以及开采提供参考性方案。

调度中心控制系统由三套子系统组成，分别是SCADA数据服务器系统（包括实时数据服务器、历史数据服务器、仿真服务器、OPC服务器等）、安全仪表系统（SIS）以及管线泄漏监测系统。数据服务器系统主要负责采集各站场、阀室的过程控制系统的数据，同时通过调度中心的安全仪表系统采集各站场、阀室的安全仪表系统以及管线泄漏监测系统的数据，对这些数据进行集中的显示、存档，并根据服务器中的各种应用软件（包括仿真软件）实现全气田的集中监控以及统筹调度管理的要求；安全仪表系统主要负责采集各站场、阀室的安全仪表系统以及管线泄漏检测系统的数据，并根据净化厂安全仪表系统中与气田开发生产有关的报警信息实现全气田的安全联锁；泄漏检测系统主要是通过对管线泄漏产生的异常情况进行实时监测，实现对泄漏孔径、泄漏点位置的判断，并将此报警信息提供给调度中心的安全仪表系统，由调度中心的操作人员进行确认后，通过调度中心安全仪表系统下达相关的安全联锁指令。

（2）系统功能。

①站场控制系统（SCS）。站场控制系统通常也是由两套独立的子系统组成，分别是过程控制系统（PCS）和安全仪表系统（SIS）。此两套系统功能独立，同时挂接在同一

个站控局域子网上，共享操作站。

SIS 的参数调整以及功能扩展需要有专门的权限，所有关于 SIS 的调整都应该视为事件被记录。

沿线各工艺站场的站控系统作为气田 SCADA 系统的现场控制单元，除完成对所处站场的监控任务外，同时负责将有关信息传送给调度控制中心或后备控制中心并接受和执行其下达的命令。其主要功能如下：

- 对现场的工艺变量进行数据采集和处理；
- 经通信接口与第三方的监控系统或智能设备交换信息；
- 监控各种工艺设备的运行状态；
- 对电力设备及其相关变数的监控；
- 对阴极保护站的相关变量的检测；
- 显示动态工艺流程；
- 提供人机对话的窗口；
- 显示各种工艺参数和其他有关参数；
- 显示报警一览表；
- 数据存储及处理；
- 显示实时趋势曲线和历史曲线；
- 运行特性曲线显示；
- 生产过程的调节与控制；
- 流量计算；
- 逻辑控制；
- 安全联锁保护；
- 打印报警和事件报告；
- 打印生产报表；
- 数据通信管理；
- 为调度控制中心提供有关数据；
- 接受并执行调度控制中心下达的命令等。

站控系统的操作员工作站宜相互热备设置，按热备冗余的方式工作，站控系统的 PCS 和 SIS 共享操作员站。

②过程控制系统（PCS）。通常采用 PLC 作为过程控制系统实现对站内工艺流程的实时在线的监测，过程控制系统的硬件、软件及其功能配置应与站场的规模以及控制要求相适应。控制器应能够满足过程控制的要求，具备连续过程控制、程序控制和批量控制功能，同时也应该有数据存储的能力，可将各种工艺参数、检测参数、操作过程、报警事件按需要存入硬盘，并可随时调用。

过程 I/O 接口应包括 AI、AO、DI、DO、PI 等类型，还应具备智能变送器接口、串行 / 并行数据通信接口（RS232、RS485 等）、常用可编程控制器的编程接口等。

考虑到系统的可用性，过程控制系统 PLC 的 CPU、电源以及通信模块最好 1∶1 冗余配置。

人机接口也就是我们通常所说的操作站，是操作人员监视和控制生产过程、维护设备和处理事故的主要界面，因此操作站主机的硬件和软件应具有高可靠性。

3）站场安全仪表系统（SIS）

站场应设置独立的安全仪表系统，安全仪表系统应当采用符合 IEC61508 的安全 PLC，具体的安全完整度等级则需要根据权威的安全评估机构的风险评估进行确定。

系统应具有全面而可靠的诊断功能，应能够在线实现全部系统设备的持续诊断，并且在线后台运行诊断功能时，不应影响系统正常功能的操作。系统的诊断程序应是系统内的固化程序。系统的诊断功能至少需要包括以下内容：

- 所有的备用模块测试；
- 所有背板 ID 和状态，至少每分钟检测一次；
- 检查 I/O 主板配置，如果模块缺失或故障应有报警；
- 检查所有的 I/O 模块，包括熔断器故障，如果有故障，则应有 LED 指示；
- 电源的故障诊断；
- 后台持续诊断控制器和浮点运算单元；
- 持续进行随机内存 RAM 诊断；
- 控制程序的求和校验；
- 持续进行全部的异步收发诊断；
- 持续进行控制器内所有只读存储器程序的求和校验；
- 上电全面诊断（在系统上电诊断通过之前，系统应用程序功能不应自动启动）；
- 回路的开路 / 短路诊断；
- 智能型仪表的故障诊断。

所有的诊断故障报警应根据故障的类别以及危险等级进行分类，并作为报警事件记录到 SOE 记录器。

SIS 配置的 ESD 逻辑，在过程参数超出正常生产的控制要求时、火 / 气报警等紧急情况下完成对单元设备或整座集气站的紧急关闭和放空，确保站场安全。

考虑到在极端危险的情况下，人员需要紧急撤离，因此在站场的紧急出口处应设置全站关断放空的 ESD 手动按钮。但 ESD 手动按钮的设置不宜过多，要保证在提供安全可靠的联锁同时最大限度地降低人员误操作的可能性。

另外，对于气井，一般来说，它的风险级别以及安全要求都要更高些，应有独立的井口控制系统，此系统应能够通过人工对井口安全阀进行关断，或在各种设定的危险状况下自行实现联锁保护。

4）阀室控制系统（BSCS）

线路截断阀室可设置两套独立的子系统：RTU 系统和安全仪表系统 SIS，此两套系统与站控系统的两套子系统功能一致。

目前管线上采用的线路截断阀门通常采用气液联动的DBB球阀，同时配套电子防爆管单元，可实时在线的监测管线内压力的异常情况，并联锁关断阀门。

5）调度控制中心

调度控制中心是气田集输控制系统的调度指挥中心，在正常情况下操作人员在调度控制中心通过计算机系统即可完成对管道全线的监控和运行管理等任务。其主要功能如下：

- 数据采集、处理以及归档；
- 工艺流程的动态显示；
- 报警显示、报警管理以及事件的查询、打印；
- 实时数据的采集、归档、管理以及趋势图显示；
- 历史数据的采集、归档、管理以及趋势图显示；
- 生产统计报表的生成和打印；
- 标准组态应用软件和用户生成的应用软件的执行；
- 清管器跟踪；
- 天然气气井产量预测和优化；
- 气田生产系统的稳态模拟仿真和优化；
- 模拟培训；
- 安全保护；
- SCADA系统诊断；
- 仪表的故障诊断和分析；
- 网络监视及管理；
- 通信通道监视及管理；
- 通信通道故障时主备信道的自动切换；
- 与上级计算机系统通信等。

2. 安全仪表系统（SIS）

安全仪表系统是工艺防护的最后一级，这一级防护完全与人员以及生产安全息息相关，其重要性不言而喻。因此对于高含硫气田，应独立设置安全仪表系统，而且，全气田的安全仪表系统应作为一个统一的整体进行考虑，以便保证到全局的安全性。

1）系统的组成

安全仪表系统包括了调度中心SIS、站控SIS以及阀室SIS。在每套SIS中，又分别包含ESD和FGS两种功能。

气田级别的紧急关断可分为两级，由调度中心的SIS具体负责：

①1级关断（ESD-1）：为全气田保压关断，主要由气田主要节点的火灾、爆炸以及主干线破裂泄漏触发。

②2级关断（ESD-2）：为局部线路关断，主要由局部线路破裂泄漏或主要节点（站场或阀室）的关断触发。

站场部分的紧急关断也可分为2级，由调度中心的SIS触发或由本地的SIS负责：

① 1 级关断（ESD–3，对应站场 ESD–1）：全站场保压关断，主要由高一级逻辑触发，或站内泄漏、火灾或其他重大事故关断；根据情况人工进行紧急放空。

② 2 级关断（ESD–4，对应站场 ESD–2）：单元设备关断，主要由高一级逻辑触发，或局部工艺参数失控引起。

阀室部分紧急关断内容一般如下，当然根据阀室内工艺过程的不同有所不同：

①根据调度中心 SIS 指令进行相应的关断。

②根据阀室以及机柜间火气报警信号联锁轴流风机。

③根据线路截断阀的压降速率检测报警联锁关断阀门。此部分功能在投产初期不应采用，因为投产初期，工艺运行不稳定，容易出现误报警，而且，对整个系统压力的波动范围不了解，不容易确定压降速率的准确界限。因此，此部分功能应由调度中心 SIS 根据压降速率并结合管线泄漏检测系统的报警数据进行判断后触发。

除提供专门的人机接口来进行 ESD 的控制之外，还应设置硬布线的 ESD 面板，这是为系统提供应急的人工 ESD 启动，因此需要随安全仪表系统设置 ESD 手操盘，上面设有专门的 ESD 硬布线按钮，并且有醒目的状态显示，按钮表面应加装透明的防护罩，并采用拉出式旋钮开关，以确保避免人为非操作性碰击。

ESD 逻辑的控制和修改应有单独的操作界面和维护界面，其维护界面的进入应有独立配置的权限和口令。

ESD 手操盘通常需布置以下指示灯及按钮：

- ESD 1 级报警灯（红色）；
- ESD 1 级确认按钮（黑色）；
- ESD 1 级启动按钮（红色）；
- ESD 1 级复位按钮（白色）；
- ESD 2 级报警灯（红色）；
- ESD 2 级确认按钮（黑色）；
- ESD 2 级启动按钮（红色）；
- ESD 2 级复位按钮（白色）；
- ESD 超驰允许键控开关（黄色）；
- ESD 超驰指示灯（红色）；
- ESD 旁路允许键控开关（黄色）；
- ESD 旁路指示灯（红色）。

对以上指示灯以及开关的具体要求如下：

- 所有的按钮以及指示灯均接入站控系统 ESD 功能卡件，并在 MMI 上同步指示；
- 按钮应采取拉出式旋钮开关，并安装防护罩，以避免误操作；
- 旁路允许开关以及超驰允许开关应采用键控开关，须由专人负责钥匙的保管；
- 机柜上的报警指示以及手动开关的动作应作为独立的 ESD 事件记录。

2）超驰功能

为了检修以及故障排查的工作需要，超驰功能是必须提供的。一般来说，超驰功能又可以分为维护超驰系统、操作超驰系统以及启动旁路功能。

（1）维护超驰系统（MOS）。主要是在对设备进行检修维护的时候应启动的一种超驰功能，以保证维修工作的正常进行。

- 至 ESD 功能模块的每次跳闸输入均应提供维护超驰功能；
- 机柜上应有硬连接的键控 MOS 允许开关，直接与 ESD 模块相连；
- 维护超驰开关应由站控系统 PLC 中配置的软件开关组成；
- MOS 不应旁路任何报警功能；
- 每一次 MOS 的激活通过网络应作为报警时间记录；
- 机柜面板应提供硬连接 MOS 指示灯。

（2）操作超驰系统（OOS）。一般只提供 MMI 操作画面上的操作超驰开关功能。如设置硬接线手动输出控制，那么在手动操作之前应经操作员确认后执行。

（3）启动旁路功能。启动旁路是在关断触发指令处于有效值的时候需要启动设备所用到的功能。譬如说，井口压力低于或高于设定值时，需要启动井口。此功能在一定的时间周期内允许将需要启动的设备的 ESD 功能旁路，以便于设备的启动。

每一个启动旁路逻辑都应该设置一个定时计时器，在正常的启动过程中，此定时计时器应可以满足过程变量从 ESD 位置恢复到正常位置。

在预设的启动旁路定时计时器即将到达设定时间时，系统应提示是否重置旁路计时器，如果选择否，在时间段结束时，过程变量仍没有回到正常位置，则启动旁路自动失效，ESD 功能恢复有效，切断设备。如果选择是，则重置计时器开始计时。

启动旁路的设备以及组群设定需根据工艺生产的具体需求进行确定。

所有的启动旁路功能应能够在操作的任何时间取消。应设置启动旁路功能允许开关，此开关应安装于系统机柜正面，采用键控开关，由专人负责钥匙管理。此开关应有三位：允许 / 中立 / 不允许。所有的位置指示应在 MMI 上同步输出，任何开关位置的改变以及启动旁路功能的选择及修改应作为 ESD 事件记录。

（4）复位设施。

① ESD 的设计应是：逻辑功能要求的相关装置设备或设备启动之前需要手动复位每一电路。

②除特殊要求的硬连接开关外，站控系统中应提供 ESD1 级以及 ESD2 级的手动复位开关。复位命令传送至 ESD 模块。在相应 ESD 联锁条件没有完全排除的情况下，手动复位按钮应被旁路。

③紧急停车阀门应带有现场硬连接复位按钮，如果逻辑功能要求，可从控制室进行复位。

④如果 ESD 发生电源故障，只能通过复位按钮进行手工启动。

（5）事件记录。应提供专用于 ESD 功能的 SOE 记录器，可将各种引发 SIS 变化的因素记录下来，以便将来进行事故案例分析时，作为重要依据。

3. 数据共享以及归档

考虑到安全仪表系统的安全性以及完整性，整个安全仪表系统的数据采集以及命令执行都独立于过程控制系统。

但考虑到全系统数据的一致性和完整性，在调度中心的层次上，调度中心 SIS 将把所有的安全数据传输到实时数据服务器上，并在全系统内进行数据共享，并由实时数据服务器完成数据的显示、处理以及归档工作。

4. 管线泄漏监测（LDS）

高含硫气田集输系统的主要特点是输送介质中含有高浓度的 H_2S，随时有可能发生的各种自然灾害和人为破坏都将对管线安全造成重大影响，发生任何意外泄漏事故都将造成巨大的社会危害。同时管道内介质的酸性腐蚀也会对管线造成危险。因此必须设置可靠的在线泄漏监测与自动切断设施，才能保障周边居民的安全和生产的平稳运行。

通过表 1–2–4 应该可以比较清楚地看出不同浓度的硫化氢对人体的危害性。

表 1-2-4 硫化氢浓度与危害特征

H_2S 浓度 /（μL/L）	暴露于硫化氢的典型特性
0.1~0.5	气体可以嗅出臭鸡蛋的气味
10	8h 工作日的最高推荐值
50	鼻子和喉咙干燥，刺激呼吸道。长期暴露会导致呼吸困难。50~100μL/L 会对眼睛造成伤害
100	气体不能嗅出，人的嗅觉丧失
200~250	严重的结膜炎。长期暴露会导致肺部水肿（液体聚集在肺部并死亡）
300	1~4h 内死亡
500	0.5~1h 内死亡
>700	立即死亡

因此泄漏监测系统应该在尽可能短的时间内发现泄漏并报警，同时能够较准确地指示泄漏的位置和泄漏量的大小，通过 SCADA 系统的 SIS 实现紧急关断。为了保证管线泄漏监测的实时性、准确性和可靠性，目前采用的方法主要有：

1）质量平衡结合压力分析法

质量平衡法通过读取 SCADA 实时数据库的数据，包括管线进口和出口的流量、温度和压力，依据质量平衡的原理，对比各管段进出口的质量流量，通过软件计算分析，判断是否存在泄漏。同时检测由于泄漏导致的压力波，根据压力波的大小以及上下游两端接收到压力波的时间差来判断泄漏位置。

2）感温光缆监测法

感温光纤监测法基于分布式温度传感系统，光纤伴随着管线敷设，由于管线的高压气体泄漏到外部的低压环境中会引起周围温度骤降，温度变化会引发光缆内拉曼散射波形的剧烈变化，通过这个变化可以探测出线路各点的温度变化，而光信号的发射光强、传播速度以及衰减速度均为已知，因此可以指示出泄漏的位置以及大小。

3）音波测漏系统

音波探测系统是通过安装于管段两端的现场数据采集处理器来接收管段区间的音波，当管道发生破裂时，现场数据采集处理器能够立即接收管道内输送介质泄漏的瞬间所产生的压力降所产生的次声波，通过比较数据库中的模型来确定管道是否发生了泄漏以及泄漏量等数值；同时，利用管段两端的现场数据采集处理器传送信号的时差，判断泄漏位置。

4）电缆探测法

此方法和感温光缆差不多，只是它是用同轴电缆连接了很多个探测器，这种方法的维护量太大。首先，所有的探测器都需要周期性标定；再者，探测器的更换以及巡检都会带来很多困难。因此，此方法不适合于大规模的应用场合。

5）气体探测法

平行设置于管道两侧，通过泵将泄漏的气体抽入试管中，能够检测微弱泄漏，不过响应很慢。它的缺点就是不适宜于埋地或水下敷设。

6）激光吸收光谱法

此方法主要是根据不同气体分子结构的特征吸收光谱来进行检测，对于直线敷设的管线泄漏比较适用，但是不适用于长距离管线的泄漏检测，也不能对泄漏进行定位。

还有一些新兴的技术，例如：

- 人工神经网络：可以检测每 100s 内 1% 流量的泄漏量。在最小的泄漏量时，对泄漏区域的预测概率超过 50%。
- 频率响应法：用于开环管路上。

综上所述，目前在选择管线泄漏检测系统方面，存在以下两个困难：

①快速反应。需要分析并判断究竟是哪一种物理量的变化最能直接快速地反映泄漏的情况。

②准确判断。这需要在①的基础上筛选，哪一种物理量的变化量足够大，以便于我们可以减轻信号采集处理的难度。如果一个物理量能够非常快地反映泄漏，但是很难准确地被检测元件采集到，那也没有实际的意义，总是误报警，对生产的影响也是非常大的。

但是，即便以上两个问题解决了，也还需要考虑一些其他的附加条件，如：

①施工难度问题。光缆施工会碰到很多复杂的问题，这在选择泄漏检测系统的形式时要着重考虑。

②费用问题。虽然说泄漏是很重要的安全问题，但是如果价格太高，就失去气田开发的意义了。

③埋地问题。因为有些检测系统是不能够埋地的，譬如气体探测法。

④通信问题。

⑤维护问题。如果仅仅从检测的角度来说，虽然管线设置气体探测器就可以，但是对于大规模的场合，气体探测器的维护工作量太大，而且室外设置，还需要考虑被盗或被损毁的风险。

总而言之，对于具体工程来说，应从整个工程的全寿命周期进行考虑，综合分析，选择最适合的泄漏检测系统。

第三节　净化工艺技术

某气田净化厂建设六套天然气处理装置及配套工程，每套天然气处理装置包含两个系列，每个系列的天然气装置处理能力为 $300\times10^4Nm^3/d$（20℃，1.013×10^5Pa）。每套联合装置主要包括完全相同的两列天然气脱硫单元、硫黄回收单元及尾气处理单元，以及公用的一套天然气脱水单元和一套酸性水汽提单元。

自集气总站来的含硫天然气先进入天然气脱硫单元脱除 H_2S 和部分有机硫及 CO_2，然后进入天然气脱水单元进行脱水处理，脱水后的合格净化天然气（产品气）经调压、分配净化厂内自用燃料气后，至天然气输气首站外输。

天然气脱硫单元脱硫容积再生产生的含 H_2S 酸性气送至硫黄回收单元回收酸性气中的元素硫，生产的硫黄产品送至硫黄成型单元成型后，再送至硫黄储存仓库堆放并外销。硫黄回收单元的尾气送至尾气处理单元净化处理，经尾气处理单元净化后的尾气送至尾气焚烧炉焚烧后送至酸性水汽提单元，汽提出的酸性气体送至尾气处理单元净化处理，酸性水汽提单元处理后的合格净化水送至循环水厂循环使用。净化厂工艺流程如图 1-3-1 所示。

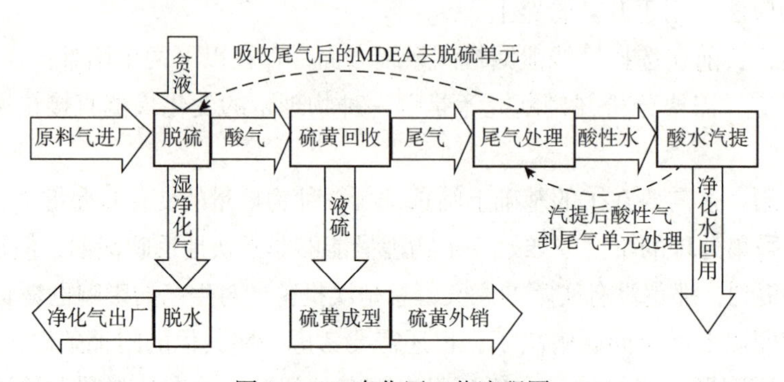

图 1-3-1　净化厂工艺流程图

联合装置采用 MDEA 法脱硫、三甘醇法脱水、常规 Claus 二级转化法硫黄回收、加氢还原吸收尾气处理的工艺路线。各个单元采用的工艺技术及装置特点分别介绍如下。

一、脱硫技术

天然气脱硫单元采用甲基二乙醇胺（MDEA）法。MDEA 法具有选择性好、解吸温度低、能耗低、腐蚀性弱、溶剂蒸气压低、气相损失小、溶剂稳定性好等优点，是目前天然气工业中普遍采用的脱硫方法。该法基本上不能脱除有机硫。针对天然气中的有机硫主要为COS，硫醇含量较少的特点，采用了Black&Veatch公司开发的气相法脱除COS的技术。在气相固定床反应器中，COS在催化剂的作用下水解为H_2S和CO_2，COS的反应转化率≥90%，但对硫醇的脱除没有作用。采用该工艺可以减少原料气中有机硫的含量，水解生成的H_2S和CO_2被MDEA吸收脱除，商品天然气中总硫含量（以硫计）<100mg/m^3，满足国家标准《天然气》（GB 17820—2018）二类气技术指标总硫含量要求。该工艺脱硫单元的脱硫溶剂与尾气处理单元的脱硫溶剂都采用MDEA，可以将尾气处理单元吸收后的半富液送到脱硫单元串级使用，降低了整个脱硫单元的溶剂循环量，溶剂再生系统也只需一套，减少了投资费用，同时也可以降低操作费用。

脱硫单元主吸收塔还采用了Black&Veatch公司中间冷却专利技术，增强了CO_2的吸收控制。胺液从第二级吸收塔塔底抽出，经中间冷却器冷却后送回第一级吸收塔的塔顶。中间冷却显著降低了吸收塔的温度范围，温度降低则有效抑制了CO_2的吸收，同时增强了H_2S的均衡吸收。CO_2穿过吸收塔，保留在处理过的气体中，含量约2%(体积)，降低了胺液再生所产生的酸气流量。酸气流量低，再生所需的能耗就低，胺液再生系统和硫黄回收单元所需的设备尺寸也小，因而降低了整个装置的投资和能耗。

酸性天然气自厂外管道进入装置，先经天然气进料过滤分离器脱除携带的液体及固体颗粒，脱下来的液体自压送往集气末站闪蒸水罐。过滤之后的酸性天然气进入两级胺液吸收塔，即第一级主吸收塔和第二级主吸收塔，用50%（质量）的MDEA溶液吸收气体中的H_2S和CO_2。

从天然气进料过滤分离器出来的酸性天然气进入第一级主吸收塔，第一级主吸收塔内设七层塔板，在塔中酸性天然气与胺液逆流接触。两级主吸收塔采用了Black & Veatch公司的专利级间冷却技术以加强对CO_2吸收的控制。在第二级主吸收塔底部用中间胺液泵抽出胺液，与来自尾气吸收塔的半富液混合后进入中间胺液冷却器，冷却至39℃后返回第一级主吸收塔顶部。采用级间冷却技术可显著降低吸收塔的温度，降低吸收温度可抑制CO_2受动力学影响的吸收过程。利用尾气处理单元的半富液进入第一级主吸收塔进行再吸收，可以显著减少送入胺液再生塔的胺液循环量。

经第一级主吸收塔部分脱硫后的天然气进入水解部分脱除COS，以满足产品规格要求。气体首先通过水解反应器进出料换热器与水解反应器出口气体换热升温至124℃，通过换热可减少水解反应器预热器的蒸汽耗量及水解反应器出口空冷器的热负荷。换热升温后的气体与低压凝结水泵升压后的凝结水混合后，进入水解反应器入口分离器分离出携带的胺液及未汽化的水，分出的胺液排入胺液回收罐。在入口分离器前凝结水作为水解反应物注入天然气中，可促进反应器中发生的COS水解反应。分离了胺液并饱和了水蒸气的天然气在水解反应器预热器由110℃加热至140℃，预热器采用高压蒸汽作为加热介质，气体被加热后可防止在水解反应器中产生凝液。加热后的天然气进入水解反应器，COS与H_2O反应生成H_2S和CO_2。

离开水解反应器的气体经水解反应器进出料换热器降温至72.5℃后进入水解反应器出口空冷器，进一步冷却至50℃后进入第二级主吸收塔，第二级主吸收塔内设十一层塔板，在塔中天然气与胺液逆流接触，气体中所含H_2S及CO_2被进一步吸收并达到产品规格的要求。脱硫后的天然气经脱硫气体分液罐分离出携带的胺液后进入天然气脱水单元。

从第一级主吸收塔底部出来的富胺液进入富胺液透平减压膨胀后进入富胺液闪蒸罐，在罐内闪蒸出所携带的轻轻，并在闪蒸气吸收塔中用补充胺液吸收闪蒸气中可能携带的H_2S。闪蒸气经压力控制后作为燃料气送入尾气焚烧炉。

闪蒸后的富胺液自闪蒸罐底流出，与来自胺液再生塔底的贫胺液在贫富胺液换热器内进行换热，温度由59℃升至105℃后从上部进入胺液再生塔，富胺液闪蒸罐内的液位通过调节贫富胺液换热器的富液出口流量来控制。

在胺液再生塔内，富胺液含有的H_2S和CO_2被重沸器内产生的汽提气解吸出来，从塔顶流出，塔顶气经胺液再生塔顶空冷器冷却后进入胺液再生塔顶回流罐分液，分离出的酸性水经回流泵升压后送至再生塔顶。分液后的酸性气为水饱和气，送往硫黄回收单元，其温度为50℃，压力为0.177MPa（a）。

胺液从位于第一层塔板以下的集液箱进入胺液再生塔重沸器，在重沸器内胺液部分汽化产生汽提气，汽提气从重沸器顶部返回再生塔底部的气相空间，重沸器内未汽化的胺液从釜内溢流堰上部流出并返回再生塔底部。

胺液再生塔重沸器用低压蒸汽冷凝过程中释放的热量来汽化胺液，蒸汽采用流量控制。从重沸器流出的凝结水进入凝结水罐，经液位控制送入凝结水回收罐，然后经凝结水回收泵送出单元界区。

再生塔底的高温贫胺液经再生塔底贫胺液泵升压后进入贫富胺液换热器与来自富液闪蒸罐的富液换热，温度由128℃降至70℃然后进入贫胺液空冷器，进一步冷却至55℃。冷却后的部分贫液（总流量的30%）进入胺液过滤器脱除携带的腐蚀产物及其他固体杂质，以尽量降低胺液在吸收塔或再生塔发泡的可能性，在压差达到一定值时切换过滤器。经胺液过滤器过滤的贫液再依次经过胺液活性炭过滤器、胺液后过滤器以脱除携带的烃类物质及细小固体颗粒。

过滤后的贫液与其余未经过滤的胺液混合后进入贫胺液后冷器，贫胺液后冷器采用旁路温度控制来调节贫液的冷却量，将冷却后贫液的温度控制在39℃。冷却后的贫液一部分经高压贫胺液泵送入第二级主吸收塔，一部分送往尾气吸收塔，另有少部分胺液送往闪蒸气吸收塔。

二、脱水技术

按照国家标准《天然气》（GB 17820—2012）的规定，产品天然气的水露点在出厂压力条件下应低于下游输送过程中最低环境温度5~7℃；同时根据下游输气所经区域的气象条件，要求天然气净化厂脱水后产品气的水露点在出厂压力条件下≤15℃即可。天然气脱水单元的工艺方法采用三甘醇（TEG）溶剂吸收法。TEG为目前常用的脱水溶剂之，具有以下优点：①溶液不会固化；②天然气中有S、O_2和CO_2存在时，在一般操作温度下比较稳定；③吸湿性高；④容易再生；⑤蒸气压低，携带损失量小。

来自两系列脱硫单元脱硫气体分液罐的天然气混合后进入脱水塔，该塔为填料塔，在塔内天然气与高纯度三甘醇逆流接触，天然气中的水分被脱除，使其水露点达到-15℃。TEG的纯度是抑制水露点的决定因素。脱水后的天然气进入净化天然气分液罐脱除可能携带的TEG，同时可以避免下游产品气管线受脱水塔操作波动的影响。

离开脱水塔的富TEG进入TEG闪蒸罐，在罐内闪蒸以脱除溶解的天然气，闪蒸出的天然气作为燃料气送往尾气焚烧炉。TEG闪蒸罐设置液位控制以在流量波动时稳定TEG循环量。闪蒸后的TEG进入TEG活性炭过滤器脱除可能累积的烃类物质，然后进入TEG过滤器脱除固体杂质。过滤后的富TEG进入贫富TEG换热器与贫TEG换热，被升温后进入TEG再生塔。

富TEG自上而下流经再生塔中的散堆填料，进入TEG重沸器，TEG重沸器为釜式重沸器，采用高压蒸汽加热TEG以脱除其中所含的水和烃类。TEG再生塔顶部设置起冷却作用的散热片，产生回流以尽量减少TEG损失。回流液体向下流经一段散堆填料后与进料富TEG混合，离开TEG再生塔顶部的气体送入尾气焚烧炉处理。

重沸器中的TEG从塔内溢流堰上部流出并进入重沸器底部的TEG汽提塔，与汽提气在散堆填料中逆流接触以进一步脱除残余水分，离开TEG汽提塔的TEG纯度为99.5%。提高汽提气流量可提高TEG纯度，以满足天然气水露点的要求。再生后的贫TEG流入TEG缓冲罐。

从TEG缓冲罐流出的贫TEG进入贫富TEG换热器和TEG后冷器，冷至约50℃后经TEG循环泵升压后送至脱水塔，均匀分布后从塔内规整填料顶部流下。

三、硫黄回收技术

硫黄回收单元采用的是在天然气和石油工业普遍采用的常规克劳斯工艺（Claus Process）从酸性气中回收元素硫，该工艺技术的特点是高温热转化和低温催化转化相结合。主要的工艺原理是全部酸性气进入反应炉，按酸性气中携带烃类完全燃烧且1/3的H_2S生成SO_2控制进入反应炉的燃烧空气量，在反应炉内发生如下的化学反应：

$$H_2S+3/2O_2 \longrightarrow SO_2+H_2O$$

$$2H_2S+SO_2 \longrightarrow 3XSX+2H_2O$$

从而将酸性气中的硫元素转化成单质硫。由于Claus反应是可逆反应，受到化学平衡的限制，达到反应平衡后的过程气体经冷却后冷凝出单质硫以后，过程气体中剩余的H_2S和SO_2在催化剂的作用下继续发生Claus反应生成单质硫。Claus工艺通常采用一段高温热转化+两级、三级或四级低温催化转化，可以加工含硫化氢5%~100%的各种酸性气体。硫黄回收单元采用的是一段高温热转化加两段低温催化转化的工艺，单元的硫回收率约为95%。由于Claus工艺在热转化和催化转化的过程中均能产生大量的热量，所以本单元利用工艺过程产生的热量来发生高低压等不同等级的蒸汽来回收热量。

Claus工艺生产的液体硫黄产品中根据温度的不同会含有不同浓度的H_2S气体，为了避免H_2S气体对液体硫黄后续加工和运输过程造成危险和危害，通常都采用液硫脱气技术来脱除液硫中的H_2S气体。本单元采用的是Black & Veatch的专利MAG®脱气工艺。MAG®液硫脱气工艺不需采用任何化学添加剂，其工艺原理为：液硫在液硫池的不同分区中循环流动，并通过喷射器进行机械搅动，使溶解在液硫中的H_2S释放到气相中并由抽空器送入尾气焚烧炉焚烧。

来自天然气脱硫单元的酸性气首先进入酸气分液罐，分出凝液以避免可能携带的凝液对单元操作及下游设备造成的影响。分离出的酸性凝液经酸气分液罐底泵送往脱硫单元胺液回收罐或酸性水汽提单元。

Claus风机为反应炉燃烧器及加氢进料燃烧器提供燃烧所需的空气。

进入反应炉燃烧器的空气量应刚好可以将原料气中的烃类完全氧化，同时满足装 置尾气中H_2S/SO_2比率为2∶1所要求的部分H_2S燃烧所需的空气量。

在反应炉中酸性气中的H_2S和空气发生上述反应，同时有效地破坏酸性气中携带的杂质，燃烧反应温度约1010℃。燃烧产生的高温过程气进入与反应炉直接相连的余热锅炉，在锅炉中通过产生3.5MPa（g）等级的高压蒸汽来回收余热并将过程气冷却到约281℃。冷却后的过程气进入第一级硫冷凝器，被进一步冷却至112℃并凝出液硫，同时发生0.4MPa（g）等级的低压蒸汽，冷凝出的液硫自流至一级硫封罐，然后至液硫池。

自第一级硫冷凝器出来的过程气进入第一级反应进料加热器，经3.5MPa（g）等级自产高压蒸汽加热到213℃后进入一级转化器，在反应器内 过程气与催化剂接触，继续发生反应直至达到平衡，反应中生成的硫在过程气进入第二级硫冷凝器后冷凝出来，自流经二级硫封罐后进入液硫池。

过程气在第二级催化反应部分经过的流程与第一级催化反应部分相同，在第二级 反应进料加热器中被加热至211℃后进入二级转化器。在二级转化器内过程气与催化剂接触，进一步发生反应直至达到平衡。反应后的过程气进入末级硫冷凝器，冷凝下来的液硫经三级硫封罐后进入液硫池，出末级硫冷凝器的尾气进入尾气处理单元。

来自各级硫冷凝器的液硫自流至液硫池后，在液硫池中采用Black & Veatch的专利MAG @液硫脱气工艺可将液硫中的H_2S脱除至10ppm（质量）（$1ppm=10^{-6}$）以下。MAG @液硫脱气工艺不需采用任何化学添加剂，其工艺原理为：液硫在液硫池的不同分区中循环流动，并通过一、二级喷射器进行机械搅动，溶解在液硫中的H_2S释放到气相中并由抽空器送入尾气焚烧炉，以维持气相中的H_2S浓度在爆炸极限以下。

脱气后的液硫自液硫池脱气区溢流至存储区，部分脱气液硫经液硫池泵升压后进入硫黄冷却器，冷却后再循环回脱气区至脱气喷射器。脱气后的产品液硫用液硫产品泵送至液硫成型单元生产固体硫黄产品。

四、尾气处理技术

采用Claus工艺从酸性气中回收单质硫时，由于Claus反应是可逆的，受到化学平衡的限制，即使采用4级催化转化器，总硫回收率也只能达到98%~99%，有1%~2%的硫化物要排到大气。因此，单纯采用Claus硫回收工艺不能满足现行国家环保标准的要求，为提高硫回收率，满足国家环保标准的要求，需要在硫黄回收单元后增设尾气处理单元。

尾气处理单元采用尾气加氢还原吸收工艺，通过加氢还原反应将尾气中的SO_2、S_x还原为H_2S，COS、CS_2水解为H_2S。然后采用胺法选择吸收尾气中的H_2S，富胺液经再生释放出酸性气，酸性气则返回硫黄回收单元循环处理。该工艺的特点为：硫回收率高（99.8%）；排放气净化度高（<960mg/m^3，满足GB 16297—1996环保要求）。

硫黄回收单元尾气经在线加热炉加热后进入加氢反应器，在催化剂的作用下，尾气中的SO_2和单质硫发生如下反应：

$$SO_2+3H_2 \longrightarrow H_2S+2H_2O$$

$$S_8+8H_2 \longrightarrow 8H_2S$$

而尾气中的COS和CS_2和CS_2水解生成H_2S和CO_2：

$$COS+H_2O \longrightarrow H_2S+CO_2$$

$$CS_2+2H_2O \longrightarrow 2H_2S+CO_2$$

加氢反应后的尾气经急冷降温后进入吸收塔，在吸收塔内，采用胺吸收法吸收尾气中的酸性气（H_2S），半贫胺液返回至天然气脱硫单元循环利用。经胺吸收后的尾气送至尾气焚烧炉，采用热焚烧的工艺将尾气中的残余硫化物氧化成$S0_2$后经烟囱排入大气。尾气中反应产生的H_20经急冷塔冷却后送至酸性水汽提单元。

来自硫黄回收单元的尾气进入加氢进料燃烧炉，与加氢进料燃烧器中反应产生的还原性气体混合，温度升至281℃，然后进入加氢反应器，还原性气体中含有反应所需的还原性气体（H_2+CO）。

在加氢反应器内，Claus尾气所含的$S0_2$和单质硫与还原性气体在Co/Mo催化剂的作用下反应，转化为H_2S，反应温度为280~300℃，反应为放热反应。

羰基硫（COS）和二硫化碳（CS_2）在加氢反应器中主要发生水解反应，只有很少一部分被H_2还原。

从加氢反应器出来的尾气经加氢反应器出口冷却器冷却后进入急冷塔下部，尾气在急冷塔中通过与急冷水直接逆流接触来降低温度，急冷塔塔底急冷水经急冷水泵升压及急冷水过滤器过滤后通过急冷水空冷器及急冷水后冷器冷却至39℃循环使用。

尾气中所含的反应产生的水蒸气在急冷过程中被冷凝下来，在经过急冷水过滤器过滤后被送至酸性水汽提单元。

急冷水中通常含有少量H_2S，在上游加氢反应器操作波动时，H_2S可能穿透到急冷塔中，造成急冷水pH值降低。因此，急冷塔底设置液氨注入设施以便控制急冷水pH值。

尾气离开急冷塔顶后进入尾气吸收塔，尾气中的 H_2S 气体在塔中几乎全部被贫胺液吸收，吸收塔顶经吸收后的尾气 H_2S 含量低于 300ppm（体积），然后自压进入尾气焚烧炉。

离开尾气吸收塔的半富液自吸收塔底经半富液泵送至脱硫单元主吸收塔，进一步吸收天然气中所含的酸性气体，以达到降低全厂能耗的目的。

本单元中设置的开工喷射器用于开工前的系统升温和催化剂预硫化、停工前催化 剂钝化以及加氢进料燃烧炉衬里烘干。

来自尾气吸收塔顶的尾气进入尾气焚烧炉，在焚烧炉内尾气与外补燃料气及燃烧空气混合燃烧，炉膛温度约为 650℃ 燃烧所需的空气由焚烧炉风机供给。尾气中剩余的 H_2S 和其他硫化物在尾气焚烧炉内进行燃烧并转化为 SO_2，其他可燃物如烃类、氢及 CO 等也同时被完全氧化。离开炉膛的高温烟气进入尾气焚烧炉废热锅炉，通过发生 3.5MPa（g）等级的高压饱和蒸汽及过热装置内自产的其他高压蒸汽来回收热量。从废热锅炉流出的烟气最后经烟囱排入大气。除尾气吸收塔顶的尾气外，联合装置内的其他工艺废气也送入尾气焚烧炉进行焚烧，包括来自胺液回收罐、酸水回收罐和酸水罐的放空气体、闪蒸气吸收塔顶气、液硫池抽空器废气、来自末级硫冷凝器的尾气处理单元旁路尾气、来自急冷塔的开工气体、三甘醇 再生塔顶气体以及界区外来的其他酸性气体。

五、酸水汽提技术

本单元采用单塔低压汽提工艺，该工艺具有流程简单、操作简便、投资低、能耗低等优点，酸性气中所含 H_2S 及 CO_2 均返回至尾气处理单元。在酸性水净化效果上，净化水可以达到指标，以保证净化水用于工艺装置的注水回用或补充循环水，减少对工艺设备的腐蚀。

酸性水汽提单元处理联合单元两个系列连续排放的酸性水。自尾气处理单元急冷塔连续排放的酸性水进入酸水缓冲罐，该罐也用于接收胺液再生塔顶回流罐及酸气分液罐间断排放的酸性水。

该罐设置氮封来维持罐内压力，罐内累积的酸性气体经压力控制送入焚烧炉。

酸水罐内的酸性水经酸水汽提塔进料 / 产品换热器与来自酸水汽提塔底部的净化水换热升温后进入酸水汽提塔。在塔内酸性水与酸水汽提塔重沸器内产生的汽提蒸汽在规整填料中逆流接触，汽提出所含的酸性气。酸水汽提塔塔顶气直接送往尾气处理单元急冷塔中冷却并回收循环的 H_2S。酸水汽提塔内离开规整填料的酸性水进入酸水汽提塔重沸器，重沸器采用低压蒸汽作为加热介质，将酸性水部分汽化产生汽提蒸汽并分出水中残留的 H_2S，汽提蒸汽离开重沸器穿过集液箱返回归整填料中。重沸器内产生的低压蒸汽凝结水进入凝结水罐，经液位控制送入凝结水回收罐。汽提后的净化水由重沸器返回酸水汽提塔底部，在液位控制下经净化水泵升压后进入酸水汽提塔进料 / 产品换热器与进入酸水汽提塔之前的酸性水换热降温，然后在净化水冷却器中被循环冷却水进一步冷却至 43℃后送出装置。

六、硫黄成型技术

联合装置的硫黄成型单元配有四套硫黄成型系统。

联合装置的硫黄由管道输送到成型机附近的液流池，分别由液硫泵送入4台成型机，成型机单台产量为96t/h，从硫黄成型单元生产出的硫黄成品送入两组带式输送机，分别被送往包装码垛生产线和定量装车楼及圆形堆料仓，进行包装、装车外运和储存。

液硫经过过滤器过滤进入成型单元中的液硫池，再由液硫泵送入成型罐。液硫池中设液位变送器，控制液硫池的液位。

成型罐中的液硫首先进入分配盘，然后均匀地流入两个成型盘上，成型盘由下部的支撑盘支撑。液硫通过成型盘上设计好的多个孔眼滴入成型罐内的水中。液硫表面的张力使液硫形成小滴珠，其表面很快固化成硬壳，而滴珠内部由于密封，冷却较慢。当颗粒内部的液硫开始冷却、收缩时，表面会出现一些微小的凹坑。冷却成型后的硫黄颗粒在成型罐锥形底部沉积。

成型罐外部设有重量传感器，当罐内的硫黄沉积到一定高度时，罐下部的排出口阀门会自动打开，硫黄颗粒和少量水一同排出。夹杂水分的硫黄颗粒离罐后，经两个脱水筛脱水，然后落到带式输送机上，分两路出装置：一路大量硫黄送往装车楼装车外运或送往圆料仓散料储存；另一路少量硫黄送往包装码垛生产线进行包装储存外运。

从成型罐中排出的水以及脱水筛上脱离的水流入热水槽中，然后由泵送至水力旋流分离器，分离出水中夹杂的硫黄颗粒，除去颗粒的水再进入净水槽，然后由泵送至冷却塔，冷却后的水再流入冷水槽，最后泵送回成型罐循环使用。在水力旋流分离器中分离出的硫黄颗粒由螺旋输送器进一步脱水，然后送到再熔罐中由蒸汽加热熔化，再由泵送到液硫池中去。成型机的工艺由PLC进行控制和监测。

为防止硫黄外运系统出现异常时固体硫黄的存放问题，在厂区内设有2个直径80m的圆形料场供散装硫黄的储存，料仓由圆形墙和圆形拱顶构成，挡墙高15m，储存能力为5.7×10^4t。两台圆形堆料仓设计储存能力按13d正常硫黄产量考虑。

第二章　含硫气田开发风险分级与防控技术

第一节　开发钻完井风险分析及防控技术

一、钻完井风险分析

1. 硫化氢对人的危害

硫化氢是具有刺激性和窒息性的无色气体。低浓度接触仅有呼吸道及眼的局部刺激作用，高浓度时全身作用较明显，表现为中枢神经系统症状和窒息症状。硫化氢具有“臭蛋”气味，但极高浓度很快引起嗅觉神经麻痹而不觉其味，所以高含量时难发觉，此时人很容易中毒而导致死亡。限于硫化氢的危险性，国家职业性安全暴露极限规定：

（1）15mg/m^3 限时加权平均值是日工作 8h 的暴露安全极限（10ppm）；

（2）22mg/m^3 为短期暴露限制（15ppm）；

（3）30mg/m^3 是最大暴露限制（20ppm）。

2. 硫化氢对钻井、测井、固井设备的影响

钻井、测井、固井所用设备基本分为金属和非金属两大类，以钢铁和橡胶、塑料为代表。硫化氢溶于水后形成弱酸，化学活动性很强，对金属的破坏形式主要有电化学失重腐蚀、“氢脆”和硫化物应力腐蚀破裂等。对于橡胶和塑料类有机类材料，主要是导致失去弹性和开裂。对水基钻井液具有较大的污染，主要表现为密度、pH 值下降，黏度上升，颜色变深，钻井液流变性变差，形成不动胶。由于硫化氢的剧毒性及对人体的严重危害性和对钻井设备的腐蚀性，加大了钻井施工的风险，对井控及硫化氢防护工作，特别是对钻井使用的钻杆、套管、井口装置、井下工具及橡胶密封件的材质，提出了更高的要求。

二、钻井过程防控 H_2S 的措施

1. 开钻前做好 HSE 风险评估

钻前工程施工前根据国家对安全、环保方面的标准和规定，结合过去钻井经验，做好 HSE 风险评估，找出潜在风险和存在的不利及有利条件，为制定安全可靠、操作性强的应急预案做好准备。风险评估内容包含但不局限于以下内容：

（1）井场及周围地形地貌；

（2）所钻井地质特征及复杂情况，特别是落实所钻遇地层含有裂缝、溶孔、煤层、膏盐层、高压层、高含硫层等情况；

（3）邻区及邻井施工情况及资料，特别是发生井漏、井涌、井喷、硫化氢中毒等复杂情况和事故；

（4）井场所在地水文和水质，包括河流、湖泊、水库、池塘、水渠和地下水等；

（5）井场周围道路及沿途的路况、桥梁、隧道、高压电线或电网等；

（6）钻井施工附近的工业、民用建筑，特别要落实井场附近采矿业；

（7）井场所在地气候特点及变化规律；

（8）井场周围农业、水利设施；

（9）井场附近文物和遗址；

（10）井场附近野生动植物分布及保护区；

（11）井场附近旅游资源保护区；

（12）钻井所在地民俗、民情及社会治安等；

（13）钻井所在地交通和通信情况；

（14）钻井所在地医疗卫生条件和设施等。

2. 针对风险评估，做好应急准备

在含硫区块钻井作业前根据风险评估，要做好各种应急预案，每一个预案的内容包括但不限于：应急组织机构、应急岗位职责、现场监测制度、应急程序和培训及演练。特别是防硫化氢预案，应急预案应包括且不限于以下类型：

（1）防硫化氢预案；

（2）井控应急预案；

（3）人身伤害应急预案；

（4）井漏应急预案；

（5）火灾应急预案；

（6）防自然灾害应急预案。

对于上述预案，定期在不同工况下进行演练，同时制定好督查制度。成立应急救援小组，责任划分到位，分工明确。演练过程中应通知地方政府，附近居民及企业，动用设备，特别是交通和通信设备，确保紧急情况下启动迅速，有条不紊。

3. 钻井井控工作重点

钻井队全员应进行井控知识现场培训，持证上岗，提高井控素质，强化井控意识，加强责任心。施工中严格实行井控管理制度，切实搞好一级井控措施，安排专人坐岗观察，做好一切应急准备，从源头上防止硫化氢的侵害。在高含硫化氢地区钻井施工，防止硫化氢侵害的最根本措施，就是搞好一级井控，使井眼内静液柱压力大于地层压力，防止地层中的硫化氢气体侵入井内，尽量避免二级井控。主要措施包括：

（1）据预告的地层压力及邻井资料选择合理的钻井液密度，满足近平衡压力钻井要求，安全附加值应符合有关规定。

（2）严格执行操作规程，控制起钻速度，起钻连续灌满钻井液。

（3）使用好真空除气器，及时排除钻井液中的残留气体。

（4）加强随钻压力监测及预测，及时分析钻井参数、录井参数等有关数据，发现异常及时采取措施。

（5）配齐内防喷工具；大门前准备一根带止回阀的单根，准备起下钻铤发生井喷时抢接；钻台上放一只带抢接装置的止回阀备用。定人、定期维护保养。

（6）发现快钻时、放空等异常情况，立即停钻静止观察，不要循环观察。

（7）避免“戴帽取心”。用取心筒打开目的层比较危险，取心筒外径大、水眼小，一旦打开目的层发生井漏或井涌，处理起来比较困难。

（8）加强液面观察，做好防漏堵漏准备，储备足够的堵漏材料和备用钻井液，采取预堵漏和随钻堵漏等措施。

（9）钻台、井架、机房照明一律使用防爆灯，并与四个以上的探照灯线路分开，集中控制。消防器材、电器和应急照明系统配备齐全，井场电线（动力线、照明线）不得横跨主体设备、不得使用裸线。

（10）严格执行钻开油气层前的井控申报、检查、验收审批制度。

（11）落实溢流监测岗位、关井操作岗位，加强坐岗，实行三人联坐。

（12）钻开油气层前50~100m，根据地质预告，及时调整钻井液密度和性能。按要求储备足够的加重材料、处理剂和加重钻井液。做到尽早发现溢流，迅速控制井口。做到溢流 $0.5m^3$ 报警，$1m^3$ 关井。

（13）裸眼井段控制起下钻速度，特别是在气层以上300m左右的井段，起钻用I挡低速，防止因抽汲压力或激动压力造成井喷或井漏。

（14）井眼要畅通，防止拔活塞造成抽汲井喷，开泵要平稳，排量由小逐渐加大防止憋漏地层。

（15）起钻必须连续灌钻井液，起完钻尽快下钻，检修设备，钻具下至技套内，不得空井检修保养，尽量减少空井时间。

（16）钻开油气层后，起钻时用短程起下钻和校核灌入量的方法检测溢流；下钻时，分段循环或节流循环，观察后效，严格控制油气的活跃程度。

（17）对以下几种情况必须进行短程起下钻：

①钻开油气层后第一次起钻前；

②钻井液密度在设计范围内下降时；

③出现溢流、压井后；

④打开油气层井漏或堵漏后；

⑤钻头在井底长时间工作后；

⑥钻进中气侵严重，但未溢流；

⑦在进行电测、下套管、取心等作业前。

（18）通过短程起下钻计算油气上窜速度，油气上窜速度超过安全值时必须进行及时处理，直至达到要求方可起钻。

（19）打开油气层发生井漏，应立即停止循环，间歇定时定量反灌钻井液，以降低漏速，并上提钻具在套管内防止钻具卡死，维持一定液面，尽量保持压力平衡，然后考虑堵漏。

（20）油气层井段钻进时，要注意随时观察和分析岩性、钻井液性能、钻时、油气水浸和钻井液后效显示等参数的变化情况，发现异常立即采取相应措施，并及时报告及时处理。

4. 严格按照国家及行业标准进行井控装备的配套安装和试压，夯实二级井控基础

（1）据邻井施工情况及资料显示的地层压力，合理选择井身结构和套管强度，根据需要选用抗硫套管。

（2）选用与最高地层压力相匹配的套管头、液压防喷器组及控制管汇，其应具有抗硫功能。

（3）节流、压井管汇的压力级别和组合形式与防喷器组相匹配，且都具有抗硫功能。

（4）打开气层下套管前，更换与套管直径相匹配的闸板芯子或使用变径闸板，且都具有抗硫功能。

（5）含硫天然气井，必须安装剪切闸板及全封防喷器。

（6）井口装置全部使用双四通，放喷管线不少于 4 条，放喷管线出口距井口 100m 以上，方向合适，固定牢固。

（7）放喷管线使用专用的标准抗硫管线，采用标准法兰连接，不准现场焊接。拐弯处使用 ≥120° 的防硫铸钢弯头。

（8）使用符合标准要求的液气分离器。排气管线使用专用的标准抗硫管线，直径与液气分离器本体的排气管直径一致。接出距井口 100m 以外的安全地带。火炬出口高度合适，固定牢固，周围不得有易燃、易爆等物品。

（9）至少保证两种有效点火方式，专人负责、定期检查，确保点火装置安全可靠。

（10）节流管汇至少有一侧为远控液动节流阀，操作台安放位置合适且在待命状态，专人负责管理，操作熟练。

（11）配齐内防喷工具；大门前准备一根带止回阀的单根，准备起下钻铤发生井喷时抢接；钻台上放一只带抢接装置的止回阀备用。定期检查保养内防喷工具，确保灵活好用。

（12）安装使用好真空除气器，及时清理，专人负责，定期维护保养。

（13）按标准要求配备循环加重系统。至少有两套以上电动混合加重漏斗，一套剪切漏斗，配备自动下料罐，根据设计要求储备足够的加重材料及轻、重泥浆。

（14）按国家及行业标准要求，严格进行井控装置试压且由专职试压队进行。

（15）做好低泵速及地破压力试验，并记录结果，为井控提供资料。

5. 加强硫化氢的监测及防护

按 SY/T5087 的规定配备硫化氢监测仪器和防护器具，并做到人人会使用、会维护、会检查。

（1）在井场 H_2S 容易积聚的地方，特别是方井、泥浆灌、振动筛附近和钻台等常有井队人员的地方，应安装监测仪和音响报警系统，且能同时开启使用。

（2）井场工作人员每人配备一台便携式硫化氢监测仪。

（3）当空气中 H_2S 含量超过安全临界浓度时，监测仪能自动报警，固定式、便携式检测仪都应具有声光报警功能，同时在井架上安装高音量的报警器，以便在紧急情况下报警时，井场人员及附近居民都能听到。

（4）井场配备一套正压式呼吸器 应满足施工设计需求，井队配备两套充气机（双电源），安放在安全位置，以便在需要时给正压呼吸器气瓶充气。

（5）监测设备、仪器应由具有资质的机构定期进行鉴定。

（6）在井架、值班房上方、井场盛行风入口等位置安装风向标，一旦发生紧急情况，作业人员可向上风方向疏散。

（7）井口附近、钻台上、钻井液振动筛附近、钻井液池附近以及其他可能聚集硫化氢的地方，配备有大的防爆风机。

（8）井场各施工单位分别制定不同级别的防硫化氢应急方案，定期进行应急演练。

（9）现场施工人员必须取得井控操作证后，方能上岗。加强对现场施工人员的硫化氢防护知识、急救常识培训，提高全员的硫化氢防护能力。

（10）井队储备一定量的除硫剂，钻开含硫气层前加入适量的除硫剂和缓蚀剂，钻井液的 pH 值控制在 9.5 以上，减轻硫化氢气体的腐蚀破坏作用。

（11）定期组织井控安全检查，宣贯井控标准，及时发现和整改事故隐患，提高井控安全意识及管理水平。

（12）配备可使 H_2S 中毒者饮用后产生兴奋的饮料（浓茶或咖啡），干净清洁的水和毛巾。在钻井液振动筛处配备 35% 浓度的氨水，防止硫化氢出来伤人。

（13）配备足够的医用氧气和吸氧设备。

6. 应急措施及处置方案

1）应急措施

（1）当闻到 H_2S 臭味或检测到 H_2S 气体（在安全临界浓度 $20mg/m^3$ 以下）时：

①应迅速报告应急指挥小组组长；

②随时监测 H_2S 气体的浓度；

③通知有关人员佩戴防毒面具。

（2）当检测到 H_2S 气体（超过安全临界浓度 $20mg/m^3$）时：

①立即发出警报，迅速报告应急指挥小组组长；

②通知有关人员佩戴防毒面具，迅速控制井口；

③迅速撤离至安全地带，根据现场情况，应急小组采取相应的措施；

④拨打急救电话，并向当地政府通报；

⑤若确需在有 H_2S 气体存在的场所继续作业，必须两人以上组成一个小组佩戴防毒面具工作，并且至少每隔 10min 撤离至安全地带休息 5min 方能继续工作；

⑥当遇到较强烈的 H_2S 气体时，应拉响防空报警器，向周围 5km 范围内的居民发出撤离信号；拨打急救电话，并向当地政府通报。

（3）当发生 H_2S 中毒时：

①应迅速转移至新鲜空气区，并向应急指挥小组报告；

②应急小组根据情况初步判断中毒级别；

③若属轻、中度应立即接受吸氧 30min 后，再将伤员送至救助的医疗机构。

（4）当发生重度中毒时：

①应迅速报告应急指挥小组组长；

②通知有关人员佩戴防毒面具；

③迅速撤离现场，将伤员放置安全地带；

④若中毒者能自行进行呼吸，应立刻进行吸氧，并应保持中毒者处于放松状态、保持中毒者的体温，不能乱抬乱背、应将中毒者放于平坦干燥的地方就地抢救，然后将伤员送至救治的医疗机构；若中毒者已经休克、心脏或呼吸已停止，应立即采取人工呼吸、呼吸器、人工胸外心脏挤压法等方法进行抢救；

⑤通知有关人员佩戴防毒面具；

⑥迅速撤离至安全地带；

⑦拨打急救电话，并向当地政府通报。

（5）防硫化氢井控应急汽笛报警信号：

①硫化氢溢出小于 10ppm 时，警报器、汽笛应发出黄色声光报警、发出“一短一长”汽笛报警；

②硫化氢溢出达到 10~20ppm 时，警报器、汽笛发出红色声光报警、发出“二短一长”汽笛报警；

③硫化氢溢出达到 20~100ppm 时，警报器、汽笛发出红色声光报警、发出“三短一长”汽笛报警；

④硫化氢溢出达到 100ppm 时，电动警报器发出红色声光报警、发出连续拉响防空警报器，第一次持续时间 5min，以后每间隔 3min 拉响 3min，直至险情结束报警；

⑤硫化氢溢出未控制住井口，电动警报器连续拉响防空警报器，直至险情结束报警。

2）处置方案

（1）井涌：

①坐岗人员发现溢流、井涌，立即报告当班司钻，司钻发出报警信号，各岗位人员迅速到位；

②司钻指挥按“四七”动作关井；

③制定方案，实施压井；

④井涌处理方案；

⑤压井方案。

a. 压井方案的选择。根据该井特性和人员技术状况，压井宜采用司钻法压井。即第一循环周采用原浆循环排污；第二循环周采用重浆循环压井。

b. 压井施工。发现溢流后，立即按关井程序关井；记下立压、套压及泥浆增量；检查圈闭压力，如有先释放掉；计算压井泥浆密度及有关数据；缓慢开泵并调节节流阀，控制套压保持关井套压将泵排量调整到压井排量，用原浆循环，保持压井排量并调节节流阀使立管压力等于地层压力，保持不变直到溢流排完（循环排污时，受污原浆要通过泥浆气体分离器、除气器处理进入循环罐，否则，通过放喷管线放掉）；停泵，关井，则立压 = 套压；缓慢开泵并调节节流阀，控制套压保持关井套压将泵排量调整到压井排量，用重浆循环并保持排量不变，重浆由地面到达井底，调节节流阀保持套压等于关井立压不变，重浆到钻头在环空上返，调节节流阀控制立管压力不变，直到压井泥浆返出地面；停泵，关节流阀，检查立压、套压是否为零，若均为零，再打开节流阀，检查有否溢流；若无溢流，再打开防喷器检查溢流；又无溢流，则将泥浆密度附加 0.07~0.15g/cm^3，恢复钻进；如果发现立压 =0，套压≠ 0，再继续向井内泵入重浆 1.5~3m^3，立压应为零，否则，控制立管压力，用重浆继续循环直至套压为零；因立管压力变化滞后，调节节流阀时勿过度。

关井后应等待天然气上升的处理。先确定一个比初始关井压力高的允许立管压力值（比初始关井立管压力大 1MPa）和放压过程中立管压力的变化值；当关井立管压力增加时，通过节流阀放钻井液，立管压力下降关节流阀关井；关井后，当天然气继续上升，立管压力再次升高时，再按上述方法放压，然后关井；重复上述操作，直到天然气上升到井口；通过压井管汇泵入盐水或稀钻井液（记录泵入量）；等待一段时间；放压：放掉泵入过程而增加的压力和泵入钻井液液柱压力两者之和；重复上述操作，直到所有气体都已放掉。

注意：放压过程中，套压不超过关井极限套压；气体放至井口时，不能将气体放掉。

（2）井漏：

①如通过配制钻井液能保持循环所需要的钻井液量，则继续循环，在侵入井内的气泡返至漏失层以上后，施加于漏失层的压力减小，漏失可能自行消失。

②或者在部分漏失的情况下循环钻井液时，把钻杆压力降低 0.5MPa，并等待观察漏失是否减少。如果不减少，则再把钻杆压力降低 0.5MPa，继续这样做，直到把漏失减少到完全可以用配制新钻井液来维持循环。降低钻杆循环压力总量不能超过 3MPa，如果钻

杆压力降低了 3MPa，还没解决问题，则应改变做法。

③停泵关井 30min 至 4h，使漏失的裂缝自行愈合。调节节流阀，维持关井钻杆压力不变。如果节流阀压力上升超过 0.7MPa，则执行下一步骤。

④选择较慢的循环速度及新的初始压力。停泵以后，打开节流阀，开泵至新的慢泵速，关节液阀，直到套压升到关井时的压力，然后将钻杆压力作为新的初始循环压力。

⑤用有效的填漏材料配制填漏钻井液。这对硬地层比塑性地层效果好。

⑥配制重钻井液控制井涌。如果漏失层在井涌层以上，这种方法可压住较小的井涌，然后再处理井漏。

⑦如果井漏严重，无法堵住，应采用大量重晶石粉直接入井封住井涌层，然后处理井漏。

（3）井喷：

①坐岗人员发现溢流、井涌，立即报告当班司钻，司钻发出报警信号，各岗位人员迅速到位，司钻指挥按“四七”动作关井。

②打开放喷管线，分流放喷。

③应急小组、井队干部赶赴指定指挥区，听从应急小组组长的指挥。

④制定方案，组织压井。

⑤井喷的处理方案。关井，控制井口；打开放喷管线，用节流阀控制放喷（在关井极限套压内）；当套压超过关井极限套压时，打开一侧或两侧的放喷阀分流放喷；压井。

a. 置换法：在气井泥浆喷空后，裸眼段较长，井内不能进行循环压井的条件下。

b. 平衡点法：在井内泥浆全部喷空，防喷器关闭，钻具在井底，天然气经过放喷管线放喷的条件下。

（4）井喷失控：

①应急措施：

a. 迅速关停柴油机、断电；

b. 应急小组要迅速组织全体职工撤离，疏散到安全地方；

c. 布置井场警戒、杜绝一切火源；

d. 向井内注水、向油气柱及井口周围喷水；

e. 制定抢险方案，组织抢险。

②井喷失控的处理方案

a. 成立现场抢险组，迅速制定抢险方案；

b. 尽快由四通向井内连续注水，用消防枪向油气柱及井口周围大量喷水，迅速做好储水、供水工作，并将氧气瓶、油罐等易燃易爆物品拖离危险区；

c. 测定井口周围及附近天然气和硫化氢气体含量，划分安全区；

d. 清障；

e. 灭火；

f. 换装新井口装置。

三、测井防控硫化氢技术

1. 测井施工存在的风险

气层含有 H_2S 和 CO_2，易腐蚀电缆与井下仪器。

2. 气层含有 H_2S 和 CO_2 的应对措施

（1）做好生产准备，提高测井时效，缩短电缆和仪器在井内的时间。

（2）使用电缆清洗器，确保电缆运行后及时清洁。

（3）下井仪器采用防硫密封圈。

（4）仪器连接处润滑脂采用硅脂，能有效隔离有害气体。

（5）测井队每人配备一套正压式空气呼吸器和携带式硫化氢检测仪。

（6）车辆发动机排气管佩戴阻火器。

3. 井控措施

现场测井井控工作服从钻井队管理，施工前与钻井队进行联合演练，专门成立一个由现场施工人员组成的现场应急小组，并配备必要的井控工具，施工现场每人配备一套防护装备。井控措施如下：

（1）现场施工井控工作服从钻井队管理；

（2）油气上窜速度严格按照标准要求执行；

（3）如发生井喷或 H_2S 显示，应按钻井队应急预案统一行动；

（4）施工前，应与钻井队、录井队组织联合演练；

（5）现场施工人员要佩戴硫化氢检测仪，施工现场配备每人一套正压呼吸器，并备用一套；

（6）测井施工车辆应停放在井架大门前、距离井口 25m 以远上风开放位置；

（7）施工前将电缆断线钳与电缆 T 形卡放置于井台井口附近明显位置备用；

（8）在施工过程中井口必须 24h 坐岗，并且及时汇报井口异常情况；

（9）施工中应严格控制电缆起下速度，套管中小于 6000m/h，裸眼中小于 4000m/h，高压层位置小于 2000m/h；

（10）测井过程中发现溢流及时向钻井队报告并立即将井下仪器小于 2000m/h 起过高压地层，然后快速起出井口；

（11）发生井涌，应切断电缆并按空井井控处理。

4. 现场作业出现硫化氢气体的处置措施

1）现场作业出现硫化氢（10ppm≤硫化氢浓度 <20ppm 时）现场处置方案

（1）安排专人观察风向、风速以便确定受侵害的危险区；

（2）坐岗人员到录井协同录井监测硫化氢的浓度，随时报告队长，以便决定下步作业方案；

（3）切断危险区不防爆电器的电源；

（4）继续作业，在含硫化氢区域的工作人员，连续工作时间不超过 8h；

（5）井台人员佩戴便携式硫化氢检测仪，井台必须至少 2 人；

（6）安排非作业人员撤入安全区；

（7）作业施工完后，迅速撤离井场至安全区，清点人数。

2）现场作业出现硫化氢（20ppm≤硫化氢浓度 <100ppm 时）现场处置方案

（1）安排专人观察风向、风速以便确定受侵害的危险区；

（2）现场应急人员立即佩戴正压式空气呼吸器；

（3）撤离现场非应急人员，清点人员；

（4）坐岗人员到录井协同录井监测硫化氢的浓度，随时报告测井队长，测井队长与井队商量下步施工方案；

（5）立即向项目管理部负责人汇报现场情况，项目管理部及时向上一级应急指挥中心办公室汇报情况并等待下步施工方案；

（6）切断作业现场可能的着火源；

（7）如果停止施工，人员及设备应迅速撤离井场至安全区，清点人数。

3）现场作业出现硫化氢（硫化氢浓度≥100ppm 时）现场处置方案

（1）撤离现场非应急人员；

（2）现场应急人员佩戴正压式空气呼吸器；

（3）安排专人观察风向、风速以便确定受侵害的危险；

（4）坐岗人员到录井，协同录井监测硫化氢的浓度，随时报告测井队长，测井队长与井队商量下步施工方案；

（5）立即向项目管理部负责人汇报现场情况，项目管理部及时向上一级应急指挥中心办公室汇报情况；

（6）立即停止作业；

（7）操作员迅速保存资料、关闭电源；

（8）在安全允许的条件下，绞车工迅速起出仪器，井口快速拆除井口；

（9）人员及设备应迅速撤离井场至安全区，队长清点人数。

四、固井防控硫化氢技术

固井施工作业过程中，因含硫化氢油（气）井发生井喷或遭遇硫化氢泄漏、逸散、失控，将影响正常生产和危及人员生命安全。

1. 危害程度分析

当硫化氢泄漏、失控时，很快会使人有不适的感觉，含硫化氢的浓度较高时，存在火灾爆炸和中毒的危险。

2. 应急处置措施

按照国家和行业标准、规范制定硫化氢泄漏事件抢险方案，在实施过程中，坚持“以人为本”的指导思想，落实以下应急处置要求。

1）硫化氢泄漏

（1）应佩戴正压式空气呼吸器迅速抢救现场中毒人员，封闭事件现场，划定安全区域，发出硫化氢泄漏报警信号，进行交通管制，禁止无关人员进入现场，控制事态发展；

（2）利用硫化氢气体监测仪或便携式硫化氢气体监测仪随时监测硫化氢浓度，根据现场风向，疏散现场无关人员及周边群众；

（3）条件允许时，迅速组织应急救援队伍采取措施，控制硫化氢进一步泄漏逸散。

2）装置、设施失控

经采取措施无效，危及人员生命安全，现场应急指挥部应立即组织人员撤离，同时向当地公安、消防等政府主管部门汇报，请求启动当地政府相应的应急预案。

3. 现场防范措施

（1）固井设备、人员进入井场，井队技术负责人负责本井硫化氢应急预案安全教育培训，保证固井施工人员掌握井队硫化氢应急预案。

（2）注隔离液期间发生硫化氢泄漏，响应井队的硫化氢处置方案，迅速关闭井口闸门，水泥车至压井管汇处连接管线，备用压井。

（3）注水泥浆期发生硫化氢泄漏，响应井队的硫化氢处置方案，关闭封井器，水泥头关闭注灰闸门，开启替浆闸门，根据井队处置方案水泥车转换钻井液备用压井，备用水泥车至压井管汇连接管线，备用反循环压井井口迅速关闭水泥头闸门。

（4）替浆施工期间发生硫化氢泄漏，倒换闸门，响应井队硫化氢处置方案，水泥车备用压井准备。

第二节　采气过程危害因素及安全技术

一、套管腐蚀

高酸性气田油套管金属材料腐蚀几乎包含了所有的腐蚀形式，开展腐蚀形式的分析是采取措施防止腐蚀发生和发展的前提。金属材料在高酸性气田中常见的腐蚀形式主要有环境断裂、电化学腐蚀、流体力学化学腐蚀三大类。

1. 金属腐蚀

1）环境断裂

（1）应力腐蚀。金属材料在拉应力和特定介质的共同作用下所引起的破裂称为应力腐蚀（SCC）。SCC 必须满足三个条件：敏感材料、特定介质和拉应力，材料只有在特定的介质中且必须有拉应力存在时才会发生 SCC。

SCC一般发生在合金中，纯金属中非常罕见。典型的容易发生SCC的材料－环境体系有高强钢－H_2S、奥氏体不锈钢－Cl^-、镍基合金－NaOH溶液等。SCC一般存在一个临界应力，只有当外加应力高于临界应力时才会发生。SCC裂纹扩展一般经历三个阶段：孕育期、裂纹扩展期和失稳断裂期。孕育期的时间或长或短，有时裂纹可在很短时间内形核，有时却可长达数年。一旦SCC裂纹形核，就进入了裂纹扩展期，裂纹扩展期内裂纹的扩展速率可达到10^{-6}~10^{-3}mm/min，最高可达均匀腐蚀速率的106倍，扩展到一定程度后进入失稳断裂期，就会在极短时间内断裂。在孕育期的SCC裂纹很难被检测出来，裂纹扩展期虽可检测但时间较短，一旦进入失稳断裂期就会导致无先兆的灾难性事故。

SCC是最复杂的腐蚀形式之一，涉及材料、力学、电化学等方面因素。用于研究SCC的经费占全世界腐蚀研究经费的70%以上。SCC研究之所以如此重要，首先是因为SCC造成的损失非常巨大，往往带来突发性的灾难事故。其次是对于SCC的研究还不够完善。由于SCC是材料、应力、环境三方面共同作用的结果，环境变化，SCC的机理也会发生变化。经过数十年的研究，学术界已普遍认同一种观点，认为无法找出一种统一的机理解释SCC的所有现象，而是一种体系对应一种机理。这就造成了SCC的不确定性，新材料的使用或旧材料应用在新的环境中都存在风险，其安全性必须经过实验验证。

（2）氢脆与氢损伤。酸性天然气中的H_2S或CO_2水解后产生的弱酸与钢发生化学或电化学反应会产生氢原子，在H_2S的毒化作用下，氢原子被阻止形成氢气，以原子的形式进入金属基体，产生氢脆或氢损伤。氢脆可造成金属韧性的降低，而氢损伤除引起韧性降低、开裂外，还可以引起金属其他物理或化学性能的降低。氢脆按氢脆敏感性与应变速率的关系可以分为两大类：第一类氢脆是指氢脆敏感性随应变速率的增加而增加，这一类氢脆主要是形成了氢化物或者氢鼓泡，比较容易检测。第二类氢脆是指氢脆敏感性随应变速率增加而降低，这种氢脆比较难以检测。第二类氢脆又包含两种，第一种是不可逆氢脆，一般是应力诱发氢化物型氢脆；第二种是可逆氢脆，这类氢脆最隐蔽，也最危险。其脆性在高速变形或者应力去除后就会消失，一般需要在10^{-7}~$10^{-9}s^{-1}$的延伸率下拉伸才能测出。可逆氢脆是材料中的氢在应力梯度作用下向高的三向拉应力区富集，当偏聚的氢浓度达到临界值时，便会在应力场的联合作用下导致开裂。

（3）腐蚀疲劳。疲劳是指材料在交变应力作用下导致疲劳裂纹萌生、亚临界扩展，最终失稳断裂的过程。材料在腐蚀环境中的疲劳行为称为腐蚀疲劳，是腐蚀和疲劳共同作用的结果。由于腐蚀作用，疲劳裂纹萌生所需时间及循环周次都有减少，裂纹扩展速度增大。钻杆及油管都容易发生腐蚀疲劳。腐蚀疲劳和应力腐蚀不同，腐蚀疲劳不仅发生在合金中，也会发生在纯金属中。

2）电化学腐蚀

（1）点腐蚀。点腐蚀（点蚀）又称小孔腐蚀（孔蚀），是常见的局部腐蚀形式之一，它集中于金属表面很小范围内，并深入到金属内部。其特征是蚀孔的直径等于或小于其深度，蚀孔口多数有腐蚀产物覆盖。点蚀常发生在材料的擦伤、缺陷或者杂质位置。实际使用中，可以选用抗点蚀系数较高的材料防止点蚀。

（2）缝隙腐蚀。缝隙腐蚀是指由于狭缝或间隙的存在，在狭缝内或近旁发生的腐蚀。能引起缝隙腐蚀的宽度一般为0.025~0.1mm，最常见于油套管接头、沉积物下以及硫酸盐还原菌形成的瘤状物处。在油气田防腐设计或施工中，应该尽量减少材料或装备上细小的缝隙，或堵塞缝隙入口。另外，需要采取措施抑制沉积物的生成以及硫酸盐还原菌的生长，防止其形成垢状物引起缝隙腐蚀。

（3）电偶腐蚀。电偶腐蚀又名接触腐蚀或双金属腐蚀。当两种金属或合金在腐蚀环境中接触时，两金属之间存在着电位差，该电位差使电偶电流在它们之间流动，使电位较负的金属腐蚀加剧，而电位较正的金属受到保护，就发生了电偶腐蚀。电偶腐蚀的影响因素主要有电偶序、阴阳极面积比、腐蚀时间、表面状态、介质导电性等。电偶腐蚀大小和有效距离大小取决于两种金属间的电位差和电解质的电导率，通常是与高电位金属相连的一小段部位容易发生电偶腐蚀，其他部位并不明显。在生产实际中应该避免电位差较大的两种金属的直接连接，并避免大阴极小阳极的连接方式。电偶作用除可以引起电化学腐蚀加速以外，在酸性天然气环境中，原本对应力腐蚀不敏感的材料在与其他材料连接形成电偶时也可能发生氢应力开裂，被称为电偶诱导氢应力开裂（GHSC）。

（4）杂散电流腐蚀。由杂散电流引起的腐蚀被称为杂散电流腐蚀。油气田中的杂散电流腐蚀主要是由输送管或油井套管外部杂散的交流或直流电流所引起。在电流强度相同时，直流电所造成的腐蚀远比交流电严重，但近年来交流杂散电流引起的腐蚀也越来越引起业界重视。阴极保护系统需要尽可能降低自身产生的杂散电流对其他装置的腐蚀。例如用于集输管线的阴极保护设计必须设法避免对井筒产生杂散电流腐蚀。

3）流体力学化学腐蚀

（1）冲刷腐蚀。冲刷腐蚀是金属表面与腐蚀流体之间由于高速相对运动引起的金属损伤，是流体的冲刷与腐蚀协同作用的结果。冲刷可能造成腐蚀产物膜破坏，从而加剧腐蚀。例如含有固相的流体在冲刷作用下对油管表面造成的磨损性腐蚀以及集气站场管线的拐弯和接头处。

（2）空泡腐蚀。空泡腐蚀是一种特殊形式的冲刷腐蚀，主要是由于液体高速流动过程中所产生或携带的气泡破裂对材料表面的锤击作用所造成的。气泡的破裂可以造成材料表面粗化，出现大量直径不等的火山口状的凹坑，最终使材料丧失使用能力。

腐蚀环境的性质决定了腐蚀的特点和规律。酸性气中含有大量的腐蚀性气体H_2S和CO_2，两种气体共存时会产生协同作用加速腐蚀。除此之外，如果地层水矿化度高，生产时有单质硫析出，也会给防腐蚀工作带来严重的困难。

2. H_2S腐蚀

H_2S腐蚀一般称为酸腐蚀（Sour Corrosion）。干燥的H_2S对金属材料无腐蚀破坏作用，H_2S只有溶解在水中才具有腐蚀性。美国腐蚀工程师协会（NACE）的MR0175—2003标准对于湿H_2S环境的定义是：

①酸性气体系统：气体总压≥0.45MPa，并且H_2S分压≥0.0003MPa。

②酸性多相系统：当处理的原油中有两相或三相介质（油、水、气）时，条件可放

宽为：气相总压≥1.83MPa 且 H_2S 分压≥0.0003MPa；当气相压力≤1.83MPa 时，满足 H_2S 分压≥0.07MPa，或气油比≥142 抑或气相 H_2S 含量超过 15%。以上三个条件满足其一即可认为是酸性多相系统。

H_2S 对钢材的腐蚀破坏主要有电化学腐蚀和 H_2S 导致的环境断裂。

（1）电化学腐蚀

H_2S 引起的电化学腐蚀原理如图 2-2-1 所示，H_2S 溶于水后产生下列反应：

$H_2S \longrightarrow H^+ + HS^-$

$HS^- \longrightarrow H^+ + S^{2-}$

阳极：$Fe - 2e \longrightarrow Fe^{2+}$

阴极：$2H^+ + 2e \longrightarrow Had + Had \longrightarrow 2H \longrightarrow H_2\uparrow$

$$\downarrow$$

$[H] \longrightarrow$ 钢中扩散

式中　Had——钢表面吸附的氢原子；

[H]——钢中的扩散氢。

钢材受到 H_2S 腐蚀以后阳极的最终产物是 FeS，该产物通常是一种有缺陷的结构，它与钢铁表面的粘结力差，易脱落，易氧化，且电位较正，因而作为阴极与钢铁基体构成一个活性的微电池，对钢基体继续进行腐蚀。如果含 H_2S 介质中还含有其他腐蚀性组分如 CO_2、Cl^-、残酸等时，将促使 H_2S 对钢材的腐蚀速率大幅度增高。

（2）H_2S 导致的环境断裂

在发生电化学腐蚀的同时，会有大量的氢产生，产生的氢一般认为有两种去向，一是氢原子之间有较大的亲和力，易相互结合形成氢分子排出；另一个去向就是原子半径极小的氢原子获得足够的能量后变成扩散氢而渗入钢的内部并溶入晶格中，溶于晶格中的氢有很强的游离性，在一定条件下将导致材料的脆化（氢脆）和氢损伤。H_2S 及其水解产物是典型的氢毒化剂，在 H_2S 环境中，H_2S 会阻止氢原子复合成氢分子析出，而是将大量的氢以原子形式扩散深入到钢材内部，产生氢致开裂或应力腐蚀开裂。

湿 H_2S 环境中，由 H_2S 导致的环境断裂形式主要有以下几种：氢鼓泡（HB）、氢致开裂（HIC）、硫化物应力腐蚀开裂（SSCC）、应力导向氢致开裂（SOHIC）、软区裂纹（SZC）、氢应力开裂（HSC），如图 2-2-2 所示。

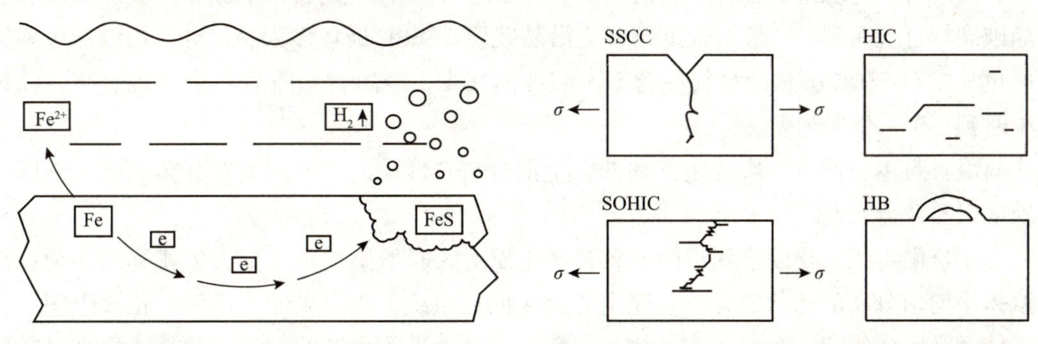

图 2-2-1　电化学失重腐蚀　　图 2-2-2　几种典型的 H_2S 导致的环境断裂形式

（1）氢鼓泡。腐蚀过程中析出的氢以原子形式向钢中扩散，在钢材的非金属夹杂物、分层和其他不连续处易聚集形成氢分子，由于氢分子较大难以从钢的组织内部逸出，从而形成巨大内压导致其周围组织屈服，形成表面层下的平面孔穴结构称为氢鼓泡。氢鼓泡裂纹分布一般平行于材料表面。它的发生无须外加应力，与材料中的夹杂物等缺陷密切相关。

（2）氢致开裂。在氢气压力的作用下，不同层面上的相邻氢鼓泡裂纹相互连接，形成阶梯状特征的内部裂纹称为氢致开裂，裂纹有时也可扩展到金属表面。HIC 的发生也无须外加应力，一般与钢中高密度的大平面夹杂物或合金元素在钢中偏析产生的不规则微观组织有关。

（3）硫化物应力腐蚀开裂。在湿 H_2S 环境中，腐蚀产生的氢原子渗入钢的内部并固溶于晶格中，使钢的脆性增加。在外加拉应力或残余应力作用下形成的开裂，叫作硫化物应力腐蚀开裂。其原理如图 2-2-3 所示。工程上有时也把受拉应力的材料在湿 H_2S 及其他硫化物腐蚀环境中产生的所有脆性开裂统称为硫化物应力腐蚀开裂或硫化物应力开裂（SSC）。SSCC 主要出现于高强度钢、高内应力构件及硬焊缝上。它是由 H_2S 腐蚀阴极反应所析出的氢原子，在 H_2S 的催化下进入钢中后，在拉伸应力作用下，通过扩散，在冶金缺陷提供的三向拉伸应力区富集而导致的开裂，开裂垂直于拉伸应力方向。SSCC 通常发生在中高强度钢中或焊缝及其热影响区等硬度较高的区域。SSCC 要有一定的内部或外部条件才能形成，如金属内部杂物或缺陷，应力、金相组织及强度、硬度等。这种开裂具有突发性、低应力、容易造成管材断裂的特点。SSCC 具有脆性机制特征的断口形貌。穿晶和沿晶破裂均可观察到，一般高强度钢多为沿晶破裂。SSCC 破坏多为突发性，裂纹产生和扩展迅速。对 SSCC 敏感的材料在含 H_2S 酸性油气中，经短暂暴露后就会出现破裂，以数小时到三个月情况为多。

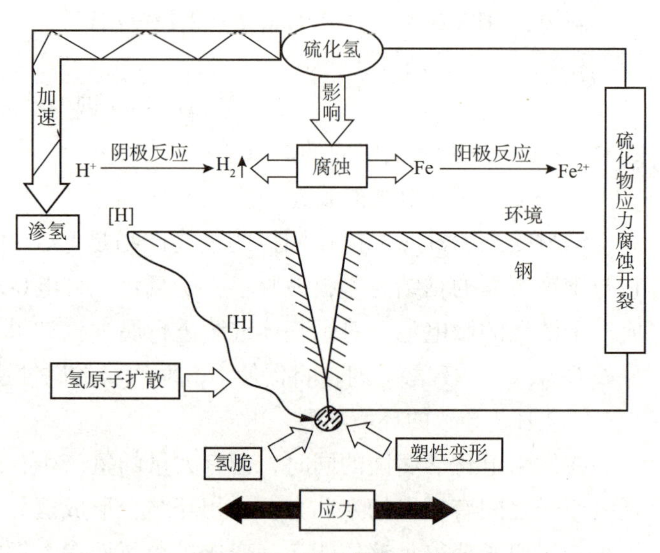

图 2-2-3　硫化物应力腐蚀

就材料本身而言，影响碳钢和低合金钢抗 SSC 性能的主要因素有显微组织、强度、硬度以及合金元素。

①显微组织：当硬度相近时，各显微组织对 SSC 敏感性由小到大的排列顺序为：铁素体中均匀分布的球状碳化物、完全淬火 + 回火组织、正火 + 回火组织、正火组织、贝氏体及马氏体组织。总之，在晶格热力学上越处于平衡状态的组织，就越能提高材料抗

SSC 性能。夹杂物的形状是十分重要的，特别是 MnS 的形状。MnS 在高温时容易塑性变形，热轧所形成的片状 MnS 易于导致 SSC。因此降低 S 含量或加入稀土元素改变硫化物形状是降低 SSC 敏感性的有效措施。

②材料硬度：钢材的硬度是影响钢材 SSC 失效的重要因素，是控制钢材发生 SSC 的重要指标。一般来讲，钢材硬度越高，开裂所用时间越短，SSC 敏感性越高。因此，在 NACE MR 0175/ISO 15156 中规定的所有抗 SSC 材料均有硬度要求：在常温常压的 H_2S 饱和水溶液中，碳钢不发生 SSC 的硬度应≤22HRC（相当于 HV245）。

③屈服强度：随屈服强度升高，临界应力和屈服强度的比值下降，即 SSC 敏感性增加。

④合金元素：抗硫碳钢在成分上要求尽可能地降低碳（C）、硫（S）、磷（P）的含量，并控制镍（Ni）、锰（Mn）含量。C 含量过高会引起材料硬度升高，降低抗 SSC 的能力。S 易形成夹杂和缺陷，特别是 MnS 夹杂，对抗 SSC 非常不利。P 除了可能引起钢红脆（热脆）和产生夹杂以外，还对氢原子结合成氢分子具有抑制作用，亦即具有毒化作用，使金属增氢效果增加，从而也就会降低钢在含 H_2S 介质中的稳定性。高 Ni 合金虽是非常好的耐蚀材料，但对于低合金抗硫钢而言，提高 Ni 含量会降低它在含 H_2S 溶液中对 SCC 的抵抗力。含 Ni 低合金钢之所以有较大的 SCC 倾向，是因为 Ni 对阴极过程有较大的影响。在含 Ni 低合金钢中可以观察到较低的阴极过电位，其结果是钢对氢的吸留作用加强，导致金属 SCC 的倾向性提高。另外，Ni 含量的增加，也更容易形成马氏体相。因此 Ni 在抗硫碳钢和低合金钢中的含量，即使其硬度≤22HRC 时，也不应该超过 1%。Mn 元素是一种易偏析的元素，Mn 在 SSC 过程的作用十分突出。当偏析区 Mn、C 含量达到一定比例时，在钢材生产和设备焊接过程中，产生出马氏体 / 贝氏体高强度、低韧性的显微组织，表现出很高的硬度，对设备抗 SSC 是不利的。

（4）应力导向氢致开裂。在应力引导下，夹杂物或缺陷处因氢聚集而形成的小裂纹叠加，沿着垂直于应力的方向发展导致的开裂称为应力导向氢致开裂。其典型特征是裂纹沿“之”字形扩展，它也是应力腐蚀开裂（SCC）的一种特殊形式。SOHIC 也常发生在焊缝热影响区及其他高应力集中区，与 SSCC 不同的是 SOHIC 对钢中的夹杂物比较敏感。应力集中常为裂纹状缺陷或应力腐蚀裂纹所引起，在多个开裂案例中都曾观测到 SSCC 和 SOHIC 并存的情况。

（5）软区裂纹。SZC 是 SSC 的一种形式，常见于焊缝处。当钢中含有屈服强度较低的局部“软区”时，可能会产生 SZC。在载荷作用下，软区会发生屈服，并且局部塑性应变扩展，这一过程加剧了非抗硫材料对于 SSC 的敏感性。

（6）氢应力开裂。氢应力开裂是指金属在有氢和拉应力（包括残余应力）存在的情况下出现的一种开裂。HSC 描述的是对 SSCC 不敏感的金属中的一种开裂现象，这种金属作为阴极和另一种易被腐蚀的金属作为阳极形成电偶，在有氢原子进入时，金属就可能变脆。

SSC 和 SCC 都是低应力破坏，甚至在很低的拉应力下都可能发生开裂。通常情况下，随着钢材强度或硬度的提高，SSC 的敏感性增加，甚至在百分之几屈服强度时也会发生开裂。它们也均属于延迟破坏（滞后开裂），开裂可能在钢材接触 H_2S 后很短时间内（几小时、几天）发生，也可能在数周、数月或几年后发生，但无论破坏发生迟早，往往事先无明显预兆，具有很强的突然性。在考虑 H_2S 环境下的腐蚀破坏时，首先应该避免的是 SSC 和 SCC，使用 NACE MR 0175 标准规定的抗硫钢材是在工程上防止 SSC 和 SCC 的有效方法，但必须注意 NACE 标准中碳钢的使用限制，不同类型的抗硫碳钢允许使用的 H_2S 分压和 pH 值是有界限的。需要指出的是，选用 NACE 标准规定的抗硫碳钢并不能防止电化学失重，必须辅助缓蚀剂、电化学保护等其他手段才能达到理想的防腐效果。

3. H_2S+CO_2 腐蚀

某高酸性气田天然气中 H_2S 和 CO_2 分压高，对油套管腐蚀性极强。尽管国内外许多学者对 H_2S 和 CO_2 单独存在的环境中的腐蚀行为进行了许多研究，在工程上也有解决办法，但对 H_2S 和 CO_2 混合介质中的腐蚀机理、腐蚀规律与控制方法，研究依然非常欠缺，对 H_2S 和 CO_2 混合时的腐蚀机理还没有形成统一的认识。对于这一体系的腐蚀规律的认识目前仅限于以下方面：

H_2S 和 CO_2 共同存在时具有协同作用，CO_2 的存在可以降低 pH 值，提高 SSC 的敏感性；H_2S 可以破坏 CO_2 腐蚀产生的保护膜，使得腐蚀持续增加，并作为毒化剂，加速 CO_2 腐蚀过程中产生的氢原子进入钢材基体。

H_2S 和 CO_2 共存体系中的规律表现为三种形式：

①在 H_2S 分压 <68Pa 时，CO_2 是主要的腐蚀介质，温度高于 60℃时，腐蚀速率取决于 FeCO3 膜的保护性能，基本与 H_2S 无关。

②在 H_2S 分压增加至 $p_{CO_2}/p_{H_2S}>200$ 时，表面形成一层与系统温度和 pH 值有关的较致密的 $FeCO_3$ 膜，导致腐蚀速率降低。

③在 $p_{CO_2}/p_{H_2S}<200$ 时，系统中 H_2S 为主导，其存在一般会是材料表面优先生成一层 FeS 膜，此膜的形成会阻碍具有良好保护性的 $FeCO_3$ 膜的生成，系统最终的腐蚀性取决于 FeS 和 $FeCO_3$ 膜的稳定性及其保护情况。

环境对于 H_2S 和 CO_2 共同存在下的腐蚀机理和腐蚀速率都有影响。主要有温度、H_2S 分压、流速、pH 值、Cl^- 等。

1）温度

温度对 H_2S、CO_2 腐蚀的影响主要体现在以下三个方面：第一是影响了气体在介质中的溶解度，温度升高，溶解度降低，抑制腐蚀进行；第二是影响了反应速度，温度升高，各反应进行的速度加快，促进了腐蚀的进行；第三是影响腐蚀产物的形成机制，导致腐蚀速率产生变化，发生局部腐蚀。

2）H_2S 分压

一般认为发生 SSC 的极限分压为 0.34×10^{-3}MPa（水溶液中 H_2S 浓度约为 20mg/L），低于此分压不发生 SSC。H_2S 浓度对腐蚀产物膜的成分有影响。研究表明：在水溶液中，

H_2S 为 2.0mg/L 的低浓度时，腐蚀产物为 FeS_2 和 FeS；H_2S 浓度为 2.0~20mg/L 时，腐蚀产物除 FeS_2 和 FeS 外，还有少量 Fe_9S_8 生成；H_2S 浓度为 20~600mg/L 时，腐蚀产物中 Fe_9S_8 的含量最高。上述腐蚀产物中，Fe_9S_8 的保护性能最差。与 Fe_9S_8 相比，FeS_2 和 FeS 具有较完整的晶格点阵，阳离子在腐蚀反应期间穿过膜扩散的可能性处于较低状态，因此保护性能比 Fe_9S_8 好。

3）流速

研究证明，流速对钢的 H_2S、CO_2 腐蚀影响非常大。高流速的冲刷作用易破坏腐蚀产物膜或妨碍腐蚀产物膜的形成，使钢表面处于裸露的初始腐蚀状态，高流速将影响缓蚀剂作用的发挥。因此，通常流速增加，腐蚀速率提高。但流速过低也容易导致点蚀等局部腐蚀的增加。一般来说，气体流速应该控制在 3~10m/s。

4）pH 值

pH 值的影响主要有两方面。第一是影响阴阳极反应速度，溶液 pH 值较低时（$pH<6$），腐蚀电极反应速度主要受阳极酸性溶解过程控制，表面无法形成完整的腐蚀产物膜，腐蚀速率明显提高。第二是影响腐蚀产物膜的形成，pH 值直接影响着腐蚀产物膜的组成、结构及溶解度等。通常在低 pH 值的含 H_2S 溶液中，生成的是以含硫量不足的硫铁化合物（如 Fe9S8）为主的无保护性的膜；随着 pH 值的增高，FeS_2 含量也随之增多，在高 pH 值下生成的是以 FeS_2 为主的具有一定保护效果的膜。另外，pH 值从 4 增加到 5，$FeCO_3$ 的溶解度下降 5 倍；pH 值从 5 增加到 6，溶解度要下降上百倍。因此，高的 pH 值更有利于保护性的 $FeCO_3$ 膜的形成。

5）Cl^-

Cl^- 基于电价平衡总是争先吸附到钢铁的表面。因此，Cl^- 的存在往往会阻碍保护性的腐蚀产物膜在钢铁表面形成，从而加剧腐蚀。Cl^- 可以通过钢铁表面腐蚀产物膜的细孔和缺陷渗入其膜内，使膜发生显微开裂，生成点蚀核，并且由于 Cl^- 的不断移入，在闭塞电池的作用下，形成点蚀。Cl^- 的存在显著加速了点蚀破坏。含硫环境中 Cl 可以弱化金属与腐蚀产物间的作用力，阻止具有附着力的硫化物生成。因此，在腐蚀过程中腐蚀产物膜会不断脱落，裸露出基体，从而使碳钢的腐蚀失重变得极严重。采气过程中地层水中的 Cl^- 会与酸性气体产生协同作用，在材料表面以垢的形式生成腐蚀产物层从而减缓全面腐蚀速率，但局部垢下腐蚀倾向会增大。垢的形成过程和保护作用受多种因素的影响，如与碳酸盐和其他盐类的存在有关，与垢层下金属表面状况和腐蚀反应速度有关。在高流速区和焊接接头处，由于垢层的破裂，局部腐蚀的速率加快。疏松的膜产生阻塞区，使垢下介质酸化，产生严重的局部垢下腐蚀，这是造成设备失效的关键。

4. 单质硫腐蚀

高酸性气井生产过程中容易发生硫沉积现象。单质硫和 Cl^-、H_2S_x、H_2S 及 HS^- 等共同作用会加剧材料的腐蚀。

当体系中存在单质硫时，可以使得碳钢的腐蚀失重呈数量级增加。现在较普遍的看法是单质硫具有强氧化性，并且含硫阴离子具有很强的去极化作用。单质硫吸附在样品表面容易发生歧化反应，化学反应式为：

$$(x+y-1)\,S+yH_2O=(y-1)\,HS^-+S_xO_y^{2-}+(y+1)\,H^+ \qquad (2-2-1)$$

其中，氧化态产物可以是 $S_xO_y^{2-}$ 可以是 $S_2O_3^{2-}$、SO_3^{2-}、SO_4^{2-}、$S_xO_6^{2-}$ 中的一种或几种，随反应的 pH 值和温度而定。歧化反应不断电离出 HS^-、S^{2-}，它们的极性高于 Cl^- 和 OH^-，S^{2-} 与 Cl^- 及 OH^- 竞争吸附于氧空位，逐渐在金属表面形成金属硫化物膜。此膜不能有效地阻止侵蚀性阴离子向蚀坑深度方向扩散，加速酸化坑底部的环境，点蚀程度加重。另外，由于铁的硫化物电位较正，并具有导电性，膜层与基体电位差可能会加速基体腐蚀并诱发膜下非均匀腐蚀的发生。

单质硫不但可以使碳钢的腐蚀速率增大，也能加剧镍合金的点蚀。镍合金的高耐蚀性能，主要是由于镍合金有很强的钝化能力，表面可以形成致密的钝化膜，钝化膜外层的氢氧化物膜可以阻碍阴离子扩散进入钝化膜内层，而内层氧化物膜可以阻碍阳离子从钝化膜内向外扩散，从而对基体产生保护。由于硫是一种强氧化剂，在高于其熔点的温度及介质条件下吸附于表面的硫极易发生歧化反应，和在碳钢中情况一样，S^{2-} 与 Cl^- 及 OH^- 竞争吸附于氧空位，并逐渐在表面形成金属硫化物膜。所不同的是，膜中的 S^{2-} 借助空位迁移会进入到钝化膜内层，降低钝化膜形成的动力学因素，从而破坏钝化膜自修复功能，导致基体的溶解，成为点蚀的形核点。

研究发现，单质硫对镍基合金局部腐蚀的促进作用主要发生在高于单质硫熔点（119℃）的高温条件下，并且这种促进作用是在一定的温度范围内发生的，当温度避开这一临界区间时，单质硫的局部酸化引起的腐蚀程度就会明显减弱。

5. 水泥环腐蚀

腐蚀对现代工业造成的危害巨大，石油工业首当其冲。美国每年因腐蚀造成的损失和用于腐蚀治理的费用约 100 亿美元。我国石油工业腐蚀也相当严重，由于腐蚀每年约损失 400 亿元。众所周知，水泥环柱主要起封隔油、气、水，支持套管，保护套管，延长油气井寿命的作用。水泥环柱是套管的包被，水泥环柱的先导腐蚀可引起和加快套管的腐蚀和破坏。处于油、气、水封隔被破坏的井内的套管，如同完全处于腐蚀介质中一样。因此水泥环柱的腐蚀、腐蚀机理及抗腐蚀材料的研究至关重要

1）水泥石腐蚀与水化相和孔隙结构的关系

多年研究表明，各种水泥的水化相耐介质腐蚀能力是不同的。因此研究水泥石腐蚀时，必须研究各单水化相的耐腐蚀特性及在各种腐蚀介质作用下的腐蚀性能，研究促使耐腐蚀水化相生成的方法，研制耐腐蚀水泥。水泥石的腐蚀总是和它的孔隙结构和孔隙率密切相关的。孔隙结构决定腐蚀介质向水泥硬化体内部渗透的速度。水泥石孔隙特别是贯通孔道，构成了腐蚀介质的通道。因此孔隙大小和结构影响腐蚀介质进入水泥石内部的速度和能力。水泥石的孔隙分三种类型：①胶凝孔，1~3nm；②毛细孔，<100nm；③宏观孔，>10000nm。研究表明，腐蚀流体穿过胶凝孔的渗透速度非常小，胶凝孔对大多数液体实际上是不渗透的，水泥石的渗透性主要由毛细孔和宏观孔决定。水泥石的孔隙率服从如下关系式：

$$\phi=1-(1+0.23\alpha\rho)/(1+\rho R)=(R-0.23\alpha)/(1+\rho R)$$

式中 ϕ——水泥石孔隙率；

α——水化程度；

ρ——水泥石密度；

R——水灰比。

应当指出：化学外加剂及外掺料、水化温度、水泥组成对水泥石的孔隙率和渗透性有很大影响，它们能改变各种孔隙的分布、毛细孔壁的性质，从而影响腐蚀介质对孔隙的渗透性。

2）腐蚀类型和简要机理

（1）腐蚀类型。地层水比地表水腐蚀性高，地层水可分成四种类型。

① $NaHCO_3$ 型：$([Na^+]+[Cl^-])/[CO_3^{2-}]>1$

② Na_2SO_4 型：$([Na^+]+[Cl^-])/[SO_4^{2-}]<1$

③ $CaCl_2$ 型：$([Cl^-]-[Na^+])/[Ca^{2+}]>1$

④ $MgCl_2$ 型：$([Cl^-]-[Na^+])/[Mg^{2+}]<1$

判定式中离子浓度单位为 mg/L。

根据腐蚀介质的不同我们将水泥石的腐蚀分类如下：①浸蚀型，即 $Ca(OH)_2$ 被浸出的腐蚀；②冲刷型，如 $MgCl_2$、$MgSO_4$ 的腐蚀；③硫酸盐腐蚀，如 Na_2SO_4、$MgSO_4$ 的腐蚀；④酸性腐蚀，如 H_2S、H_2CO_3 的腐蚀；⑤热腐蚀。

①浸蚀型腐蚀———$Ca(OH)_2$ 被浸出的腐蚀；表层水化物的覆盖可使 $Ca(OH)_2$ 被浸出的速度减慢。根据扩散原理，浸蚀型腐蚀可用如下公式表示：

$$Q=D(C_1-C_2)St/L \text{ 或 } q=D(C_1-C_2)S/L$$

式中 Q——被浸出的 CaO 的量；

D——扩散系数；

C_1——水泥石孔隙中 CaO 浓度；

C_2——水中 CaO 浓度；

t——浸蚀时间；

S——水泥石截面积；

L——水泥石厚度；

q——CaO 的浸出速率。

CaO 含量高的水泥 C_1 大，如水中 CaO 含量少（即 C_2 小），则腐蚀加快。波特兰水泥中 CaO 含量达 55.6%，此种腐蚀较重。而矿渣水泥 CaO 含量为 30.4%，此种腐蚀较小。一般加非晶态 SiO_2 使 C_1 和 C_2 趋近平衡，来延缓浸蚀型腐蚀速率。水中含 NaCl 时 CaO 的析出加快，温度升高时这一过程加剧。此外，水泥石缺陷处最易发生浸蚀性腐蚀。

研究表明，水泥石失去 20% CaO 时强度下降 20%，失去 30% CaO 时强度下降 50%。一般扩散系数 D 值约为 $10^{-6}cm^2/s$。欲降低浸蚀性腐蚀，就要降低扩散系数，方法有：a. 降低水灰比；b. 使用低碱性胶凝物质；c. 使用有机胶结剂；d. 加入能堵塞孔隙的材料。

②冲刷型腐蚀——镁腐蚀。百万分之几的 Mg^{2+} 就可造成水泥环柱的腐蚀，腐蚀反应如下：

$$Mg^{2+}+2OH^- = Mg(OH)_2\uparrow$$

生成的氢氧化镁填入孔隙或随水带走。如果有 SO_4^{2-} 会生成 $MgSO_4$，加速水泥的腐蚀。$Mg(OH)_2$ 的溶解度为 18.2mg/L，水化产物 CSH（B）最易遭受镁盐腐蚀，抗镁腐蚀性能比较好的是高碱度 C_2SH（A，B，C），最好的是 C_2SH（A，C）。5%~10% 的 $MgCl_2$ 或 $MgSO_4$ 或 $MgCl_2+MgSO_4$ 的腐蚀速率要比淡水高 2~3 倍。镁离子扩散进入水泥石与 $Ca(OH)_2$ 反应生成水镁石，这种置换反应导致水泥石净体积加大而使水泥恶化、变质。反应中产生的游离钙离子与氯离子反应再与铝酸三钙反应而生成氯铝酸三钙，它是伴生的松散、多孔材料。氯离子促进多孔性硅酸钙水化物的生成并扩散到水泥的深层，替代水化硅酸钙中的钙离子，生成水化硅酸钙镁，最后生成无胶凝性的水化硅酸镁。

③硫酸盐腐蚀。当胶凝硬化体同含有硫酸根（SO_4^{2-}）离子的油层水接触时，可观察到硫酸盐腐蚀。当溶液中 SO_4^{2-} 的浓度超过 200mg/L 时，硫酸根腐蚀已很严重，随着硫酸根离子浓度的升高，水泥硬化体的腐蚀速度加大。硫酸盐的腐蚀机理目前还没有完全研究清楚。硫酸根离子主要与水泥中的铝酸三钙和铁铝酸四钙反应，当溶液中硫酸根离子不足时，钙矾石转化为单硫铝酸钙（$3CaO\cdot Al_2O_3\cdot CaSO_4\cdot 12H_2O$）。钙矾石形成时结合大量的结晶水，它所占的体积比初始水化铝酸钙所占体积大 2~3 倍。水泥硬化体在硫酸盐介质中膨胀是产生裂缝的原因，主要是钙矾石晶体造成体系的内应力。单硫铝酸盐结晶时体积增长较小，一般不会使水泥石产生破坏性应力。如果溶液中硫酸根离子浓度超过 300mg/L，还要发生石膏腐蚀、硫铝酸盐腐蚀。

④热腐蚀———碳酸及碳酸气（CO_2）的腐蚀。近年来，在一些油气田地热井的开发中，遇到大量的 CO_2，CO_2 对水泥石的碳化腐蚀引起了人们的关注。CO_2 的碳化腐蚀影响水泥石的微观结构、孔隙率和抗折、抗压强度。据报道，新西兰 Broadlands 油田许多地热井的套管受到严重的 CO_2 腐蚀，套管外壁几乎没有任何黏附水泥石的痕迹。Milerfone 等指出：符合 API 推荐强度和渗透率的水泥，几个月内受到富含 CO_2 流体的严重浸蚀；CO_2 对水泥石的碳化程度取决于 CO_2 介质本身的性能及其分压和相对湿度等。将高温的套管及水泥环柱切开后，发现水泥石有大量可见的裂缝。

碳化机理（常温）：

a. $CO_2+H_2O \rightleftharpoons H_2CO_3 \rightleftharpoons H^++HCO_3^-$

b. $Ca(OH)_2+H^++HCO_3^- \rightarrow CaCO_3$

高温条件下 CO_2 对水泥石的浸蚀效应：

a. CSH（120℃）在 $Ca(OH)_2$ 过量时生成 $\alpha-C_2SH$

b. CSH（120℃）当硅粉 >35% 时生成 $C_5S_6H_5$（雪硅钙石），在 150℃条件下转换为 C_6S_6H（硬硅钙石）

提高水泥石抗 CO_2 腐蚀的方法如下：

a. 在水泥组成中加入各种外加剂可提高抗 CO_2 腐蚀性能，美国道威尔公司研制成功的 XP-1 体系的抗 CO_2 腐蚀性能较好；

b. 在水泥中加入 $MgCl_2$ 对早期抗 CO_2 腐蚀尚有效，但后期无效；

c. 油井注水泥后，向井内注入一种环氟树脂溶液，在射孔孔眼及水泥通道的水泥石表面形成薄而强度高的环氟树脂封闭剂层，能有效地防止 CO_2 对水泥石的腐蚀；

d. 在水泥中加入分散剂、降滤失剂对水泥石抗 CO_2 腐蚀性能略有改善；

e. 掺入 C 级粉煤灰可提高水泥抗 CO_2 腐蚀能力（其他粉煤灰无效）。根据 AS TM 规范 C618-80 定义：C 级粉煤灰是由褐煤或低沥青质制造的，它除具有一般粉煤灰所具有的火山灰性质外，还具有一些固有的黏结性，一些 C 级粉煤灰可能含有高达 10% 的石灰；

f. 减少水灰比（加减阻剂）及加入酸式盐膨胀剂能提高水泥石的抗 CO_2 腐蚀性能。CO_2 除腐蚀水泥环柱外，对金属套管也有腐蚀作用。

⑤ H_2S 腐蚀。

a. 腐蚀机理。硫化氢是非常危险的有毒物质，气态溶于水和潮气。在水中 H_2S 的电离常数比 H_2CO_3 低，当腐蚀介质中有 CO_2 存在时，H_2S 的电离常数加大。H_2S 能破坏水泥石的所有成分。水泥石所有水化产物都呈碱性，H_2S 与水泥石水化产物反应并生成 CaS、FeS、Al_2S_3，H_2S 含量大时生成 $Ca(HS)_2$，其中 FeS、Al_2S_3 等是没有胶结性的物质。H_2S 对套管的腐蚀也是很严重的。如果水泥石环耐 H_2S 腐蚀，则可阻挡 H_2S 对套管的腐蚀。溶于潮气中的 H_2S 腐蚀性更强。pH 值决定 H_2S 存在状态的平衡，苏联莫斯科石油学院的专家进行过专门研究，如图 2-2-4 所示。

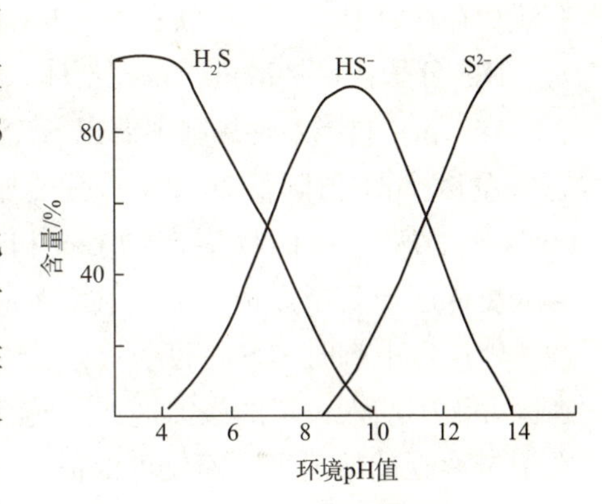

图 2-2-4 常压下 H_2S 在水溶液中的存在形式与 pH 值的关系

苏联对水泥的几种纯矿物进行了抗 H_2S 腐蚀的实验研究，结果简述如下。$3CaO \cdot Al_2O_3 \cdot 3H_2O$ 在 H_2S 腐蚀介质中很不稳定，很快被腐蚀。加入二水石膏 $CaSO_4 \cdot 2H_2O$ 能稍提高铝酸盐抗 H_2S 腐蚀的性能。铁铝酸盐更易受 H_2S 腐蚀，被 H_2S 腐蚀的水化产物是 C_2SH（A）的纯水化产物，不发生体积膨胀，水泥石脱落。所有水泥水化产物经 H_2S 腐蚀 3 个月后，都发现含铁酸盐的水化产物中有 S^{2-}，用化学分析方法测出含 7%FeS，40%~50% 自由态 S。加入 40% 的硅砂或硅粉（SiO_2），可大大提高水泥石抗 H_2S 腐蚀的能力。根据上述研究结果开发出了一种耐 H_2S 腐蚀的水泥（水泥 +15% 粉煤灰 +15% 碱渣）。莫斯科石油学院的学者详细研究了各种水泥石试件（水灰比 0.5）受到 H_2S 腐蚀时，沿 H_2S 渗入深度方向上水泥石的变化。H_2S 渗入水泥石试件的纵深方向上，由于腐蚀程度不同，水泥石的颜色变化不同，用肉眼可分为 4 个区：

Ⅰ. 深度 0.5μm，黑色松散，这一区域已测不出 pH 值；

Ⅱ. 深度 1.5μm，比较硬，含有 FeS、CaS，pH =10；

Ⅲ. 深度 9~10μm，比较暗，比较硬，pH =10；

Ⅳ. 未受 H_2S 腐蚀影响的区域。

Ⅰ区是被 H_2S 完全破坏的水泥石表层，该区内 CaO 已完全流失。在Ⅱ、Ⅲ区，渗入的 S^{2-} 发生腐蚀反应，生成各种硫化产物，大部分 FeS、CaS 集中在Ⅱ区，该区内 CaO 也已完全流失。如果水泥石不耐腐蚀，或 H_2S 渗入水泥石不超过 1mm，则 4 个区划分不清。并不是 H_2S 对所有水泥石都有危险，有些水泥石虽被 H_2S 渗透但未被破坏，如下面介绍的耐 H_2S 腐蚀配方。该水泥石的Ⅰ、Ⅱ区合并在一起呈淡绿色，Ⅲ区从暗色到亮色再到暗色。如果与空气接触，则Ⅰ、Ⅱ区颜色变暗。矿渣水泥石试件在 H_2S 腐蚀下只分出两个区，研究认为：环境的 pH 值和水泥石试件中铁元素含量是十分重要的因素。H_2S 与水泥石一接触就与水泥石表面的 CaO 起作用，以后的反应速率取决于 H_2S 的化学势包括扩散和化学过程，这时渗入速率很大。当表面形成反应产物后，渗入速率减慢。H_2S 像其他任何酸一样，其腐蚀过程分两个步骤进行：ⓐ酸离子向水泥石内部扩散，在有液相存在时 H_2S 扩散很快；ⓑ pH >11 时 H_2S 以 S^{2-} 和 HS^- 形式进行腐蚀反应。当 $pH<6$ 时，H_2S 分子快速扩散进入水泥石体，使 pH 降低。当 $8<pH<10.5$ 时，H_2S 主要以 HS^- 状态存在，pH>11~12 时，则主要以 S^{2-} 状态存在（图 2-2-4）。温度增加使 H_2S 的存在状态向左移。pH 值降低时 H_2S 的腐蚀加速。一般情况下 H_2S 水溶液中有 40%~80% S^{2-}，60%~20%HS^-。S^{2-} 的反应产物 CaS 和 HS^- 的反应产物 $Ca(OH)_2 \cdot 6H_2O$ 溶解度大，易渗入更深区域直至穿透。硫化氢水溶液浓度达到 10%~12% 时可使含 SiO_2 水泥完全被腐蚀。地层水中有时 H_2S 浓度可高达 15%，这时在水泥中加石英砂已起不了防腐蚀作用。在固井液中加入一定的缓蚀剂如某些有机树脂，在套管中加 3%，在水泥环中也加 3%，在 H_2S 存在的情况下，不仅可保护水泥环柱，也可保护套管。使用憎水剂或加高锰酸钾氧化剂实际上都不起作用。

b. 抗 H_2S 腐蚀水泥体系

俄罗斯曾遇到 H_2S 含量高达 25% 的井况，而且发生井喷。该井井温 80~150℃，石油储量很高，地层压力也很高，需要使用密度高的水泥。俄罗斯研究成功一种耐 H_2S 腐蚀的加重水泥，其组成如下：高炉矿渣 65 份 + 重晶石 55 份 + 砂 10 份 + 石蜡 0.16 份。这种水泥生产上的困难在石蜡，球磨温度稍高则 80 % 蜡熔化甚至挥发。这一水泥体系在该井固井中应用后采油情况长期保持良好。此后用憎水剂有机硅代替石蜡，也能得到抗 H_2S 腐蚀性很好的加重水泥。最有效的一种抗 H_2S 腐蚀的水泥组成是：70% 波特兰水泥 +15% 粉煤灰 +15% 碱渣。这种水泥制备方法很有讲究。制备的终极目的是使硬化后的水泥石中大孔隙不超过气孔总量的 30%。而普通波特兰水泥硬化后大孔隙大于 30%，故不能用于防 H_2S 腐蚀。

6. 橡胶密封件腐蚀

高含硫气田，其含有较高的 H_2S、CO_2 分压，同时其中也存在高矿化度的层水等“混合流体”，这对材料的性能提出了更新的和更高的要求。橡胶材料作为密封件，在频繁开闭过程中，橡胶密封材料会受到反复的加压和减压的过程，易使橡胶材料发生密封失效。通过室内模拟 H_2S/CO_2 腐蚀实验，将密封材料置于一定的介质环境，控制温度和压力等条件，经过一定的时间后，释放压力模拟现场使用过程中的一次加压放压，观察其腐蚀前后的样品宏观形貌的变化，对其力学性能进行检测，同时对材料进行微观结构、能谱和红外光谱分析，推断其失效的原因。

1）橡胶密封材料腐蚀前后外观变化及力学性能变化

橡胶密封材料腐蚀前后外观变化及力学性能变化及其表面形貌变化如图 2–2–5 所示，由图 2–2–5 可以看出腐蚀后样品表面出现了大量的气泡而且腐蚀后样品断面出现了大量的裂纹，这主要是由于在高压条件下，混合气体渗入到密封材料基体内部，在减压的过程中无法及时从橡胶基体内部迁移出来而在橡胶基体内原位膨胀，在表面附近就产生了气泡，而在基体内部产生裂纹。

(a)表面形貌

(b)断面形貌

(c)断面放大图

图 2–2–5　盲板密封材料在高矿化度水环境下腐蚀后表面及断面形貌图

表 2–2–1 列出了密封材料腐蚀前后力学性能数据，从表 2–2–1 可以看出，密封材料最大断裂力下降了 50.9%，断裂伸长率下降了 59.9%，力学性能下降程度很大，而且硬度下降了 12 度，腐蚀后盲板材料质量变化率较小仅有 3.6%，体积变化率很大，达到 35.7%。密封材料的拉伸强度、断裂伸长率和硬度降低是由于表面产生了气泡和内部产生了裂纹，同时少量气体、水或油在密封材料基体内残留使得密封材料重量有所增大，但基体内部形成大量的孔洞使得体积变化很大。力学性能的下降不仅与宏观的裂纹有关，还可能与材料的微观结构变化相关，因此我们又对密封材料腐蚀前后的微观结构进行了表征。

表 2-2-1　盲板密封材料腐蚀前后力学性能

	硬度（邵 A）	最大断裂力 /N	断裂伸长率 /%	质量变化率 /%	体积变化率 /%
腐蚀前	75	386.2	351.2	—	—
腐蚀后	63	189.6	141.2	—	—
腐蚀前后变化	–12	–50.9%	–59.9	3.6%	35.7%

2）橡胶密封材料腐蚀前后微观结构分析

（1）橡胶密封材料腐蚀前后微观结构分析。由图 2–2–6 可以看出，腐蚀前密封材料断面存在大量的丝状物（如图 a），表明密封材料有着较好的韧性，由腐蚀前的放大图（图 b）可以看出，填料与基体之间结合比较紧密，说明填料与聚合物基具有较好的结合力，而由腐蚀后的照片（图 c）可以看出，丝状物消失，表明密封材料的脆性程度增大，

(a)腐蚀前　(b)腐蚀前局部放大

(c)腐蚀后　(d)腐蚀后局部放大

图 2-2-6　橡胶密封材料腐蚀前后微观结构

其放大图（图 d）说明填料与基体之间结合性不好，粒子与基体之间存在着空隙，说明腐蚀介质使填料与基体脱粘，使密封材料的性能劣化。这也是腐蚀后力学性能下降而密封失效的原因之一。

表 2-2-2　腐蚀前后密封材料基体中元素及其含量

元素种类	腐蚀前	腐蚀后
C	47.19	49.00
N	22.01	–[b]
F	26.62	44.24
Mg	02.67	04.69
Ca	01.51	02.07

由表 2-2-2 可以看出，腐蚀前样品基体中存在着 C、N、F、Mg 和 Ca 等元素，说明该密封材料为含氟弹性体，由于氟橡胶生胶中或除硫化剂外的加工助剂中一般不含有氮元素，而氮元素的出现就表明氟橡胶中使用含有氮的硫化剂或助硫化剂，一般为二胺及其盐类硫化剂。但基体中的氮元素在腐蚀后消失，表明腐蚀过程中氮元素反应成为可移动的分子从基体中渗透到溶液中。

（2）橡胶密封材料的红外光谱分析。橡胶密封材料腐蚀前后的红外光谱如图 2-2-7 所示，对比腐蚀前后两样品的红外谱图可知，腐蚀前样品在 2800~3000cm^{-1} 处仅有两个较强的峰 2923cm^{-1}（CH_2 对称收缩振动）和 2853cm^{-1}（CH_2 不对称收缩振动），2961cm^{-1} 处（甲基的对称振动吸收峰）较弱，说明氟橡胶中不含有 CH_3，并且由能谱可知氟橡胶中不含有氧元素，因此可知橡胶密封材料不可能为含有丙烯结构单元的四丙氟橡胶或含烷氧基的全氟醚氟橡胶，应该为偏氟乙烯与六氟丙烯和 / 或四氟丙烯的共聚物（即 Viton A 或 Viton B 等）。含有偏氟乙烯类的氟橡胶所使用的硫化剂一般有两类，一类是二胺类，另外一种是双酚 AF/BPP 类，而原始样品的能谱图表明基体中含有氮元素，因此该密封材料所用氟橡胶为以二胺类硫化剂硫化的含有偏氟乙烯类的弹性体。

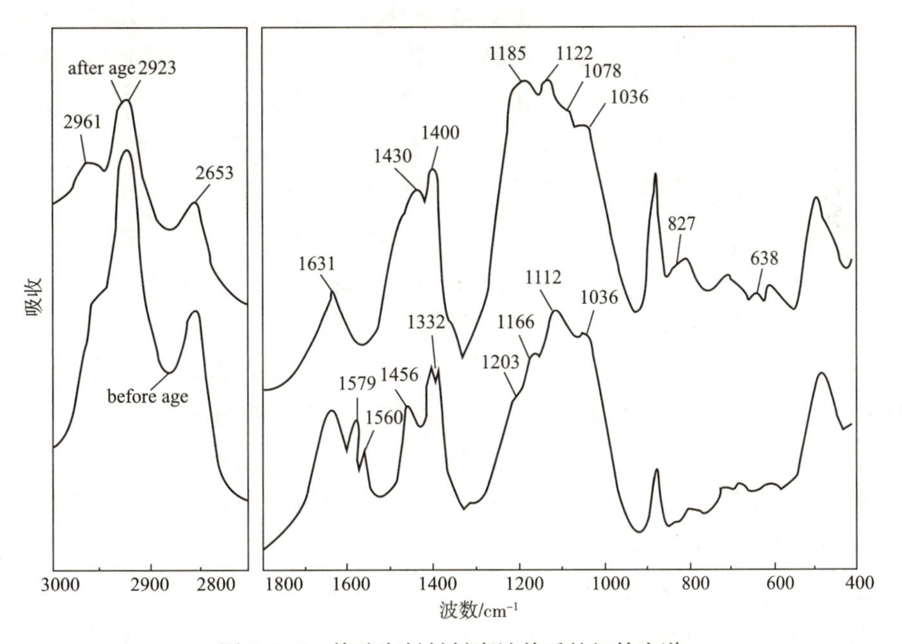

图 2-2-7 橡胶密封材料腐蚀前后的红外光谱

腐蚀后的样品在 2961cm^{-1} 处出现了较强的吸收峰，说明腐蚀后一些含有甲基的小分子溶剂溶解在橡胶基体中，后者可能性较大，即少量的柴油溶解到橡胶密封件基体中。另外，腐蚀前在 1456cm^{-1} 处出现了（$—CH_2—CF_2—$）$_n$ 中的 CH_2 的剪切振动峰，而腐蚀后在 1430cm^{-1} 出现（$—CH_2—CH_2—$）$_n$ 中 CH_2 的吸收峰，同时掩盖了 CH_2 在 1456cm^{-1} 处的吸收峰，也表明少量柴油进入了橡胶基体中，同时也说明了腐蚀后橡胶密封材料质量增大的原因。由图 2-2-7 腐蚀前后的红外光谱图中还可以看出，腐蚀前密封材料在 1500~1700cm^{-1} 处存在三个峰：1631 为 cm^{-1} 为孤立双键的吸收峰，1579cm^{-1} 为共轭双键的吸收峰，1560cm^{-1} 为仲胺的吸收峰，另外在 1382cm^{-1} 处为 C—N 的吸收峰，腐蚀后 1579cm^{-1}、1560cm^{-1} 和 1382cm^{-1} 三处峰均消失，说明反应过程中仲胺、共轭双键和 C—N 键消失，而孤立双键的峰却没有变化，因此其发生的反应如图 2-2-8 所示。在反应的过程中，生成的小分子胺溶解在溶液中，所以腐蚀后基体的红外光谱中没有出现与氮元素

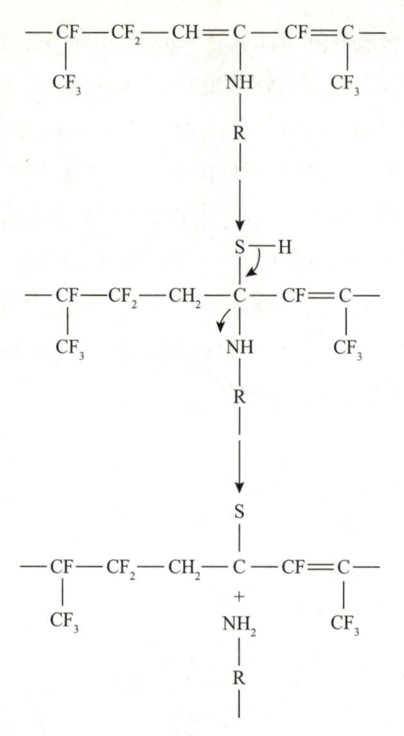

图 2-2-8　密封材料交联点失效反应机理

相关的吸收峰，并且能谱中氮元素的吸收峰也消失；在反应过程中共轭的双键结构消失，只剩下孤立的双键（$1631cm^{-1}$ 处），同时生成了 C═S 键（$1122cm^{-1}$）和 S—C 键（$827cm^{-1}$ 和 $638cm^{-1}$）。腐蚀后橡胶密封材料的交联点被破坏，橡胶材料的拉伸强度及撕裂强度均下降，基体材料力学性能的下降，使得橡胶密封材料失效。

另外，在腐蚀的过程中密封材料腐蚀后的结晶结构发生改变。在 $1000\sim1300cm^{-1}$ 处的吸收峰主要是 C—F 的吸收峰，腐蚀前出现的 $1203cm^{-1}$、$1165cm^{-1}$ 和 $1112cm^{-1}$ 为不同晶型的吸收峰，$1036cm^{-1}$ 为 CF_3 的吸收峰，而腐蚀后 $1036cm^{-1}$ 的吸收峰没有发生变化而结晶的吸收峰消失，出现了 $1185cm^{-1}$ 处 CF_2 的吸收峰。

（3）结论与认识。经宏观照片、微观结构、能谱分析和红外光谱分析可知其力学性能下降主要有三方面原因：

①橡胶密封材料在腐蚀后表面出现大量气泡，内部出现大量裂纹，主要是由于高压时溶解于基体内部的气体在减压时急速膨胀所致。

②从微观结构图可以看出，腐蚀后密封材料基体脆性增加，并且内部的填料与基体脱粘，使材料的力学性能下降。

③从腐蚀前后的红外光谱分析可知，该快开盲板橡胶密封材料应为以胺类为硫化剂的偏氟乙烯类氟橡胶，硫化氢可与共轭双键发生反应，最终使氟橡胶的交联点受到破坏而断裂，使得材料的力学性能下降。

7. 腐蚀性环境中材料适用性评价

1）一般原则

井下油套管的腐蚀控制方法主要包括选用耐蚀合金、材料表面处理（镀层、涂层等）、添加缓蚀剂和采用非金属材料等。某气田井下环境复杂，对油套管综合性能要求高，为满足气井长期安全生产，选择了最安全的腐蚀控制方法——选用耐蚀合金，依靠材料本身的耐蚀能力防腐蚀。

在材料选择的过程中，遵循两个原则：一是适用性原则，材料能够适用于环境，满足安全生产需要；二是经济性原则，在满足需要的情况下，尽量降低成本，选择最经济的材料。

高酸性气田材料选择，首先需要避免环境断裂，材料在所使用的环境中不能发生脆性开裂事故，因此材料在使用前必须经过实验评定。其次是符合工程上接受的腐蚀速率，国内石油行业标准规定的平均腐蚀速率不超过0.076mm/a，因此也需要进行实验室模拟环境腐蚀速率测定，测得的腐蚀速率不得高于这一标准。

2）高酸性气田常用材料选择方法

（1）材料抗应力腐蚀性能测定方法。NACE TM 0177—2005提供了四种测定应力腐蚀实验方法和判别标准。实验方法包括：

①方法A（恒载荷拉伸实验）

方法A用于评价金属在单轴向拉伸载荷作用下的抗应力腐蚀性能。使用一种简单无缺口的试样，通过恒载荷下的断裂时间来确定应力腐蚀敏感性。当多个试样在不同应力水平下实验后，就能得到一个明显的应力腐蚀临界应力值。

②方法B（弯梁实验）

方法B评价的是材料在应力集中的状态下应力腐蚀的敏感性。弯梁试件尺寸小巧便于检测小的、局部区域和薄的材料。弯梁试件加载到一定挠度就可给出破坏或不破坏的实验结果。当检测不同挠度的一组试件后，就能得到临界应力值。

③方法C（C形环法）

方法C评价金属在圆周载荷作用下的抗应力腐蚀性能。特别适用于管材和棒材的横向实验。C形环试件通常用实验期间的断裂时间来确定应力腐蚀敏感性。C形环将试样弯曲至一特定的应力水平，就可以得到破裂或不破裂的结果。当对多个试件在不同的应力等级下实验后，就能获得一个明显的环境断裂门槛应力值。

④方法D（双悬臂梁，DCB实验）

方法D用于测量金属材料抗应力腐蚀扩展能力，以临界应力强度因子来表示。DCB实验是一种开裂－停止型断裂力学实验，这种试样中事先预制裂口，不依赖不确定的蚀坑或起始裂纹，因此这种方法需要的时间短，给出一个直接用数字表示的抗裂纹扩展额定值，而不取决于破裂或不破裂的结果评价。

除上述方法外，还有慢拉伸速率应变法（SSRT法），即试样在缓慢的拉伸速率（10^{-4}~$10^{-8}s^{-1}$）状态下拉伸直至断裂，根据材料在惰性环境和敏感环境中拉伸断裂时的延伸率、面缩率、断裂时间以及抗拉强度等参数的差异来判定应力腐蚀敏感性的大小。

（2）材料抗氢致开裂性能测定方法。美国腐蚀学会NACE TM 0284规定了氢致开裂的测定方法，在H_2S环境中使用的材料应满足裂纹面积比（CSR）≤2%，裂纹长度比（CLR）≤15%，裂纹厚度比（CTR）≤5%。

具体的实验方法如下：试样在5%NaCl+0.5%CH_3COOH+饱和H_2S水溶液（A溶液，pH=3、1~3.5）或合成海水＋饱和H_2S（B溶液，pH=5.1~5.4）中浸泡96h后，根据厚度不同将样品按NACE TM 0284标准要求进行切分，并把横截面抛光后观察。测出每一个或每一组裂纹的长度a以及厚度b，求和并除以试样长度W和宽度T就获得裂纹长度比CLR和裂纹宽度比CTR。算出每一个裂纹的面积$a \times b$，求和并除以试样面积$W \times T$，就得裂纹面积比CSR，它也称为裂纹敏感性。相关表达式见式（2-2-2）。

$$CSR=\sum (a\times b)/(W\times T)\times 100\%$$
$$CLR=\sum a/W\times 100\% \quad (2\text{–}2\text{–}2)$$
$$CTR=\sum b/T\times 100\%$$

（3）选用碳钢和低合金钢时需要考虑的因素。NACE MR 0175/ISO 15156 给出的选用碳钢和低合金钢时需要考虑以下因素影响：

①化学成分、制造方法、成型方式、强度、材料的硬度和局部变化、冷加工量、热处理条件、材料微观结构、微观结构的均匀性、晶粒大小和材料的纯净度；

② H_2S 分压或在水相中的浓度；

③水相中的 Cl^- 浓度；

④水相酸碱值；

⑤是否存在单质硫或其他氧化剂；

⑥非产层流体侵入或与非产层流体接触；

⑦温度；

⑧应力状态及总拉伸应力（外加应力和残余应力）；

⑨暴露时间。

（4）选用耐蚀合金时需要考虑的因素。耐蚀合金（CRAs）相比碳钢具有更好的耐蚀性，因此耐蚀合金和碳钢在选用时考虑的因素稍有不同。同时根据材料本身差异，需要评定的项目也有不同。NACE MR 0175/ISO 15156–1 给出了选用耐蚀合金时需要考虑的因素：

①气相中 CO_2 分压；

②气相中 H_2S 分压；

③使用的温度；

④水相的碱性（pH 值）；

⑤ Cl^- 或其他卤化物的浓度；

⑥是否有单质硫存在。

NACE MR0175/ISO 15156–3 规定用于 H_2S 环境的合金材料实验室评定项目包括：

①环境温度下的硫化物应力开裂（SSC）；

②无单质硫的条件下，在最高使用温度下的应力腐蚀开裂（SCC）；

③合金与碳钢或低合金钢耦合时，合金的氢诱发应力开裂（HSC），即电偶诱发氢应力开裂（GHSC）；

④当硫化物应力开裂和应力腐蚀开裂差别不清楚时，在中间温度下的实验；

⑤在有单质硫情况下的应力腐蚀开裂实验。

表 2–2–3 列出了不同种类耐蚀合金实验过程中应考虑的开裂机理。

表 2-2-2 常用合金应考虑的开裂机理

材料类别	在 H_2S 环境中潜在的开裂机理			备注
	SSC	SCC	GHSC	
奥氏体不锈钢	S	P	S	某些冷加工的合金，因含有马氏体所以对 SSC 或 HSC 敏感
固溶镍基合金	S	P	S	冷加工状态和 / 或时效状态的镍基合金含有次生相，而且当与钢形成电偶时，可能对 HSC 敏感。这些合金在很强的冷加工和充分时效的状态下，与钢耦合时，可能产生 HSC
铁素体不锈钢	P		P	
马氏体不锈钢	P	S	P	不管是否含有残余奥氏体，含 Ni 和 Mo 的合金都可能遭受 SCC
双相不锈钢	S	P	S	当温度低于最高使用和实验温度时，开裂敏感性可能最高，因此应考虑超过任一温度的范围值
沉淀硬化不锈钢	P	P	P	
沉淀硬化镍基合金	S	P	P	冷加工状态和 / 或时效状态的某些镍基合金含有次生相，而且当与钢形成电偶时，可能对 HSC 敏感

注：P 指主要开裂机理，S 指次要的或可能的开裂机理。

8. 高酸性气田常用金属材料的使用环境

1）抗硫碳钢和低合金钢

抗硫碳钢和低合金钢材料不适用于防护电化学腐蚀，只用于防止发生硫化物应力开裂。NACE MR 0175/ISO 15156–1 根据不同的酸性环境，对于抗硫碳钢和低合金钢的抗 SSC 划分了不同的级别，对于适用于高酸性气田环境腐蚀（$pH<3.5$ 或 $1MPa>P_{H_2S}>0.1MPa$）的抗硫碳钢和低合金套管、油管及管件材料应满足以下条件：

（1）可以采用屈服强度为 690MPa、720MPa 和 760MPa 淬火和回火的 Cr–Mo 低合金钢制成的管子和管件，但硬度不超过 30HRC；

（2）如果硬度不超过 26HRC，可以采用淬火和回火的 Cr–Mo 低合金钢制成的管子和管件，但需要按 NACE 方法进行单向拉伸的抗 SSC 检验；

（3）如果管子及其管件在等于或小于 510℃温度下进行冷矫直，最小应在 480℃进行应力消除；

（4）如果硬度超过 22HRC 的高强度管子连接件是冷成型的，连接件要在 595℃的温度下消除内应力。

2）马氏体不锈钢

马氏体不锈钢是一种在室温下保持马氏体组织的铬不锈钢。在国际市场上耐蚀合金油管、套管类产品中，马氏体不锈钢所占的比例最大。它主要用于 CO_2 腐蚀环境，而不适用于高 H_2S 环境。油气田中常用的有 410.13Cr、S/W 13Cr 等。马氏体不锈钢一般用在 H_2S 分压小于 10kPa 和 $pH>3.5$ 条件下，对于单质硫腐蚀大多没有防护能力。使用马氏体不锈钢必须考虑在低 pH 值和高温环境中的氯化物、微量 H_2S 点蚀和氯化物应力开裂，同时还要考虑低 pH 值和低温下高强度马氏体不锈钢的 SSC。

3）铁素体不锈钢

铁素体不锈钢指以铁素体组织为主的不锈钢，含铬量在11%~30%，具有体心立方晶体结构，一般不含镍，有时还含有少量的Mo、Ti、Nb等元素。铁素体不锈钢具有导热系数大、膨胀系数小、抗氧化性好、抗应力腐蚀性能优良等特点，但存在塑性差、焊后塑性和耐蚀性明显降低等缺点，因而限制了它的应用。在高酸性气田中目前已使用的有405、409、430等标号，一般用在H_2S分压小于10kPa和pH>3.5条件下，且使用时应为退火状态并要求硬度小于22HRC。

4）奥氏体不锈钢

奥氏体不锈钢是指在常温下具有稳定奥氏体组织的不锈钢。最常用的奥氏体不锈钢有304、316等。奥氏体不锈钢无磁性而且具有高韧性和塑性，但强度较低，不能通过相变使之强化，仅能通过冷加工进行强化。奥氏体不锈钢除耐氧化性酸介质腐蚀外，如果含有Mo、Cu等元素还能耐硫酸、磷酸以及甲酸、醋酸、尿素等的腐蚀。但是奥氏体不锈钢在氯盐中易发生氯化物应力腐蚀，因此一般需要避免使用在高温高Cl^-的环境中。NACE MR 0175/ISO 15156中规定的含硫油气田使用的奥氏体不锈钢除S20910以外，一般要求C≤0.08%、Cr≥16%、Ni≥8%、P≤0.045%、S≤0.04%、Mn≤2、0%、Si≤2、0%。如果氯化物的浓度较高，只允许使用在H_2S分压小于100kPa和温度小于60℃的条件下，且不能抗单质硫腐蚀；当氯化物浓度小于50mg/L时，可以使用于60℃以内H_2S分压小于350kPa的环境中。含硫环境中使用的奥氏体不锈钢不允许以冷加工来提高机械性能，要求固溶退火加淬火，或是退火加热稳定热处理状态，且硬度小于22HRC。S20910使用范围较其他奥氏体不锈钢更宽，最大硬度可以达到35HRC，要求在退火或热轧状态下使用，使用温度可以提高到66℃，但依然不能用于单质硫环境，并且H_2S分压不得大于100kPa。

5）双相不锈钢

双相不锈钢的固溶组织中含铁素体和奥氏体组织，油气田常用的双相不锈钢有2205、2507等。双相不锈钢综合了奥氏体和铁素体不锈钢的特点，把奥氏体不锈钢的优良韧性与铁素体不锈钢的高强度和耐氯化物应力腐蚀性能结合在一起，具有较好的耐腐蚀性和机械性能。

与马氏体不锈钢类似，双相不锈钢也应考虑低pH值和高温环境的氯化物、微量H_2S点蚀和氯化物应力腐蚀开裂，同时也要考虑在低pH值和低温下高强度钢的SSC。氯根含量和H_2S分压的不同组合可能导致双相不锈钢的应力腐蚀开裂。如果双相不锈钢与带阴极保护的碳钢或低合金钢连接，双相不锈钢会产生氢诱导应力开裂（HISC）。耐蚀合金的耐蚀能力与抗点蚀系数有关，抗点蚀系数可以用下列公式计算：

$$F_{PREN}=W_{Cr}+3.3\ (W_{Mo}+0.5W_W)\ +16W_N \quad (2-2-3)$$

式中 W_{Cr}——合金中的铬的质量分数；

W_{Mo}——合金中的钼的质量分数；

W_w——合金中的钨的质量分数；

W_N——合金中的氮的质量分数。

F_{PREN}值越高，抗蚀能力就越高。双相不锈钢用作开采设备或部件的环境限制见表2-2-4。

表 2-2-4 双相不锈钢用作开采设备或部件的环境限制

材料类型	温度最大值 / ℃	H_2S分压最大值 /kPa	氯化物浓度最大值 /（mg/L）	pH 值	是否抗单质硫	备注
$30 \leqslant F_{PREN} \leqslant 40$ WMo≥1%、5%	232	10	见备注	见备注	不确定	开采环境中的氯化物浓度和原位 pH 的任何组合都可适用
S31803（热等静压）	232	10	见备注	见备注	不	
$40<F_{PREN} \leqslant 45$	232	20	见备注	见备注	不确定	

双相不锈钢的锻件和铸件应是：

- 固溶退火加液体退火
- 铁素体含量在 35%~65% 之间，且不进行时效处理

热等静压生产的双相不锈钢 S31803（$30 \leqslant F_{PREN} \leqslant 40$，$W_{Mo} \geqslant 1.5\%$）最大硬度应为 25HRC 且应是：

- 固溶退火加水淬状态
- 铁素体含量在 35%~65% 之间
- 不进行时效热处理

6）沉淀硬化型不锈钢

沉淀硬化又名析出强化，指金属在过饱和固溶体中溶质原子偏聚区和（或）由其脱溶出的微粒弥散分布于基体中而导致硬化的一种热处理工艺。沉淀硬化可以使某些合金的过饱和固溶体在室温下放置或者将它加热到一定温度，溶质原子会在固溶点阵的一定区域内聚集或组成第二相，从而导致合金硬度升高。这种钢经过一系列的热处理或机械变形处理后奥氏体转变为马氏体，再通过时效析出硬化达到所需要的高强度，具有很好的成型性能和良好的焊接性能。

沉淀硬化奥氏体型不锈钢用于酸性气田的主要标号是 S66286，使用状态为固溶退火加时效或固溶退火加双时效状态，不抗单质硫腐蚀，使用环境要求温度小于 66℃，H_2S分压小于 100kPa，在此环境中，对 Cl^- 浓度并无限定。

沉淀硬化型马氏体不锈钢可用作封隔器等井下装备，也可以用作井口和采气树部件，但不能用作壳体和阀盖，常用的标号为 S17400 和 S45000。对于 S17400，要求硬度小于 33HRC，环境限制为 H_2S 分压小于 3.4kPa 并且 pH>4.5；对于 S45000，最大硬度为31HRC，可以使用在 H_2S 分压小于 10kPa 并且 pH>3.5 的环境中。

7）镍基合金

镍具有极大的转入钝态的倾向，在一般温度下镍的表面覆盖一层氧化膜，使它具有极强的耐蚀性。镍含量 25%~45% 的镍基合金具有高耐腐蚀及抗环境开裂性能，同时具有较高强度。用于制造石油设备的镍基合金，经过冷轧加工后可以获得很高的强度，屈服强度可达 1034.2~1241.0MPa（150~180kpsi）。高酸性气田常用的镍基合金主要有固溶镍基合金和沉淀硬化型镍基合金两类。根据 NACE MR 0175/ISO 15156 标准，固溶镍基合

金按其成分可分为 4a、4b、4c、4d、4e 五种，见表 2–2–5。

表 2-2-5　固溶镍基合金的材料类型

材料类型	Cr 质量分数最小值 /%	Ni+Co 质量分数最小值 /%	Mo 质量分数最小值 /%	Mo+W 质量分数最小值 /%	冶金状态
4a	19.0	29.5	2.5		固溶退火或退火
4b	14.5	52.0	12.0		固溶退火或退火
4c	19.5	29.5	2.5		固溶退火或退火冷加工
4d	19.0	45.0		6.0	固溶退火或退火冷加工
4e	14.5	52.0	12.0		固溶退火或退火冷加工

固溶镍基合金的抗硫性能也与热处理状态有关，退火态的镍基合金抗单质硫腐蚀的能力和抗 SSC 能力大于退火加冷加工态的镍基合金。退火加冷加工的固溶镍基合金用作井下管件、封隔器和其他井下装置用材料的环境限制见表 2–2–6。

表 2-2-6　退火加冷加工的固溶镍基合金用作井下管件、封隔器等井下装置的环境限制

<table>
<tr><th>材料类型</th><th>温度最大值 /℃</th><th>H_2S 分压最大值 /kPa</th><th>氯化物浓度最大值 /(mg/L)</th><th>pH 值</th><th>是否抗单质硫</th><th>备注</th></tr>
<tr><td rowspan="5">4c 类型的冷加工合金</td><td>232</td><td>0.2</td><td>见备注</td><td>见备注</td><td>不</td><td rowspan="4">开采环境中的氯化物浓度和原位 pH 值的任何组合都可接受</td></tr>
<tr><td>218</td><td>0.7</td><td>见备注</td><td>见备注</td><td>不</td></tr>
<tr><td>204</td><td>1.0</td><td>见备注</td><td>见备注</td><td>不</td></tr>
<tr><td>177</td><td>1.4</td><td>见备注</td><td>见备注</td><td>不</td></tr>
<tr><td>132</td><td>见备注</td><td>见备注</td><td>见备注</td><td>是</td><td>开采环境中的 H_2S、氯化物浓度和原位 pH 值的任何组合都可接受</td></tr>
<tr><td rowspan="2">4d 类型的冷加工合金</td><td>218</td><td>2</td><td>见备注</td><td>见备注</td><td>不</td><td>开采环境中的氯化物浓度和原位 pH 值的任何组合都可接受</td></tr>
<tr><td>149</td><td>见备注</td><td>见备注</td><td>见备注</td><td>是</td><td>开采环境中的 H_2S、氯化物浓度和原位 pH 值的任何组合都可接受</td></tr>
<tr><td rowspan="2">4e 类型的冷加工合金</td><td>232</td><td>7</td><td>见备注</td><td>见备注</td><td>是</td><td>开采环境中的氯化物浓度和原位 pH 值的任何组合都可接受</td></tr>
<tr><td>204</td><td>见备注</td><td>见备注</td><td>见备注</td><td>是</td><td>开采环境中的 H_2S、氯化物浓度和原位 pH 值的任何组合都可接受</td></tr>
</table>

在这些应用中，经锻造或铸造的固溶镍基产品应为退火加冷加工状态，并且应满足下列要求：

a. 合金的最大硬度值为 40HRC

b. 合金通过冷加工后获得的最大屈服强度应为：

- 4c 类型：1034MPa
- 4d 类型：1034MPa
- 4e 类型：1240MPa

除固溶型镍基合金以外，高酸性气田还经常使用沉淀硬化型镍基合金，如 Inconel 718 和 Incoloy 925 合金常用于制造井下工具。但锻件和铸件对于环境的耐受力是不一样的。表 2–2–7 是 Inconel 718 和 Incoloy 925 沉淀硬化镍基合金铸件和锻件的使用环境限制。

表 2-2-7 沉淀硬化型 Inconel 718、Incoloy 925 镍基合金用作任何设备或部件的环境限制

材料类型	温度最大值/℃	H_2S 分压最大值 /kPa	氯化物浓度最大值 /（mg/L）	pH 值	是否抗单质硫	备注
Inconel 718，Incoloy 925	232	200	见备注	见备注	不	开采环境中的氯化物浓度和原位 pH 值的任何组合都可接受
	204	1400	见备注	见备注	不	
	199	2300	见备注	见备注	不	
	191	2500	见备注	见备注	不	
	149	2800	见备注	见备注	不	
	135	见备注	见备注	见备注	不	开采环境中的 H_2S、氯化物浓度和原位 pH 值的任何组合都可接受

这些材料还应遵照下列要求：

a. Incoloy 925 铸件应为固溶退火加时效状态，最大硬度为 35HRC

b. Inconel 718 铸件应为固溶退火加时效状态，最大硬度为 40HRC

c. Inconel 718 锻件应为下列状态中的任一种：

- 固溶退火，最大硬度为 35HRC
- 热加工，最大硬度为 35HRC
- 热加工加时效，最大硬度为 35HRC
- 固溶退火加时效，最大硬度为 40HRC

d. Incoloy 925 锻件应为下列状态中的任一种：

- 冷加工，最大硬度为 35HRC
- 固溶退火，最大硬度为 35HRC
- 固溶退火加时效，最大硬度为 38HRC
- 冷加工加时效，最大硬度为 40HRC
- 热精整加时效，最大硬度为 40HRC

9. 高酸性气田常用橡胶材料的使用

在高酸性气田开发过程中，橡胶常被用来作为密封件或零件，如井下工具的密封件、封隔器胶筒等。作为井下工具的关键密封部件——橡胶材料需要承受高温、高压，同时还受到 H_2S、酸等的腐蚀，工况复杂，条件苛刻。在气井生产过程中橡胶材料将会发生溶胀、老化、过度交联等变化，导致材料硬度上升，强度、弹性下降，抗裂口增长能力降低，致使密封材料产生早期破坏，密封失效。同时，橡胶材料在重复使用的情况下，会发生“爆炸式解压破坏”，即在高压和较长时间的井下工况下，弹性体溶解了部分气体，当压力骤减时，溶解的气体迅速膨胀，导致弹性体复合材料破裂失效。表 2–2–8 列举了部分常用橡胶的性能和使用范围。但是，国内外即使相同牌号的橡胶材料具体使用参数也不尽相同，使用前需要注意其使用条件，或根据使用条件进行实验评估后再使用。

表 2-2-8 常用橡胶耐介质性能和使用范围

材料名称	化学介质					最低温度 /℃	最高温度 /℃
	CO_2 不含水蒸气	CO_2 含水蒸气	H_2S	甲烷	整体适应性		
全氟醚橡胶	1	1	1	1	1	–15	330
四丙氟橡胶	1	1	1	2	2	–25	290
丁苯橡胶	2	2	3	4		–50	100
氯丁橡胶	2	2	2	2	2	–50	110
乙丙橡胶	2	2	1	4		–50	175
氯醚橡胶	1	1	2	1	2	–50	150
丁基橡胶	2	2	1	4		–50	110
丁腈橡胶	1	1	4	1		–50	125
丙烯酸酯橡胶	2	2	4	1		–25	135
天然橡胶	2	2	4	4		–50	100
氟橡胶	2	2	3	1		–40	275
乙烯酸酯橡胶	1	1	4	2		–35	135
氢化丁腈橡胶	1	1	3	1		–30	175
氟硅橡胶	2	2	3	2		–60	200
氯磺化聚乙烯	2	2	2	2	2	–35	110
硅合成橡胶	2	2	3	4		–60	260

注：1—非常好；2—好；3—视情况而定；4—不可用。

高酸性气田中常用的耐 H_2S 的橡胶主要有全氟醚橡胶、四丙氟橡胶和氢化丁腈橡胶三种。

1）全氟醚橡胶

全氟醚橡胶是目前所有橡胶中耐 H_2S 性能最好的品种，对含 H_2S 的液体表现出非常高的惰性，并可耐多种化学品腐蚀。全氟醚橡胶可在 288℃下长期使用并保持弹性，也是耐热性能最好的品种。除此之外，还具有均质性，表面没有渗透、开裂和针孔等困扰。这些特征可以提高密封性能，延长运行周期，有效降低维护成本。缺点是成本高，并且国内不能生产。

2）四丙氟橡胶

四丙氟橡胶是一种含氟高聚物，它是以四氟乙烯和丙烯为原料，全氟辛酸盐为乳化剂，过硫酸盐为引发剂，水为介质，经过乳液聚合，然后再凝聚、洗涤、干燥、轧片而得。四丙氟橡胶具有很好的耐热性，在 200℃下可以长时间使用，机械性能也不会退化，在 230℃下可使用 2~3 个月，在 260℃下可连续使用 10~30d，在 300℃下也可短时间使用。它对于润滑油、液压油的膨润性小，而且对于各种添加剂以及甲醇、酸、碱也具有非常高的耐腐蚀性。具有很好的耐高温 H_2S 腐蚀性能，在酸性气田中主要用于轴封、密封圈、O 形圈、耐腐蚀衬里、垫圈、耐热电线、振动膜、轧辊、套筒、软管、传动带等。

3）氢化丁腈橡胶

丁腈橡胶经过氢化反应后可以提高拉伸强度、耐热老化性、耐候性和耐劣质燃油性，并且胶料的脆性温度也大幅度改善，从而成为物理机械性能非常均匀的优质材料。氢化丁腈橡胶可在150℃下长期使用，短期使用温度可达175℃。具有高温下优良的耐油性，能耐各种润滑油、液压油、含多种添加剂的燃料油、强腐蚀性氧化油，并具有优良的耐臭氧性、抗高温辐射性及耐热水性。氰基的存在一定程度上影响了氢化丁腈橡胶的耐 H_2S 老化性能，氢化丁腈橡胶不能用于高温、长期含的 H_2S 环境，而普通丁腈橡胶则不耐 H_2S。在所有的耐油橡胶制品中，氢化丁腈橡胶的机械力学性能是最好的，它具有对油田应用的最佳平衡性能，且具有耐高压和在高压下的抗喷出性能（这对于抵抗封隔器胶筒的“爆炸式解压破坏”具有决定作用）。氢化丁腈橡胶拉伸强度最高可达60MPa，更为重要的是氢化丁腈橡胶高温下处于各种复杂油品及化学介质中仍能保持优良力学性能，高温下物理、机械性能优于大多数弹性体。

二、水合物预测与防治

水合物形成受多种因素的影响，高酸性天然气中因 H_2S、CO_2 等的存在，水合物的预测和防治难度更大。本节在对高酸性气田水合物形成条件进行分析的基础上，介绍了水合物的生成规律、预测方法和防治方法。

1. 水合物形成的影响因素

天然气水合物的形成，必须具备以下条件：①气体必须处于水蒸气过饱和状态或者有游离态水存在；②一定的温度和压力范围；③合适的气体分子，分子直径在0.35~0.9nm范围内的气体易形成水合物。除此之外，系统中存在 H_2S、CO_2 等酸性气体、高流速、气体扰动、压力波动、微小水合物晶核的诱导等因素可加速天然气水合物的生成。

1）CO_2 含量对水合物生成的影响

为了分析 CO_2 与 CH_4 水合物生成的难易程度，对 CO_2、CH_4 二元混合体系进行了实验测定（图2–2–9），实验结果表明，在相同压力条件下，随着 CO_2 含量的增加，水合物生成温度升高，说明 CO_2 比 CH_4 更加容易生成水合物。但是纯 CO_2 在压力大于4.4MPa时出现了反常现象，纯 CO_2 时水合物生成温度比 CO_2 和 CH_4 混合体系低。这是由 CO_2 复杂的相态变化引起的，此时的 CO_2 已被液化，已经达到了 CO_2 水合物临界温度，对压力不再敏感。

为了便于比较 CO_2 含量对水合物生成规律的影响，将实验数据处理成压力的函数，绘制了 CO_2 含量对水合物生成规律的影响曲线（图2–2–10）。由图可知，在低压下，随着 CO_2 含量的增加，水合物生成温度增加；在高压下，随着 CO_2 含量的增加，水合物生成温度发生了转折，表明纯的 CO_2 更加不容易生成水合物。

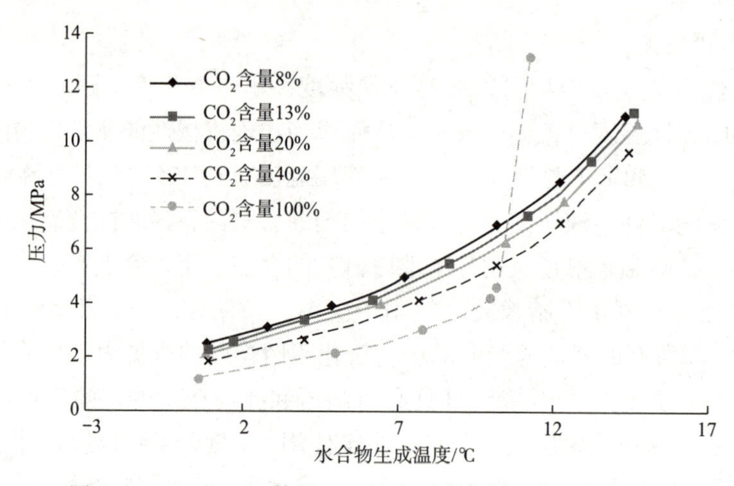

图 2-2-9　CO_2+CH_4 体系 CO_2 浓度对水合物生成温度的影响

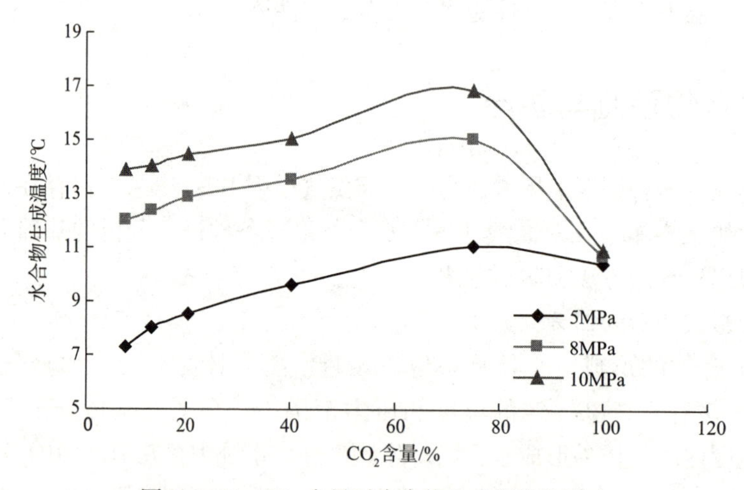

图 2-2-10　CO_2 含量对水合物生成规律的影响

2）H_2S、CO_2 含量对水合物生成的影响

为了分析 CO_2、H_2S 气体含量对水合物生成规律的影响，对几组不同浓度 H_2S、CO_2 气体进行水合物生成实验，实验气体主要成分见表 2-2-9。由表 2-2-9 中不同组分气样实测水合物生成条件数据见表 2-2-10。

表 2-2-9　实验气体组成

气样	组分 /%						
	He	H_2	N_2	CO_2	H_2S	C_1	C_2
气样 1	0.02	0.06	2.08	6.12	8.30	83.36	0.07
气样 2	0.02	0.01	0.40	5.32	8.34	85.83	0.08
气样 3	0.02	0.02	0.75	6.97	11.68	80.52	0.04
气样 4	0.00	0.00	0.00	6.10	28.80	65.02	0.08

表 2-2-10 水合物生成条件实测数据

气样 1	压力 /MPa	6.5	8	9.11	10.01	12.01	15	20	25				
	温度 /℃	17.7	19.1	19.7	20.5	21	22.5	24.7	25.5				
气样 2	压力 /MPa	6	6.5	8	10	12	15	20	25				
	温度 /℃	18.2	18.5	19.6	21.1	22	23.1	24.9	25.2				
气样 3	压力 /MPa	6	7.7	8	9	10	11	12	13	20	30	40	50
	温度 /℃	20.1	21.6	22.2	23.4	24	24.3	24.6	24.9	25.8	27.5	29.1	30.2
气样 4	压力 /MPa	4	5.5	6	8	8.52	10	15	20	25	30	40	50
	温度 /℃	23.9	25.6	26.2	27.8	28.2	29.1	29.7	30.1	30.9	31.4	32.3	33.4

表 2-2-9 的实验气体组成中，气样 1 和气样 2 中 H_2S 含量相近，CO_2 含量相差较大，气样 1 和气样 4 中 CO_2 含量相近，H_2S 含量相差较大。从表 2-2-10 可以看出，当 H_2S 含量相近时，CO_2 浓度对水合物生成温度影响不大。而当 CO_2 浓度相近时，H_2S 浓度对水合物形成的影响相当大。H_2S 含量越高，水合物的形成温度越高。当 H_2S 含量高于 10% 时，水合物形成温度增加明显，高含 H_2S 气藏气体水合物形成温度比不含 H_2S 的气体可能高出 10℃以上。对于 H_2S 含量低于 10% 的气体，水合物形成温度增加相对较小。天然气中 H_2S 含量超过 30% 时，水合物生成温度与纯 H_2S 时基本相同。在低压下水合物形成温度增加的趋势较大，而在高压下增加的趋势相对平缓，说明在低压情况下水合物形成温度对压力的变化较敏感。

3）温度、压力对水合物生成的影响

为研究高酸性气体水合物相态变化规律，采用表 2-2-10 中气样 3 组分进行以下水合物相态实验。

（1）定容方式 p–T 关系测定。恒定体积，改变温度，测试压力的变化，研究水合物相态变化规律。实验结果如图 2-2-11 所示。由图可以看出：采用定容方式测定时，图形中有一个相平衡区域，此时温度、压力变化都非常小，几乎成水平线，这是固气两相平衡区。

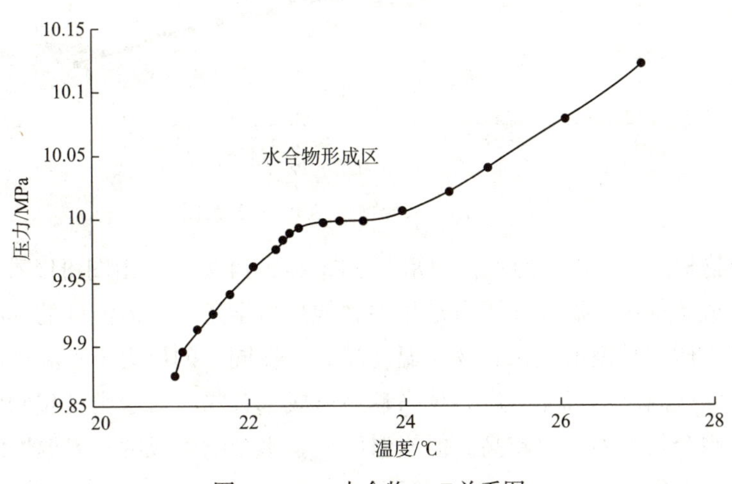

图 2-2-11 水合物 p–T 关系图

（2）定压方式 $V-T$ 关系测定。恒定压力，改变温度，测试体积的变化，研究水合物相态变化规律。实验结果如图 2-2-12 所示，图中存在水平段，说明水合物的生成是一个典型的相变过程。

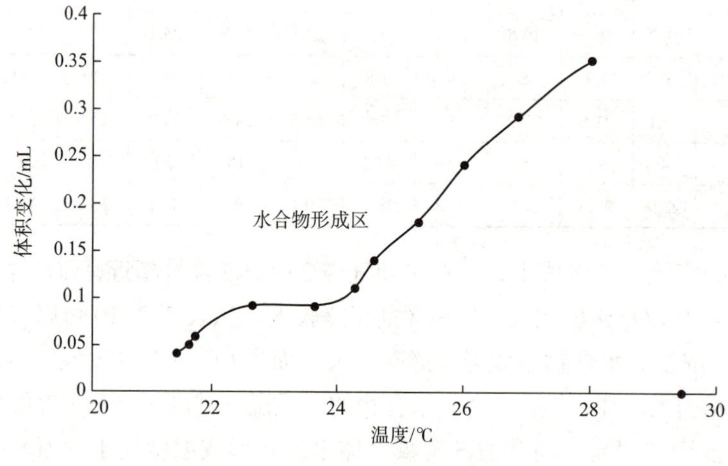

图 2-2-12　水合物的 $T-\Delta V$ 关系图

（3）定温方式 $V-p$ 关系测定。恒定温度，改变压力，测试体积的变化，研究水合物相态变化规律。实验结果如图 2-2-13 所示。由此可以看出：同样存在相平衡区域，几乎成水平线，从动力学角度来说这个区域就是水合物晶核形成并生长的区域。

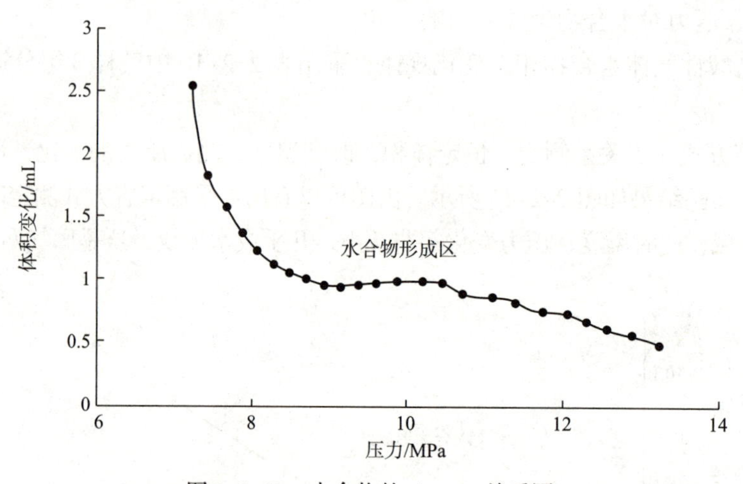

图 2-2-13　水合物的 $\Delta V—p$ 关系图

（4）水合物相图。气样 3 的水合物相图如图 2-2-14 所示。由图可以看出：在影响天然气水合物生成条件中，温度和压力是相关联的热力学条件，但温度的影响远比压力的影响敏感得多。压力越高形成水合物的温度越高。在同样的压力下，温度越低，越易形成水合物。对同一温度的气体，压力越高越易形成水合物。对于密度相同的天然气，压力越高则形成水合物的温度也越高。但当温度高于水合物生成的临界温度时，无论压力多高也不会形成水合物。

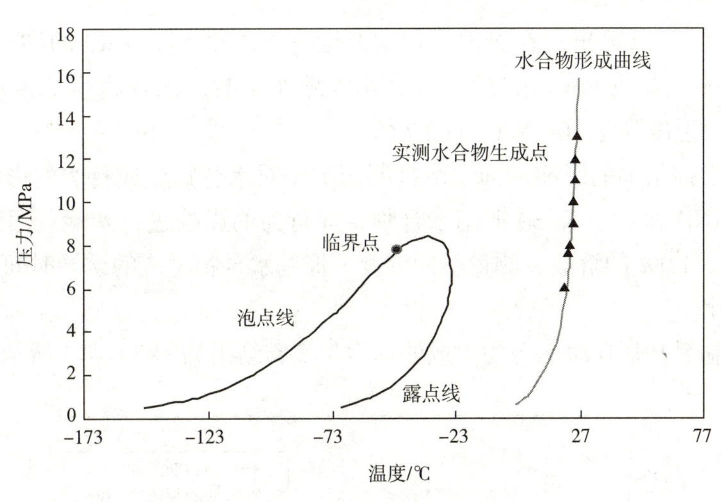

图 2-2-14　气样 3 水合物相图

4）水合物抑制剂对水合物形成的影响

（1）醇类体系的影响。为了对比研究醇类对水合物生成的影响，进行了 20% 甲醇、20% 乙二醇体系水合物实验，实验结果见表 2-2-11。分析结果可知，醇类对水合物生成有一定的抑制作用。相同浓度甲醇比相同浓度的乙二醇更难产生水合物，在相同压力下，20% 甲醇体系比 20% 乙二醇体系水合物形成温度低 5℃左右，而 10% 甲醇+ 10% 乙二醇体系水合物生成温度比 20% 乙二醇低 2℃左右，比 20% 甲醇高 2℃左右。

表 2-2-11　不同醇类对水合物生成温度的影响

实验压力 /MPa	水合物生成温度 /℃			
	纯水	20% 甲醇	20% 乙二醇	10% 甲醇+ 10% 乙二醇
5	9.75	1.15	5.35	3.15
10	14.85	5.95	10.55	8.25
15	17.45	8.35	13.05	10.85
20	19.25	10.05	14.65	12.55
25	20.55	11.15	15.95	13.95

（2）电解质体系的影响。为了对比研究 NaCl 与 $CaCl_2$ 抑制水合物形成效果，进行了 10%NaCl、10%$CaCl_2$、20%NaCl 体系水合物实验，结果见表 2-2-12。

表 2-2-12　电解质对水合物生成温度影响

实验压力 /MPa	水合物生成温度 /℃			
	纯水	10%NaCl	10%$CaCl_2$	20%NaCl
5	9.75	5.05	5.55	−2.45
10	14.85	10.35	10.85	2.65
15	17.45	12.95	13.45	5.15
20	19.25	14.55	15.15	6.75
25	20.55	15.85	16.45	8.05

由表 2-2-12 可以看出，在 NaCl 和 $CaCl_2$ 浓度为 10% 时，NaCl 的抑制效果比 $CaCl_2$ 好，但是相差不大。当 NaCl 浓度从 10% 增加到 20% 时，水合物生成温度大大降低，20%NaCl 产生的温度降是 10%NaCl 的 2.7 倍。

（3）动力学抑制剂的影响。为了解抑制剂浓度对水合物生成行为的影响，分别对水合物抑制剂 PNND 和 PVP K-30 抑制水合物生成行为的影响进行实验。用纯水配制成浓度分别为 0.5%、1.0% 的溶液，测量不同浓度下抑制水合物生成的诱导时间。数据采集系统记录压力变化。

水合物抑制剂 PNND 对水合物生成的动力学实验结果如图 2-2-15 所示。

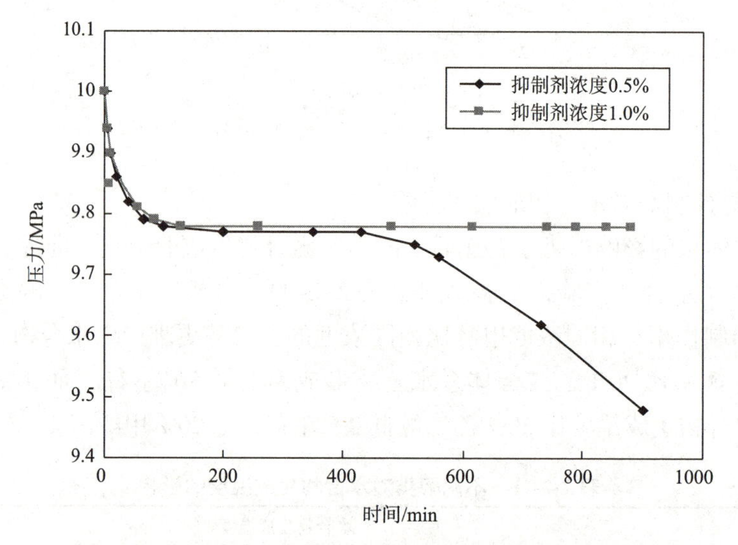

图 2-2-15　抑制剂 PNND 浓度对水合物生成行为的影响

由图可知，动力学抑制剂 PNND 在浓度为 0.5% 时效果不好，诱导时间为 430min；浓度达到 1.0% 时 PNND 抑制水合物生成诱导时间大大增加，在实验时间内没有观察到水合物生成。

抑制剂 PVP K-30 对水合物生成的动力学实验结果如图 2-2-16 所示。由图可知，动力学抑制剂 PVP K-30 在浓度为 0.5% 和 1.0% 时效果都不好，诱导时间为 400min。

实验表明，浓度为 1.0% 的抑制剂对水合物生成的抑制效果优于 0.5% 的抑制剂；在相同浓度下，水合物抑制剂 PNND 的抑制效果比抑制剂 PVP K-30 好。

2. 水合物生成预测与防治

水合物的形成预测技术主要有图解法、经验公式法、相平衡计算法和统计热力学法等，但是用在高酸性气田中仍有不同程度的偏差。在某气田开发生产过程中，根据水合物的形成原理，对已有的热力学模型进行了改进，使之能够较好地预测某气田水合物的形成。

1）高酸性气田水合物热力学预测模型

通常用于高酸性气田预测水合物生成的热力学模型是 vdW-P 模型，这种模型把水合

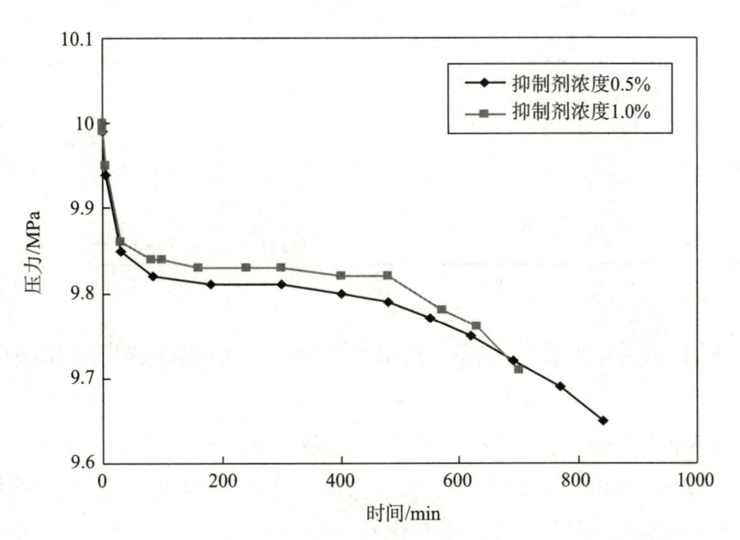

图 2-2-16　抑制剂 PVP K-30 浓度对水合物生成行为的影响

物考虑成理想的固体溶液，忽略了体积变化对水合物化学势的影响，预测天然气水合物生成压力误差在 15% 左右，预测凝析气水合物生成压力误差在 30% 左右。经过研究对 vdW-P 模型进行改进，引入活度系数来表征体积变化对水合物生成条件的影响，针对酸性气体建立适用于含电解质和极性抑制剂体系水合物相与水相的逸度计算模型，并以此为基础建立更适合高酸性气体水合物的热力学平衡模型。

水合物预测模型见式（2-2-4）。

$$\frac{\Delta\mu_{\mathrm{W}}^{0}}{RT_0}-\frac{\Delta C_{p\mathrm{W}}^{0}T_0-\Delta h_{\mathrm{W}}^{0}-2/bT_0^{2}}{R}\left(\frac{1}{T}-\frac{1}{T_0}\right)-\frac{\Delta C_{p\mathrm{W}}^{0}-bT_0}{R}\ln\frac{T}{T_0}$$
$$-\frac{b}{2R}(T-T_0)+\frac{\Delta V_{\mathrm{W}}}{RT}(p-p_0)-\ln\frac{x_{\mathrm{W}}\phi_{\mathrm{W}}}{\phi_{\mathrm{W}}^{0}}=\sum_{m}v_{\mathrm{m}}\ln(1-\sum_{i}\theta_{\mathrm{im}})+\ln\gamma_{\mathrm{WH}} \tag{2-2-4}$$

式中　$\Delta\mu_{\mathrm{W}}^{0}$——W 相基准化学位；

$\Delta C_{\mathrm{pW}}^{0}$——$T_0$ 时（一般取 T_0=273.15K）β 相与纯水相的热容差，J/℃；

$\Delta h_{\mathrm{W}}^{0}$——$T_0$ 时（一般取 T_0=273.15K）β 相与纯水相的焓差，J；

ΔV_{W}——β 相和 W 相（富水相）间的体积差，mm^3；

b——表示热容的温度系数；

ϕ_{W}——实际水溶液中水的逸度系数；

x_{W}——在无电解质以及无溶解气的情况下醇水溶液中水的摩尔分数；

ϕ_{W}^{0}——纯水在相同条件下的逸度系数；

θ_{im}——组分 i 在孔穴 m 的占有率；

γ_{WH}——活度系数。

式（2-2-4）中的常数取值见表 2-2-13。

表 2-2-13　式（2-2-4）中的几个物理量取值

物理量	Ⅰ型水合物	Ⅱ型水合物	H 型水合物
$\Delta \mu_W^0$/（J/mol）	1264	883	1187.33
Δh_W^0/（J/mol）	1389	1025	846.57
ΔV_W/mm^3	1.598		
$p-p_0=\Delta h_p^{ice-L}$/[J/（mol·K）]	38.12−0.141×（T−273.15）		

本模型具有以下优点：

①对气相中各组分的逸度系数和富水相中水的活度采用统一热力学模型计算，增强了热力学一致性。

②将电解质视为拟组分，简化了所需的参数，形式结构更加简洁。

③修正水合物理想溶液假设条件，将水合物体积考虑为温度、组分、压力的函数，水合物能量综合考虑气体分子填充与体积变化双重影响。

④引入气体溶解度修正，考虑了高酸性气体溶解对水合物形成条件的影响。

⑤改进模型实现了电解质、醇类模型的统一，可同时预测混合电解质、混合醇类及其混合物的水合物生成条件。

用大量实验数据与模型预测结果进行对比分析，模型针对单醇溶液体系、单电解质溶液体系以及混合电解质和电解质、醇混合溶液体系水合物生成条件预测精度均较高。表明改进模型不仅适合常规天然气水合物预测，也适用于高压水合物生成条件预测和高酸性气体水合物预测。

2）某气田气井水合物生成预测

（1）气井水合物形成的主要规律。

①不同工作制度下，随着产量的增加，气井井口压力降低，井口温度增加明显。因此，测试与生产过程中，产量越高，井筒越不容易生成水合物。

②采用地面节流降压到输送压力，产量越高，井口压力越低，井口温度越高，节流后温度越高。当产量大于一定值时，地面节流不会生成水合物。

③当地层压力、产气量一定时，选用不同内径的油管，会造成井筒中压力温度的变化。随着油管内径的增加，井口压力增加，井口温度降低，而水合物生成温度上升，因此越容易生成水合物。井口压力增加，外输送压力不变，地面节流压差越大，温降增加，越容易生成水合物。

④针对定产量气井，随着气田开发，地层压力下降，井口压力下降，井口水合物生成温度降低，而井口温度不变，更加不容易生成水合物。一定产量的气井开采初期无水合物生成，后期井筒也不会生成水合物。当地层压力降低到一定时，地面流程不会生成水合物。

（2）某气田气井水合物生成预测。根据 PD−2 井基础数据，利用高酸性气井水合物生产预测软件，模拟了井筒不同工作制度、不同油管尺寸以及不同生产时期水合物生成预测。

①井筒水合物生成预测。

a. 不同工作制度下井筒水合物形成预测。油管尺寸一定时（某气井油管内径为

76mm），不同产量下的井口压力、温度以及水合物生成温度数据见表 2-2-14。不同产量下的井筒压力、温度分布如图 2-12-17、图 2-12-18 所示。可以看出，随着产量的增加，井口温度增加比较明显，井口压力降低。因此，测试与生产过程中，产量越高井筒越不容易生成水合物。

表 2-2-14　不同产气量下的井口压力、温度

产气量 /（$10^4m^3/d$）	10	25	40	55	70	85	100
井口压力 /MPa	40.2	39.9	39.2	38.1	36.8	35	32.9
井口温度 /℃	27.7	39	49	57.2	63.7	68.9	73.1
对应水合物生成温度 /℃	30.3	30.2	30.1	30	29.8	29.6	29.3
是否会生成水合物	会	不会	不会	不会	不会	不会	不会

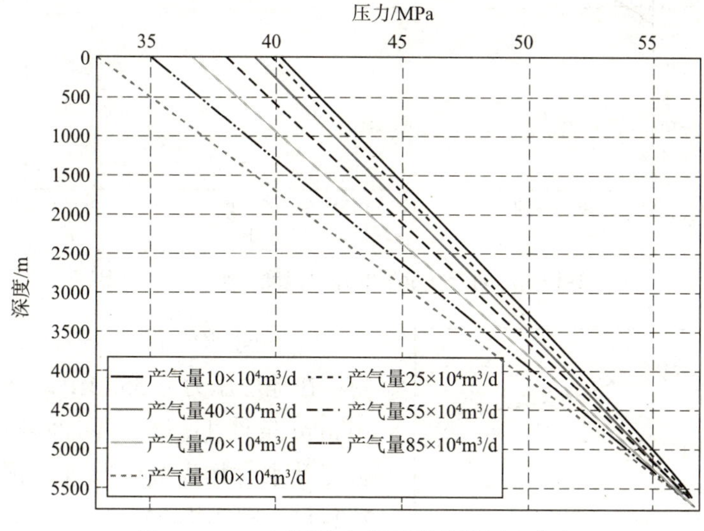

图 2-12-17　不同产气量下的井筒压力分布

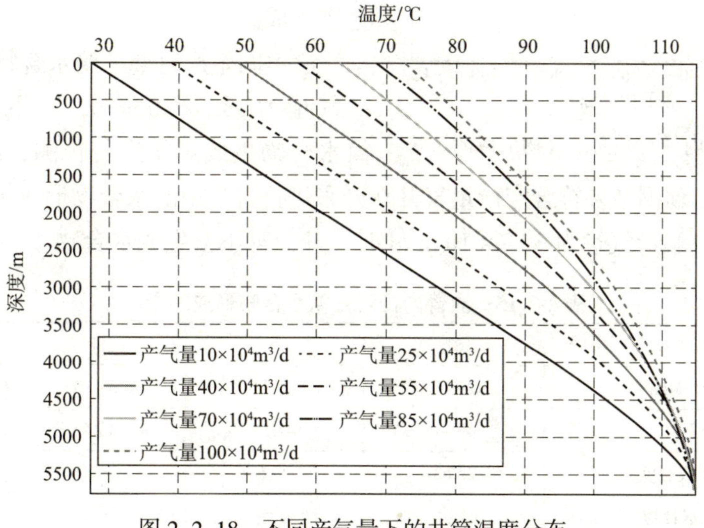

图 2-2-18　不同产气量下的井筒温度分布

不同产气量下井筒水合物生成温度如图 2-2-19 所示，可以看出，产气量越小，井口温度越低，越容易生成水合物。当以 $10\times10^4m^3/d$ 生产时，气流温度略低于水合物生成温度，井筒会生成水合物，有水合物堵塞的风险；高于 $10\times10^4m^3/d$ 测试或生产时，井筒不会生成水合物。

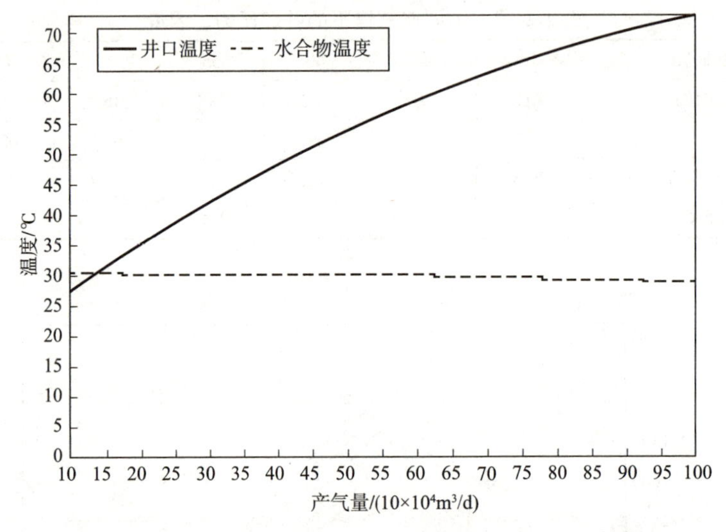

图 2-2-19　不同产气量下的井口温度、水合物生成温度

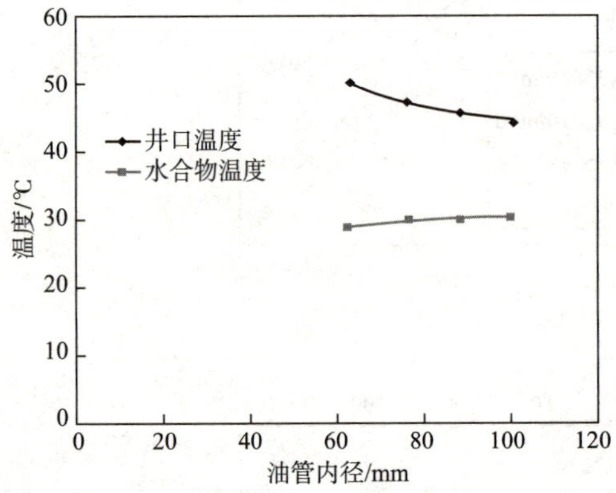

图 2-2-20　油管内径对井筒水合物形成的影响

b. 不同油管尺寸下井筒水合物形成预测。在地层压力为 55.2MPa，产气量为 $38.7\times10^4m^3/d$ 条件下，对不同油管内径下的井口温度及水合物生成情况进行预测，结果见表 2-2-15、图 2-2-20。从图中可以看出，在某气田采用的油管尺寸生产条件下，井筒无水合物生成。

c. 不同生产时期井筒水合物形成预测。取产气量为 $38.7\times10^4m^3/d$，对不同生产时期井筒水合物生成规律进行预测，结果见表 2-2-16。分析可知，预测结果符合定产量气井在开采进行过程中的水合物形成规律。无论开采初期或者后期，当产气量为 $38.7\times10^4m^3/d$ 时，井筒都不会生成水合物。

表 2-2-15　油管内径对井筒水合物形成的影响

油管内径 /mm	62	76	88	100
井口压力 /MPa	29.10	35.34	37.10	37.86
井口温度 /℃	49.84	47.16	45.47	44.14
井口水合物生成温度 /℃	28.68	29.6	29.84	29.95
是否生成水合物	不会	不会	不会	不会

表 2-2-16　不同生产时期井筒水合物生成规律

地层压力 /MPa	55	45	35	25
井口油压 /MPa	35.34	26.71	18.37	9.58
井口温度 /℃	47.16	47.16	47.16	47.16
井口水合物生成温度 /℃	29.6	28.31	26.87	24.27
是否生成水合物	不会	不会	不会	不会

②地面节流对水合物生成的影响。

a. 不同工作制度下地面节流对水合物生成的分析。不同产气量下地面节流温度、水合物生成温度见表 2–2–17。从表中可以看出，采用地面节流降压到输送压力，若产气量越高，则井口温度越高，节流后温度亦高，防止水合物的加热温度越低，抑制剂加量越少。当产量高于 $100\times10^4m^3/d$ 时，地面节流不会生成水合物。

表 2-2-17　不同工作制度对地面节流后水合物形成的影响

产气量 /（$10^4m^3/d$）	10	25	40	55	70	85	100
节流前压力 /MPa	40.2	39.9	39.2	38.1	36.8	35.0	32.9
节流前温度 /℃	27.7	39.0	49.0	57.2	63.7	68.9	73.1
节流到 6.5MPa 的温度 /℃	–28.11	–19.82	–8.98	0.70	8.36	15.41	22.0
6.5MPa 时水合物形成温度 /℃	21.95	21.95	21.95	21.95	21.95	21.95	21.95
是否会生成水合物	会	会	会	会	会	会	不会
加热以后的节流前温度 /℃	78.79	78.58	78.20	77.71	77.60	76.72	
甲醇加量 /（kg/d）	652.22	544.30	403.06	276.94	177.07	85.24	
乙二醇加量 /（kg/d）	12	10	78	53	34	16	

b. 不同生产油管内径对地面节流后水合物生成的预测。取地层压力为 55.2MPa，产气量为 $38.7\times10^4m^3/d$，对地面节流后水合物生成影响进行预测，结果见表 2–2–18。分析可知，油管内径越大，地面节流后越容易生成水合物。

表 2-2-18　油管尺寸对地面节流后水合物形成的影响

油管内径 /mm	62	76	88	100
节流前压力 /MPa	29.1	35.34	37.1	37.86
节流前温度 /℃	49.84	47.16	45.47	44.14
节流到 6.5MPa 的温度 /℃	–5.19	–12.21	–14.67	–16.25
6.5MPa 时水合物形成温度 /℃	21.95	21.95	21.95	21.95
是否会生成水合物	会	会	会	会
加热以后的节流前温度 /℃	73.36	77.83	78.78	79.16
甲醇加量 /（kg/d）	353.59	445.11	477.17	497.73
乙二醇加量 /（kg/d）	685.07	862.40	924.51	964.36

c. 不同生产时期地面节流后水合物形成预测。取产气量 $38.7\times10^4m^3/d$，采用地面节流降压到输送压力，进行不同生产时期地面节流水合物形成规律预测，结果见表 2-2-19。由表中可以看出，越到后期，节流温降越低，需要加热的温度越低，加入抑制剂量越少。当地层压力降低到 25MPa 以下时，地面节流不会生成水合物。

表 2-2-19　不同地层压力在定产条件下地面节流后水合物形成预测

地层压力 /MPa	55	45	35	25
节流前压力 /MPa	35.34	26.71	18.37	9.58
节流前的温度 /℃	47.16	47.16	47.16	47.16
节流到 6.5MPa 的温度 /℃	-12.21	-5.79	7.55	34.90
6.5MPa 时水合物形成温度 /℃	21.95	21.95	21.95	21.95
是否会生成水合物	会	会	会	不会
加热以后的节流前温度 /℃	77.83	71.05	59.23	
甲醇加量 /（kg/d）	445.11	361.45	187.70	
乙二醇加量 /（kg/d）	862.40	700.31	363.67	

3）水合物防治

根据天然气水合物生成条件及形成规律，水合物的防治措施主要有：添加化学抑制剂法、加热法、脱水法、降压控制法。

化学抑制剂法是通过向管线中注入一定量的化学抑制剂，改变水合物形成的热力学条件、结晶速率或聚集形态，提高水合物生成压力或者降低生成温度，从而抑制水合物的生成。该方法在生产中可操作性强，目前被广泛应用。

加热法是通过加热装置在水合物易生成部位加热流体或直接加热堵塞位置，使流体温度高于系统压力下的水合物生成温度，达到防止水合物生成和解除堵塞的目的。

脱水法是通过去除引起水合物生成的水分来改变生成水合物的条件，是天然气输送通常采用的预防措施。天然气脱水可以降低水露点，从热力学角度来说就是降低了水的逸度或活度，使水合物的生成温度下降，从而消除管道输送过程中生成水合物的风险。

降压控制法是通过降低易产生水合物部位管线的压力，使其低于水合物生成压力来防止水合物生成的一种方法。但在生产中，为了保持一定的输送能力，管线的压力一般不能随意地降低，所以降压控制法在实际生产中很少应用。

某气田采用丛式井开发，一井台同时有多口井，且 H_2S、CO_2 含量高、产量大、井口压力高。同时考虑生产管理和安全生产等多种因素，水合物防治主要采用化学抑制剂法、加热法、优化工作制度法。

（1）化学抑制剂法。天然气工业中水合物防治最常用和有效的方法是注入化学抑制剂，它既能够抑制天然气水合物的形成，也可以溶解已形成的天然气水合物。根据化学抑制剂对天然气水合物抑制作用的不同，可将其分为热力学抑制剂、动力学抑制剂、阻聚剂和复合型抑制剂。

①热力学抑制剂。目前使用最广泛的热力学抑制剂是甲醇、乙二醇和二甘醇，它们都是通过改变水合物相的化学位，使水合物形成条件向较低温度和较高压力的范围移动。常用的热力学抑制剂的物理化学性质如表2-2-20所示。

表2-2-20　常用水合物抑制剂的物理化学性质

项目	甲醇	乙二醇	二甘醇	三甘醇	四甘醇
分子式	CH_3OH	$CH_2CH_2(OH)_2$	$O(CH_2CH_2OH)_2$	$(C_2H_2O)_2$ $C_2H_4(OH)_2$	$(C_2H_2O)_3$ $C_2H_4(OH)_2$
相对分子质量	32.04	62.07	106.1	150.2	194.2
冰点/℃		-11.5	-8.3	-7.2	-5.6
沸点（标准大气压下）/℃	64.7	197.3	245	287.4	327.3
相对密度	0.7915	1.1088	1.1184	1.1254	1.1282
与水溶解度（20℃）	完全互溶	完全互溶	完全互溶	完全互溶	完全互溶
绝对黏度（20℃）/mPa·s	0.593	21.5	35.7	47.8	
汽化热/（J/g）	1101		348	416	
比热容/[J/（g·K）]	2.5	2.3	2.3	2.2	
理论热分解温度/℃		165	164.4	206.7	237.8
实际使用再生温度/℃		125	148.9~162.8	176.7~196.1	204.4~223.9
性状	无色易挥发的易燃液体	甜味无色的黏稠液体	无色无臭的黏稠液体	中等臭味的稠黏液体	中等臭味的稠黏液体

甘醇类的醚基和羟基团形式相似于水的分子结构，与水有强的亲和力。向天然气中注入的抑制剂与冷却过程凝析的水形成冰点很低的溶液，天然气中的水汽被高浓度甘醇溶液所吸收，导致水合物生成温度明显下降，从而抑制水合物的生成。

热力学抑制剂能有效降低水合物生成浓度，也存在用量大（相当于水相浓度的10%~60%）、存储和注入设备庞大、对环境有一定污染等主要缺点。其中最常用的甲醇具有中等毒性和易挥发性，储存、使用、回收不方便，还会对环境产生污染。但甲醇水溶液冰点低，不易冻结；在水中溶解度高，水溶性强；水溶液黏度低，作用迅速；能再生；腐蚀性低；降低水合物温度幅度大（当压力一定时）；价格便宜；且目前甲醇加注与控制工艺都相当成熟，配套设施完善，因此一直被普遍使用。

②动力学抑制剂。动力学抑制剂（KHI）主要是水溶性聚合物，加入的浓度很低（水相中通常小于1%）。它主要是通过高分子的吸附抑制水合物的形成。高分子侧链基团进入水合物笼形空腔，并于水合物表面形成氢键，吸附在水合物晶体表面，空间上阻止客体气体分子进入水合物空腔，从而延缓或抑制水合物晶核的生长速率，使水合物在一定流体滞留时间内不至于生长过快而发生堵塞。研究发现，水合物形成抑制时间取决于动力学抑制剂的效能、药剂加量及过冷度。迄今国内所研究的动力学抑制剂主要包括以下几类：a. 酰胺类聚合物，该类聚合物是动力学抑制剂中最主要的一类，如聚*N*-乙

烯基己内酰胺等；b. 酮类聚合物，主要是聚乙烯基吡咯烷酮；c. 亚胺类聚合物，如聚乙烯基—顺丁二烯二酰亚胺；d. 二胺类聚合物；e. 有机盐类，如烷基芳基磺酸及其碱金属盐、铵盐等；f. 共聚物类，包括二甲氨基异丁烯酸乙酯等。

③某气田抑制剂加注工艺。某气田采用加注热力学抑制剂法。某高含 H_2S 气井在生产过程中，气井生产温度高于水合物生成温度，不易生成水合物。但在投产开井初期因井口初始温度较低，在通过井口笼套式节流阀一级节流和地面集输流程的二、三级节流后，容易在节流后生成水合物；开采后期产量降低到一定程度时，井口温度低于水合物生成温度，在井筒上部和井口易生成水合物，因此需要在开井初期和生产后期进行水合物防治。选用目前常用的热力学抑制剂甲醇作为某高含 H_2S 气井的水合物抑制剂，在开井初期加注抑制剂，气井正常生产时停止加注。根据不同的注醇需要，设计了移动式注醇装置和固定式注醇装置。某主体气井合理优化设计了甲醇加注量。按照单井产能 $100 \times 10^4 m^3/d$ 水合物抑制剂 $0.7m^3/h$，单井产能 $30 \times 10^4 m^3/d$ 水合物抑制剂 $0.2m^3/h$ 的加注量在井口加注，有效地防止了冰堵，确保了气井连续生产。

（2）加热法。如果节流压降不变，提高节流前天然气的温度也等于提高了节流后天然气的温度。如果将节流后的天然气温度提高到高于水合物的生成温度，则可以预防节流后水合物的生成。

某气田地面加热流程设计如图 2–2–21 所示。

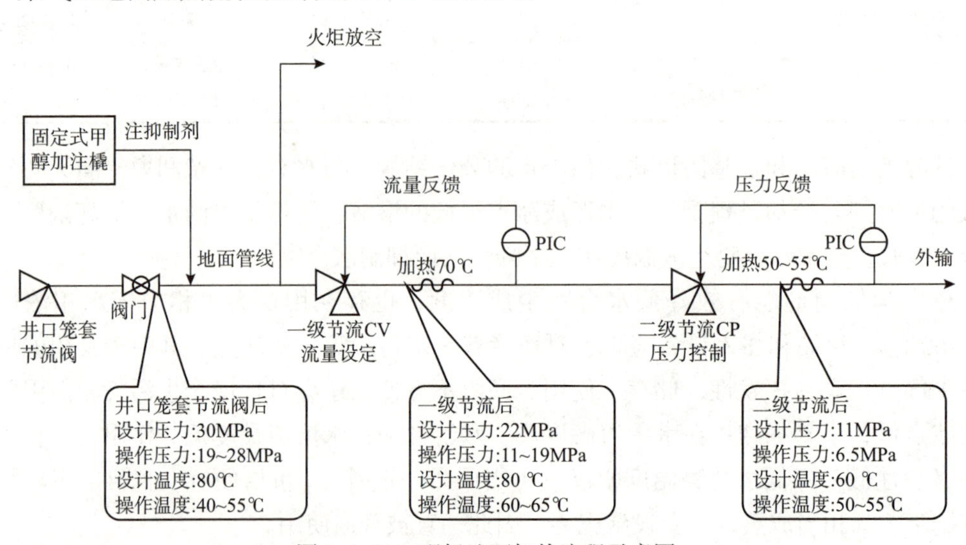

图 2–2–21　现场地面加热流程示意图

（3）优化工作制度法。优化工作制度，降低管道压力，使之在一定温度下低于水合物形成的平衡压力，即当管道压力减小到水合物平衡压力之下时，或者控制温度高于水合物生成温度，可以避免水合物的生成。如：某气田生产井，控制产量高于 $10 \times 10^4 m^3/d$ 测试或生产，井筒不生成水合物。采用地面节流降压到输送压力，产量越高，井口压力越低，井口温度也高，节流后温度越高，当产量高于 $100 \times 10^4 m^3/d$ 时，地面节流不会生成水合物。

三、硫沉积原理与溶硫剂

1. 硫沉积的原理及其影响因素

1）单质硫的溶解与沉积

当溶解于 H_2S 气体中的单质硫在采气过程中析出时，就产生了硫沉积。硫在 H_2S 中的溶解是指在一定的条件下，单质硫能分散在 H_2S 气体中，使整个混合物呈现单一气相。在高含 H_2S 气藏中，单质硫的溶解是化学溶解和物理溶解共同作用的结果。

化学溶解是指单质硫在地层条件下与 H_2S 反应生成 H_2S_{x+1}，H_2S_{x+1} 分子充当着单质硫的"运载工具"，硫和 H_2S 之间满足化学反应动态平衡，见式（2–2–5）。

$$H_2S+S_x \underset{T,p\downarrow}{\overset{T,p\uparrow}{\rightleftharpoons}} H_2S_{x+1} \tag{2-2-5}$$

该化学反应是一可逆反应。当地层温度和压力升高时，化学反应平衡向生成 H_2S_{x+1} 的右方进行，单质硫被结合成 H_2S_{x+1} 形式，使单质硫在天然气中的溶解度增大。反之，当地层温度和压力降低时，化学反应平衡向左进行，此时 H_2S_{x+1} 分解，从而生成更多的 H_2S 和单质硫。当气相中溶解的单质硫达到过饱和时，单质硫就会沉积下来。

物理溶解是指一定温度和压力条件下，单质硫溶解在高含 H_2S 气体中，以气体形式存在。物理溶解与化学溶解的主要区别是没有新的产物生成。当压力、温度和 H_2S 含量较高时，硫在高含 H_2S 气体中的溶解度较大。在低温和低压下，由于化学反应速度比较慢，化学溶解作用对硫的沉积影响不大，对硫沉积起主要作用的是物理溶解。

2）单质硫在天然气中的溶解度

气井投入生产时，若温度和压力下降会导致硫从含硫饱和流体中析出，其主要原因是压力和温度决定着单质硫在天然气中的溶解度。为了获取有关硫在酸性气体中溶解度的数据，加深对硫溶解度影响因素的认识，对单质硫在天然气中的溶解度进行了实验研究。

实验过程中测定了 7 组由 CH_4、H_2S、CO_2、N_2 和 C_2 到 C_6 烷烃等组分组成的气体混合物在温度和压力分别介于 10~60℃和 1~7MPa 之间时硫的溶解度数据。各组实验气体组分见表 2–2–21。

表 2-2-21 实验气体组分数据

混合物系列	气体组分含量 /%						
	H_2S	CO_2	N_2	CH_4	C_2H_6	C_4H_{10}	C_6H_{14}
1	20	10	4	66	0	0	0
2	7	23	4	66	0	0	0
3	6	9	4	81	0	0	0
4	1	14	4	81	0	0	0
5	20	10	4	56	10	0	0
6	20	10	4	56	0	10	0
7	20	10	4	56	0	0	10

表 2-2-22 中各组气体的实验结果如图 2-2-22~ 图 2-2-24 所示。

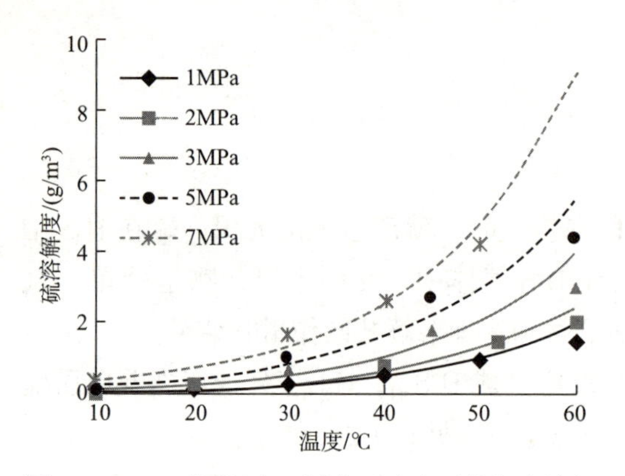

图 2-2-22　不同温度、压力下硫在天然气中溶解度曲线（H_2S：CO_2：N_2：CH_4=20：10：4：66）

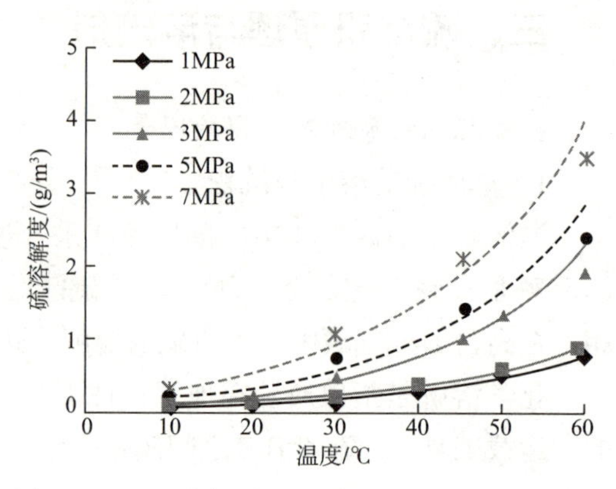

图 2-2-23　不同温度、压力下硫在天然气中溶解度曲线（H_2S：CO_2：N_2：CH_4=7：23：4：66）

从图 2-2-22~ 图 2-2-24 的曲线可以得出：在同一温度下，随着压力的升高硫的溶解度增大；而在压力相同时，温度越高，硫在天然气中的溶解度越大。对比分析可知，气体组分中 H_2S 含量越高，硫的溶解度越大；气体组分中的弱酸性气体（H_2S 和 CO_2）的含量一定时，烃类物质分子式中的碳原子数越多，则硫在该组气体中的溶解度越大，尤其是存在重质组分的气体，这种趋势更加明显。

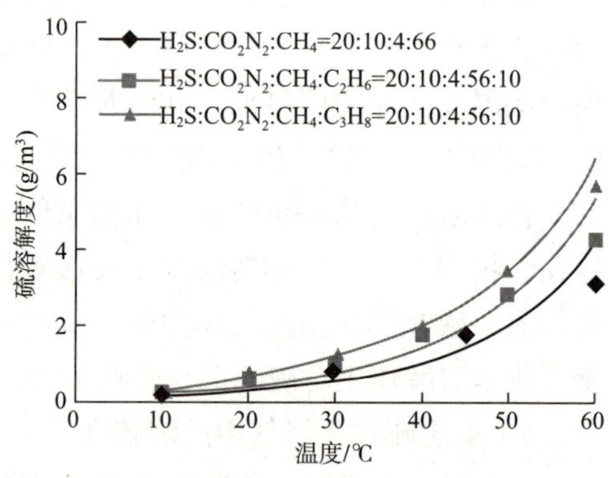

图 2-2-24　不同温度和气体组成下硫在天然气中溶解度曲线

常用的硫溶解度的计算方法有经验公式法和理论计算法。

为了更好地了解单质硫在天然气中的溶解情况，建立了硫溶解度的计算模型。

（1）计算硫溶解度的经验公式。流体中单质硫的溶解度，其溶解度与压力、温度的关系式为

$$C_r=\rho^k\exp(A/T+B) \quad (2-2-6)$$

式中　C_r——硫的溶解度，g/m^3；

ρ——气流密度，kg/m^3；

T——温度，K；

k、A、B——常数。

对式（2-2-6）两边同时取对数，有

$$\ln C_r=k\ln\rho+A/T+B \quad (2-2-7)$$

根据式（2-2-7），在温度恒定时，在半对数曲线中硫溶解度 C_r 和气流密度 ρ 呈线性关系。很多实验也证实，酸性气体中 H_2S 含量愈低，则硫溶解度和酸性气体密度线性关

系愈明显。分析实验数据及曲线，可得到如下关系式：

$$\ln C_{\mathrm{r}} = 4\ln\rho - \frac{4666}{T} + 4.5711 \tag{2-2-8}$$

（2）硫溶解度的理论计算。从热动力学平衡原理出发，逸度是相平衡的标志。因此，用下面的表达式来定义在压力 p 和温度 T 下，硫在气相中的溶解平衡。

固相中的逸度

$$f_{\mathrm{r}}^{\mathrm{s}} = p_{\mathrm{r}}^{\mathrm{s}} \cdot \phi_{\mathrm{r}}^{\mathrm{s}} \cdot \exp\int_{p_{\mathrm{r}}^{\mathrm{s}}}^{p} \frac{V_{\mathrm{r}}^{\mathrm{s}}\mathrm{d}p}{RT} \tag{2-2-9}$$

式中　$f_{\mathrm{r}}^{\mathrm{s}}$——固相逸度，MPa；

$p_{\mathrm{r}}^{\mathrm{s}}$——纯物质的蒸气压，MPa；

$\phi_{\mathrm{r}}^{\mathrm{s}}$——蒸气压为 $p_{\mathrm{r}}^{\mathrm{s}}$ 下的逸度系数，MPa；

$V_{\mathrm{r}}^{\mathrm{s}}$——固相分子体积，$\mathrm{m}^3$；

$\exp\int \frac{V_{\mathrm{r}}^{\mathrm{s}}\mathrm{d}p}{RT}$——玻音特因子。

气相中的逸度

$$f_{\mathrm{r}}^{\mathrm{g}}=\phi_{\mathrm{r}}^{\mathrm{g}} \cdot y_{\mathrm{g}} \cdot p \tag{2-2-10}$$

式中　$f_{\mathrm{r}}^{\mathrm{g}}$——气相逸度，MPa；

$\phi_{\mathrm{r}}^{\mathrm{g}}$——气相逸度系数，MPa；

y_{g}——气相中的摩尔分数，%。

在平衡状态时，两相逸度相等，即

$$E= \frac{y_{\mathrm{g}} \cdot p}{p_{\mathrm{r}}^{\mathrm{S}}} \tag{2-2-11}$$

式中

$$E = \frac{\phi_{\mathrm{r}}^{\mathrm{s}}}{\phi_{\mathrm{r}}^{\mathrm{s}}}\exp\int_{p_{\mathrm{r}}^{\mathrm{s}}}^{p} \frac{V_{\mathrm{r}}^{\mathrm{s}} \cdot \mathrm{d}p}{RT} \tag{2-2-12}$$

E 为表征压力对气相中固相压力偏导的增大程度，称之为扩展系数，无因次，其值通常大于 1；$\phi_{\mathrm{r}}^{\mathrm{s}}$ 几乎趋近于 1。

（3）硫沉积的条件及其影响因素。单质硫的沉积是一个比较复杂的过程，是多种因素共同作用的结果。硫沉积的条件及其影响因素主要有以下几个方面。

①溶解度。随着天然气温度、压力降低，单质硫在天然气中的溶解度随之下降，高含 H_2S 气体中的含硫量达到饱和将析出硫黄结晶体，从而引发硫沉积。单质硫在含硫天然气中溶解度的变化是影响单质硫沉积最重要的因素，溶解度主要受压力、温度和气体组成等影响。

压力影响：不论是在纯 H_2S 气体中，还是在酸性气体混合物中，压力越高，单质硫的溶解度越大；压力越低，单质硫的溶解度会越小。

温度影响：在高含 H_2S 气体混合物中，单质硫的溶解度随温度的升高而增大，随温度降低而减小。

气体组成影响：高含 H_2S 气体中 H_2S 含量对单质硫的溶解度影响最为明显。在酸性气体中，H_2S 含量越大，硫的溶解度越高，在条件发生变化时，发生单质硫沉积的可能性就越大。另外，烃类的碳原子数越多，溶解度越大。

②凝固点。液态硫的析出不会显著堵塞地层和降低储集层流动能力，而固态硫的沉积则会严重影响储集层的流动能力。根据相态研究表明单质硫有明显的过冷倾向，在低于它的正常凝固点下，单质硫仍然可能保持液体状态随气流通过管道。但是，在采气过程中出现温度骤降，气流温度低于单质硫的凝固点时，液态硫开始固化。一旦固化作用开始，已固化的单质硫晶核将催化其余液态硫，以很快的速度聚积固化在一起，形成"雪球效应"，产生硫沉积。

判定单质硫是否以固相沉积主要依据一定温度和压力条件下的单质硫的凝固点。在高含 H_2S 天然气中，单质硫的凝固点随气体组分、组成和压力、温度的变化而变化。因此，如何确定硫的凝固点是确定硫是否发生固相沉积的关键指标。

③气体流速。气体流速对单质硫的沉积有较大影响。如果气体流速快，析出的单质硫来不及沉积，便被气流带走。所以，只有当气流速度小于其临界携硫速度时，单质硫才可能发生沉积。在高含 H_2S 气藏中，可以选取合适的天然气生产速度来平衡因为流体流动速率引起的压力和温度变化所带来的影响，从而减少硫堵的可能性。

3）井筒硫沉积

（1）高含 H_2S 气井井筒压力、温度分布模型的建立。通过对井筒硫沉积影响因素的研究，证明压力、温度对井筒硫沉积起着重要影响作用。气井井筒压力、温度受很多因素影响，如气体组成（气体密度）、产气量、地温梯度、水泥环导热系数、岩性等。高含 H_2S 气井在生产过程中，可能会出现井筒内的硫沉积以及 H_2S、CO_2 的超临界现象，因此模型必须充分考虑到 H_2S、CO_2 酸性气组分的影响。

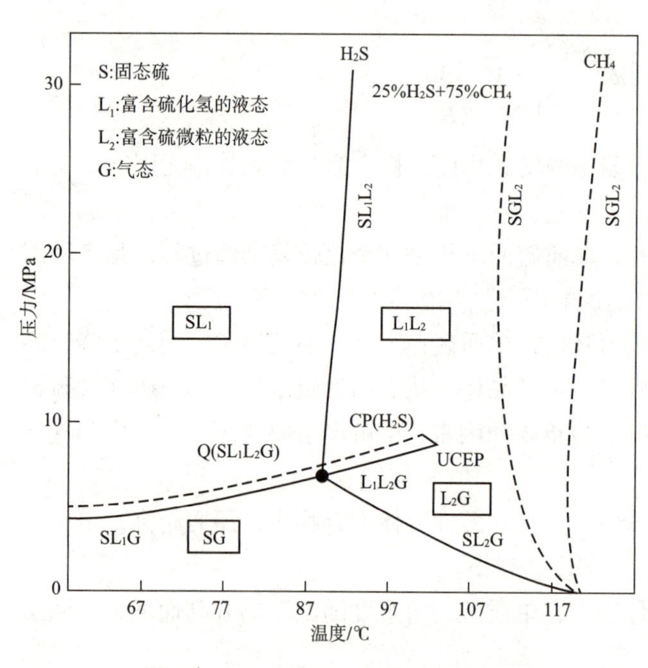

图 2-2-25 高含 H_2S 气体 p–T 相图

（2）高含 H_2S 气体在井筒中相态变化。高含 H_2S 气体从地层通过井筒到地面过程中会出现复杂的相态变化。Woll（1983 年）测得的高含 H_2S 气体相图（图 2–2–25），说明了高含 H_2S 气体在流动过程中可能出现的复杂相态变化。当地层中的压力、温度高于 H_2S、CO_2 临界压力、温度（天然气中 H_2S 临界压力为 9.008MPa，临界温度为 100.4℃，CO_2 临界压力为

7.38MPa，临界温度为 30.978℃）时，它们常常处于超临界流体状态。

高含 H_2S 天然气由地层向地面的流动过程中，其压力和温度是不断下降的。一旦外界压力温度低于 H_2S、CO_2 临界点之下，它们就会发生相态的转变，由超临界态转变为气态，体积剧烈膨胀数十甚至上百倍。

（3）高含 H_2S 气井井筒压力、温度模型。为了建立预测高含 H_2S 气井井筒压力温度分布模型，需要注意以下几个问题：a. 高含 H_2S 气体在井筒中会出现复杂的相态变化；b. 高含 H_2S 气体组分中的 H_2S 和 CO_2 具有超临界流体特性；c. 气井井筒出现不稳定流动；d. 井筒摩阻项的计算。

①气固两相稳定流动井段压力分布预测模型。压力分布预测模型可表示为：

$$\left(\frac{v_{\mathrm{g}}-v_{\mathrm{p}}}{v_{\mathrm{f}}}\right)^{2-n}-1-\frac{f_{\mathrm{p}}}{\mathrm{d}}\frac{v_{\mathrm{p}}^{2}}{2g}=\frac{v_{\mathrm{p}}}{g}\frac{\mathrm{d}v_{\mathrm{p}}}{\mathrm{d}z} \tag{2-2-13}$$

$$-\frac{\mathrm{d}p}{\mathrm{d}z}=\rho_{\mathrm{f}}g+\left(\xi\frac{v_{\mathrm{p}}}{v_{\mathrm{g}}}f_{\mathrm{p}}+f_{\mathrm{g}}\right)\frac{\rho_{\mathrm{g}}v_{\mathrm{g}}^{2}}{2d}+\rho_{\mathrm{g}}v_{\mathrm{g}}\left(\xi\frac{\mathrm{d}v_{\mathrm{p}}}{\mathrm{d}z}+\frac{\mathrm{d}v_{\mathrm{g}}}{\mathrm{d}z}\right) \tag{2-2-14}$$

式中　v_{g}——气体流速，m/s；

v_{f}——气固两相混合物流体流速，m/s；

v_{p}——固体硫颗粒速度，m/s；

g——重力加速度，值为 9.8m/s²；

ξ——混合比，通过管道的颗粒质量流量 Q_{p} 与气体的质量流量 Q_{g} 之比；

ρ_{g}——气体密度，kg/m³；

ρ_{f}——气固两相混合物流体密度，kg/m³；

d——管柱直径，mm；

z——坐标轴，方向规定以向上为正，m；

n——颗粒群的占挤系数，无因次；

f_{p}——固相摩擦系数。

将颗粒群运动微分方程（2-2-13）和压降方程（2-2-14）组合一起，便可以得到完整的计算方程，预测气固两相流动井段沿程各点的压力和速度。

②气固两相稳定流动井段温度分布预测模型。温度分布预测模型可表示为：

$$T_{\mathrm{fout}}=T_{\mathrm{eout}}+\frac{1-\mathrm{e}^{-A(z-z_{\mathrm{in}})}}{A}\left(-\frac{g}{C_{\mathrm{pm}}}+C_{\mathrm{Jm}}\frac{\mathrm{d}p}{\mathrm{d}z}-\frac{v}{C_{\mathrm{pm}}}\frac{\mathrm{d}v}{\mathrm{d}z}+g_{\mathrm{T}}+\frac{f_{\mathrm{g}}v^{2}}{2C_{\mathrm{pm}}d}\right)+\mathrm{e}^{-A(z-z_{\mathrm{in}})}\left(T_{\mathrm{fin}}-T_{\mathrm{ein}}\right) \tag{2-2-15}$$

其中 $A=\dfrac{2\pi r_{\mathrm{to}}U_{\mathrm{to}}k_{\mathrm{e}}}{C_{p}w\left[k_{\mathrm{e}}+f(t)r_{\mathrm{to}}U_{\mathrm{to}}\right]}$

式中　T_{f}——气体温度，℃；

T_{e}——地层温度，℃；

T_{fout}——每一段出口处的气体温度，℃；

C_{pm}——混合物定压比热容，J/（g·℃）；

C_{Jm}——混合物的焦耳－汤姆逊系数，℃ /MPa；

f_g——气相摩擦系数，无因次；

Z_{in}——入口段的井深，m；

g_T——地温梯度，K/m；

r_{to}——井径，m；

U_{to}——井筒的导热系数，W/（m·K）；

k_e——传热系数，W/（m^2·K）；

C_p——定压比热容，J/（kg·K）。

根据式（2–2–15）可计算气固两相流动每一段出口处温度。

建立高含 H_2S 气井井筒压力、温度模型，需已知压力梯度和定压比热容、焦耳－汤姆逊效应系数和总传热系数、温度、压缩因子和摩阻系数等物性参数，这些参数是压力和温度的函数。因此，压力和温度相互耦合计算，同时求解。

2. 气流速度对固相硫颗粒的作用

1）井筒内单颗粒悬浮临界流速

颗粒悬浮临界流速的计算公式：

$$v_{cr}=\sqrt{\frac{4\left[g(\rho_p-\rho_f)-\frac{\partial p}{\partial y}\right]d_p}{3\rho_f C_D}} \quad (2\text{–}2\text{–}16)$$

式中 C_D——阻力系数，无因次；

v_{cr}——颗粒悬浮临界流速，m/s；

ρ_f——气固两相混合物流体密度，kg/m^3；

ρ_p——颗粒密度，kg/m^3；

d_p——固体硫颗粒直径，mm。

不规则形状颗粒的悬浮临界流速为：

$$v'_{cr}\geqslant v_{cr}/\sqrt{C'_D/C_D}=3.62\sqrt{\frac{d_p(\rho_p-\rho_f)}{C_D\rho_f K_p}} \quad (2\text{–}2\text{–}17)$$

式中 C'_D——不规则形状颗粒的阻力系数，无因次；

考虑井筒中实际混合流体以一定的气固比以及颗粒群的悬浮分级，则颗粒悬浮临界流速为：

$$v'_{cr}=3.62\sqrt{\frac{d_p(\rho_p-\rho_f)}{C_D\rho_f}}\left[1-\left(\frac{d'_p}{d}\right)^2\right] \quad (2\text{–}2\text{–}18)$$

其中$1-\left(\frac{d'_p}{d}\right)^2$可以看作为流体流通的有效截面系数。

式中 d'_p——不规则形状固体硫颗粒直径，mm。

2）颗粒的碰撞

无滑移碰撞时：

$$u'_p=\frac{1}{7}(5u_p-d\omega_p) \tag{2-2-19}$$

$$v'_p=-ev_p \tag{2-2-20}$$

$$\omega'_p=-2\frac{u_p}{d} \tag{2-2-21}$$

有滑移碰撞时：

$$u'_p=u-\alpha\mu_d(1+e)v_p \tag{2-2-22}$$

$$v'_p=-ev_p \tag{2-2-23}$$

$$\omega'_p=\omega_p+5\alpha\mu_d(1+e)\frac{u_p}{d} \tag{2-2-24}$$

式中　u'_p——颗粒碰撞后的轴向速度，m/s；

u_p——颗粒碰撞前的轴向速度，m/s；

ω_p——颗粒碰撞前的角速度，rad/s；

ω'_p——颗粒碰撞后的角速度，rad/s；

v_p——颗粒碰撞前的径向速度，m/s；

v'_p——颗粒碰撞后的径向速度，m/s；

d——颗粒直径，m；

e——颗粒与管壁碰撞弹性恢复系数；

μ_d——摩擦系数。

$$\alpha=\frac{\left[u_p+\frac{1}{2}\mathrm{d}\omega\right]}{\left|u_p+\frac{1}{2}\mathrm{d}\omega\right|} \tag{2-2-25}$$

3）颗粒群增长模型

考虑一个颗粒群（聚团）与最外层黏附的颗粒处于一种黏附与脱落的动态平衡状态，此时聚团体与最外层的黏附的颗粒间的黏性剪切力 F_c 与最外层黏附的颗粒重力 F_g 相平衡。

$$F_c=CA \tag{2-2-26}$$

$$F_g=\frac{\pi}{6}d_p^3\rho_p g\frac{A(1-\varepsilon_a)}{\frac{\pi}{4}d_p^2}=\frac{2}{3}(1-\varepsilon_a)\rho_p g d_p A \tag{2-2-27}$$

式中　C——黏性剪切强度，MPa；

A——黏附面积，m^2；

d_p——颗粒直径，m；

ρ_p——颗粒密度，kg/m^3；

ε_a——聚团体空隙率。

当 $F_c>F_g$ 时，颗粒被聚团吸附；当 $F_c=F_g$ 时，聚团表面的颗粒吸附与脱落达到平衡状态；当 $F_c<F_g$ 时，颗粒从聚团表面脱落。

4）流体对井筒壁上固体硫颗粒的冲刷剥蚀作用

（1）井筒壁上颗粒的受力分析。硫颗粒主要受气流对它的剪切力，壁面对它的黏性力、弹力、摩擦力以及颗粒本身所受的表观重力作用。

（2）固体颗粒从井筒壁上分离的条件。固相硫颗粒从井筒壁面被剥蚀的临界流速 v_{gs} 的表达式为：

$$v_{gs}=\sqrt{\frac{2}{C_D S\rho_g}\left(F_G+\frac{F_{VW}-F_G\beta}{\mathrm{tg}\theta+\beta}\right)} \tag{2-2-28}$$

式中 C_D——阻力系数，无因次；

F_G——硫颗粒表观重力，N；

F_{VW}——井壁对元素硫颗粒吸附黏性力，N；

S——气流方向颗粒的投影面积，cm^2；

β——小于 1 的系数，无因次；

θ——固相硫颗粒与井筒壁夹角，(°)。

当气流速度 v_g 大于或等于 v_{gs} 时，即可认为附着在井筒壁面的硫颗粒能够被气流剥蚀并冲走，而不会在壁面形成沉积堵塞现象。

3. 高含 H_2S 气井井筒硫沉积预测模型

高含 H_2S 气井井筒硫沉积预测模型主要包括两个部分：一是通过耦合井筒压力、温度分布模型和硫溶解度模型来预测单质硫在井筒中析出位置和析出量；二是通过单质硫颗粒临界悬浮流速计算模型确定单质硫在井筒析出位置能否沉积。

1）井筒硫析出位置预测模型

（1）基本假设。建立单质硫井筒析出位置预测模型前做如下假设：

①气井不产水。

②井底条件下，高含 H_2S 气体初始含硫量未达到该环境下气体临界饱和度值，即刚流入井底的气体中无硫析出。

③井筒若不发生硫析出，则全井筒段为单相气态流动。

④井筒若发生硫析出，则认为析出的单质硫是以固体颗粒形式存在，即井筒由初始的单相气态流动转变为气固两相流动。

⑤析出硫颗粒在井筒运移过程中呈均匀分布，不考虑硫颗粒浓度随井深的变化。

（2）井筒硫析出位置预测模型。井筒硫析出位置预测主要是通过耦合井筒压力温度分布模型和硫溶解度预测模型来实现的（这两个模型在前面已经讨论），具体步骤如下：

井筒压力分布计算：

$$\begin{cases} -\dfrac{\mathrm{d}p}{\mathrm{d}z}=\rho_{\mathrm{g}}g+f_{\mathrm{g}}\dfrac{\rho_{\mathrm{g}}v_{\mathrm{g}}^{2}}{2d}+\rho_{\mathrm{g}}v_{\mathrm{g}}\dfrac{\mathrm{d}v_{\mathrm{g}}}{\mathrm{d}z},\left(p_{0}\le p<p^{*}\right) \\ -\dfrac{\mathrm{d}p}{\mathrm{d}z}=\rho_{\mathrm{f}}g+\left(\xi\dfrac{v_{\mathrm{p}}}{v_{\mathrm{g}}}f_{\mathrm{p}}+f_{\mathrm{g}}\right)\dfrac{\rho_{\mathrm{g}}v_{\mathrm{g}}^{2}}{2d}+\rho_{\mathrm{g}}v_{\mathrm{g}}\left(\xi\dfrac{\mathrm{d}v_{\mathrm{p}}}{\mathrm{d}z}+\dfrac{\mathrm{d}v_{\mathrm{g}}}{\mathrm{d}z}\right),\left(p^{*}\leqslant p<p_{\mathrm{t}}\right) \end{cases} \tag{2-2-29}$$

井筒温度分布计算：

$$\begin{cases} \dfrac{\mathrm{d}T_{\mathrm{f}}}{\mathrm{d}z}=-A\left(T_{\mathrm{f}}-T_{\mathrm{e}}\right)-\dfrac{g}{C_{\mathrm{p}}}-\dfrac{v}{C_{\mathrm{p}}}\dfrac{\mathrm{d}v}{\mathrm{d}z}+C_{\mathrm{J}}\dfrac{\mathrm{d}p}{\mathrm{d}z},\left(T_{\mathrm{f}0}\leqslant T_{\mathrm{f}}<T_{\mathrm{f}}^{*}\right) \\ \dfrac{\mathrm{d}T_{\mathrm{f}}}{\mathrm{d}z}=-A\left(T_{\mathrm{f}}-T_{\mathrm{e}}\right)-\dfrac{g}{C_{\mathrm{pm}}}-\dfrac{v}{C_{\mathrm{pm}}}\dfrac{\mathrm{d}v}{\mathrm{d}z}+C_{\mathrm{Jm}}\dfrac{\mathrm{d}p}{\mathrm{d}z},\left(T_{\mathrm{f}}^{*}\leqslant T_{\mathrm{f}}<T_{\mathrm{ft}}\right) \end{cases} \tag{2-2-30}$$

硫溶解度计算：

$$C_{\mathrm{s}}=\left(\frac{M_{\mathrm{a}}\cdot\gamma_{\mathrm{g}}}{ZRT_{\mathrm{f}}}\right)^{4}\exp\left(\frac{-4666}{T_{\mathrm{f}}}-4.5711\right)p^{4} \tag{2-2-31}$$

辅助方程：

$$\begin{cases} v_{\mathrm{g}}=5\times10^{-9}\dfrac{q_{\mathrm{sc}}}{d^{2}}\dfrac{ZT_{\mathrm{f}}}{p} \\ \left(\dfrac{v_{\mathrm{g}}-v_{\mathrm{p}}}{v_{\mathrm{f}}}\right)^{2-n}-1-\dfrac{f_{\mathrm{p}}}{d}\dfrac{v_{\mathrm{p}}^{2}}{2g}=\dfrac{v_{\mathrm{p}}}{g}\dfrac{\mathrm{d}v_{\mathrm{p}}}{\mathrm{d}z} \end{cases} \tag{2-2-32}$$

$$\begin{cases} \rho_{\mathrm{g}}=\dfrac{Mp}{ZRT_{\mathrm{f}}}=3484.48\gamma\dfrac{p}{ZT_{\mathrm{f}}} \\ \rho_{\mathrm{f}}=\eta\rho_{\mathrm{g}}+\left(1+\eta\right)\rho_{\mathrm{p}} \end{cases} \tag{2-2-33}$$

边界条件：

$$\begin{cases} f(p,T_{\mathrm{f}},z)=f(p_{0},T_{\mathrm{f}0},z_{0}) \\ f(p,T_{\mathrm{f}},z)=f(p^{*},T_{\mathrm{f}}^{*},z^{*}) \\ f(p,T_{\mathrm{f}},z)=f(p_{\mathrm{t}},T_{\mathrm{ft}},z_{\mathrm{t}}) \\ C_{\mathrm{sr}}=f\left(p,T_{\mathrm{f}}\right)=f\left(p_{0},T_{\mathrm{f}0}\right) \\ C_{\mathrm{s}0}^{*}=f\left(p,T_{\mathrm{f}}\right)=f\left(p^{*},T_{\mathrm{f}}^{*}\right) \end{cases} \tag{2-2-34}$$

式中 M_{a}——空气的相对分子质量，kg/kmol；

M——天然气相对分子质量，kg/kmol；

η——含硫混合气体中天然气含气率，无因次；

γ——天然气的相对密度，无因次；

p^{*}——硫析出点压力，MPa；

p_{0}——标准大气压，MPa；

T_{f}^{*}——硫析出点温度，K；

T_{f0}——硫在标准大气压下的析出点温度，K；

C_{sr}——硫的溶解度，mg/m^3；

C_{s0}^*——硫在标况压力下的溶解度，mg/m^3。

其他符号意义同前。

2）井筒硫沉积判断

当单质硫从气体中析出时，以晶体形式出现，而压力温度下降快慢直接影响硫颗粒的结晶程度，可能会造成硫析出晶体粒径的大小不一。硫颗粒粒径的大小会影响临界悬浮流速的计算。对于析出的大小不一的硫晶体颗粒来说，在析出位置某一气体流速下，小粒径硫晶体颗粒能被气体携带走，而大粒径硫晶体颗粒由于重力支配作用向井底方向沉降，剩下的则会悬浮在析出位置。

（1）基本假设。为了便于分析析出的硫晶体颗粒能否沉积，需要做以下假设：

①析出的硫晶体颗粒为近似球形固体颗粒，对于析出的大小不一的硫晶体颗粒可以借助统计学概念用一个近似的平均粒径值来代替。

②不考虑硫晶体颗粒析出后颗粒间碰撞、团聚效应的影响。

③考虑井筒流动空间对颗粒临界悬浮流速的影响。

④若析出位置的颗粒不能被气体携带，则认为在井筒沉积，反之认为不沉积。

⑤若井筒发生单质硫颗粒沉积，沉积位置即为硫颗粒从气体中析出位置。

（2）井筒析出硫晶体颗粒平均粒径计算。在确定了硫颗粒粒径分布曲线函数 $f(d_p)$ 后，可以通过下式求得析出晶体的平均粒径大小：

$$\overline{d_p}=\frac{\int d_p f(d_p)\mathrm{d}(d_p)}{\int f(d_p)\mathrm{d}(d_p)} \tag{2-2-35}$$

（3）井筒硫沉积判定计算。设在井筒硫析出位置 z^* 处的流体密度为 ρ_f^*，流速为 v^*，析出的颗粒平均直径为 $\overline{d_p}$，考虑井筒影响，代入硫晶体颗粒临界悬浮流速计算式，可得：

$$v_{cr}=3.62\sqrt{\frac{\overline{d_p}\left(\rho_p-\rho_f^*\right)}{C_D\rho_f^*}}\left[1-\left(\frac{\overline{d_p}}{d}\right)^2\right] \tag{2-2-36}$$

当 $v^*>v_{cr}$，硫颗粒在井筒 z^* 处被气体携带，不产生沉积；

当 $v^*\leqslant v_{cr}$，硫颗粒在井筒 z^* 处不能被气体携带而在析出位置沉积。

（4）井筒硫沉积量的计算。当析出位置处的气体流速不能携带单质硫向井口或地面运动时，那么认为析出的单质硫全部在井筒析出位置处沉积，则井筒硫沉积量应等于析出量，即：

$$V_{沉积}=V_{析出}$$

由井筒压力、温度分布模型可以知道，井筒某一点位置对应一个确定的压力、温度值，从而计算在这点位置溶解度的大小。因此，设在井筒 Δz 段对应的临界硫溶解度变化为 ΔC_s，则：

$$\Delta C_s=C_{s2}-C_{s1}=f(z_2-z_1)=f\left[(p_2,T_2),(p_1,T_1)\right] \tag{2-2-37}$$

$$\Delta C_s = f(\Delta z) = f[\Delta(pT)] \qquad (2-2-38)$$

ΔC_s 即为在 Δz 范围内析出的硫量，在析出的硫不能被气体携带时，应等于沉积量：

$$V_{dep} = V_{sep} = \Delta C_s \qquad (2-2-39)$$

4. 硫沉积防治

1）硫沉积解决方法

解决高含 H_2S 气田井筒硫沉积的方法大致归纳为三类：发生化学反应、加热熔化、用溶剂溶解。

发生化学反应是向井中加入可以和硫发生反应的物质。例如向硫沉积的气井注空气，利用空气氧化井中的 H_2S 或单质硫而发生热量，热量使硫保持熔融状态而被气流带出；或注入可以和硫发生反应的物质（如烯烃），反应产物会分散或溶解在气井液体中而带出。

加热熔化主要是利用蒸汽或热溶剂循环，使固相硫熔化从井筒带出。

运用广泛且比较有效的解决井筒流沉积的方法为溶剂法。溶剂可分为物理溶剂和化学溶剂两大类。物理溶剂溶解硫时不发生化学反应，主要有二硫化碳（CS_2）、轻矿物油或液体烃、石蜡基矿物油、苯、环烷烃或石油馏分和烷基萘混合物。一般物理溶剂对硫的溶解度大大低于化学溶剂，仅 CS_2 才有较大的溶解度，但是，因为它有蒸气压高、闪点低、易燃、剧毒等缺点，应用受到限制。化学溶剂溶解硫时发生化学反应，主要有无机碱类、有机碱类和有机二硫化物类，目前使用最广泛的是二烷基二硫类。

从国外高含 H_2S 气田运用情况看，物理溶剂一般只能处理中等硫沉积，在硫沉积量很大时，应采用溶硫能力更强的化学溶剂来处理。

2）新型溶硫剂研制与实验

满足现场应用并能发挥有效作用的溶硫剂，必须符合下列 4 个条件：①要有高的硫溶解度；②要有高的硫溶解速度；③能长时间保持其溶解硫黄的活性；④溶剂生产方便，能满足工业应用。

在满足上述条件下，溶剂本身还应具有如下特点：①与井内产出流体不发生反应，不伤害地层；②与沉积硫通过化学方式溶解时，无不可逆反应的发生；③具有防腐蚀能力；④有合适的黏度和低的蒸气压，不燃烧，非毒性；⑤与水有一定的密度差，以便与采出水相分离，并具有抗乳化作用；⑥溶剂能循环再生，再生损失少，同时要求回收硫黄方法简单。

以二甲基二硫（DMDS）为主剂，开发出新型溶硫催化剂 MAT，并优选出 DMDS-MAT 体系配方溶硫剂，对该配方进行了实验评价和现场试验。

（1）单一溶剂的溶硫实验。

①实验方法。在装有回流冷凝管的容器中放入一定量的溶剂和溶质。将溶液加热到一定温度，并加以搅拌或震动。然后将容器在某一恒温下放置 2h 以上，此时应有过量的溶质存在。再用移液管准确吸取一定体积的上部澄清的饱和溶液，置于一已知质量的称量瓶中，通过加热称量瓶将溶剂挥发干净并称重，即可计算出每 100mL 溶剂中能溶解的质量。

②实验条件。实验温度为30℃，压力为0.101MPa，在硫（单斜硫）熔点温度以下进行，磁力搅拌速率为2000r/min。

③实验结果。表2-2-22是单一溶剂对硫的溶解度实验结果，结果表明，CS_2和DMDS具有较高溶硫能力，30℃时硫溶解度分别为25.80g/100g和27.12g/100g。

表2-2-22 单一溶剂对硫的溶解度实验结果

溶剂名称	苯乙酮	苯	锭子油	CCl_4	CS_2	DMDS	MEA
溶解度/（g/100g）	0.418	0.714	0.648	0.256	25.80	27.12	2.64

（2）DMDS溶硫性能实验。

DMDS溶硫机理可由下列反应表示：

$$CH_3SSCH_3+SX \rightarrow CH_3SX+2CH_3+2H_2S$$

$CH_3SX+2CH_3$为二甲基多硫化物（DMPS），载硫的DMDS溶液是分子内含硫原子数目不同的二甲基多硫混合物。有实验结果表明：载硫量为30%的DMDS溶液的溶硫速率显著提高，在溶解同等数量硫的情况下，载硫量30%的DMDS溶液较不含硫的DMPS溶液溶硫速率快2.6倍。含一定硫数量的DMDS参与并加速了溶硫过程。

在30℃情况下，多份等数量（3g）的硫黄在100g DMDS溶硫剂的溶解过程中随时间变化的快慢关系如图2-2-26所示。从图中可以看出，少量载硫量的DMDS溶硫速率显著提高（如载硫量在3~15g时），当达到较高载硫量时，DMDS溶硫速率降低。

（3）新型催化剂MAT与DMDS体系溶硫性能实验。单纯的DMDS溶解单质硫的能力难以达到工程要求，需要与一定的催化剂相配合组成一种溶硫剂系统才能有效发挥作用。通过大量的筛选与复配试验，开发出新型溶硫催化剂MAT，并建立DMDS-MAT溶硫配方体系。为确定该催化剂在溶硫过程的最佳用量，在固定DMDS用量条件下分别改变MAT的加入量，在30℃情况下测得MAT用量对硫的溶解度的关系见图2-2-27。

由图2-2-27看出，DMDS-MAT溶硫剂的硫溶解度随催化剂含量增高而逐渐增大，当催化剂MAT质量分数在3.5%以上时溶解度下降，因此DMDS/MAT=100/3.5为最优配比。

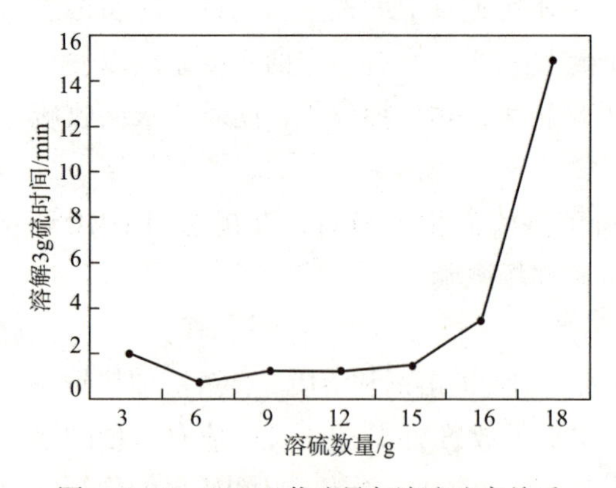

图2-2-26 DMDS载硫量与溶硫速率关系

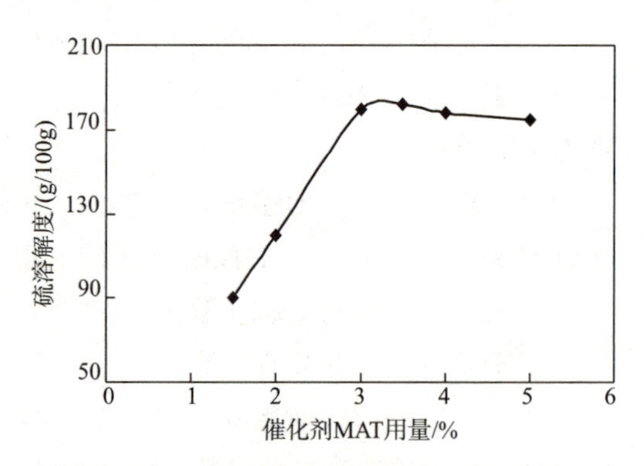

图2-2-27 催化剂MAT用量对DMDS体系溶硫量影响

对加拿大 ASRL 公司的 DMDS-DMF-NaHS 配方体系的溶硫性能进行测试，催化剂 DMF 和 NaHS 的不同配比、用量与硫溶解度的关系见表 2-2-23。结果表明，DMDS-DMF-NaHS 溶硫剂的硫溶解度随 DMF-NaHS 的增加而增大，当 DMDS/DMF/NaHS=100/3/0.3 时，溶解度达最大，过量的 DMF（大于 5%）会使溶解度减小。

表 2-2-23　DMF-NaHS 催化剂配比、用量与硫溶解度的关系

溶硫剂质量 /g	DMDS	100									
	DMF	10		5				3	2	2	1
	NaHS	0.08	0.3	0.8	0.4	0.1	0	0.3	0.3	0.08	0
溶解度 /（g/100g）		155	153	166	168	150	7	170	120	33	5

根据此配比，在室内对不同温度下 DMDS-MAT 溶硫剂溶硫能力进一步进行了测试，测试结果如图 2-2-28 所示。

图 2-2-28 显示，随着温度升高 DMDS-MAT 溶硫剂溶硫能力不断增加，50℃时溶解度增加到 321g/100g，而 90℃时达到 600g/100g，为溶剂本身质量的 6 倍，显示了优良的溶硫性能。

（4）DMDS-MAT 溶硫剂溶硫速度实验。根据 DMDS-MAT 溶硫剂的最优配比，在室内对其溶硫速率进行了实验。测试在不同温度下 DMDS-MAT 溶硫剂溶解自身质量 50% 的硫粉所用时间，测试结果如图 2-2-29 所示。

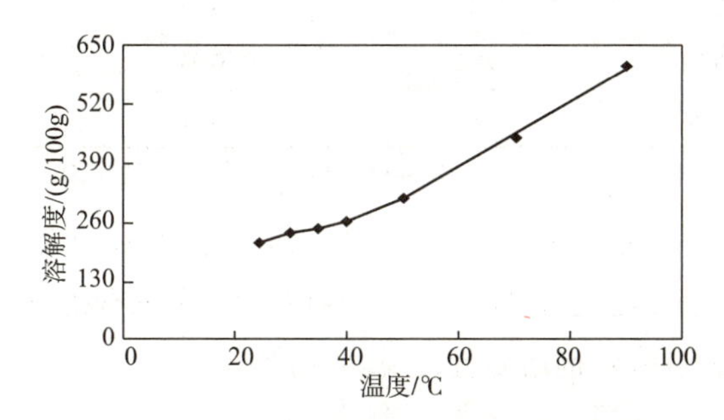

图 2-2-28 不同温度下 DMDS-MAT 溶硫剂的溶硫能力

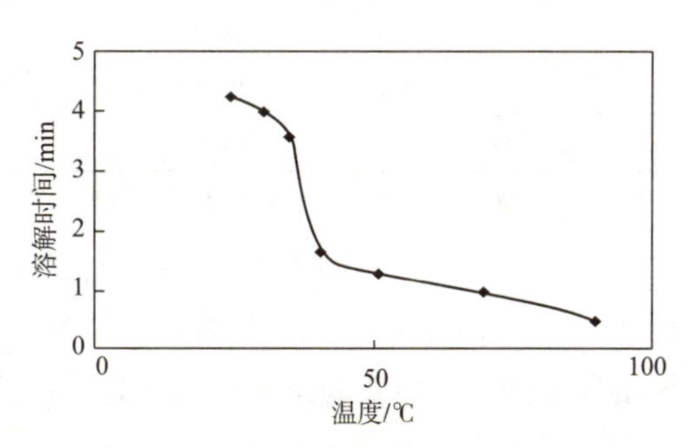

图 2-2-29 不同温度下 DMDS-MAT 溶硫剂的溶硫速率

由图 2-2-29 可知，温度对 DMDS-MAT 溶硫剂溶硫速率有积极的影响，随温度升高溶硫剂的溶硫速率提高。100gDMDS-MAT 溶硫剂溶解 50g 硫粉，30℃时所用时间约为 4min，50℃时为 1.25min，而 90℃时进一步缩短为 0.45min。

（5）DMDS-MAT 溶硫剂对 N80 挂片的腐蚀测试。

①实验条件。系统压力 4.5MPa，温度 120℃，腐蚀评价时间 4h，挂片转速 250r/min。实验所用动态腐蚀测定仪示意图如图 2-2-30 所示。

②实验结果。表 2-2-24 是高温高压溶硫剂对 N80 钢片动态腐蚀速率试验结果。由实验结果看出，N80 挂片在溶硫剂中的平均动态腐蚀速率为 0.309g/（m^2・h）。实验后钢片表面光洁，无肉眼可见的坑蚀、点蚀，溶硫剂在高温、高压条件下对 N80 挂片腐

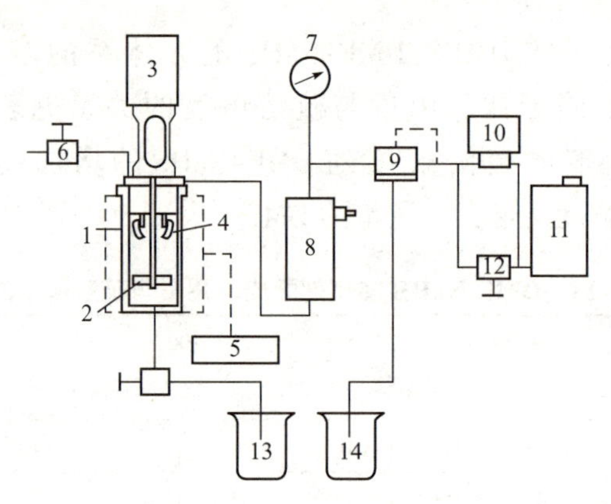

图 2-2-30　动态腐蚀测定仪示意图

1—高压釜；2—搅拌器；3—磁耦合电机；4—试片；5—温控器；6—卸压阀；
7—压力表；8—调压室；9—背压溢流阀；10—气动液压泵；11—储油池；
12—压阀；13—塑料杯（残液收集）；14—塑料杯（溢流液收集）

蚀作用较低。当溶剂加入缓蚀剂后，腐蚀速率进一步降低，平均动态腐蚀速率为 0.056 g/（m^2·h），可以满足现场解堵施工的要求。

表 2-2-24　高温、高压溶硫剂对 N80 钢片动态腐蚀速率

钢片编号	钢片面 /cm^2	实验前钢片 /g	试验后钢片 /g	钢片损失 /g	腐蚀速率 /［g/（m^2·h）］
1	13.632	11.0336	11.0321	0.0015	0.275
2	13.775	11.2301	11.2282	0.0019	0.344
3	13.551	10.9626	10.9624	0.0002	0.036
4	13.346	10.7552	10.7548	0.0004	0.075

注：1、2 号挂片实验用溶硫剂为 DMDS+3.5%MAT；3、4 号挂片实验用溶硫剂为 DMDS+3.5%MAT + 0.5%缓蚀剂 WLD。

（6）缓蚀剂对 DMDS–MAT 溶硫性能的影响实验。在 30℃下缓蚀剂对 DMDS–MAT 溶硫剂（MAT/DMDS=3.5%）的溶硫性能影响见表 2–2–25。WD–11 和 WLD–31 均属有机类油溶性缓蚀剂，由实验结果可知，此类缓蚀剂对溶硫剂溶硫性能基本无影响。

表 2-2-25　缓蚀剂对溶硫剂的影响

缓蚀剂名称	WD–11		WLD–31	
溶硫剂用量 /g	100		100	
缓蚀剂用量 /g	2.0	0	1.0	0.5
溶解度 /（g/100g）	180	182	172	177

通过溶硫性能和溶硫速率实验，最终优化出溶硫剂的配方为：DMDS+3.5%MAT + 0.5%WLD

3）现场试验

在某气田 PD–3、P5–3 井应用了新型溶硫剂，进行了现场试验。

（1）垢样的形貌组分分析。从某 PD–3 井分酸分离器提取垢样，采用 XRD 和化学分析方法进行了组分结构分析。

分酸分离器内垢样为淡黄色半透明微细粉末，胶体为黄绿色弱流动性胶体，具有很强的硫醇味；残酸沉淀物为黄色淤泥。

表 2-2-26　垢样化学分析　%

样品名称	S_8	NaCl	Na_2SO_4	$CaCl_2$	(Fe) CaS	$CaSiO_3$	$CaSO_4$	$CaCO_3$	有机质
分酸分离器粉末	93.5	2.3		1.8					2.4
分酸分离器胶体	84.4	1.4	2.3	0.8	2.4			1.8	6.9
残酸沉淀物	76.8	1.8	2.3	2.5		1.5	6.4	5.5	3.2

从表 2-2-26 化学分析结果来看，三种样品中单质硫含量较高，在 76.8%~93.5% 之间，并含有部分有机物质（酸液添加剂），其他无机矿物成分较少。

（2）溶硫剂现场加注试验情况。利用甲醇加注橇块（图 2-2-31）对 P5-3 井加注溶硫剂，流量 $0.1m^3/d$，加注时间 14h。

图 2-2-31　甲醇加注橇块

P5-3 井对溶硫剂加注制度进行调整优化，每个浓度的加注周期为 24h，每个加注周期之间间隔时间控制在 2~4h。加注过程分酸分离器进出口压差如图 2-2-32 所示。

从 PD-3 井分酸分离器垢样组分试验和 P5-3 井溶硫剂加注试验结果可以看出：①生产过程中有单质硫的析出；②加注溶硫剂后压差基本趋于平衡从而能够保持平稳生产，具有一定的溶硫效果。

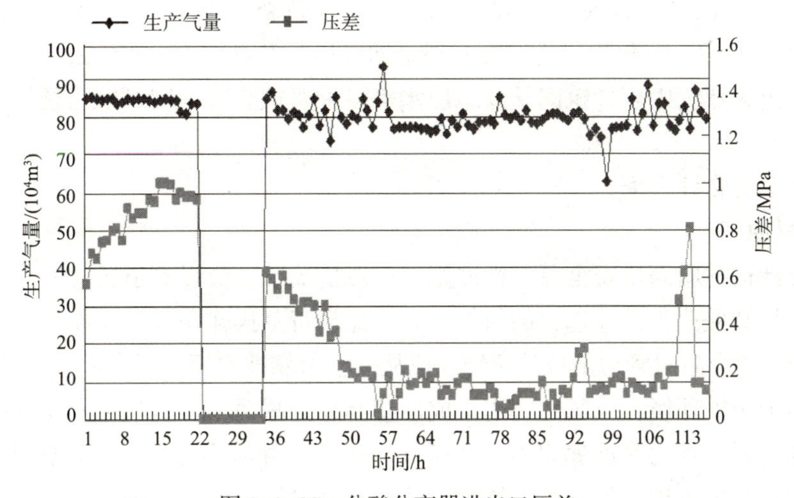

图 2-2-32　分酸分离器进出口压差

第三节 集输过程危害因素分析及安全技术

一、腐蚀

高含硫气田的地面集输系统管道设备面临的内腐蚀环境十分恶劣、一旦发生腐蚀破坏导致 H_2S 泄漏，不仅严重影响气田正常生产，还将可能造成难以预计的环境污染、人身伤亡和经济损失。加拿大多年来的统计数据表明，由于腐蚀导致的管道泄漏或事故占总数的 65%。

因此，针对高含硫集输系统管道设备的内外腐蚀环境，应充分考虑各种因素，采取经济合理、有效可靠的腐蚀控制及腐蚀监测技术，以防止腐蚀危害，保证气田的安全生产。

当输送管道达到以下两种情况时，应按 H_2S 防护规定实施：

- 集输管线：H_2S 分压大于 0.35kPa 时。
- 多相流体集输管线：管线压力低于 1.4MPa 和 H_2S 含量高于 5%时；管线压力高于 1.4MPa 和 H_2S 分压高于 70kPa 时。

1. 集输系统腐蚀类型

在高含硫气田地面集输系统中，由于 H_2S 和 CO_2 引发的管道、设备内腐蚀问题，是腐蚀控制的关键。含 H_2S/CO_2 气田的腐蚀破坏，通常可分为电化学腐蚀和 H_2S 环境开裂两大类。

1）电化学腐蚀

包括全面腐蚀和点蚀坑蚀等局部腐蚀。

2）H_2S 环境开裂

主要包括硫化物应力腐蚀开裂（SSC）、氢致破裂（HIC）、应力导向氢诱发裂纹（SOHIC）等。其中，硫化物应力腐蚀开裂是油气田开发过程中危害性最大的一种腐蚀类型，如果产出天然气中还含氯离子及地层水等多种腐蚀介质，则腐蚀问题将更为严重和复杂。

2. 集输管道管材选择

1）选材原则

（1）设计选材应满足安全可靠性原则。一般情况下，应以管道正常操作条件下原料气中的含硫量和酸值为设计选材的依据，并考虑最苛刻操作条件下可能达到的最大含硫量与最高酸值组合时对管道造成的腐蚀。应从安全可靠性方面选择合适的材料。

对于均匀腐蚀环境，应避免管道组成件壁厚急剧减薄的“材料－介质环境组合”的出现，所选材料的均匀腐蚀速率不宜大于 0.25mm/a，并应避免局部严重腐蚀的“材料－介质环境组合”的出现，如点蚀、缝隙腐蚀、冲刷腐蚀、磨损腐蚀等。当不可避免时，应采取其他有效的防止措施。

应避免应力腐蚀开裂的“材料—介质环境组合”的出现。当选用低等级材料因均匀腐蚀速率较大、而改选用高等级材料时，应考虑可能出现的其他更危险的腐蚀类型，如局部腐蚀或应力腐蚀开裂。

有同样操作条件的各管道组成件，应选取相同或性能相当的材料。与主管相接的分支管道、吹扫蒸汽管道等的第一道阀门及阀前管道，均应选取与主管相同或性能相当的材料，并取相同的腐蚀裕量。

（2）设计选材应满足经济性原则。设计选材时，应综合考虑管道组成件的使用寿命、成本以及施工和正常的维护等费用，使综合经济指标合理。一般情况下，应优先选用标准化、系列化的材料。对于均匀腐蚀环境，当选用低等级材料将产生较大的腐蚀速率而选用高等级材料时，可通过综合经济评价加以确定。

（3）设计选材时应考虑管道结构可能带来的影响。应充分考虑介质在管道中的流速、流态、相变等因素对材料腐蚀的影响。当可预见能发生严重的冲刷腐蚀时，应采取加大流通面积、降低流速、局部材料升级等有效的措施。

对于直接焊接的管道组成件，宜避免采用异种钢，尤其在可能引起严重电偶腐蚀的环境下，不应选用异种钢。

（4）设计选材应与管道元件的制造和供应相结合。设计选材时，应充分考虑市场的货源情况，尤其是管道组成件的配套供应情况。

对新材料、新产品的使用，应在充分了解其使用性、可靠性、制造性能、（焊接）施工性能以及相关管道组成件的配套供应、成本等方面的基础上确定。原则上，新材料应经具有相应资格的机构的鉴定，并有成功的工业应用经历。

（5）设计选材应与管道组成件的施工相结合。应考虑管道元件施工的可行性，对于需要焊后热处理的管道，应考虑热处理对管道组成件性能的影响。

（6）其他。尽管选取适当的材料能减小管道系统发生腐蚀破坏的风险，但对于整个管道系统的安全不能仅依靠选材来降低风险，合理的工艺配管方案、有效的缓蚀剂加注、灵敏的腐蚀监测系统、全面成熟的系统维护和良好的施工等诸多方面综合配套实施，才能尽可能地降低风险。

2）主要腐蚀形态及影响 H_2S、CO_2 腐蚀速率的因素

（1）主要腐蚀形态。

① H_2S 腐蚀表现为：电化学反应过程中阳极铁溶解导致全面腐蚀或局部腐蚀，表现为金属套管、金属设施，管道壁厚减薄或点蚀穿孔等局部腐蚀破坏。电化学反应过程中阴极析出氢原子，由于 H_2S 的存在，阻止其结合成氢分子逸出，而进入钢中，导致氢脆及 H_2S 环境开裂，其表现形式为硫化物应力开裂（SSC）和氢致开裂（HIC）等。

② CO_2 腐蚀表现为：CO_2 腐蚀钢材主要是天然气中 CO_2 溶于水生成碳酸而引起电化学腐蚀所致，干燥的 CO_2 不会产生电化学腐蚀，只有与水共存时才会发生电化学腐蚀。CO_2 溶入水后对钢铁有着极强的腐蚀性，在相同的 pH 值下，CO_2 的总酸度比盐酸高，腐蚀也比盐酸重。实际上 CO_2 的腐蚀往往表现为全面腐蚀和一种典型沉积物下方的局部腐蚀。

（2）影响 H_2S、CO_2 腐蚀速率的因素。

①影响 H_2S 腐蚀速率的因素。

a. H_2S 的浓度：H_2S 的浓度或分压越高，所产生的均匀腐蚀速率也越高，且氢通量也越大，从而增加了 SSC 和 HIC 的敏感性。

b. pH 值：当介质的 pH 值呈含硫时，均匀腐蚀速率和 SSC、HIC 的敏感性都较高；pH 值呈中性时，均匀腐蚀速率最低；pH 值呈碱性时，腐蚀速率介于含硫和中性之间。

c. 介质的温度。随着温度的升高，均匀腐蚀速率升高，HIC 的敏感性也增加，但 SSC 的敏感性下降。

d. 流速。介质处于较高流速时，腐蚀处于比较高的腐蚀速率，但如果流速过低，也可造成积液，导致垢下腐蚀等局部腐蚀。

e. 材料。材料的强度和碳当量越高，越易产生 SSC 和 HIC；材料的 S、P 含量越高及硬度（尤其焊缝热影响区）越高也越易产生 SSC 和 HIC；材料的纯净度越低即非金属夹杂越多越易产生 SSC 和 HIC。所以，控制好材料的碳当量、硬度、S、P 的含量及纯净度等技术要求，对于提高材料的抗 HIC、SSC 性能有一定的作用。

②影响 CO_2 腐蚀速率的因素。

a. 天然气在管道中的温度。低于 60℃时，少量 $FeCO_3$ 附着在金属表面，松软无力，表面光滑，为均匀腐蚀；低 60~110℃附近，产物层厚而松软，易发生严重的均匀腐蚀和局部腐蚀；大于 150℃时，形成了晶粒细小、致密而又有附着力的 $FeCO_3$ 膜，起到了保护作用，降低了腐蚀速率。

b. CO_2 的分压。$p_{CO_2}<0.021$ 时，不产生腐蚀；$0.021<p_{CO_2}<0.21$MPa 时，产生中等腐蚀；$p_{CO_2}>0.21$MPa 时，产生严重腐蚀。

c. 天然气在管道中的流速。一般讲，随流速增大，腐蚀速率有惊人的增加，但又能促进金属钝化的过程，从而提高耐蚀性。

3）材料选择的分析

（1）材料对腐蚀的影响分析。高含 H_2S、CO_2 天然气输送管道中的 H_2S 会导致出现金属氢致开裂（HIC）和硫化物应力开裂（SSC）。由于氢原子的存在致使管道的断裂韧性和材料的物理、化学、机械性能下降，在运行中容易产生管道损伤现象，从而破坏管道的安全性，影响了管道的使用寿命。介质中的 CO_2 则会对材料造成金属的严重腐蚀，即一般的电化学腐蚀，因此在管道选材时必须同时考虑管材的耐一般腐蚀能力和抗应力腐蚀性能。

采用耐腐蚀材料是含 H_2S 气田安全生产的必要条件。决定钢在含 H_2S 介质中的耐腐蚀性的主要因素之一是钢的化学成分，对钢在含 H_2S 介质中的耐腐蚀性有实质性影响的是钢的硬度、热处理、金属实际应力强度、硫化氢浓度。碳含量由 0.04% 提高到 0.45% 会对钢的抗破裂性能产生负面影响，因为形成的碳化相与基质的相界面可能是氢的储集处。此外，提高碳含量还会导致淬火时由于形成马氏体结构而使内应力恢复。管道钢中 0.5% 以下的铜含量会有正面影响，因为铜与其他合金元素相比，能够在表面反应过程中最有效地减少钢吸收氢。低合金钢中 0.2%~0.6% 的铝含量有良性作用，因为铝可以大大降低碳在铁素体中的溶解度，使钢具有碳化物分布均匀的结构，减缓氢的扩散。当把生成碳化物的元素锰、钛、铬、钒和铌合金化时，可以提高钢在含 H_2S 介质中的耐腐蚀性，因为奥氏体颗粒细化，并因此特性而提高钢的韧性，以及改变碳化相的形状、尺寸和分布。在钢不改变结构条件下，改变钢的硫含量（0.002%~0.35%）以及低水平的磷含量（0.004%~0.59%）都会影响钢的抗硫化氢破裂性能，并且钢的成分中仅有 0.003% 的硫就会显著增强钢在硫化氢介质中腐蚀时的脆化。

随着钢的强度性能提高，其硫化氢破裂的倾向也增加。也就是说，高强度低合金钢通常要比普通碳钢在更大程度上遭受这种类型的破裂。作为不能承受硫化氢破裂的临界硬度值，取 HRC（洛氏硬度）值为 20~22，这也是美国腐蚀工程师协会推荐的硬度值范围。但是，部分研究者通过试验选取的临界 HRC 值为 19~21。

应该指出的是，强度不高但具有良好塑性的钢表现出最大抗硫化氢破裂能力。HRC≤19（$\sigma_B \approx 760$ MPa）的钢不会遭受硫化氢破裂，但可能在氢作用下严重分层。在 HRC = 19~24（有些研究者的实验结果是 19~22）范围内，钢的抗硫化氢破裂性能取决于化学组成和结构。HRC>28（σ_B=970 MPa）的钢不论其化学组成如何，在 H_2S 介质中都会表现出较大的破裂倾向。钢中碳的数量不适宜超出 0.25%。镍和锰会由于形成针状结构而对钢的抗硫化氢破裂性能有负面影响。碳化物形成元素对抗硫化氢破裂性能有正面影响，但其浓度取决于碳含量，并且不应超过 0.8%。加铝使钢合金化，以及添加稀土金属，都能提高钢的抗硫化氢破裂性能。

研究表明，抗硫化氢开裂和一般腐蚀性能最好的耐蚀合金有镍基合金，如因康镍合金（镍铬铁耐热耐蚀合金），由镍、钼和铬组成的哈斯捷洛依合金，以及钴基合金和钛合金等。但是，这些合金由于非常昂贵、稀缺，无法广泛应用。

研究结果和积累的生产经验都表明，建设含 H_2S 介质输送管道所用管材的选择要考虑介质的侵蚀性强度、管道及其区段的类别、直径、操作温度和压力。通常，建设含 H_2S 天然气输送管道采用由镇静碳钢和低合金钢制成的，其抗硫化氢破裂性能已通过实验室实验和工业应用验证了的。

1994 年，全俄天然气研究院提出了考虑实验室管材试验结果［抗硫化氢破裂性能按美国腐蚀工程师协会试验溶液 NACE TM 0177 确定、抗氢致破裂（龟裂长度率 CLR 和龟裂厚度率 CTR）性能按 NACE TM 0284 方法确定］、硫化氢分压、管段类别来选择含 H_2S 天然气和 NGL 开采及处理与加工工程建设所用管子的规程。对于气井管汇、气井至集气站和矿场处理装置的集气支线管道、NGL 管道、天然气处理装置的外部管汇和工艺管道、天然气处理装置到加工厂的干线管道、天然气净化装置外部管汇和加工厂的工艺管道，都采用碳钢或低合金钢制造的、专为输送 H_2S 含量达 25% 和 CO_2 含量达 20% 的天然气而生产的无缝钢管。

因此，从安全性、经济性、可实施性等方面综合考虑，可以考虑采用抗硫碳钢和低合金管材（抗 HIC、SSC）配合有效的缓蚀剂加注（防止 CO_2 等的一般电化学腐蚀），来代替昂贵的镍基合金、钛合金等稀有耐蚀合金。

在含H_2S环境中碳钢和低合金钢性能受复杂的相互作用的参数影响，这些参数包括：

①化学成分、制造方法、成型方式、强度、材料的硬度和局部变化的程度、冷加工量、热处理条件、材料微观结构、微观结构的均一性、低温冲击韧性、晶粒大小和材料的纯净度；

②硫化氢分压或在液相中的浓度；

③液相中的Cl^-浓度；

④液相的酸度值（pH值）；

⑤硫或其他氧化剂的存在；

⑥暴露于非生产流体中；

⑦暴露温度；

⑧总的拉伸应力（施加的应力加残余应力）；

⑨暴露时间。

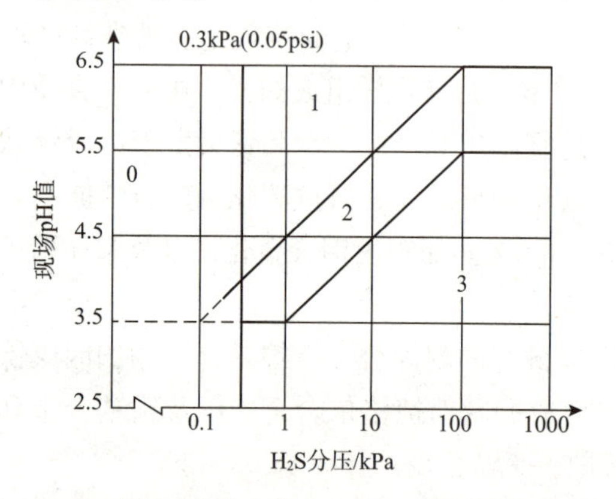

图2-3-1 碳钢和低合金钢SSC的环境严重程度的分区

0—0区；1—SSC 1区；2—SSC 2区；3—SSC 3区

注1：图中H_2S分压低于0.3kPa（0.05psi）和高于1MPa（150psi）的不连续性反映了测量低H_2S分压时的不确定性和超出H_2S分压范围（包括低和高H_2S）时钢材性能的不确定性。

注2：H_2S分压的计算指导可参见NACE MR0175/ISO 15156-2附录C。

注3：pH值的计算指导可参见NACE MR0175/ISO 15156-2附录D。

（2）碳钢和低合金钢SSC的环境严重程度的分区，如图2-3-1所示。

在确定含有H_2S环境的严重程度时，应考虑不正常工作条件或停工时暴露于未缓冲的低pH值凝析水相，或者酸化增产和/或反应后反排增产用酸液的可能性。

①0区，$p_{H_2S}<0.3$kPa（0.05psi）。如果工况环境位于图2-3-1的0区，通常情况下，在这些条件下选择使用的钢材不需要预防措施。但是，在此区域中很多因素能够影响钢材的性能，因此要考虑以下这些因素：

a. 对SSC和HSC高度敏感的钢材可能开裂。

b. 钢材的物理和冶金性能影响它固有的抗SSC和HSC（氢应力开裂）性能。

c. 在没有H_2S的液相环境中，非常高强度的钢材可能发生HSC。屈服强度在高于965MPa（140kpsi）以上时，可能需要注意要求钢材的化学成分和处理以保证在0区环境不出现SSC或HSC。

d. 应力集中增加开裂的风险。

② SSC 1区、SSC 2区和SSC 3区。图2-3-1中定义的暴露环境的严重度，对于用于SSC 1区的钢材可按NACE MR0175/ISO 15156-2第A.2、A.3或A.4节的要求进行选择，用于SSC 2区的钢材可按NACE MR0175/ISO 15156-2第A.2或A.3节的要求进行选择，用于SSC 3区的钢材可按NACE MR0175/ISO 15156-2第A.2节的要求进行选择。

如果在图 2-3-1 中没有合适的选择，碳钢和低合金钢可以在特定的含硫工作环境或在已给出的某个 SSC 区域进行实验和评定。实验和评定应根据 NACE MR0175/ISO 15156-1 和 NACE MR0175/ISO 15156-2 附录 B 的要求进行。有文件记载的现场经验也可以用来作为在特定含硫工作环境应用的材料的选择依据。

4）材料的选择及限定

（1）地面集输管材的选择——抗SSC碳钢和低合金钢钢管。当工况环境处在图2-3-1中 SSC 1 区，SSC 2 区和 SSC 3 区时，宜按相关指导规范和下面的要求选择合适的抗 SSC 碳钢和低合金钢。

①需参考的标准规范。

NACE MR0175/ISO 15156　石油天然气工业——油气开采中用于含 H_2S 环境的材料

SY/T 0599—2006　天然气地面设施抗硫化物应力开裂和抗应力腐蚀开裂的金属材料要求

GB/T 9711.3—2005　石油天然气工业 输送钢管交货技术条件 第 3 部分：C 级钢管

API SPEC 5L—2004　管线管规范

NACE TM0177 标准试验方法　金属在 H_2S 环境下耐特定形式环境开裂的实验室试验

NACE TM0284 标准试验方法　管线钢和压力容器钢抗抗氢致开裂的评估

②可选择的材料等级。根据 NACE MR0175/ISO 15156 第 2 部分《抗开裂碳钢和低合金钢及铸铁的使用》附录 A 的要求，选用相应等级的管材。

注：需要注意的是钢材的等级越高对 HIC 的敏感性越高，在含硫较高的环境宜选用钢级较低的材料。

③对材料的要求及限定。

a. 制管工艺。首先，钢材应为碱性吹氧转炉或电炉冶炼的低硫和低磷的细晶全镇静纯净钢。钢材应采用真空脱气或其他可替代的工艺，生产过程需要对其夹杂物的成型进行控制，钙化组织，并使其最小可能地出现非金属夹杂物。管体的铁素体晶粒应为 ASTM E112 NO.7 级或更细（对焊接管，部分厂家可达到 10 级，这个需要与厂家进行协商，以尽可能地达到更细的晶粒度）。

碳钢和低合金钢应为不易切削钢，镍含量小于 1%，并且属于下列热处理状态之一：

a）热轧（仅对碳钢）；

b）退火；

c）正火；

d）正火 + 回火；

e）正火，奥氏体化，淬火和回火；

f）奥氏体化，淬火和回火。

对焊接钢管（尽可能选用 SAWL 钢管），在焊接成型后，整根钢管应进行消除应力热处理。消除应力热处理后，须保证任一处管体、焊缝及热影响区的硬度不超过 22HRC，或不超过 248 HV10。

如进行机械冷扩管，则最大扩管率不应超过 1.5%。

b. 化学成分限定。化学成分是控制材料抵抗 H_2S 重要指标之一，因此限定好材料的有害元素非常重要。对于采用 L245–L450 和 API B–API X65 钢级的材料其化学成分可以参考 GB/T 9711、3–2005/ISO 3183、3–1999 表 4 的要求。通常情况下材料中 S、P 元素的含量越低越好，一般对于焊接钢管，S ≤ 0.003%、P ≤ 0.020；对无缝钢管，S ≤ 0.003%（经协议，最大可达 0.008%）、P ≤ 0.020（材料中的 S、P 含量应与厂商进行协商，以达到更低的含量）。

对不同钢级的材料还应分别限定其碳当量、冷裂纹系数等。

c. 选用低温冲击韧性好的材料也可以有效地增强其抗开裂能力。

d. HIC、SSC 评定实验。HIC、SSC 评定实验也是检验钢材是否具有良好抗硫化物品质的一个重要手段。对任何一种含硫工况，最理想的是尽可能地模拟现场的工况条件对钢管试件进行 HIC 和 SSC 的实验。

如果因为某些原因无法真实地模拟现场工况，则可以选用如下的方案替代：

a）SSC 实验。按照 NACE TM0177 最新版的要求，模拟现场的 H_2S 分压和 CO_2 分压，选用 A 溶液（如果工况 pH 值较高，可选用 B 溶液）进行 SSC 实验，实验时间应为 720h，实验频次与厂商协商，验收标准为无裂纹。

b）HIC 实验。按照 NACE TM0284 最新版的要求，选用 A 溶液（如果工况 pH 值较高，可选用 B 溶液）进行 HIC 实验，实验时间应为 960h，实验频次与厂商协商，验收标准为 $CLR \leq 15\%$、$CTR \leq 5\%$、$CSR \leq 2\%$（或更低，需要和制造厂进行协商）。

（2）耐蚀合金管材。在小范围工艺防腐无法到达的恶劣区域，可以考虑选取耐蚀合金管材，如：

①实体镍基合金 825 钢管，但价格昂贵，不宜大范围使用；

②镍基合金复合管，基层仍为抗硫碳钢管材，衬层为镍基合金 825，价格相对适中，可以替代实体 825 钢管的使用，但其现场焊接要求较高，可能会给施工带来一定的难度。

（3）其他设备的材料选择。集输系统内的其他设备的材料选择可以参考 NACE MR0175/ISO 15156 和其他相关标准的要求，进行材料限定，主要是控制钢材的冶炼、夹杂物、晶粒度、硬度、热处理、HIC 试验和 SSC 实验等。

5）小结

综上所述，对高含 H_2S、CO_2 的集输系统的材料选择，应当非常慎重，须严格按照 NACE MR0175/ISO 15156 和相关规范的要求进行选材，已在相似工程中被应用且运行良好的材料方案也可作为参考。

对于该类工况的材料选择应该兼顾硫化物应力腐蚀和一般的电化学腐蚀，需要指出的是，不能只依靠选择合适的材料来降低系统的风险，这是远远不够的。必须采取材料选择、加注缓蚀剂、配备腐蚀检测、实施合理的施工、制定完善的运行管理和维护规程等全方面并行的措施，才能尽可能降低系统的风险。

3. 腐蚀控制措施

1）集输管道外防腐措施

为保证管道的长期安全运行，抑制土壤电化学腐蚀，对站外埋地集输管道应采取涂层与阴极保护的联合保护方案。

管道沿线保护电位的测试采用阴极保护远程智能监测系统，实现自动监测，监测数据（包括站内阴极保护设备的输出信号）通过无线网络传至中控室，保证阴极保护系统的正常运行。阴极保护参数传输图如图 2-3-2 所示。

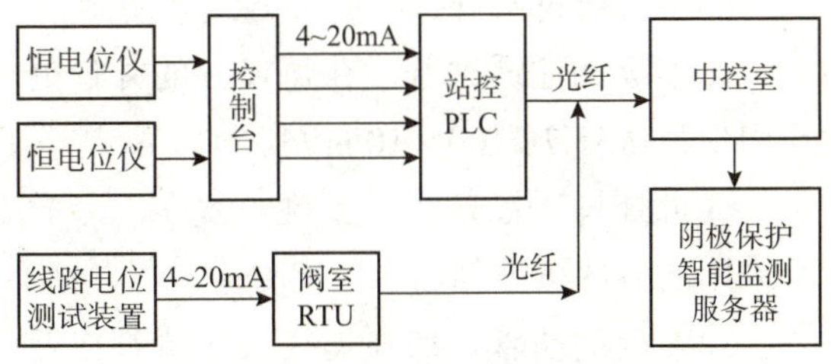

图 2-3-2　阴极保护参数传输图

2）集输管道内防腐措施

根据加拿大调研资料显示，在造成新建管线泄漏、断裂等事故中，内腐蚀、外腐蚀、工程焊接、管线制造这四种因素占事故率的 88.69%，其中内腐蚀占 50% 以上，因此加强内腐蚀监控是极其重要的。加拿大石油公司通常要求含硫气田管道内腐蚀控制在 0.001ipy（0.0254mm/a），并且无点蚀。

加拿大高含硫气田地面集输系统 H_2S/CO_2 的腐蚀控制：普遍采用碳钢管，不做内防腐涂层；通常在井口注入缓蚀剂；设计中考虑管线壁厚的腐蚀量；经常通球并选用智能清管器测取壁厚；设置腐蚀检测系统，设置腐蚀检测点并设置腐蚀挂片，在管线低处的底部设置放水孔，通过检测水中铁离子判断腐蚀情况。

针对高含硫气田的具体情况，一般选择以下的集输系统管网和设备的腐蚀控制措施。

（1）采用抗硫化物应力开裂（SSC）材料。正确地选用抗硫化物应力开裂材料和工艺是防止 SSC 最有效的方法。根据 NACE MRO175/ISO15156《石油和天然气工业在 H_2S 环境下油气生产使用的材料》进行选材，并严格控制材料的化学成分、硬度和使用抗拉强度，对焊接区应用适当的热处理，消除内应力。

（2）工艺控制。

①通过加热使天然气输送过程中气体温度保持在水合物形成温度之上，加入水合物抑制剂防止水合物形成，减少集气管下部的积水，防止水合物阻塞管线，减小对管道的腐蚀。

②控制管内流速，在整个集输管网压力允许的前提下，选择经济、合理的管径，保证管内气体流速达到 3m/s 以上。

（3）采用缓蚀剂及相应的处理工艺。

①预涂膜缓蚀剂。在系统最初启动之前使两个清管器之间一定量的油溶性缓蚀剂通过每条管线在管线内进行预涂膜。采用这种方式的优点是缓蚀剂可以覆盖整个管线内表面，类似于涂漆。这些缓蚀剂不易受到管线内流体流动的影响，但是在反复清管时能被清除掉。对预涂膜缓蚀剂的总体技术要求如下：

a. 在系统条件下缓蚀剂必须有效地抑制系统流体中的腐蚀；

b. 在最低的可能成本水平下缓蚀剂必须有效；

c. 缓蚀剂不能因为与系统流体、系统条件以及系统中的其他的化学药品不相容而引起生产方面的问题；

d. 不管通过所选择的何种方式来使用，缓蚀剂必须易于应用。

②连续加注缓蚀剂。在每口井的井口处进行连续缓蚀剂加注，连续加注的缓蚀剂推荐用量为：$35.7L/100\times10^4m^3/d$。

③批处理缓蚀剂（一季度一次）。为了增强连续加注缓蚀剂的保护效果，建议每季度采用油溶性缓蚀剂增加一次处理。批处理用缓蚀剂与预膜缓蚀剂及其加注方式相同。

（4）定期清管。加强集气管线清管作业，根据集气管线投产时间、积液、垢物积聚和腐蚀情况制定清管周期和程序。在投产时先进行一次智能清管，作为管道原始的基础数据保存，运行一段时间后（时间根据腐蚀及其他手段监测情况定），再做一次，进行对比。

（5）增加腐蚀裕量。含硫气田的天然气管道采用增大壁厚的管子。俄罗斯天然气研究院推荐，在可能接触湿的含 H_2S 介质的条件下工作的管道其壁厚要考虑管道类别和取决于硫化氢分压的天然气腐蚀性来计算。在不能通过计算或试验确定总腐蚀速率的情况下，允许根据过去设计的、管子使用条件参数相近的其他工程来近似地确定壁厚增加值 C_2。在所有情况下壁厚增加值 C_2 都不应该小于 2mm。

（6）建立腐蚀监测系统。根据集输管道穿越地区地貌特征、工艺流程和集输系统的特点，建立一个完整、适用、有效的腐蚀监控系统。采用挂片试样、氢探针、电阻探针等各种探针在线监测管道设备的腐蚀；对地面设备和管道等采用超声波和 X 射线检测、智能清管器，检测管壁厚度和坑蚀；建立检测和监测程序和数据库，并将有关腐蚀数据上传自控 SCADA 控制系统。同时加强产出介质的组分分析和细菌、铁离子及相关腐蚀产物分析等，为系统评价腐蚀因素、腐蚀预测提供数据基础。

4. 腐蚀监测技术

1）腐蚀监测的重要性

腐蚀监测就是对设备的腐蚀速率和某些与腐蚀速率密切相关的参数进行连续或断续测量，同时根据该测量对生产过程的有关条件进行控制的一种技术。

通过腐蚀监测，可以获得腐蚀过程和操作参数之间相互联系的有关信息，可以鉴定腐蚀原因，因此通过早期的监测和准确的度量，预防腐蚀破坏事故的发生，判断和评价腐蚀控制措施的有效性和可靠性，进而有针对性地制定、调整和优化腐蚀控制方案和措施，使生产设备更有效地运行，从而达到改善生产能力，延长设备寿命，改善产品质量，作出维修预报，减少投资和操作费用的目的。

2）腐蚀监控测方法

腐蚀监测技术是由实验室腐蚀试验方法和设备的无损检测技术发展而来的。传统的腐蚀监测方法从原理上可分为物理测试（失重挂片法、电阻法、氢监测）、电化学测试（线性极化电阻法）、化学分析（分析铁离子、氯离子、H_2S、二氧化碳、pH 值、细菌等）。传统的腐蚀监测主要是人工在停车检修期间安装和取出挂片进行监测，以及在停车期间对设备进行检查。为了及时发现腐蚀造成的破坏，发展了现代监测技术，如：超声波法、声发射法、电位法、电阻法、电偶法、热像法、射线技术及各种探针技术。近年来又出现了许多新的监测技术，如交流阻抗技术、恒电量技术、电化学噪声技术，并在这些技术基础上相应地研制了各类的腐蚀监测仪器。

（1）常用腐蚀监测方法及特点见表 2-3-1。

表 2-3-1　常用腐蚀监测方法

方法名称	主要原理	适用环境	得到信息	不足
挂片法	通过将金属挂片损耗量除以时间来确定腐蚀速率	任何环境	1. 整个试验周期内的平均腐蚀速率； 2. 确定腐蚀类型（点蚀或其他局部腐蚀）	1. 测量周期长； 2. 仅反映安装位置的腐蚀状况； 3. 不能发现腐蚀的突然变化
电阻法（E/R）	测量电阻探头的金属损耗量而测量腐蚀。探头为丝状、管状或片状。探头腐蚀后面积减小，电阻增大	任何环境	1. 配上自控和数据处理技术，可以连续测量腐蚀速率的变化 2. 可以同时测量介质温度。	1.监测需要一定的时间周期； 2. 仅反映安装位置的腐蚀状况，不能鉴别局部腐蚀
线性极化（LPR）（极化电阻）	用两电极或三电极测量极化电阻	电解质溶液电阻率小于 10kW・m。	介质瞬时腐蚀速率	只适用于导电介质
电指纹（FSM）	是用于管道的非插入式内腐蚀监测技术，测量由于腐蚀产生的电场图的变化	任何环境	1. 精确测量管道壁厚的变化； 2. 测量管道的内腐蚀和其他破坏的区域； 3. 监测焊缝的腐蚀	
氢探头	通过测量氢探头内压力的变化预测腐蚀的变化	在 H_2S 存在的场合或其他可能引起氢脆的介质	腐蚀环境的变化。如果积聚的压力以一定的速率持续增加，然后有一天突然以 10 倍的量增大，就表明腐蚀状况恶化	

（2）管道缺陷智能检测技术。智能清管实际上是对输送管道内壁的腐蚀状况进行不停输连续检测。智能清管器的检测探头有超声波检测和漏磁检测两种。典型的智能清管器如图 2-3-3 所示。其中超声波清管器一般用于输送液体（油、水）管道的清管作业中；漏磁清管器一般用于输气管道的清管作业中。智能清管作业一般都由专业的服务公司进行。管道缺陷智能检测技术见表 2-3-2。

图 2-3-3　典型清管器示意图

表 2-3-2 几种管道缺陷智能检测技术

适用管道	方法	特点
集输管道	漏磁法智能检测器	1. 高分辨率，可以达到轴向几个 mm × 周向几个 mm； 2. 给出管道缺陷的等深线云图
	弹性波检测器	1. 可用于气管线检测； 2. 检测器置于充满液体的轮子中； 3. 疲劳裂缝和应力腐蚀裂缝
	超声智能裂纹检测器	1. 周向 480~840 个裂纹检测探头，32~56 个厚度测试探头； 2. 裂纹检测分辨率可达 1mm 深 × 30mm 长； 3. 可探测多个裂纹存在的情况； 4. 单次运行最大检测距离大于 100~300km

3）腐蚀监控测方法的应用

对内腐蚀进行精确的且始终如一的监测是较难的，因而，为了能充分地满足各方面要求，强调设计时不要只考虑一种方法，应同时使用几种监测方法。除对工作介质进行定期的化学分析外，在内腐蚀监测中至少采用两种独立的方法。

针对高含 H_2S 及二氧化碳的气田主体地面集输系统采用挂片（CC）、电阻探针（ER）、线性极化探针（LPR）、电指纹（FSM）、模拟检测装置等监测方法。并设置水分析取样点，定期进行铁离子分析。电阻探针（ER）、线性极化探针（LPR）、电指纹（FSM）、模拟检测装置等在线监测方法测量的数据通过网络传至站控室和中控室，进行实时在线监测和数据分析处理。

二、段塞流

集输系统采用湿气混输工艺，气田水最终通过集气总站生产分离器进行气液分离。随着生产的进行部分气井产液量剧增，管线积液严重，大管线批处理或气量有较大波动时，管线内大量积液迅速进入生产分离器，分离器排液能力不足，导致酸气携液，给气田生产带来安全隐患。

1. 段塞流简介

段塞流是多相管流最常遇见的一种流型，经常出现在许多操作条件下（正常操作、启动、输量变化）的混输管道中。其特点是气体和液体交替流动，充满整个管道流通面积的液塞被气团分割，气团下方沿管道底部流动的是分层液膜。管道内多相流体呈段塞流时，管道压力、管道出口气液瞬时流量有很大波动，并伴随有强烈的震动，对管道及与管道相连的设备有很大破坏性，使管道下游的工艺装置很难正常运作。

段塞流大致可以分为三类：水动力段塞流、地形起伏诱发段塞流和强烈段塞流。

1）水动力段塞流

水动力段塞流是指管道内气液折算速度正好处于流型图段塞流范围内所诱发的段塞流，其又可以分为普通稳态水力段塞流和由于气液流量变化诱发的瞬态段塞流。

当管道内气液流量较小时，流体呈现分层流型。当管道内液体流量较大、液位较高时，被气流吹起的液波可能高达管顶，阻塞整个管路流通面积形成液塞，流型由分层流转变为段塞流。一方面，这是由于在波浪顶峰处，在伯诺利效应作用下，气体流速增大使该处的压力降低，在波峰周围压力下，波浪有增大趋势。另一方面，液体所受的重力将使波浪减小。如前者的影响大于后者，则波浪增大直至管顶，形成段塞。

2）地形起伏诱发段塞流

地形起伏诱发段塞流是指由于液相在管道低洼处集聚堵塞气体通道而诱发的段塞流。

低输量的湿天然气在下坡段中含液率仅百分之几，气液处于分层流。下坡段的液体到达管道底部，下游上坡段的部分液体倒流，使管道底部聚集液体，并阻碍气体流动。于是，管道底部气体流速增大，带液能力增强，使上坡段的含液率大幅增加，可达50%左右，在上坡段就形成了段塞流。在稳态多相流软件中，一般采用分段计算。

3）强烈段塞流

该种类型段塞流通常在两海洋平台间的连接管道上发生。其压力波动最大、管道出口气液瞬时流量变化最大、对管道和管道下游相应设备正常工作危害最大。强烈段塞流与地形起伏诱发段塞流相似，常在低气液流量下发生。强烈段塞流的形成由四步组成，即液体堵塞和液塞变长、气体压力增大、液塞流出、管道气体排出等。这四步组成一个循环，循环往复。

（1）液体堵塞和液塞变长。在立管内较小气流速度下，管内的液体向下流动，集聚在立管底部。它堵塞了管道内流来的气液混合物，使液塞上游的管道压力增大，液塞变长。管道出口几乎没有液体流出，排出的气量也很少。

（2）气体压力增大。管道内压力增大，同时液体继续集聚液塞增长，立管内的液位逐渐上升。当管道内的压力高于立管静压头时，才有液体从立管顶部流出。

（3）液塞流出。当管道内压力足以举升立管内的液柱时，液体开始由立管顶部排出。起初排液速度较低，当气体串入立管后液体加速，在很短的时间内液体流量达到峰值流量（常为平均流量的几倍），如果分离器或捕集器没有控制系统将淹没容器。

（4）管道气体排出。液塞上游积聚的气体很快排出立管，进入平台的接收装置，使装置工作失常。此时，立管内气体流速减小，管道压力下降，又开始新一轮循环。

2. 段塞流的抑制措施

1）水动力和地形诱发段塞流的抑制

在多相流管道设计中，可以选择合适的管径使管道处于非段塞流工况下工作。对于水动力、地形起伏引发的段塞流，常在分离器入口处安装消能器，吸收油气混合物的冲击能量即可。

2）强烈段塞流的抑制

抑制强烈段塞流的方法很多，基本上从设计和增加附加设备两方面解决。例如，减小出油管径，增加气液流速；立管底部注气，减小立管内气液混合物的静压，使气体带液能力增强；采用海底气液分离器，如海下液塞捕集器；在海底或平台采用多相泵增压；采用最经济的立管顶部节流法等。

两相流输送管道最好的操作状态应是管道中具有稳定不变的大流量，但在实际生产中很少存在这种状态。当气体流量降低时，管道中液体的滞液量将不断增加，直到达到一个新的平衡状态。当管道长期处于低的流量状态下运行时，沿线管道的低凹处将充满液体，从而引起管道压降增大与压力波动。因此，应该对两相流管道进行定期清管作业。

在清管作业中清管器推动气相和液相前进，当混合物继续向前流动时，压力降低，气体不断膨胀，含气率增加，小气泡相互碰撞而形成大气泡，其直径接近于管径，快速运动的段塞流超越其前面缓慢移动的液膜，形成不稳定的压力波向前传递，最终导致段塞流成股的出现。倘若不在天然气输送至净化厂之前消除掉，对于管道的下游设备，特别是处理厂的原料气携液量、压力波动影响严重。

3. 段塞流防控设备

1）传统容器式段塞流捕集装置

容器式捕集器的基本结构与卧式分离器类似。它由一卧式容器及相应的段塞流入口、气体和液体排出口组成。该容器内一般设有除雾器，以提高液滴的分离效果。在液相排出口，一般设有防涡器，以避免气相混在液体中排出。显然该装置与我们常见的分离器相似，也可以称为一种特殊的分离器，但与分离器相比，它的设计与操作因器内的复杂流动而复杂化，生产管理要求更高。

容器式捕集器理论上应根据器内的动态流动特性合理设计，但由于流动特性的复杂性，还难于模型化。当前多采用静态模拟方法。

2）指式段塞流捕集装置

指式段塞流捕集装置包括入口分离段和储存段两部分。入口分离段用于气液分离；储存段是一组轻微下倾的平行管段，用于储存液体，常由标准直径的管段制造。

按照液塞进入捕集器时气体离开平行管的方式，指式段塞流捕集器可分为同向流式和逆向流式。

（1）逆向流式。在气液界面上，气液流向相反，有很大的速度差，气体排出时存在较大阻力。为了使沿管底流动的液面高度减至最小值，减小排气阻力，捕集器储液段应急剧向下倾斜。气体流速与管内液体所占截面增高呈指数函数关系，当液塞速度超过某一数值时，会发生桥塞，造成液体全部进入排气立管。

（2）同向流式。排气管沿捕集器间隔安装，有利于平行管中气液流动互不干扰。在没有气体严重夹带液滴的情况下，分离效率接近 100%。同向流的排气阻力小于逆向流的排气阻力，因此储存段倾角较小。一般倾向于采用同向流结构。

指式捕集器最大的优点是气液分离效果好、处理量大并易于操作，除了管内液位控制外，不需要别的设备，但是也存在很多缺点：

①来流液体在平行管中的分配是否均匀很重要，否则由于某一根平行管的负荷过大将发生气流中严重夹带液体的现象。

②来流液体进入平行管时，驱除气体，形成逆向流动。如果气液相对流速超过某一

临界值，气液界面将不稳定，形成严重的波浪甚至可能堵塞流道，引起过高的液体夹带率。平行管倾角大小对气流中液体夹带率有很大的影响。

③占地面积大。

3）容积式段塞流捕集器

容积式段塞流捕集装置是在传统容器式段塞流捕集装置的基础上进一步改进而来。它主要包括段塞流气液旋流分离器（slug damper）、段塞流卧式储液罐、收集器（slig catcher）、控制系统、均流汇管（distribution manifold）、段塞流探测器（slug detector，可选）等组成。

段塞流气液旋流分离器的作用是减缓段塞的冲击能量，将不稳定的气液两相流转化成稳定的两相流，气相通向气液旋流分离器的气相出口，液相进入卧式储液罐。卧式储液罐不承担气液分离任务，仅用于液体的缓冲与储存，这样可以增大卧式储液罐的容积系数。

三、氯离子超标

1. 氯离子对不锈钢腐蚀的机理

在化工生产中，腐蚀在压力容器使用过程中普遍发生，是导致压力容器产生各种缺陷的主要因素之一。普通钢材的耐腐蚀性能较差，不锈钢则具有优良的机械性能和良好的耐腐蚀性能。Cr 和 Ni 是不锈钢获得耐腐蚀性能最主要的合金元素。Cr 和 Ni 使不锈钢在氧化性介质中生成一层十分致密的氧化膜，使不锈钢钝化，降低了不锈钢在氧化性介质中的腐蚀速率，使不锈钢的耐腐蚀性能提高。氯离子的活化作用对不锈钢氧化膜的建立和破坏均起着重要作用。虽然至今人们对氯离子如何使钝化金属转变为活化状态的机理还没有定论，但大致可分为两种观点。

成相膜理论的观点认为，由于氯离子半径小，穿透能力强，故它最容易穿透氧化膜内极小的孔隙，到达金属表面，并与金属相互作用形成可溶性化合物，使氧化膜的结构发生变化，金属产生腐蚀。

吸附理论则认为，氯离子破坏氧化膜的根本原因是由于氯离子有很强的可被金属吸附的能力，它们优先被金属吸附，并从金属表面把氧排掉。因为氧决定着金属的钝化状态，氯离子和氧争夺金属表面上的吸附点，甚至可以取代吸附中的钝化离子与金属形成氯化物，氯化物在金属表面的吸附并不稳定，形成了可溶性物质，这样导致了腐蚀的加速。

电化学方法研究不锈钢钝化状态的结果表明，氯离子对金属表面的活化作用只出现在一定的范围内，存在着一个特定的电位值，在此电位下，不锈钢开始活化。这个电位便是膜的击穿电位，击穿电位越大，金属的钝态越稳定。因此，可以通过击穿电位值来衡量不锈钢钝化状态的稳定性以及在各种介质中的耐腐蚀能力。

2. 应力腐蚀失效及防护措施

1）应力腐蚀失效机理

在压力容器的腐蚀失效中，应力腐蚀失效所占的比例高达 45 % 左右。因此，研究不锈钢制压力容器的应力腐蚀失效显得尤为重要。所谓应力腐蚀，就是在拉伸应力和腐蚀介质的联合作用下而引起的低应力脆性断裂。应力腐蚀一般都是在特定条件下产生：

①只有在拉应力的作用下。

②产生应力腐蚀的环境总存在特定的腐蚀介质，不锈钢在含有氧的氯离子的腐蚀介质及 H_2SO_4、H_2S 溶液中才容易发生应力腐蚀。

③一般在合金、碳钢中易发生应力腐蚀。研究表明，应力腐蚀裂纹的产生主要与氯离子的浓度和温度有关。

压力容器的应力来源：

①外载荷引起的容器外表面的拉应力。

②压力容器在制造过程中产生的各种残余应力，如装配过程中产生的装配残余应力，制造过程中产生的焊接残余应力。

在化工生产中，压力容器所接触的介质是多种多样的，很多介质中含有氯离子，在这些条件下，压力容器就发生应力腐蚀失效。铬镍不锈钢在含有氧的氯离子的水溶液中，首先在金属表面形成了一层氧化膜，它阻止了腐蚀的进行，使不锈钢钝化。由于压力容器本身的拉应力和保护膜增厚带来的附加应力，使局部地区的保护膜破裂，破裂处的基体金属直接暴露在腐蚀介质中，该处的电极电位比保护膜完整的部分低，形成了微电池的阳极，产生阳极溶解。因为阳极小、阴极大，所以阳极溶解速度很大，腐蚀到一定程度后，又形成新的保护膜，但在拉应力的作用下又可重新破坏，发生新的阳极溶解。在这种保护膜反复形成和反复破裂过程中，就会使某些局部地区的腐蚀加深，最后形成孔洞，而孔洞的存在又造成应力集中，更加速了孔洞表面的塑性变形和保护膜的破裂。这种拉应力与腐蚀介质的共同作用便形成了应力腐蚀裂纹。

2）应力腐蚀失效的防护措施

控制应力腐蚀失效的方法，从内因入手，合理选材，从外因入手，控制应力、控制介质或控制电位等。实际情况千变万化，可按实际情况具体使用。

（1）选用耐应力腐蚀材料。近年来发展了多种耐应力腐蚀的不锈钢、主要有高纯奥氏体铬镍钢，高硅奥氏体铬镍钢，高铬铁素体钢和铁素体－奥氏体双相钢。其中，以铁素体－奥氏体双相钢的抗应力腐蚀能力最好。

（2）控制应力。在压力容器装配时，尽量减少应力集中，并使其与介质接触部分具有最小的残余应力，防止磕碰划伤，严格遵守焊接工艺规范。

（3）严格遵守操作规程。工艺操作、工艺条件对压力容器的腐蚀有巨大的影响。因此，必须严格控制原料成分、流速、介质温度、压力、pH 值等工艺指标。在工艺条件允许的范围内添加缓蚀剂。铬镍不锈钢在溶解有氧的氯化物中使用时，应把氧的质量分数降低到 1.0×10^{-6} 以下。实践证明，在含有氯离子质量分数为 500.0×10^{-6} 的水中，只需

加入质量分数为 150.0×10^{-6} 的硝酸盐和质量分数为 0.5×10^{-6} 亚硫酸钠混合物，就可以得到良好的效果。

（4）维修与管理。为保证压力容器长期安全运行，应严格执行有关压力容器方面的条例、法规，对在用压力容器中允许存在的缺陷必须进行复查，及时掌握其在运行中缺陷的发展情况，采取适当的措施，减少设备的腐蚀。

3. 孔蚀失效及预防措施

1）氯离子促进孔蚀失效机理

在压力容器表面的局部地区，出现向深处腐蚀的小孔，其余地区不腐蚀或腐蚀轻微，这种腐蚀形态称为小孔腐蚀（也称点蚀）。点蚀一般在静止的介质中容易发生。具有自钝化特性的金属在含有氯离子的介质中，经常发生孔蚀。蚀孔通常沿着重力方向或横向方向发展，孔蚀一旦形成，具有深挖的动力，即向深处自动加速。含有氯离子的水溶液中，不锈钢表面的氧化膜便产生了溶解，其原因是氯离子能优先有选择地吸附在氧化膜上，把氧原子排掉，然后和氧化膜中的阳离子结合成可溶性氯化物，结果在基底金属上生成孔径为 20~30μm 小蚀坑，这些小蚀坑便是孔蚀核。在外加阳极极化条件下，只要介质中含有一定量的氯离子，便可能使蚀核发展成蚀孔。在自然条件下的腐蚀，当含氯离子的介质中含有氧或阳离子氧或阳离子氧化剂时，能促使蚀核长大成蚀孔。氧化剂能促进阳极极化过程，使金属的腐蚀电位上升至孔蚀临界电位以上。蚀孔内的金属表面处于活化状态，电位较负，蚀孔外的金属表面处于钝化状态，电位较正，于是孔内和孔外构成一个活态——钝态微电偶腐蚀电池，电池具有大阴极小阳极面积比结构，阳极电流密度很大，蚀孔加深很快，孔外金属表面同时受到阴极保护，可继续维持钝化状态。孔内主要发生阳极溶解：

$$Fe \longrightarrow Fe^{2+} + 2e$$

$$Cr \longrightarrow Cr^{3+} + 3e$$

$$Ni \longrightarrow Ni^{2+} + 2e$$

介质呈中性或弱碱性时，孔外的主要反应为：

$$O_2 + H_2O + 2e \longrightarrow 2OH^-$$

由于阴、阳两极彼此分离，二次腐蚀产物将在孔口形成，没有多大的保护作用。孔内介质相对于孔外介质呈滞流状态，溶解的金属阳离子不易往外扩散，溶解氧也不易扩散进来。由于孔内金属阳离子浓度增加，氯离子迁入以维持电中性，这样就使孔内形成金属氯化物的浓溶液，这种浓溶液可使孔内金属表面继续维持活化状态。又由于氯化物水解的结果，孔内介质酸度增加，使阳极溶解加快，蚀孔进一步发展，孔口介质的 pH 值逐渐升高，水中的可溶性盐将转化为沉淀物，结果锈层、垢层一起在孔口沉积形成一个闭塞电池。闭塞电池形成后，孔内、外物质交换更加困难，使孔内金属氯化物更加浓缩，氯化物水解使介质酸度进一步增加，酸度的增加将使阳极溶解速度进一步加快，蚀孔的高速度深化，可把金属断面蚀穿。

这种由闭塞电路引起的孔内酸化从而加速腐蚀的作用称为自催化酸化作用。影响孔蚀的因素很多，金属或合金的性质、表面状态，介质的性质、pH 值、温度等都是影响孔蚀的主要因素。大多数的孔蚀都是在含有氯离子或氯化物的介质中发生的。具有自钝化特性的金属，孔蚀的敏感性较高，钝化能力越强，则敏感性越高。实验表明，在阳极极化条件下，介质中主要含有氯离子便可以使金属发生孔蚀，而且随着氯离子浓度的增加，孔蚀电位下降，使孔蚀容易发生，尔后又使孔蚀加速。处于静止状态的介质比处于流动状态的介质能使孔蚀加快。介质的流速对孔蚀起双重作用，加大流速（仍处于层流状态），一方面有利于溶解氧向金属表面输送，使氧化膜容易形成；而另一方面又减少沉淀物在金属表面沉积的机会，从而减少产生孔蚀的机会。

2）防止孔蚀的措施

（1）在不锈钢中加入钼、氮、硅等元素或加入这些元素的同时提高铬含量，可获得性能良好的钢种。耐孔蚀不锈钢基本上可分为 3 类：铁素体不锈钢；铁素体 - 奥氏体双相钢；奥氏体不锈钢。设计时应优先选用耐孔蚀材料。

（2）降低氯离子在介质中的含量，操作时严防跑、冒、滴、漏等现象的发生。

（3）在工艺条件许可的情况下，可加入缓蚀剂。对缓蚀剂的要求是，增加钝化膜的稳定性或有利于受损钝化膜得以再钝化。例如，在 10% 的 $FeCl_3$ 溶液中加入 3% 的 $NaNO_2$，可长期防止 1Cr18Ni9Ti 钢的孔蚀。

（4）采用外加阴极电流保护，抑制孔蚀。氯离子对不锈钢制压力容器的腐蚀，对压力容器的安全性有很大的影响。即使是合理的设计、精确的制造避免或减少了容器本身的缺陷，但是，在长期使用中，由于各种错综复杂因素的联合作用，容器也会受到一定的腐蚀。虽然目前对防止氯离子对不锈钢腐蚀的方法还不十分完善，但掌握一些最基本的防护措施，对保证生产的正常进行，还是十分必要的。除此之外，还应严格按照操作规程操作，加强设备管理，做好容器的定期检验，以保证容器在合理的寿命期限内安全运行。

材料耐 Cl^- 腐蚀能力不仅与 Cl^- 浓度有关系，与介质温度也有关系。详见表 2-3-3。

表 2-3-3　Cl^- 浓度与不锈钢材料选择

氯离子含量 / $\times 10^{-6}$	60℃	80℃	120℃	130℃
10	304	304	304	316
25	304	304	316	316
50	304	316	316	Ti
80	316	316	316	Ti
150	316	316	Ti	Ti
300	316	Ti	Ti	Ti
>300	Ti	Ti	Ti	Ti

四、硫化亚铁自燃

1. 硫化亚铁物理化学特性

硫化亚铁是深棕色或黑色固体，难溶于水，熔点1194℃，密度$4.84g/m^3$，溶于稀硫酸或稀盐酸时产生硫化氢，在空气中加热容易氧化，分解为硫和氧化铁。

2. 硫化亚铁产生机理

气田集输系统的硫主要为活性硫，包括单质硫和硫化氢。产生硫化亚铁的原因主要有电化学腐蚀和大气腐蚀。

1）电化学腐蚀

从电化学角度分析，硫化亚铁的生成是电化学腐蚀反应的结果。反应过程为：

$$H_2S=H^++HS^- \longrightarrow HS^-=H^++S^{2-}$$

电化学腐蚀过程：

阳极反应：$Fe \rightarrow Fe^{2+}+2e$

阴极反应：$2H^++2e \rightarrow H_2$

Fe^{2+}与S^{2-}及HS^-反应：

$Fe^{2+}+S^{2-}=FeS\downarrow$

$Fe^{2+}+HS^-=FeS\downarrow+H^+$

生成的硫化亚铁结构比较疏松，均匀地附着在设备及管道内壁。

2）大气腐蚀

装置和管线在施工初期或由于长期停工，设备内构件长时间暴露在空气中，会造成大气腐蚀，而生成铁锈。铁锈由于不易彻底清除，在生产过程中就会与硫化氢作用生成硫化亚铁。

反应式如下：

$$4Fe+3O_2+2H_2O \rightarrow 2Fe_2O_3 \cdot H_2O$$

$$Fe_2O_3 \cdot H_2O+2H_2S \rightarrow 2FeS\downarrow+3H_2O$$

此反应较易进行，由于长期停工，防腐不善的装置更具有产生硫化亚铁的趋势。

3. 硫化亚铁自燃机理

硫化亚铁及铁的其他硫化物在空气中受热或光照时，会发生如下反应：

$$FeS+3/2O_2=FeO+SO_2+49kJ$$

$$2FeO+1/2O_2=Fe_2O_3+271kJ$$

$$FeS_2+O_2=FeS+SO_2+222kJ$$

$$Fe_2S_3+3/2O_2=Fe_2O_3+3S+586kJ$$

从硫化亚铁自燃的现象看，硫化亚铁自燃的过程中如没有一定的可燃物支持，将产生白色的SO_2气体，常被误认为是水蒸气，伴有刺激性气味；同时放出大量的热。当周围有其他可燃物（如CH_4）存在时，会冒出浓烟，并引发火灾和爆炸。

硫化亚铁在工艺设备中的分布一般遵循这一规律：介质中硫含量越高，其硫化亚铁腐蚀产物越多，但是介质中硫含量仅为百万分之几的设备在打开时也会发生硫化亚铁自燃的现象。其原因是微细的硫化亚铁腐蚀产物会随物料从上游不断地往下游转移，在某一速度相对较低的区域，不断地聚集沉积下来。

硫化亚铁在潮湿空气中氧化时，二价铁离子被氧化成三价铁离子，负二价硫氧化成四价硫，放出大量的热量。由于局部温度升高，加速周围硫化亚铁的氧化，形成连锁反应。如果垢污中存在碳和重质油，则它们在硫化亚铁的作用下，会迅速燃烧，放出更多的热量，这种自燃现象易造成火灾爆炸事故。

相关研究表明，含一定量水的硫化亚铁，起始自热温度在40~48℃。当水含量小于10%时，硫化亚铁自热过程加强，说明适量水对硫化亚铁的自热过程有促进作用。随着水含量的增加，硫化亚铁氧化升温趋势减缓，当水含量大于60%时，硫化亚铁自热现象消失。

4. 预防硫化亚铁自燃的要点

硫化亚铁的存在、与空气中的氧接触、一定的温度是硫化亚铁发生自燃的三个要素。为了预防硫化亚铁自燃事故发生，至少要消除其中一个要素。

1）减少硫化亚铁的生成

在生产过程中，减少管道电化学腐蚀，如容器增加内防腐层、加注缓蚀剂保护等措施均有助于抑制硫化亚铁生成。

2）维修中控制氧含量

硫化亚铁的氧化必须有氧气存在，所以在维修之前，用惰性气体（常规作业使用氮气）对罐内部可燃气体进行置换，使硫化亚铁粉末不能与空气中的氧接触发生氧化反应。研究表明，氧含量低于3.52%后，铁的硫化物氧化升温的最高温度只有30℃，反应要到第40min才达到最高温度，基本不会发生硫化亚铁自燃现象。

打开人孔时，不能同时打开上下人孔，防止进罐空气形成对流，使罐内氧含量突然提高。

3）作业时严格控制温度

影响硫化亚铁氧化的主要因素为温度，所以在装置停运后，不能立即打开人孔进行作业，须在容器内温度冷却至40℃以下，且采取防止硫化亚铁自燃的必要措施后才可开口作业。

4）使用钝化剂，消除硫化亚铁活性

硫化亚铁钝化剂是一种由对硫化亚铁具有较强螯合作用的螯合剂、缓蚀剂等复配而成的高效化学清洗剂，能有效除去聚结在设备上的FeS、Fe_2O_3等无机垢，防止FeS自燃烧毁设备，通过钝化消除其活性，达到阻止其自燃的目的。

维修过程中，硫化亚铁等易燃物从储罐、管线内清除后，对清理出的罐底杂质等必须运出站场外安全地带进行无害处理。

五、地质灾害

地质灾害是致灾作用和受灾对象相遇的结果。在地质灾害发生发展过程中，地形地貌、地层岩性、地质构造等是地质灾害产生所应具备的基本条件；降雨、地震、人类工程、经济活动等是地质灾害发生的主要诱发因素。当地质灾害产生的基本条件与主要诱发因素发挥作用时，即可能发生地质灾害。

1. 地质灾害类型

场地地貌主要为构造剥蚀侵蚀低山和构造剥蚀丘陵。区域内斜坡表层残坡积层质地不均，结构以松散～中密居多，遇水易软化形成不稳定斜坡、滑坡或水毁等灾害；下伏泥岩与（粉）砂岩受构造及风化卸荷作用影响，节理裂隙发育，岩石抗风化能力差，遇水易软化，风化岩体呈碎裂状或碎片状，易发生崩塌、风化落石等灾害。

2. 地质灾害分布特征

1）在时间上的分布特征

（1）同步性。地质灾害的发生与强降雨基本同步。

（2）周期性。地质灾害在发展变形过程中常具有一定的周期性，其表现为在每年枯水期或正常情况下基本稳定，洪水期或暴雨季节稳定性降低。

2）在空间上的分布特征

（1）相对集中性。从行政区划上讲，地质灾害发育分布相对较为集中；从地形地貌上看，地质灾害主要分布在低中山斜坡地带。受地质构造作用的影响，地势陡峻，相对高差较大，沟谷切割强烈，冲沟较发育，地形斜坡坡度多在25°～35°之间，局部斜坡坡度在70°～80°之间，形态上多为三面环山、一面开口的环状地貌，为滑坡、崩塌等地质灾害创造了良好临空条件。

（2）垂直分带性。在相对高差大且上陡下缓的斜坡地带，地质灾害具有明显的垂直分带性。在较陡的斜坡上部常易形成危岩崩塌，产生结构松散的崩积物、残坡积物堆积在斜坡较缓的中下部，在暴雨或连续降雨的作用下，易形成滑坡，具典型的上崩下滑分布特点。

3）灾害类型特征

主要以不稳定斜坡、滑坡为主，崩塌次之。主要受地形、地貌控制，区内地形坡度较陡，主要易发地形坡度为20°～45°，区内岩性主要为砂泥岩互层，两者抗风化能力存在较大差异，泥岩易风化，砂岩不易风化，在边坡较陡区域，差异风化形成凹岩腔，导致崩塌落石的发生。

3. 建设工程地质灾害风险评价

地质灾害风险评价是在地质灾害调查与现状评价的基础上进行的。建设工程地质灾害风险评价分为区域地质灾害易发性评价（建设工程两侧各500~1000m区域）和单体地质灾害风险评价（现有地质灾害区域，建设工程可能遭受现有地质灾害的风险）两个层次实施。

1）区域地质灾害易发性评价

区域地质灾害易发性评价方法采用因子叠加法评价：将每一影响因子按其在地质灾害发生中的作用大小纳入一定的等级，每一因子内部又划分若干级，再把这些因子赋予一定的权重，最后根据不同因子的叠加计算出地质灾害危险度，进行灾害易发性分级。分级主要依据因子的选取和经验来划分，按照平均分割危险度值的方法来分级。

（1）评价因子的选择。对参与区划的因子选择应考虑各灾种的特征与性质进行综合分析确定，决定地质灾害形成的因素主要有地质灾害发育条件、地质灾害诱发因素和地质灾害的发育程度。主要因子见表 2–3–4。

表 2-3-4　影响建设工程地质灾害形成的主要因子及其分级依据

一级因子	二级因子	判别因子	分级依据
灾害发育条件	斜坡坡度	20° ~45°	灾害发育
		45° ~70°	灾害少量发育
		10° ~20° /70° ~90°	偶有灾害发育
		0° ~10°	基本无灾害发育
	斜坡坡形	坡形凸凹不平有台坎	滑坡形成或已滑动，坡面出现裂缝或裂缝贯通
		坡形呈台坎状	滑坡基本形成，坡面出现不规则裂缝
		坡面较为平直	坡面局部出现不规则裂缝
		坡面平直	坡面无变形
	斜坡结构	顺坡结构 / 坡角 > 倾角	容易发生灾害
		顺坡结构 / 坡向倾向斜交	能发生灾害
		缓坡结构 / 坡向倾向斜交	偶尔发生灾害
		反坡结构	难以发生灾害
	地层岩性	松散堆积	各类土，极易发生灾害
		极软弱岩组	半成岩地层、煤系地层、千枚岩地层等
		软岩组	泥岩、页岩、泥质砂岩、薄层灰岩、变质片岩等
		硬岩组	岩浆岩、厚层石灰岩、砂岩等
	地下水活动强度	泉流	灾害发育
		滴水或线流	灾害少量发育
		湿润	偶有灾害发育
		无水	基本无灾害发育
	斜坡高差	>30m	灾害发育
		15~30m	灾害少量发育
		5~10m	偶有灾害发育
		<5m	基本无灾害发育

续表

一级因子	二级因子	判别因子	分级依据
影响灾害发生的因素	地质构造	强作用带	断裂、褶皱强烈发育，分布密集，延伸距离长
		较强作用带	断裂、褶皱发育，分布密集，延伸距离小于 100km
		弱作用带	断裂、褶皱一般发育，构造作用不明显
		无断裂作用带	断裂、褶皱不发育
	小时降雨量	>100mm	诱发大量灾害发生
		100~50mm	已变形或覆盖层较厚的斜坡发生严重灾害
		50~20mm	诱发少量灾害
		<20mm	基本不诱发灾害
	地震作用	地震烈度 >8°	诱发灾害可能性大
		地震烈度 7° ~8°	诱发灾害可能性较大
		地震烈度 6° ~7°	诱发灾害可能性小
		地震烈度 <6°	基本不诱发灾害
	人类工程活动	强烈	诱发灾害可能性大
		较强烈	诱发灾害可能性较大
		弱	诱发灾害可能性小
		无	基本不诱发灾害
已发生灾害	灾害发育密度	>2 处 /km	大型灾害为主
		1~2 处 /km	中型灾害为主
		0.3~1 处 /km	小型灾害为主
		<0.3 处 /km	小型表层溜滑、水毁灾害为主

（2）区域地质灾害易发性评价方法。采用多因子综合评判方法建立的多因子动态综合评价体系，综合指数法模型基本表达见式（2–3–1）。

$$P_L=\sum_{i=1}^{n}\omega_i \times I_i \tag{2-3-1}$$

式中 P_L——第 i 单元的风险度指数；

i——评价因子；

ω_i——第 i 个评价因子的权重；

I_i——第 i 单元评价因子在第 i 单元的赋值；

n——评价因子数。

各评价因子按 4 级划分等级，并赋予各等级如下定值：极严重为 4，严重为 3，中等为 2，轻微为 1。利用 AHP 方法对层次中的每一个指标进行赋值，赋值原则根据表 2–3–5、表 2–3–6，从而构造出成对比较矩阵。

表 2-3-5 成对比较的定性定量对照表

定性结果	定量结果
A_i 与 A_j 的影响相同	A_i：A_j=1：1
A_i 比 A_j 的影响稍强	A_i：A_j=3：1
A_i 比 A_j 的影响强	A_i：A_j=5：1
A_i 比 A_j 的影响明显强	A_i：A_j=7：1
A_i 比 A_j 的影响绝对强	A_i：A_j=9：1
A_i 与 A_j 的影响在上述两个等级之间	A_i：A_j=2，4，6，9：1
A_i 与 A_j 的影响和上述情况相反	A_i：A_j=1：1，2，…，9

按照表 2–3–5 根据层次结构模型采用 1~9 度法来定量化，逐项就任意 2 个评价指标进行比较，确定它们的相对重要性并赋予相应的分值。

表 2-3-6 地质灾害危险性矩阵

	F1	F2	F3	F4	F5	F6	F7	F8	F9	F10	F11
F1	1.00	1.25	1.43	1.67	1.82	2.00	2.50	2.86	3.33	4.00	5.00
F2	0.80	1.00	1.14	1.33	1.45	1.60	2.00	2.29	2.67	3.20	4.00
F3	0.70	0.88	1.00	1.17	1.27	1.40	1.75	2.00	2.33	2.80	3.50
F4	0.60	0.75	0.86	1.00	1.09	1.20	1.50	1.71	2.00	2.40	3.00
F5	0.55	0.69	0.79	0.92	1.00	1.10	1.38	1.57	1.83	2.20	2.75
F6	0.50	0.63	0.71	0.83	0.91	1.00	1.25	1.43	1.67	2.0	2.5
F7	0.40	0.50	0.57	0.67	0.73	0.80	1.00	1.14	1.33	1.60	2.00
F8	0.35	0.44	0.50	0.58	0.64	0.70	0.88	1.00	1.17	1.40	1.75
F9	0.30	0.38	0.43	0.50	0.55	0.60	0.75	0.86	1.00	1.20	1.50
F10	0.25	0.31	0.36	0.42	0.45	0.50	0.63	0.71	0.83	1.00	1.25
F11	0.20	0.25	0.29	0.33	0.36	0.40	0.50	0.57	0.67	0.80	1.00

地质灾害易发性两两相对比较后的成对比较矩阵结果为：权重计算结果及整体一致性检验，结果见表 2–3–7。

表 2-3-7 地质灾害易发性因子权重排序值表

自身稳定性影响因素	权重
F1：已发生灾害	0.1770
F2：斜坡坡度	0.1514
F3：日降雨量	0.1239
F4：地下水活动强度	0.1062
F5：斜坡高差	0.0974

续表

自身稳定性影响因素	权重
F6：斜坡坡形	0.0885
F7：地层岩性	0.0708
F8：地质构造	0.0620
F9：斜坡结构	0.0532
F10：地震作用	0.0442
F11：人类工程活动	0.0354
一致性比率 CI	0.00052

根据地质环境条件及影响灾害发生的因素，对评估区进行分段，利用因子叠加法得到建设工程区域的地质灾害易发性指数值 P_L（$0<P_L<1$）。将易发性划分为四级，采用平均分割危险度值的方法确定各危险级别的临界值，各级别所对应的危险度值见表 2-3-8。

表 2-3-8 地质灾害易发性分区值 P_L

高易发区	中易发区	低易发区	非易发区
$P_L>0.75$	$0.75\geqslant P_L>0.5$	$0.5\geqslant P_L>0.25$	$P_L\leqslant 0.25$

2）单体地质灾害危险性预测评价

单体地质灾害风险评价采用定性评价法，按照《输气管道环境及地质灾害风险评估方法》（Q/SY 1265—2010）的方法要求，将单体管道地质灾害风险分为五级：高、较高、中、较低、低。分级原则见表 2-3-9。

表 2-3-9 单体地质灾害风险分级原则

风险等级	风险描述
高	该等级风险为不可接受风险
较高	该等级风险为不希望有的风险
中	该等级风险为有条件接受风险
较低	该等级风险为可接受风险
低	该等级风险处于可忽略程度

定性评价内容包括地质灾害易发性、管道易损性和后果的评价、分级，根据灾害易发性、管道易损性和后果分级结果综合确定灾害风险分级。

灾害易发性、管道易损性和后果评价分级时可只划分为高、中、低共三个等级，在风险分级时再划分五个等级。灾害易发性、管道易损性和后果分级标准表 2-3-10。

表 2-3-10　单体地质灾害风险定性评价分级

级别	地质灾害易发性	管道易损性	后果
高	滑坡不稳定，正在变形中，或 2 年内有过明显变形（如滑坡出现拉裂、沉降、前缘鼓胀或剪出）；危岩（崩塌）主控裂隙拉开明显，后缘拉张裂隙与基脚软弱、发育岩腔构成不利的危岩体结构，有小规模崩塌事件或预计近期要发生灾害，崩塌岩块破坏强度大；泥石流形成条件充分，泥石流沟的发育阶段处于发展期或旺盛期，近年来有过泥石流发生事件；沟道或坡面侵蚀严重，2 年内地貌改变明显，发生过坍塌，堤岸后退等水毁现象且局部一定规模，河沟槽摆动明显，河床掏空或下切深度达 1m 以上；陷穴发育，形成串珠状的湿陷坑或潜蚀洞穴；采空区地面出现沉降，错位大于 10cm，地面建筑物发生明显变形	危害性大，如管道破裂或扭裂，将发生泄漏，或严重扭曲变形造成输油气中断；管道处在以下情况时可判定为此级：管道在滑坡内部；崩塌落石块体可能的直接冲击区域；管道在泥石流流通区；管道发生悬空、漂浮，流水冲击管道；管道位于塌陷区或潜在塌陷区内	影响大，灾害点附近有城镇，重要交通干线，河流，自然保护区等
中	滑坡潜在不稳定，目前变形迹象不明显或局部有轻微变形，但从地形地貌及地质结构判断，有发展为滑坡的趋势；危岩主控裂隙拉开较明显，或基脚软弱、发育岩腔构、具有崩塌的趋势，崩塌岩块破坏强度较大；泥石流形成条件较充分，泥石流沟的发育阶段处于较旺盛期，泥石流堆积；沟道或坡面发生侵蚀，近年来地貌有改变，有坍塌、堤岸后退等水毁现象；黄土有湿陷性，陷穴有发育但规模较小；地下有采空区，地表有零星塌陷坑，地裂缝发育特征不甚明显	危害性较大，如管道裸露、悬空、漂浮、变形及损伤等，可能引起介质少量泄漏，可以在线补焊和处理事故；管道处在以下情况时可判定为此级：管道处在滑坡、崩塌影响区，泥石流堆积区，管道发生露管和埋深严重不足，管道位于塌陷区边缘	影响较大，附近有村镇、居民点、溪流等
低	基本稳定，一般条件下不会发生地质灾害，但在地震或特大暴雨、长时间持续降雨条件下可能出现崩塌滑坡或泥石流；有发生水毁、黄土湿陷、踩空塌陷的可能，但表现不明显	不构成明显危害，各种灾害影响到管道安全的可能性较小	有少数零星居民

根据灾害易发性评价分级、管道易损性评价分级和后果评价分级综合确定风险分级，风险分级划分为 5 个等级，分级标准见表 2–3–11。

表 2-3-11　单体地质灾害定性评价风险等级分级

风险等级	各评价内容组合
高	（高、高、高）、（高、高、中）、（高、高、低）、（高、中、高）、（中、高、高）
较高	（高、中、中）、（高、中、低）、（中、高、中）、（高、低、高）、（高、低、中）、（中、中、高）、（中、中、中）、（低、高、高）、（低、高、中）
中	（高、低、低）、（中、中、低）、（低、高、低）、（中、低、高）、（中、低、中）、（低、中、高）、（低、中、中）、（低、低、高）
较低	（低、中、低）、（中、低、低）、（低、低、中）
低	（低、低、低）

4. 防控措施

根据建设工程特点，地质灾害防治，采取“以防为主，避治结合、综合治理”的原则方针。首先根据地质灾害的类型特征、分布活动规律、形成条件、控制因素、危害程度，有的放矢、对症下药，采取科学的设计方案，进行专项勘察、施工，并结合生态环境建设工程综合治理。

1）区域地质灾害防控

（1）高易发区段。采取重点巡检，巡检内容包括管道及建筑工程周边斜坡范围（上至坡顶，下至沟谷），巡检内容包括有无出现新增变形迹象（斜坡陡坎垮塌、树木歪斜变形、地表裂缝等），并做好巡检记录和影像拍照，便于后期整理分析。巡检频次，雨季3d 1次，非雨季7d 1次，日降雨50mm以上进行实时巡查，雨后至少连续3d进行巡查。

（2）中等易发区段。采取巡检，巡检内容包括管道及建筑工程周边斜坡范围100m，巡检内容包括有无出现新增变形迹象（斜坡陡坎垮塌、树木歪斜变形、地表裂缝等），并做好巡检记录和影像拍照，便于后期整理分析。巡检频次，雨季7d 1次，非雨季15d 1次，日降雨50mm以上进行实时巡查，雨后至少连续1d进行巡查。

（3）低易发区段。每年至少进行2次巡查，雨季前及雨季后，巡检内容包括管道及建筑工程周边斜坡范围100m，巡检内容包括有无出现新增变形迹象（斜坡陡坎垮塌、树木歪斜变形、地表裂缝等）。

2）单体地质灾害防控

工程运行可能遭受的地质灾害主要包括不稳定斜坡、滑坡、崩塌、水毁。承灾对象主要为酸气管道、天然气管道、井站阀室及公路。根据不同的地质灾害类型、承灾对象、工作难度，分别采取不同的防控措施，具体如下：

（1）工程治理。对灾害体变形明显，发育较强，治理难度较低，直接影响建设工程运行的地质灾害点进行工程治理。一般台田地水毁治理，采用恢复水保挡土墙，小型滑坡采用挡土墙支挡，大型滑坡采用抗滑挡墙、抗滑桩等辅以截排水沟进行综合治理，崩塌采取清危、挂网喷砼等进行治理。具体治理工程措施根据勘查结论，选取安全可靠、经济合理的治理方案。

（2）专业监测。对具有一定变形迹象，整体规模较大，灾害点典型，目前尚不对建设工程构成实质性威胁，但一旦发生地质灾害，可能造成较大经济损失的灾害点，设置、完善专业监测点（建议新增专业监测4处，原有专业监测重新布设7处，治理效果监测1处），根据灾害体变形情况，为后期防控及治理提供依据。监测点布设应根据灾害点规模大小，沿灾害点纵向及横向设置监测断面，规模较小的灾害点，设置一条纵断面，监测点不少于2个，以地表位移监测为主；规模较大的灾害点，应设置纵横监测断面，地表及深部位移监测结合，组成灾害点监测网，达到监测预警目的。必要时，在大型灾害点、地下水较丰富灾害点应布设地下水监测。

（3）重点巡检。目前灾害点变形迹象微弱，在巡检道路、挡墙或周边斜坡体出现有裂缝的灾害点，巡检人员重点对裂缝进行观察监测，掌握灾害点宏观变形情况。灾害点产生变形裂缝宽度大于5mm的，裂缝两侧设置水泥钢钉，定期进行测量，观测裂缝发展情况。雨季3d 1次，非雨季7d 1次，日降雨50mm以上进行实时巡查，雨后至少连续3d进行巡查。

（4）巡检。对变形迹象微弱，裂缝宽度小于5mm，为前期调查已有灾害点，经过一定年限的发展，目前没有进一步变形的灾害点进行巡检。裂缝位置设置防水纸封条，定期检查裂缝变形情况。雨季 7d 1 次，非雨季 15d 1 次，日降雨 50mm 以上进行实时巡查，雨后至少连续 1d 进行巡查。

六、管道热应力

集输管道在运行过程中，受管道温度的变化，将产生管道热应力，出现管网变形失效的风险。

集输管网由于压力、温度的突然升高，有可能导致管道应力集中进而失效，管道失效通常表现为管道变形破损、截面变形过大等。管道变形破损可能会出现硫化氢气体泄漏，严重时引发爆炸等事故；管道截面变形过大则清管器不能正常通过，与之相关的作业就不能进行，如清管、缓蚀剂涂覆、智能检测。

1. 管道热应力分析

从受力特点上看，站内管道和架空管道相对简单，设计参数可靠，壁厚足够、约束可靠、满足补偿能力即可，因而主要分析埋地直管段、弹性敷设段、弯管部分在复产时温差大、压力高条件下的受力情况。

1）直管段分析

由于埋地管道同时受到一次应力和二次应力的作用，为了使得管道既不发生破坏，又具有足够的使用寿命，需要从两方面限定最高值。

受内压的直管段应满足以下条件：

$$\begin{cases}\sigma_p \leqslant [\sigma] \\ \sigma_e \leqslant 0.9\sigma_s\end{cases}$$

在此基础上预测了直管随温差、压力变化曲线，如图 2-3-4、图 2-3-5 所示。

研究得出：随着压力、温差的增大，埋地直管道的当量应力线性递增，介质温度增加 5℃与管道内压增加 1.14MPa 对管道应力的增加是等效的。

2）弹性敷设段管道的分析

弹性敷设管道强度安全的评价与直管道类似，还是由环向应力、当量应力两方面来进行，在此基础上预测了弹性敷设段压力、温差与管道应力的关系曲线，如图 2-3-6、图 2-3-7 所示。

3）弯管应力分析

一方面，弯管不但可以改变管道的轴线方向，而且增加了管线的柔性，使管线易于变形，有利于减小管道的温度应力。另一方面，由于弯曲管道的应力分布是不均匀的，与直管段情况不同，它的最大应力一般高于直管的最大应力。弯头或弯管是整个管道系统的一个组成部分，因而分析其复产时的温度和压力，保证系统的安全运行非常重要。

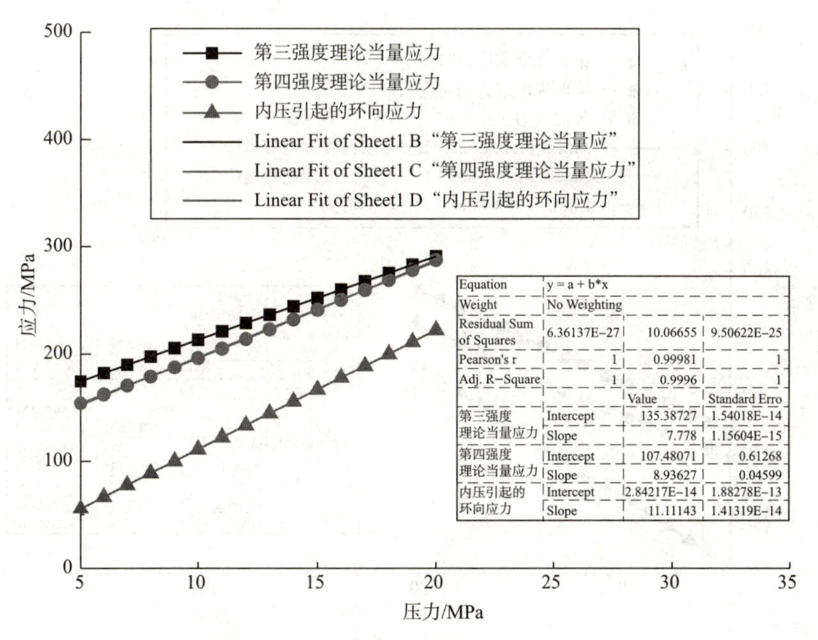

图 2-3-4　管道应力与管道内压的关系

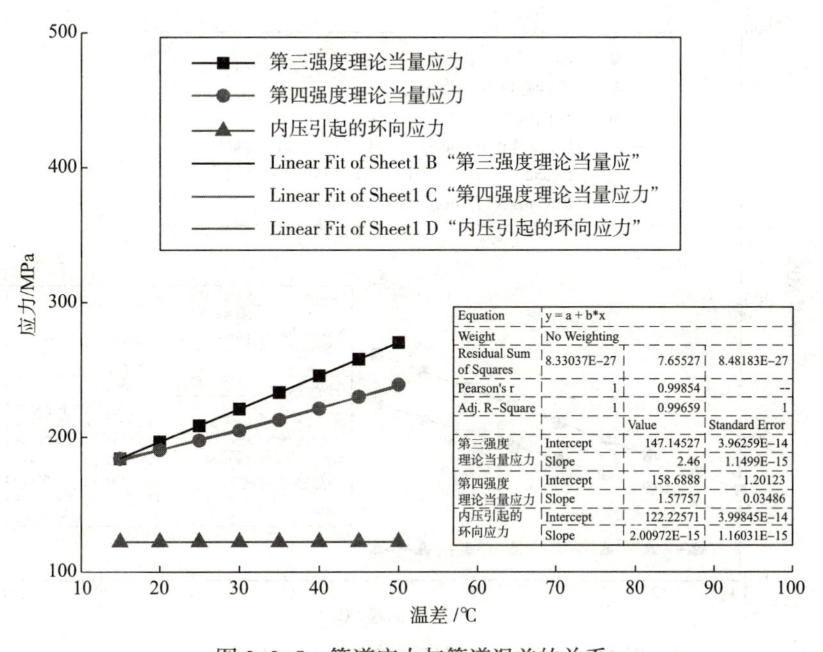

图 2-3-5　管道应力与管道温差的关系

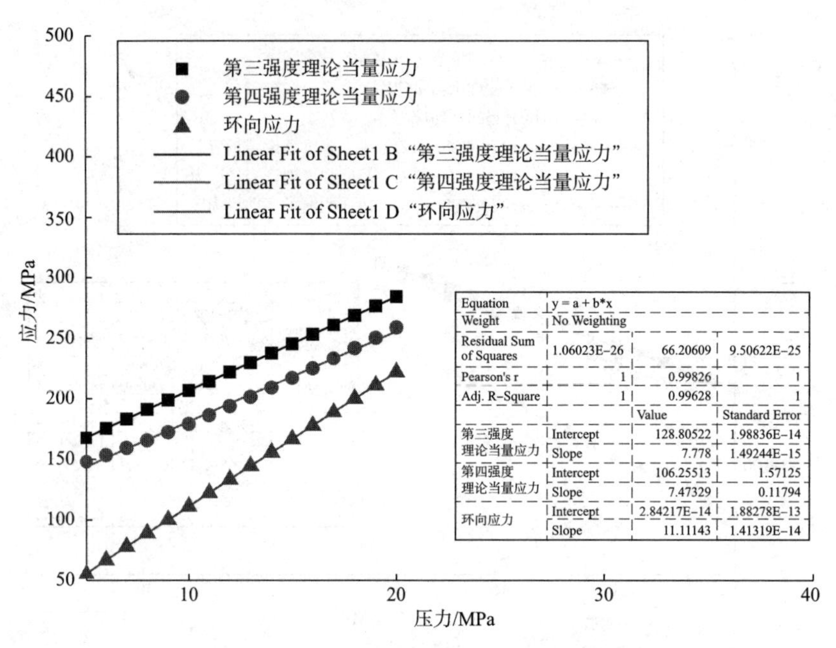

图 2-3-6　弹性敷设段管道应力与内压关系

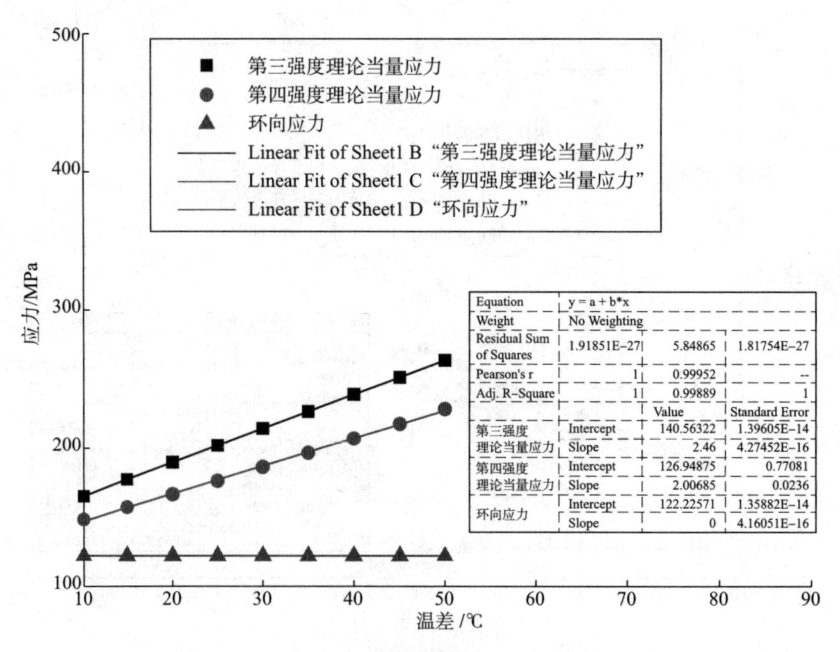

图 2-3-7　弹性敷设段管道应力与管道温差关系

弯管内压引起的轴向应力按式（2-3-2）计算：

$$\sigma_a=\sigma_{xp}+\sigma_{xT}+\sigma_W \tag{2-3-2}$$

式中　σ_{xp}——由设计内压产生的轴向应力（或称泊松应力），MPa；

σ_{xT}——由温差产生的热应力，MPa；

σ_W——管道弯曲应力，MPa。

最大弯曲应力发生在弯曲管道的内外两侧，可表示为：

$$\sigma_w=\pm\frac{Ed_o}{2R} \tag{2-3-3}$$

式中　σ_w——管道弯曲应力（最大弯曲应力发生在弯曲管道的内外两侧），MPa；

E——钢管的弹性模量，MPa；

d_o——钢管的外径，m；

R——弹性敷设管道的曲率半径，m。

由此预测了复产时弯管随温差、压力变化曲线，如图2-3-8、图2-3-9所示。

由图2-3-8和图2-3-9可看出，埋地弯管内的当量应力随着压力、温差的增大单调递增，基本呈线性关系；同时，随着转角的增大，竖向上凸弯管的当量应力表现为先增大后减小的趋势，转折点在15°附近，与具体弯管有关；当转角超过10°后，水平或竖向下凹弯管的当量应力单调递减。

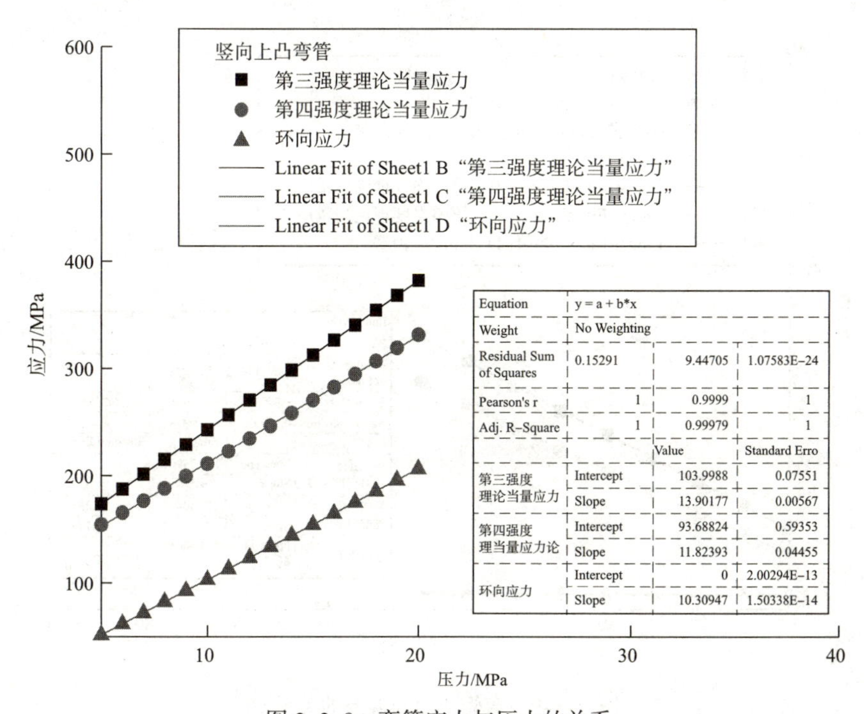

图2-3-8　弯管应力与压力的关系

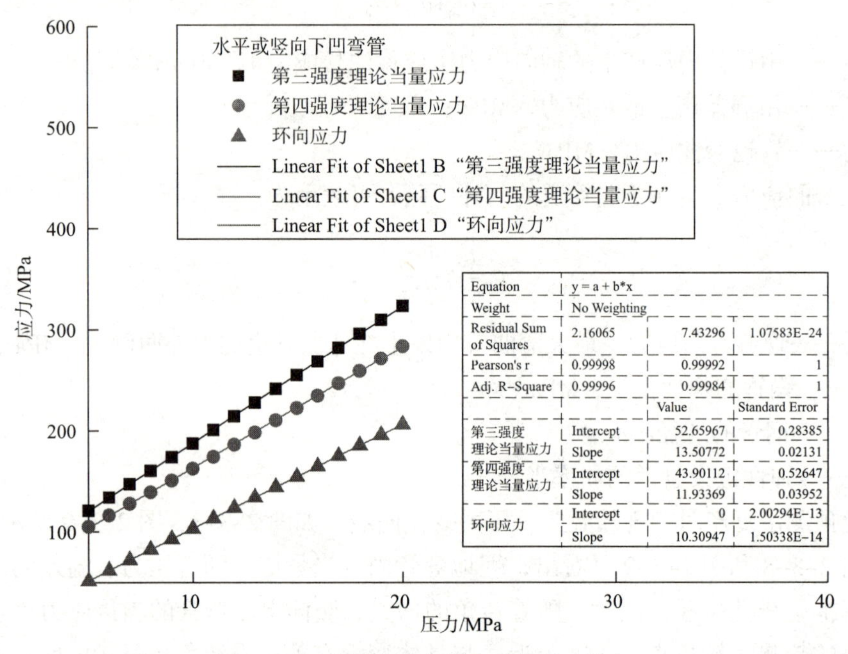

图 2-3-8　弯管应力与压力的关系（续）

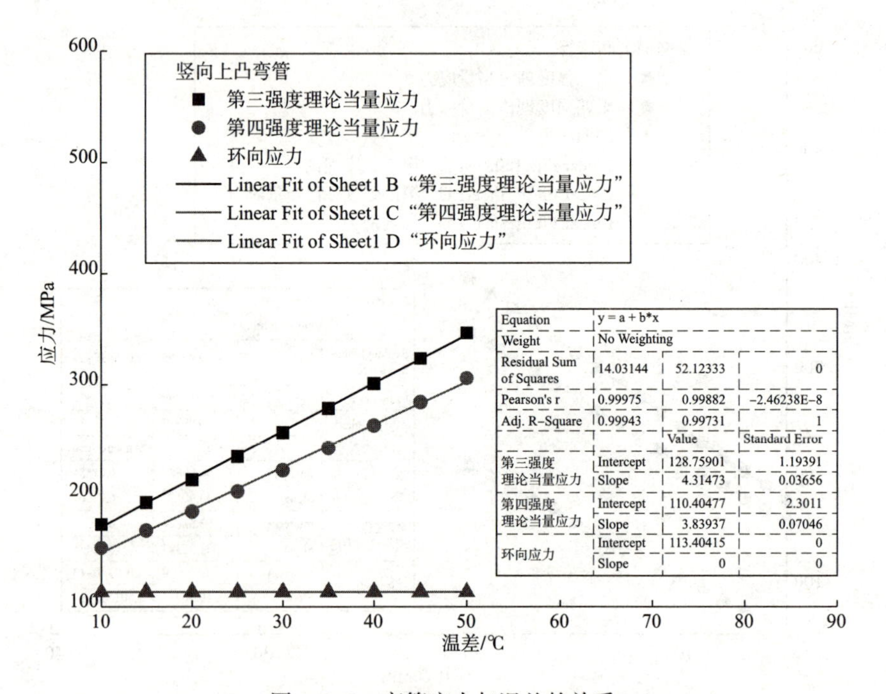

图 2-3-9　弯管应力与温差的关系

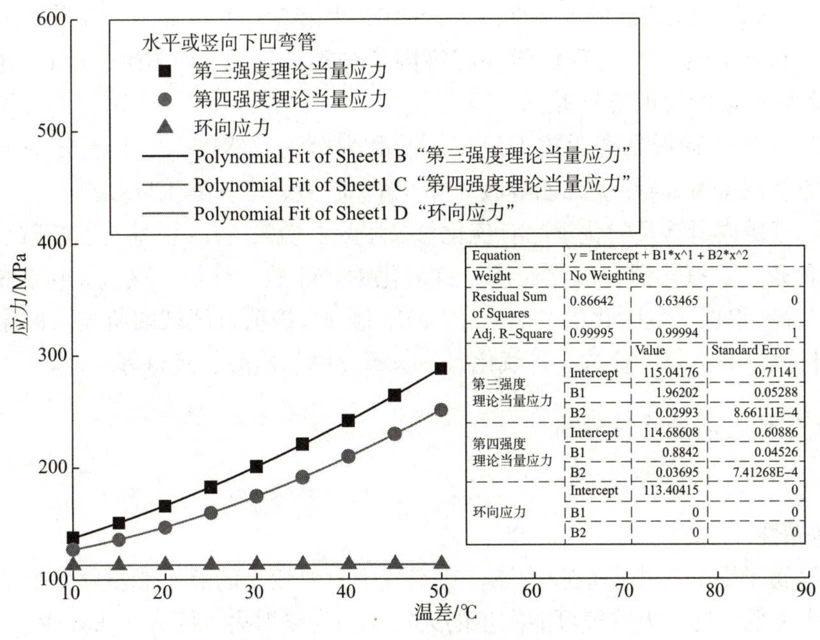

图 2-3-9　弯管应力与温差的关系（续）

2. 管道热应力控制措施

（1）管线维持运行温度 40~50℃；

（2）若后期由于增压或其他原因而发生管输温度升高，建议从源头上对气体介质采取降温措施，以控制管体温度不再升高；

（3）对应力强度余量较小以及发生较大热胀位移的管道，在关键受力部位实施应力应变在线实时监测；

（4）环向焊缝的质量是影响长输管道安全运行的最大隐患，建议对穿跨越部分以及穿跨越前后的部分管道环向焊缝的焊接质量进行监检测和安全评估；

（5）由于管道运行是动态的，应加强管线热应力和位移的运行监管和巡视。

第四节　净化过程危害因素分析及安全技术

一、净化过程危害因素及安全措施

危险因素是指能对人造成伤亡或对物造成突发性损坏的因素。有害因素是指能影响人的身体健康，导致疾病，或对物造成慢性损坏的因素。通常情况下统称为危险、有害因素。危险、有害因素主要是指客观存在的危险、有害物质或能量超过一定限值的设备、设施和场所等。

为清楚地辨识和区别项目的危险、有害因素的名称和类别，按《危险化学品名录

（2015 版）》（原国家安监总局等十部门公告 2015 年第 5 号）、《企业职工伤亡事故分类》（GB 6441—1986）、《生产过程危险和有害因素分类与代码》（GB/T 13861—2009）的规定，进行危险因素的辨识与分析。

净化厂处理的物料是高含硫天然气，产品为净化天然气（主要成分是甲烷）和硫黄，主要辅助原料为 *N*- 甲基二乙醇胺（MDEA）胺液、三甘醇（TEG）。

净化厂区域内所涉及的化学品有硫化氢、甲烷、硫黄、*N*- 甲基二乙醇胺、三甘醇，以及二氧化硫、二氧化碳、硫化亚铁、氢氧化钠、硫酸、液氨、氮气（压缩的）、空气（压缩的）等。根据《危险化学品名录》（2015 版），该项目区域内所涉及的主要危险化学品有硫化氢、天然气、硫黄、二氧化硫、氢氧化钠、硫酸、液氨等。

（一）主要物质危险性分析

1. 天然气

1）易燃性

天然气属于甲 B 类火灾危险物质，在空气中只要较小的点燃能量就会燃烧，因此具有较大的火灾危险性。天然气可能发生的火灾类型为喷射火、闪火、火球等。

2）易爆性

天然气与空气组成混合气体，其浓度处于一定范围时，遇火即发生爆炸。天然气（甲烷）的爆炸极限范围为 5.0%~15%（体积），爆炸浓度极限范围越宽，爆炸下限浓度值越低，物质爆炸危险性就越大。所以，应重视天然气的泄漏和爆炸性蒸气的产生与积聚，以防止爆炸事故的发生。

3）毒性

甲烷属“单纯窒息性”气体，高浓度时因缺氧窒息而引起中毒，空气中甲烷浓度达到 25%~30%时出现头晕，呼吸加速、运动失调。

4）静电荷聚集性

天然气从管口或破损处高速喷出时，由于强烈的摩擦作用，也会产生静电。静电的危害主要是静电放电。如果静电放电产生的电火花能量达到或大于可燃物的最小点火能，就会立即引起泄漏的天然气发生燃烧和爆炸。

5）易扩散性

天然气密度小，比空气轻，可随风四处扩散，遇到明火极可能引起火灾或爆炸。

6）水合物

天然气处于或低于水露点，出现“自由水”，因天然气具有节流效应，在适当的温度和压力体条件下，会形成水合物。天然气水合物一旦形成后，它与金属结合牢固，会减少管道的流通面积，产生节流，加速水合物的进一步形成，进而造成管道、阀门（特别是调压阀）和一些设备的堵塞，影响管道的安全运行。

7）高压缩性

天然气具有高压缩性，可能导致管道裂缝扩展。天然气的主要理化及危险特性见表 2–4–1。

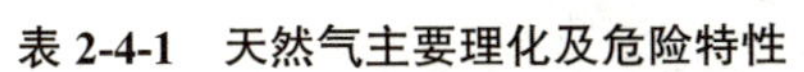

表 2-4-1 天然气主要理化及危险特性

类别	项目	内容	项目	内容
标识	中文名	天然气	英文名	Natural gas
	UN 编号	1971	危险货物编号	21007
理化性质	外观与性状	无色、无臭气体		
	主要用途	是重要的有机化工原料，可用作制造炭黑、合成氨、甲醇以及其他有机化合物，亦是优良的燃料		
	沸点 /℃	-160	溶解性	溶于水
	相对密度（水 =1）	约 0.45（液化）	相对密度（空气 =1）	0.77
燃烧爆炸危险性	燃烧性	易燃	最大爆炸压力 /100kPa	6.8
	建规火险分级	甲	闪点 /℃	-190
	爆炸下限 /%（体积）	5	爆炸上限 /%（体积）	15
	自燃温度 /℃	482~632		
	危险特性	与空气混合能形成爆炸性混合物，遇明火、高热极易燃烧爆炸。与氟、氯等能发生剧烈的化学反应。其蒸气比空气重，能在较低处扩散到相当远的地方，遇明火会引着回燃。若遇高热，容器内压增大，有开裂和爆炸的危险		
	燃烧（分解）产物	一氧化碳、CO_2		
	稳定性	稳定	禁忌物	强氧化剂、卤素
	灭火方法	切断气源。若不能立即切断气源，则不允许熄灭正在燃烧的气体，喷水冷却容器，可能的话将容器从火场移至空旷处。灭火剂：雾状水、泡沫、CO_2		
包装与储运	危险性类别	第 2.1 类易燃气体		
	危险货物包装标志	4	包装类别	Ⅱ
	储运注意事项	易燃压缩气体。储存于阴凉、干燥、通风良好的不燃库房。仓温不宜超过 30℃。远离火种、热源。防止阳光直射。应与氧气、压缩空气、卤素（氟、氯、溴）、氧化剂等分开存放。储存间内的照明、通风等设施应采用防爆型。若是储罐存放，储罐区域要有禁火标志和防火防爆技术措施。禁止使用易产生火花的机械设备和工具。槽车运送时要灌装适量，不可超压超量运输。搬运时轻装轻卸，防止钢瓶及附件破损		
	侵入途径	吸入		
	健康危害	急性中毒时，可有头昏、头痛、呕吐、乏力甚至昏迷。病程中尚可出现精神症状，步态不稳，昏迷过程久者，醒后可有运动性失语及偏瘫。长期接触天然气者，可出现神经衰弱综合征		
急救	吸入	脱离有毒环境，至空气新鲜处，给氧，对症治疗。注意防治脑水肿		
防护措施	工程控制	密闭操作。提供良好的自然通风条件		
	呼吸系统防护	高浓度环境中，佩带正压式呼吸器		
	眼睛防护	一般不需要特殊防护，高浓度接触时可戴化学安全防护眼镜。		
	防护服	穿防静电工作服	手防护	必要时戴防护手套
	其他	工作现场严禁吸烟，避免高浓度吸入。进入罐或其他高浓度区作业，须有人监护		
泄漏处置	切断火源，戴自给式呼吸器，穿一般消防防护服。合理通风，禁止泄漏物进入受限制的空间（如下水道等），以避免发生爆炸。切断气源，喷洒雾状水稀释，抽排（室内）或强力通风（室外）。漏气容器不能再用，且要经过技术处理以清除可能剩下的气体			

2. 硫化氢

净化厂处理的原料天然气中硫化氢含量为 14% 左右，硫黄回收的酸气中硫化氢含量高达 68.8%。因此硫化氢广泛存在于净化厂的各个物料输送环节。

1）毒性

硫化氢是可燃性无色气体，具有典型的臭鸡蛋味，相对分子质量 34.08，对空气的相对密度 1.19，熔点 -82.9℃，沸点 -60.3℃，易溶于水，20℃时 2.9 体积气体溶于 1 体积水中，亦溶于醇类、二硫化碳、石油溶剂和原油中。20℃时蒸气压为 1874.5kPa，空气中爆炸极限为 4.3% ~45.5%（体积），自燃温度 260℃，它在空气中的最终氧化产物为硫酸和（或）硫酸根阴离子。H_2S 为强烈的神经性毒物，对黏膜有强烈的刺激作用，其毒性较 CO 大 5~6 倍。此外硫化氢还为爆炸性气体，其爆炸极限范围为 4%~46%（体积）。

阈限值：我国规定几乎所有工作人员长期暴露都不会产生不利影响的最大硫化氢浓度为 15mg/m^3（10ppm）。

安全临界浓度：工作人员在露天安全工作 8h 可接受的硫化氢最高浓度为 30mg/m^3（20ppm）。

危险临界浓度：对工作人员生命和健康产生不可逆转的或延迟性的影响的硫化氢浓度为 150mg/m^3（100ppm）。硫化氢对人的生理影响及危害见表 2-4-2，硫化氢危险、有害特性见表 2-4-3。

2）腐蚀性

H_2S 溶于水后形成弱酸，对金属的腐蚀有电化学腐蚀、氢脆腐蚀和硫化物应力腐蚀开裂，以后两者为主，一般统称为氢脆破坏。

根据美国腐蚀工程师协会 MR-01-75 规定，如果 H_2S 分压等于或大于 0.3kPa，就存在硫化物应力腐蚀开裂。如果含 H_2S 介质中还含有其他腐蚀性组分如 CO_2、Cl^-、残酸等，将促使 H_2S 对钢材的腐蚀速率大幅度增高。

表 2-4-2　硫化氢对人的生理影响及危害

在空气中的浓度			暴露于硫化氢的典型特性
%（体积）	ppm	mg/m^3	
0.000013	0.13	0.18	通常，在大气中含量为 0.195mg/m^3（0.13ppm）时，有明显和令人讨厌的气味，在大气中含量为 6.9mg/m^3（4.6ppm）时就相当显而易见。随着浓度的增加，嗅觉就会疲劳，气体不再能通过气味来辨别
0.001	10	15	有令人讨厌的气味。眼睛可能受刺激。美国政府工业卫生专家协会推荐的阈限值（8h 加权平均值），我国规定几乎所有工作人员长期暴露都不会产生不利影响的最大硫化氢浓度
0.0015	15	21.61	美国政府工业卫生专家联合会推荐的 15min 短期暴露范围平均值
0.002	20	30	在暴露 1h 或更长时间后，眼睛有烧灼感，呼吸道受到刺激，美国职业安全和健康局的可接受上限值。工作人员在露天安全工作 8h 可接受的硫化氢最高浓度
0.005	50	72.07	暴露 15min 或 15min 以上的时间后嗅觉就会丧失，如果时间超过 1h，可能导致头痛、头晕和（或）摇晃。超过 75mg/m^3（50ppm）将会出现肺气肿，也会对人员的眼睛产生严重刺激或伤害

续表

在空气中的浓度			暴露于硫化氢的典型特性
%（体积）	ppm	mg/m^3	
0.01	100	150	3~15min 就会出现咳嗽、眼睛受刺激和失去嗅觉。在 5~20min 过后，呼吸就会变样、眼睛就会疼痛并昏昏欲睡，在 1h 后就会刺激喉道。延长暴露时间将逐渐加重这些症状。我国规定对工作人员生命和健康产生不可逆转的或延迟性的影响的硫化氢浓度
0.03	300	432.40	明显的结膜炎和呼吸道刺激 注：考虑此浓度定为立即危害生命或健康，参见（美国）国家职业安全和健康学会 DHHS No 85-114《化学危险袖珍指南》
0.05	500	720.49	短期暴露后就会不省人事，如不迅速处理就会停止呼吸。头晕、失去理智和平衡感。患者需要迅速进行人工呼吸和（或）心肺复苏
0.07	700	1008.55	意识快速丧失，如果不迅速营救，呼吸就会停止并导致死亡。必须立即采取人工呼吸和（或）心肺复苏技术
0.10+	1000+	1440.98+	立即丧失知觉，结果将会产生永久性的脑伤害或脑死亡。必须迅速进行营救，应用人工呼吸和（或）心肺复苏

表 2-4-3 硫化氢危险、有害特性

标识	中文名	硫化氢	英文名	hydrogen sulfide
	化学式	H_2S	相对分子质量	34.08
	ICSC 编号	0165	IMDG 规则页码	2151
	CAS 号	7783-06-4	RTECS 号	MX1225000
	UN 编号	1053	危险货物编号	21006
	EC 编号	016-001-00-4		
理化性质	外观与性状	无色有臭鸡蛋味气体		
	溶解性	溶于水、乙醇等		
	主要用途	用于化学分析，如鉴定金属离子		
	熔点 /℃	-85.5	相对密度（水 =1）	无资料
	沸点 /℃	-60.4	相对密度（空气 =1）	1.19
	饱和蒸气压 /kPa	2026.5（25.5℃）		
	临界温度 /℃	100.4	临界压力 /MPa	9.01
毒性及健康危害	接触限值	中国 MAC	$10mg/m^3$	
		苏联 MAC	$10mg/m^3$	
		美国 TWA	OSHA 20ppm，$28mg/m^3$［上限值］ ACGIH 10ppm，$14mg/m^3$	
		美国 STEL	ACGIH15ppm，$21mg/m^3$	
	侵入途径	吸入，经皮吸收		
	毒性	LC_{50}：444ppm（大鼠吸入）		
	健康危害	（1）H_2S 为强烈的神经性毒物，对黏膜有强烈的刺激作用； （2）高浓度时可直接抑制呼吸中枢，引起迅速窒息而死亡； （3）长期接触低浓度硫化氢，引起神衰症候群及神经紊乱症状		

续表

燃烧危险性	燃烧性	易燃	建规火险等级	甲
	闪点/℃	<-50	爆炸下限/%（体积）	4.0
	自燃温度/℃	260	爆炸上限/%（体积）	46.0
	稳定性	稳定	燃烧产物	二氧化硫
	禁忌物	强氧化剂、碱类	聚合危害	不会出现
	危险特性	（1）与空气混合能形成爆炸性混合物，当在爆炸极限范围内遇明火、高热能引起燃烧爆炸； （2）若遇高热，容器内压增大，有开裂和爆炸的危险		
	灭火方法	（1）立即切断气源； （2）若不能立即切断气源，则不允许熄灭正在燃烧的气体； （3）喷水冷却容器，如果可能应将容器从火场移至空旷处； （4）采用雾状水、泡沫灭火器和二氧化碳灭火器等		
包装储运	危险性类别	第2.3类（UN危险性类别）易燃气体		
急救	皮肤接触	脱去污染的衣着，立即用流动的清水彻底冲洗		
	眼睛接触	立即提起眼睑，用流动清水冲洗10min或用2%碳酸氢钠溶液冲洗，并就医治疗		
	吸入	（1）迅速脱离现场至空气新鲜处； （2）保持呼吸道通畅，呼吸困难时给输氧； （3）呼吸停止者立即进行人工呼吸（勿用口对口）和心脏按压术，并就医治疗		
防护措施	工程控制	严加密闭，提供充分的局部排风和全面排风		
	呼吸系统防护	（1）空气中浓度超标时，必须佩戴防毒面具； （2）紧急事态抢救或逃生时，应佩戴正压自给式呼吸器		
	眼睛防护	戴化学安全防护眼镜		
	手防护	戴防化学品手套		
	防护服	穿相应的防护服		
	其他	（1）工作现场严禁吸烟、进食和饮水等； （2）工作后，淋浴更衣； （3）保持良好的卫生习惯； （4）进入罐区或其他高浓度区作业时须有人监护		
泄漏处理	（1）切断气源，喷雾状水稀释、溶解，注意收集并处理废水，抽排（室内）或强力通风（室外）； （2）迅速撤离泄漏污染区人员至上风处，并隔离直至气体散尽，切断火源； （3）应急处理人员应戴自给式呼吸器，穿一般消防防护服； （4）如有可能，应将残余气或漏出气用排风机送至水洗塔或与塔相连的通风橱内或使其通过三氯化铁水溶液，管路装止回装置以防溶液吸回； （5）漏气容器不能再用，且要经过技术处理以清除可能剩下的气体			

3. 二氧化碳

CO_2腐蚀是油气生产中遇到的最普遍的一种侵蚀形式，在使用碳钢和低碳钢的场合，它可能导致较高的腐蚀速率和严重的局部腐蚀。CO_2腐蚀的影响因素很多，主要的影响因素有温度、CO_2分压、流速、介质组成、pH值、材料和载荷等，可使钢铁发生严重的腐蚀破坏，局部腐蚀穿孔，甚至应力腐蚀开裂。

大量的研究结果表明温度是影响 CO_2 腐蚀的重要因素。在一定的温度范围内，碳钢在二氧化碳水溶液中的腐蚀速率随温度的升高而增大，当碳钢表面形成致密的腐蚀产物膜时，碳钢的溶解度随温度的升高而降低，前者加剧腐蚀，后者则有利于保护膜的形成以减缓腐蚀。腐蚀产物碳酸亚铁（$FeCO_3$）溶解度具有负的温度系数，溶解度随温度的升高而降低，即反常溶解现象。研究结果表明较低温度下，在碳钢表面生成少量松软且不致密的 $FeCO_3$ 膜，此时材料表面光滑，腐蚀为均匀腐蚀。

CO_2 分压（p_{CO_2}）也是影响 CO_2 腐蚀的一个重要参数。p_{CO_2}>0.2MPa 为二氧化碳腐蚀环境，研究表明钢的腐蚀速率随 CO_2 分压增加而增大。

高流速增大了腐蚀介质到达金属表面的传质速率，且高流速会阻碍表面成膜，随着流速的增大，腐蚀速率增加，但随着流速的增大，又能促进可钝化金属的钝化过程，从而提高耐蚀性。对于每一种材料都有一个临界流速，是金属表面保护膜得失的分界线，控制气体流速对防止管道腐蚀至关重要。

H_2S 对 CO_2 腐蚀的影响具有双重作用，在低浓度时，由于 H_2S 可以直接参加阴极反应，导致腐蚀加剧；高浓度时，由于 H_2S 可与铁反应生成 FeS 膜，从而减缓腐蚀。

4. 硫黄

净化厂设置液硫罐 10 座，单罐存储能力 5000m^3；液硫成型机 4 台，单台处理能力 90t/h；料仓 2 座，单座储料量 5.7×10^4t。硫黄为可燃物质，在空气中达到一定温度（自燃温度为 232℃）即会自燃。硫黄粉尘容易带上静电，且高达数千伏乃至上万伏，易产生静电火花而导致硫黄粉尘爆炸（爆炸极限范围 35~1400g/m^3），继而引发火灾。此外，撞击火花、摩擦产生的高温高热以及明火等，均可能导致硫黄粉尘爆炸和火灾。

根据《石油化工企业设计防火规范》（GB 50160—2008）表 3.0.3，当硫黄颗粒度小于 2mm 时，其火灾危险性为乙类；当硫黄颗粒度大于 2mm 时，其火灾危险性为丙类；液体硫黄火灾危险性为丙$_B$类；因净化厂硫黄料仓、硫黄成型装置间易产生硫黄粉尘，火灾最大危险性为乙类；液体硫黄罐为丙类设施。

液体硫黄一般温度在 120~140℃，液体工业硫黄含有硫化氢等有毒气体，在生产及运输过程中，防护不当，可能导致人员中毒事故。液体工业硫黄易燃，在氧气的存在下容易发生硫黄火灾，液体硫黄其蒸气及燃烧后产生的二氧化硫有剧毒，大量吸入可导致中毒。

硫黄主要危险特性见表 2–4–4。

表 2-4-4　硫黄主要理化性质及危险特性

标识	中文名	硫黄	分子式	S	危险性类别	第 4.1 类 易燃固体
	别名	—	相对分子质量	32.06	危险货物编号	41501
	英文名	sulphur	UN 号	1350	CAS 号	7704–34–9

续表

理化性质	外观与性状	淡黄色脆性结晶或粉末，有特殊臭味			溶解性	不溶于水，微溶于乙醇、醚，易溶于二硫化碳
	熔点/℃	119	沸点/℃	444.6	燃烧热	无资料
	相对密度（空气=1）	无资料	相对密度（水=1）	2.0	饱和蒸气压/kPa	0.13（183.8℃）
	临界温度/℃	1040	临界压力/MPa	11.75	禁忌物	强氧化剂
	稳定性	稳定	聚合危害	不聚合		
燃爆危险与消防	燃烧性	易燃	引燃温度	232℃	火灾危险性类别	乙类/丙类
	爆炸极限/（mg/m^3）	下限35	闪点	无意义	燃烧（分解）产物	氧化硫
	最小点火能/mJ	15			最大爆炸压力/MPa	0.415
	危险特性	与卤素、金属粉末等接触剧烈反应。硫黄为不良导体，在储运过程中易产生静电荷，可导致硫尘起火。粉尘或蒸气与空气或氧化剂混合形成爆炸性混合物				
	灭火方法	遇小火用砂土闷熄。遇大火可用雾状水灭火。切勿将水流直接射至熔融物，以免引起严重的流淌火灾或引起剧烈的沸溅。消防人员须戴好防毒面具，在安全距离以外，在上风向灭火				
健康危害与防护	工作场所职业接触限值/（mg/m^3）				职业毒性危害等级	侵入途径
	MAC：	TWA：	STEL：		——	吸入、食入、经皮吸收
	健康危害	因其能在肠内部分转化为硫化氢而被吸收，故大量口服可致硫化氢中毒。急性硫化氢中毒的全身毒作用表现为中枢神经系统症状，有头痛、头晕、乏力、呕吐、共济失调、昏迷等。本品可引起眼结膜炎、皮肤湿疹。对皮肤有弱刺激性。生产中长期吸入硫粉尘一般无明显毒性作用				
	防护措施	工程控制：密闭操作，局部排风 呼吸系统防护：一般不需特殊防护。空气中粉尘浓度较高时，佩戴自吸过滤式防尘口罩 眼睛防护：一般不需特殊防护 身体防护：穿一般作业防护服 手防护：戴一般作业防护手套 其他：工作现场禁止吸烟、进食和饮水；工作完毕，淋浴更衣；注意个人卫生				
急救与应急	急救措施	皮肤接触：脱去污染的衣着，用肥皂水和清水彻底冲洗皮肤 眼睛接触：提起眼睑，用流动清水或生理盐水冲洗，就医 吸入：迅速脱离现场至空气新鲜处。保持呼吸道通畅。如呼吸困难，给输氧。如呼吸停止，立即进行人工呼吸。就医 食入：饮足量温水，催吐；就医				
	应急处理	隔离泄漏污染区，限制出入。切断火源。建议应急处理人员戴防尘面具（全面罩），穿一般作业工作服。不要直接接触泄漏物。小量泄漏：避免扬尘，用洁净的铲子收集于干燥、洁净、有盖的容器中，转移至安全场所。大量泄漏：用塑料布、帆布覆盖。使用无火花工具收集回收或运至废物处理场所处置				
储运与废弃	包装分类	Ⅲ	包装标志	8	包装方法	两层塑料袋或一层塑料袋外麻袋、塑料编织袋、乳胶布袋；塑料袋外复合塑料编织袋（聚丙烯三合一袋、聚乙烯三合一袋、聚丙烯二合一袋、聚乙烯二合一袋）；螺纹口玻璃瓶、铁盖压口玻璃瓶、塑料瓶或金属桶（罐）外普通木箱；螺纹口玻璃瓶、塑料瓶或镀锡薄钢板桶（罐）外满底板花格箱、纤维板箱或胶合板箱

续表

<table>
<tr><td rowspan="2">储运与废弃</td><td>储运事项</td><td>储存于阴凉、通风的库房。远离火种、热源。包装密封。应与氧化剂分开存放，切忌混储。采用防爆型照明、通风设施。禁止使用易产生火花的机械设备和工具。储区应备有合适的材料收容泄漏物。硫黄散装经铁路运输时：限在港口发往收货人的专用线或专用铁路上装车；装车前托运人需用席子在车内衬垫好；装车后苫盖自备蓬布；托运人需派人押运。运输时运输车辆应配备相应品种和数量的消防器材及泄漏应急处理设备。装运本品的车辆排气管须有阻火装置。运输过程中要确保容器不泄漏、不倒塌、不坠落、不损坏。严禁与氧化剂等混装混运。运输途中应防曝晒、雨淋，防高温。中途停留时应远离火种、热源。车辆运输完毕应进行彻底清扫。铁路运输时要禁止溜放</td></tr>
<tr><td>废弃处置</td><td>应根据国家和地方有关法规的要求进行处置。用焚烧，加碱液吸收法处置</td></tr>
</table>

5. 甲基二乙醇胺（MDEA）

甲基二乙醇胺是脱硫装置的溶剂，通过溶剂再生装置还原为贫胺液循环使用。MDEA 属于低毒类物质，物理形态是无色透明液体。对人的皮肤和眼睛有较强的刺激和腐蚀性。皮肤和眼睛直接接触可引起灼伤，甚至失明；高浓度吸入蒸汽会出现咳嗽、头疼、恶心、呕吐、昏迷。口服可出现恶心、呕吐和腹疼。甲基二乙醇胺理化性质和主要危险特性见表 2-4-5。

表 2-4-5 甲基二乙醇胺理化性质和主要危险特性

<table>
<tr><td rowspan="3">标识</td><td>中文名</td><td>甲基二乙醇胺</td><td>分子式</td><td>$CH_3N(CH_2CH_2OH)_2$</td><td>危险性描述</td><td>刺激眼睛</td></tr>
<tr><td>别名</td><td>N- 甲基二乙醇胺</td><td>相对分子质量</td><td>119.16</td><td>危险货物编号</td><td>—</td></tr>
<tr><td>英文名</td><td>MDEA</td><td>UN 号</td><td>—</td><td>CAS 号</td><td>105-59-9</td></tr>
<tr><td rowspan="4">理化性质</td><td>外观与性状</td><td colspan="3">无色或微黄色黏稠液体，微有氨味</td><td>溶解性</td><td>与水互溶，溶于乙醇、甲醇等有机溶剂中，微溶于醚</td></tr>
<tr><td>熔点 /℃</td><td>-48</td><td>沸点 /℃</td><td>246 ~ 249</td><td>相对密度（水＝1）</td><td>1.0425</td></tr>
<tr><td>临界温度</td><td>—</td><td>临界压力</td><td>—</td><td rowspan="2">禁忌物</td><td rowspan="2">强氧化剂</td></tr>
<tr><td>稳定性</td><td>稳定</td><td>聚合危害</td><td>不能发生</td></tr>
<tr><td rowspan="4">燃爆危险与消防</td><td>燃烧性</td><td>—</td><td>引燃温度</td><td>—</td><td>火灾危险性</td><td>易燃</td></tr>
<tr><td>爆炸极限</td><td></td><td>闪点</td><td>134（闭口）</td><td>燃烧（分解）产物</td><td></td></tr>
<tr><td>危险特性</td><td colspan="5">有腐蚀性，对眼、黏膜或皮肤有刺激性，有化学灼伤的危险，其蒸气遇高热有燃烧爆炸危险，遇强氧化剂剧烈反应，会腐蚀铜及铜化合物</td></tr>
<tr><td>灭火方法</td><td colspan="5">泡沫、干粉、二氧化碳灭火，还可用水、沙土扑救。</td></tr>
<tr><td rowspan="2">健康危害与防护</td><td>健康危害</td><td colspan="5">接触后对皮肤及黏膜有刺激性，接触后皮肤会引起潮红、刺激和疼痛乃至化学灼伤，接触眼睛可引起严重发红并造成角膜损伤</td></tr>
<tr><td>防护措施</td><td colspan="5">工程控制：生产过程密闭、加强通风
呼吸系统防护：应佩戴空气呼吸器或氧气呼吸器
眼睛防护：戴化学安全防护眼镜
身体防护：穿戴工作服
手防护：戴橡胶手套
其他防护：工作现场严禁吸烟、进食；定期进行体检</td></tr>
</table>

续表

急救与应急	急救措施	皮肤接触：脱去污染的衣着用大量清水彻底冲洗皮肤，再用肥皂水彻底洗涤 眼睛接触：立即翻开上下眼睑用流动清水或生理盐水冲洗至少 15min 并快速就医 吸入：迅速脱离现场至空气新鲜处保持呼吸道通畅；呼吸困难时给输氧；无呼吸及心跳停止立即进行人工呼吸和心脏按压术，就医 食入：饮足量温水催吐，就医
	应急处理	切断火源迅速撤离泄漏污染区人员至安全地带，并进行隔离，严格限制出入。建议应急处理人员穿戴防护服脚穿雨靴，尽可能切断泄漏源，防止进入下水道、江河。小量泄漏尽可能将泄漏液收集在容器内，少量残液用自来水冲洗后收集在一起交由废水处理站处理。大量泄漏构筑围堤或挖坑收容收集后进行回收或运至废物处理场所处理
储运与废弃	储运事项	储存于阴凉、干燥、通风库房、远离火种、热源，保持容器密闭，应与氧化剂、食用化学品分开存放，切记储区应备有泄漏应急处理设备和合适的收容材料
	废弃处置	废弃物性质：非危险物 废弃处置方法：进行氧化或生化处理 废弃注意事项：操作者穿戴防护用品且注意对眼睛的保护

6. 三甘醇（TEG）

净化厂联合装置采用三甘醇（三甘醇）脱水法，利用天然气（主要成分为 CH_4）与 H_2O 在 TEG 溶剂中溶解度的差异而脱除天然气中的水分。三甘醇是一种稍带甜味的无色透明稳定的黏稠液体，可燃、低毒、易吸湿、蒸气压低（小于 1.33Pa），能与水、乙醇按任意比例混合，难溶于醚类，不溶于苯、甲苯和汽油。三甘醇理化性质和主要危险特性见表 2-4-6。

表 2-4-6　三甘醇理化性质和主要危险特性

标识	中文名	三甘醇	分子式	$C_6H_{14}O_4$	危险性类别	—
	别名	三乙二醇	相对分子质量	150.7	危险货物编号	—
	英文名	三甘醇	UN 号	—	CAS 号	112-27-6
理化性质	外观与性状	无色黏稠液体，有吸水性			溶解性	可混溶于醇、苯，与水混溶，微溶于醚，不溶于石油醚
	熔点 /℃	-7	沸点 /℃	285	相对密度（水＝1）	1.12
	临界温度	—	临界压力	—	禁忌物	强氧化剂
	稳定性	稳定	聚合危害	—		
	爆炸极限 /%	0.9~9.2	闪点 /℃	165	燃烧（分解）产物	一氧化碳、二氧化碳
	危险特性	遇明火、高热可燃				
	灭火方法	消防人员须佩戴防毒面具、穿全身消防服，在上风向灭火。尽可能将容器从火场移至空旷处。喷水保持火场容器冷却，直至灭火结束。处在火场中的容器若已变色或从安全泄压装置中产生声音，必须马上撤离。用水喷射逸出液体，使其稀释成不燃性混合物，并用雾状水保护消防人员。灭火剂：水、雾状水、抗溶性泡沫、干粉、二氧化碳、砂土				
健康危害与防护	健康危害	对眼和皮肤无刺激性				
	急救措施	皮肤接触：脱去污染的衣着，用流动清水冲洗。眼睛接触：提起眼睑，用流动清水或生理盐水冲洗。就医。脱离现场至空气新鲜处				

续表

急救与应急	应急处理	迅速撤离泄漏污染区人员至安全区，并进行隔离，严格限制出入。切断火源。建议应急处理人员戴正压自给式呼吸器，穿防毒服。尽可能切断泄漏源。防止流入下水道、排洪沟等限制性空间。小量泄漏：用砂土、蛭石或其他惰性材料吸收。也可以用大量水冲洗，洗水稀释后放入废水系统。大量泄漏：构筑围堤或挖坑收容。用泵转移至槽车或专用收集器内，回收或运至废物处理场所处置
储运与废弃	储运事项	储存于阴凉、通风的库房。远离火种、热源。应与氧化剂分开存放，切忌混储。配备相应品种和数量的消防器材。储区应备有泄漏应急处理设备和合适的收容材料
	废弃处置	处置前应参阅国家和地方有关法规。建议用焚烧法处置

7. 二氧化硫

净化厂火炬放空燃烧时，均会向放空点周围环境排放SO_2，放空一般为短时排放。二氧化硫属中等毒类。中毒症状主要由于其在黏膜上生成亚硫酸和硫酸产生强烈刺激作用所致。既可引起支气管和肺血管的反射性收缩，也可引起分泌增加及局部炎症反应，甚至腐蚀组织引起坏死。

二氧化硫是一种具有刺鼻的窒息气味和强烈涩味的无色有毒气体，SO_2极易冷凝，在常压下冷却至 -10℃就液化，汽化热 5.96 cal/mol，可作为制冷剂。

二氧化硫易溶于水，20℃时 1 体积的水可溶解 10 体积的SO_2气体，而生成亚硫酸。亚硫酸是中强酸，故SO_2在有水、水蒸气存在时，对设备腐蚀比H_2S更严重。

二氧化硫会刺激人的皮肤和上呼吸系统黏膜，1~10ppm 的二氧化硫会使人呼吸加快，当浓度超过 20ppm，将严重刺激眼睛、鼻子、咽喉和肺。

二氧化硫理化性质和主要危险特性见表 2-4-7。

表 2-4-7 二氧化硫理化性质和主要危险特性

标识	中文名	二氧化硫	分子式	SO_2	危险性类别	第 2.3 类 有毒气体
	别名	亚硫酸酐	相对分子质量	64.06	危险货物编号	23013
	英文名	sulfur dioxide	UN 号	1079	CAS 号	7446-09-5
理化性质	外观与性状	无色气体，具有窒息性特臭			溶解性	溶于水、乙醇
	熔点	—	沸点	—	相对密度（水=1）	1.43
	临界温度	—	临界压力	—	禁忌物	强还原剂、强氧化剂、易燃或可燃物
	稳定性	稳定	聚合危害	不会出现		
危险与消防	燃烧性	助燃	引燃温度	—	火灾危险性类别	乙
	危险特性	若遇高热，容器内压增大，有开裂和爆炸的危险				
	灭火方法	不燃。切断气源。喷水冷却容器，可能的话将容器从火场移至空旷处。灭火剂：雾状水、泡沫、二氧化碳				
健康危害与防护	健康危害	易被湿润的黏膜表面吸收生成亚硫酸、硫酸。对眼及呼吸道黏膜有强烈的刺激作用。大量吸入可引起肺水肿、喉水肿、声带痉挛而致窒息。急性中毒：轻度中毒时，发生流泪、畏光、咳嗽，咽、喉灼痛等呼吸道及眼结膜刺激症状；严重中毒可在数小时内发生肺水肿；极高浓度时可引起反射性声门痉挛而致窒息。慢性中毒：长期接触二氧化硫，可有头痛、头昏、乏力等全身症状以及慢性鼻炎、支气管炎、嗅觉及味觉减退、肺气肿等；少数工人有牙齿酸蚀症				

续表

健康危害与防护	防护措施	工程控制：严加密闭，提供充分的局部排风和全面排风 呼吸系统防护：空气中浓度超标时，必须佩戴防毒面具。紧急事态抢救或逃生时，建议佩戴正压自给式呼吸器 眼睛防护：戴化学安全防护眼镜 身体防护：穿相应的防护服 手防护：戴防化学品手套
急救与应急	应急处理	迅速撤离泄漏污染区人员至上风处，并隔离直至气体散尽，建议应急处理人员戴正压自给式呼吸器，穿厂商特别推荐的化学防护服（完全隔离）。喷水雾减慢挥发（或扩散），但不要对泄漏物或泄漏点直接喷水。切断气源，喷雾状水稀释、溶解，然后抽排（室内）或强力通风（室外）。如有可能，用一捉捕器使气体通过次氯酸钠溶液。漏气容器不能再用，且要经过技术处理以清除可能剩下的气体

8. 硫化亚铁

胺液回收罐、一级硫冷器、二级硫冷器、末级硫冷器、硫黄冷却器、液硫池、硫封罐、酸性水回收罐、酸性水缓冲罐等在工况条件下存在湿硫化氢腐蚀环境，可形成硫化亚铁，同时罐状设备的结构特点、冷却器的管束结构也可聚集硫化亚铁。上述设备在工程中处于密封无氧环境，发生硫化亚铁自燃的可能性很小，但是在检修过程中一旦引入空气就会形成硫化亚铁自燃环境，间接导致火灾、爆炸事故的发生。硫化亚铁理化性质和主要危险特性见表2–4–8。

表2-4-8 硫化亚铁理化性质和主要危险特性

标识	中文名	硫化铁；硫化亚铁	分子式	FeS	危险性类别	—
	别名	硫化铁；硫化亚铁	相对分子质量	87.91	危险货物编号	—
	英文名	ferrous sulfide	UN号	3077	CAS号	1317–37–9
理化性质	外观与性状	暗灰色至灰黑色金属片状或粒状固体			溶解性	—
	熔点/℃	1194	禁忌物	强氧化剂、强酸	相对密度（水=1）	4.84
	稳定性	稳定	聚合危害	不聚合		
燃爆危险	燃烧性	难燃	引燃温度/℃	300~350	燃烧（分解）产物	氧化铁、二氧化硫
	危险特性	硫化亚铁自燃的过程中如没有一定的可燃物支持，将产生白色的SO_2气体，当周围有其他可燃物（如油品）存在时，会冒出浓烟，并引发火灾和爆炸				
健康危害与防护	健康危害	属低毒类，具刺激作用。误服可引起胃肠刺激症状。长期吸入该粉尘，可能引起尘肺改变				
	防护措施	工程控制：生产过程密闭，加强通风 呼吸系统防护：作业工人应该佩戴防尘口罩 眼睛防护：一般不需特殊防护 身体防护：穿工作服 手防护：一般不需特殊防护				
急救与应急	应急处理	小心扫起，装入备用袋中。用大量水冲洗，经稀释的污水放入废水系统 皮肤接触：用肥皂水及清水彻底冲洗 眼睛接触：拉开眼睑，用流动清水冲洗15min。就医 吸入：脱离现场至空气新鲜处。就医 食入：误服者，饮适量温水，催吐。就医				

续表

储运与废弃	储运事项	储存于阴凉、通风仓间内。包装密封。防潮、防晒。应与氧化剂、酸类、食用化工原料分开存放。操作现场不得吸烟、饮水、进食。搬运时轻装轻卸，保持包装完整，防止洒漏
	废弃处置	清除的硫化亚铁应装入袋中浇湿后运出设备外，并尽快采取深埋处理

9. 氢氧化钠

液态氢氧化钠（32%NaOH）主要用于水处理站阴床、混床树脂再生和凝结水站的混床树脂再生，碱渣装置、胺液净化、污水处理场也用到固态氢氧化钠，起中和作用。计量化验站化验室用到低浓度的氢氧化钠试剂。

氢氧化钠的危险特性见表 2–4–9。

表 2-4-9 氢氧化钠理化及危险特性表

标识	中文名	氢氧化钠	分子式	NaOH	危险性类别	第 8.2 类碱性腐蚀品
	别名	烧碱、苛性钠	相对分子质量	40.01	危险货物编号	82001
	英文名	sodium hydroxide	UN 号	1824	CAS 号	1310–73–2
理化性质	外观与性状	纯液体氢氧化钠为无色			溶解性	易溶
	熔点 /℃	318.4	沸点 /℃	1390	燃烧热	—
	相对密度（空气＝1）	—	相对密度（水 =1）	液态 1.33	饱和蒸气压 /3kPa	0.13（739℃）
	临界温度	—	临界压力	—	禁忌物	强酸、易燃或可燃物、二氧化碳、过氧化物水
	稳定性	稳定	聚合危害	不聚合		
燃爆危险与消防	燃烧性	不燃	引燃温度	无意义	火灾危险性类别	丁类
	爆炸极限	无意义	闪点	无意义	燃烧（分解）产物	—
	最小点火能	无意义	—	—	最大爆炸压力	无意义
	危险特性	与酸发生中和反应并放热。不燃。具有强碱的通性，能溶解锡、锌、铝，对镍、银、金、铂等无腐蚀性，对铜、铁、玻璃、陶瓷等有腐蚀，对皮肤、织物、纸等有强腐蚀性				
	灭火方法	用水、砂土扑救，但须防止物品遇水产生飞溅，造成灼伤				
健康危害与防护	工作场所职业接触限值 /（mg/m^3）			职业毒性危害等级		侵入途径
	MAC：2	TWA：—	STEL：—	Ⅳ级，轻度危害		接触、食入
	健康危害	本品有强烈刺激和腐蚀性。氢氧化钠通过呼吸道、消化道、皮肤侵入人体，对蛋白质有溶解作用，腐蚀性强。对皮肤和黏膜有强烈的刺激和腐蚀作用。吸入氢氧化钠的粉尘或烟雾时，可引起化学性上呼吸道炎。皮肤和眼睛接触可引起灼伤。误食后，口腔、食管、胃部烧灼痛，腹绞痛、呕吐血性胃内容物，血性腹泻				
	防护措施	工程控制：密闭操作。提供安全淋浴和洗眼设备 呼吸系统防护：无须特殊防护 身体防护：穿橡胶耐酸碱服 眼睛防护：呼吸系统防护中已作防护 手防护：戴橡胶耐酸碱手套 其他：工作场所禁止吸烟、进食和饮水，饭前要洗手。工作毕，淋浴更衣。注意个人卫生				

续表

急救与应急	急救措施	当强碱溅到眼睛内或皮肤上时迅速用大量的清水清洗，再用 2% 的稀硼酸溶液清洗眼睛，或用 1% 的醋酸清洗皮肤 食入：误食者用水漱口，给饮牛奶或蛋清。就医				
	应急处理	隔离泄漏污染区，限制出入。建议应急处理人员戴自给式呼吸器，穿防酸碱工作服。不要直接接触泄漏物。小量泄漏：可以用大量水冲洗，洗水稀释后放入废水系统。大量泄漏：收集回收或运至废物处理场所处置				
储运废弃	包装分类	Ⅱ	包装标志	20	包装方法	小开口钢桶塑料袋、多层牛皮纸外木板箱
	储运事项	注意防潮和雨水浸入。应与易燃、可燃物及酸类分开存放。分装和搬运作业要注意个人防护。搬运时要轻装轻卸，防止包装及容器损坏。雨天不宜运输				
	废弃处置	处置前应参阅国家和地方有关法规。中和、稀释后，排入废水系统。高浓度对水生生物有害				

10. 盐酸

盐酸（31%NaOH）主要用于水处理站阳床及混床树脂再生，计量化验站化验室用到低浓度的盐酸试剂。盐酸为一种无色或微黄色透明液体，易挥发，有刺激性气味，腐蚀性极强，易溶于水、酒精和醚。能与贵重金属以外的金属起化学反应，并能与金属氧化物、碱类和大部分盐类起化学反应。盐酸在大气中易挥发成酸雾，少量氯化氢气体导致咳嗽，大量吸入引起窒息。盐酸溅入眼睛，眼睛有刺痛感，流泪，严重时破坏角膜。高浓度盐酸会对皮肤造成化学灼伤，食入少量高浓度盐酸会对食道黏膜有伤害。盐酸的理化性质和危险特性见表 2–4–10。

表 2-4-10　盐酸的理化性质及危险特性

物质名称	氯化氢　盐酸		危化品编号		81013UN 编号：1789
物化特性					
沸点 /℃	–84.8		相对密度（水 =1）		1.19
饱和蒸气压 /kPa	4225.6（20℃）		熔点 /℃		–114.3
蒸气密度（空气 =1）	1.27		溶解性		易溶于水，溶于乙醇、乙醚和苯
外观与气味	无色、有刺激性气味的气体				
灭火方法	本品不燃。但与其他物品接触引起火灾时，消防人员须穿戴全身防护服；关闭火场中钢瓶的阀门，减弱火势，并用水喷淋保护去关闭阀门的人员。喷水冷却容器，可能的话将容器从火场移至空旷处				
危险特性	无水氯化氢无腐蚀性，但遇水时具有强腐蚀性。它能与一些金属粉末发生反应，放出氢气。遇氰化物能产生剧毒的氰化氢气体				
反应活性数据					
稳定性	不稳定		避免条件		
	稳定	√			
聚合危险性	可能存在		避免条件		
	不存在	√			
禁忌物	碱类、活性金属粉末		燃烧（分解）产物		

续表

物质名称	氯化氢 盐酸		危化品编号		81013UN 编号：1789	
健康危害数据						
侵入途径	吸入	√	皮肤		口	
急性毒性	LD_{50}	无		LC_{50}/（mg/m^3）	4600,（1h，大鼠吸入）	

健康危害（急性和慢性）：

本品对眼和呼吸道黏膜有强烈刺激作用

急性中毒时出现头痛、头昏、恶心、眼痛、咳嗽、痰中带血、声音嘶哑、呼吸困难、胸闷、胸痛等。重者发生肺炎、肺水肿、肺不张。眼角膜可见溃疡或浑浊。皮肤直接接触，可出现栗粒样红色小丘疹而呈潮红痛热

长期较高浓度接触时，可引起慢性支气管炎、胃肠功能障碍及牙齿酸腐蚀症

泄漏紧急处理：

迅速撤离泄漏污染区人员至上风处，并立即进行隔离，小泄漏时隔离 150m，大泄漏时隔离 450m，严格限制出入。应急处理人员戴自给正压式呼吸器，穿防毒服，从上风处进入现场。尽可能切断泄漏源。合理通风，加速扩散。喷氨水或其他稀碱液中和。构筑围堤或挖坑收容产生的大量废水。如有可能，将残余气或漏出气用排风机送至水洗塔或与塔相连的通风橱内。漏气容器要妥善处理，修复、检验后再用

储运注意事项：

属不燃有毒压缩气体。应储存于阴凉、通风仓间内，仓温不宜超过 30℃。远离火种、热源，防止阳光直射。应与易燃或可燃物、金属粉末等分开存放。不可混储混运。预时要注意品名。注意验瓶日期，先进仓的先发用。搬运时轻装轻放，防止钢瓶及附件破损。运输按规定路线行驶，勿在居民区和人口稠密区停留。储运车辆需持危险化学品运输许可证，驾驶员、押运员需持危险化学品运输、押运许可证上岗

防护措施			
工程控制	严加密闭，提供充分的局部排风和全面通风		
呼吸系统防护	空气中浓度超标时，佩戴过滤式防毒面具（半面罩）。紧急事态抢救或撤离时，佩戴空气呼吸器	身体防护	穿防静电工作服
手防护	戴橡胶手套	眼防护	必要时，戴化学安全防护眼镜
其他	工作现场严禁吸烟、饮食。工作毕，应淋浴更衣		

11. 硫酸

硫酸主要应用于循环水场，循环水加硫酸调节 pH 值，循环水场设有 2 座 $10m^3$ 硫酸罐。碱渣处理装置处理单元也用到浓硫酸中和废碱液。另外计量化验站也要用到低浓度的硫酸化验使用，硫酸为一种无色黏稠高密度的强矿物酸，在任何浓度下与水都能混溶并且放热。其盐为硫酸盐。硫酸具有非常强的腐蚀性，因此在配制稀硫酸时应非常小心并穿戴保护手套和衣物。硫酸理化性质和主要危险特性见表 2–4–11。

12. 液氨

液氨主要用作除盐水及用于凝结水 pH 值控制，加氨量控制在除盐水及凝结水 pH=8、8~9、3。联合装置急冷水系统运行不正常时也需要用到液氨。氨常温常压下为无色气体，有强烈的刺激性气味。液氨（氨水）会侵蚀某些塑料制品、橡胶和涂层，遇热、明火，难以点燃而危险性较低，但氨和空气混合物达到上述浓度范围遇明火会燃烧和爆炸，如有油类或其他可燃性物质存在，则危险性更高。低浓度的氨对眼和潮湿的皮

表 2-4-11　硫酸理化性质和主要危险特性

<table>
<tr><td rowspan="2">标识</td><td>中文名</td><td>硫酸</td><td>英文名</td><td>Sulfuric acid</td></tr>
<tr><td>分子式</td><td>H_2SO_4</td><td>危规号</td><td>81007</td></tr>
<tr><td rowspan="4">理化性质</td><td>外观与性状</td><td>无色透明油状液体，有酸味</td><td>主要用途</td><td>用途广，化肥、医药、提炼等</td></tr>
<tr><td>熔点 /℃</td><td>10.5</td><td>沸点 /℃</td><td>330</td></tr>
<tr><td>液体相对密度</td><td>1.83</td><td>蒸气相对密度</td><td>3.4</td></tr>
<tr><td>溶解性</td><td colspan="3">与水混溶</td></tr>
<tr><td rowspan="7">燃烧爆炸危险性</td><td>燃烧性</td><td>不燃</td><td>—</td><td>—</td></tr>
<tr><td>闪点</td><td>无意义</td><td>引燃温度</td><td>无意义</td></tr>
<tr><td>爆炸下限</td><td>无意义</td><td>爆炸上限</td><td>无意义</td></tr>
<tr><td>燃烧产物</td><td>氧化硫</td><td>稳定性</td><td>稳定</td></tr>
<tr><td>禁忌物</td><td>强还原剂，碱类，水，碱金属</td><td>聚合危害</td><td>不聚合</td></tr>
<tr><td>灭火方法</td><td colspan="3">泡沫、二氧化碳、干粉、砂土。用水灭火无效</td></tr>
<tr><td>危险特性</td><td colspan="3">遇水大量放热，可发生飞溅。与易燃物和可燃物接触发生剧烈反应，甚至燃烧。遇电石、高氯酸、硝酸盐、金属粉末等剧烈反应发生燃烧或爆炸</td></tr>
<tr><td rowspan="3">包装与储运</td><td>危险性类别</td><td>第 8.1 类，酸性腐蚀品</td><td>危险货物包装标志</td><td>20</td></tr>
<tr><td>包装类别</td><td>I</td><td>UN 编号</td><td>1830</td></tr>
<tr><td>储存注意事项</td><td colspan="3">储存于阴凉、干燥、通风良好的仓间。应与易燃或可燃物、碱类、金属粉末等分开存放。不可混储混运。搬运时要轻装轻卸，防止包装及容器损坏。分装和搬运作业要注意个人防护</td></tr>
<tr><td rowspan="2">毒理学资料</td><td>接触限值 /（mg/m^3）</td><td>2</td><td>侵入途径</td><td>吸入、食入</td></tr>
<tr><td>健康危害</td><td colspan="3">对皮肤、黏膜等组织有强烈刺激和刺激性，吸入后可引起肺水肿甚至死亡。口服可灼伤口腔、胃及食道。眼及皮接触引起化学灼伤，可引起眼睛失明</td></tr>
<tr><td rowspan="3">应急措施</td><td>皮肤和眼睛接触</td><td colspan="3">当有酸溅到眼睛或皮肤上时，应立即用大量清水冲洗，再用 0.5% 的碳酸氢钠溶液清洗，然后就医</td></tr>
<tr><td>吸入</td><td colspan="3">立即脱离现场至空气新鲜处。呼吸困难，人工呼吸，就医</td></tr>
<tr><td>食入</td><td colspan="3">用水漱口，给牛奶或蛋清。就医</td></tr>
<tr><td rowspan="5">防护措施</td><td>呼吸系统防护</td><td colspan="3">可能接触其蒸气时，佩戴自吸过滤式防毒面具（全面罩）或空气呼吸器。紧急事故抢救或撤离时，应佩戴氧气呼吸器</td></tr>
<tr><td>眼睛防护</td><td colspan="3">戴护目镜</td></tr>
<tr><td>身体防护</td><td colspan="3">穿橡胶耐酸碱工作服，浓酸溅到衣服上时，应先用水冲洗，然后用 2% 稀碱中和，最后再用水冲洗</td></tr>
<tr><td>手防护</td><td colspan="3">戴耐酸碱橡胶手套</td></tr>
<tr><td>其他</td><td colspan="3">工作现场禁止吸烟、进食和饮水。饭前要洗手，工作毕淋浴更衣</td></tr>
<tr><td>泄漏应急处理</td><td colspan="4">迅速撤离泄漏污染区人员至安全区，并进行隔离，严格限制出入，建议应急处理人员戴自给正压式呼吸器，穿防酸碱工作服。不要直接接触泄漏物。尽可能切断泄漏源，防止进入下水道、排洪沟等限制性空间、小量泄漏：用砂土、干燥石灰或苏打灰混合，也可能用大量水冲洗，洗水稀释后放入废水系统，大量泄漏：构筑围堤或挖坑收容，用泵转移至槽车或专用收集器内，回收或运至废物处理场所处置</td></tr>
</table>

肤能迅速产生刺激作用，潮湿的皮肤或眼睛接触高浓度的氨气能引起严重的化学烧伤。高浓度蒸气对眼睛有强刺激性，可引起疼痛和烧伤，导致明显的炎症并可能发生水肿、上皮组织破坏、角膜混浊和虹膜发炎。液氨的主要理化性质及危险特性见表 2–4–12。

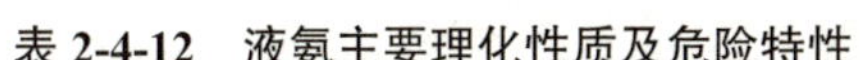

表 2-4-12 液氨主要理化性质及危险特性

标识	中文名	氨	分子式	NH_3	危险性类别	第 2.3 类有毒气体
	别名	液氨、氨气	相对分子质量	17.03	危险货物编号	23003
	英文名	ammonia	UN 号	1005	CAS 号	7664-41-7
理化性质	外观与性状	无色透明，有刺激性恶臭			溶解性	易溶于水、乙醇、乙醚
	熔点 /℃	-77.7	沸点 /℃	-33.5	燃烧热	无资料
	相对密度（空气 =1）	气态 0.60	相对密度（水 =1）	液态 0.61（-79℃）	饱和蒸气压 /kPa	506.62（4.7℃）
	临界温度 /℃	132.5	临界压力 /MPa	11.40	禁忌物	卤素、酰基物、酸类、氯仿、强氧化剂
	稳定性	稳定	聚合危害	不聚合		
燃爆危险与消防	燃烧性	易燃	引燃温度 /℃	651	火灾危险性类别	乙类
	爆炸极限 /%	15.7~27.4	闪点	无意义	燃烧（分解）产物	氧化氮、水
	最小点火能	无资料	—	—	最大爆炸压力 /MPa	0.580
	危险特性	与空气能形成爆炸性混合物。遇明火、高热能引起燃烧、爆炸。与氟、氯等接触会发生剧烈化学反应。容器受热内部压力增大，有发生开裂、爆炸的危险				
	灭火方法	必须穿戴全身防火、防毒服，切断气源。若不能立即切断气源，则不允许熄灭正在燃烧的气体。喷水冷却容器，可能时将容器从火场移至空旷处； 灭火剂：雾状水、抗溶性泡沫、二氧化碳、砂土				
健康危害与防护	工作场所职业接触限值 /（mg/m^3）			职业毒性危害等级		侵入途径
	MAC：—	PC-TWA：20	PC-STEL：30	Ⅳ级，轻度危害		吸入
	健康危害	低浓度氨对黏膜有刺激作用，高浓度氨可造成组织溶解坏死 急性中毒：轻度者出现流泪、咽痛、声音嘶哑、咳嗽、咯痰等；眼结膜、鼻黏膜、咽部充血、水肿；胸部 X 线征象符合支气管炎或支气管周围炎。中度中毒：上述症状加剧，出现呼吸困难、紫绀；胸部 X 线征象符合肺炎或间质性肺炎。严重者可发生中毒性肺水肿，或有呼吸窘迫综合征，剧烈咳嗽、咯大量粉红色泡沫痰、呼吸窘迫、谵妄、昏迷、休克等。可发生喉头水肿或支气管黏膜坏死脱落窒息。高浓度氨可引起反射性呼吸停止。液氨或高浓度氨可致眼灼伤；液氨可致皮肤灼伤				
	防护措施	工程控制：严加密闭，提供充分的局部排风和全面通风；提供淋浴和洗眼设备 呼吸系统防护：空气中浓度超标时，应佩戴自给过滤式防毒面具。紧急事态抢救或撤离时，必须佩戴空气呼吸器 眼睛防护：戴化学安全防护眼镜 身体防护：穿防静电工作服 手防护：戴橡胶手套 其他：工作场所禁止吸烟、进食和进水。工作后淋浴、更衣。保持良好卫生习惯				
急救与应急	急救措施	吸入：迅速脱离现场至空气新鲜处。保持呼吸道通畅。如呼吸困难，给输氧。如呼吸停止，立即进行人工呼吸。就医 皮肤接触：立即脱去被污染衣着，用 2% 硼酸液或清水彻底冲洗。就医 眼睛接触：立即提起眼睑，用清水或生理盐水彻底冲洗至少 15min。就医				
	应急处理	泄漏时迅速将污染区人员撤离至上风处，并立即隔离 150m，严格限制出入。切断火源。建议应急处理人员戴自给正压式呼吸器，穿防毒服。尽可能切断泄漏源。合理通风，加速扩散。高浓度泄漏区，喷含盐酸雾状水中和、稀释、溶解，构筑围堤或挖坑收容产生废水。如有可能，将残余气或漏出气用排风机送至水洗塔或与塔相连的通风橱内。储罐区最好设稀酸喷林设施。泄漏容器要妥善处理，经修复、检验后再用				

续表

储运与废弃	包装分类	Ⅱ	包装标志	6，7	包装方法	钢质气瓶
	储运事项	储存于阴凉、干燥、通风处。远离火种、热源。防止阳光直射。罐储时要有防火、防爆技术措施。配备相应品种和数量的消防器材。禁止使用易产生火花的机械、设备和工具。验收时要注意品名和验瓶日前，先进先用。槽车运送时要灌装适量，不可超压、超装运输。搬运时轻装轻卸，防止钢瓶及附件破损。运输按照规定路线行驶，中途不得停留				

13. 氮气、液氮

净化厂空分空压站设有 A/B 两套空分设备，单套设计产氮气量为 6000Nm^3/h，氮气浓度为 99.5%，低压氮气管网出口压力为 0.8MPa，高压出口氮气管网出口压力为 8.8MPa。氮气理化性质及危险特性见表 2-4-13。

表 2-4-13　氮气理化性质及危险特性表

标识	中文名：氮［压缩的］、氮气				危险货物编号：22005	
	英文名：nitrogen				UN 编号：1066	
	分子式：N_2		相对分子质量：28.01		CAS 号：7727-37-9	
理化性质	外观与性状	无色无味压缩或气体。				
	熔点 /℃	-209.8	相对密度（水 =1）	0.81	相对密度（空气 =1）	0.97
	沸点 /℃	-195.6	饱和蒸气压 /kPa		1026.42（-173℃）	
	溶解性	微溶于水、乙醇		临界温度 /℃	-147	
毒性及健康危害	侵入途径	吸入				
	健康危害	空气中氮气含量过高，使吸入气氧分压下降，引起缺氧窒息。吸入氮气浓度不太高时，患者最初感胸闷、气短、疲软无力；继而有烦躁不安、极度兴奋、乱跑、叫喊、神情恍惚、步态不稳，称之为“氮酩酊”，可进入昏睡或昏迷状态。吸入高浓度氮气，患者可迅速昏迷、因呼吸和心跳停止而死亡。潜水员深潜时，可发生氮的麻醉作用；若从高压环境下过快转入常压环境，体内会形成氮气气泡，压迫神经、血管或造成微血管阻塞，发生“减压病”。皮肤接触液氮可致冻伤				
	急救方法	吸入：迅速脱离现场至空气新鲜处。保持呼吸道通畅。如呼吸困难，给输氧。呼吸心跳停止时，立即进行人工呼吸和胸外心脏按压术，就医。皮肤、眼睛与液体接触发生冻伤时，用大量水冲洗，就医治疗				
燃烧爆炸危险性	燃烧性	不燃	燃烧分解物	氮气		
	闪点	—	爆炸上限	—		
	引燃温度	—	爆炸下限	—		
	危险特性	不燃，但在日光暴晒下，或搬运时猛烈摔甩，或者遇高热，容器内压增大，有开裂和爆炸的危险				
	建规火险分级	戊	稳定性	稳定	聚合危害	不聚合
	禁忌物	—				
	储运条件与泄漏处理	储运条件：储存于阴凉、通风的仓间内，仓内温度不宜超过 30℃。防止阳光直射。验收时应注意品名，注意验瓶日期，先进仓先发用。搬运时应轻装轻卸，防止钢瓶及附件损坏。泄漏处理：迅速撤离泄漏污染区人员至上风处，并进行隔离，严格限制出入。建议应急处理人员戴自给正压式呼吸器，穿一般作业工作服。尽可能切断泄漏源。合理通风，加速扩散。漏气容器要妥善处理，修复、检验后再用				
	灭火方法	不燃，切断气源。用雾状水使火场中容器冷却，可用雾状水喷淋加速液态氮蒸发，但不可使水枪射至液氮				

14. 压缩空气

空分空压站配置四台离心式压缩机，单机生产能力为：20000Nm^3/h，供应正常生产中的净化风和非净化风，同时为空分装置提供压缩气体。压缩空气的主要危险特性见表2-4-14。

表 2-4-14 压缩空气的主要危险特性表

标识	中文名	空气（压缩的）	分子式	混合物	危险性类别	第2.2类不燃气体
	别名	—	相对分子质量	29	危险货物编号	22003
	英文名	air	UN号	1002	CAS号	—
理化性质	外观与性状	无色无臭气体		溶解性	微溶于水	
	相对密度（空气＝1）	1	相对密度（水=1）	—	饱和蒸气压	—
	临界温度	—	临界压力	—	禁忌物	强还原剂、钠、锂、黄磷等
	稳定性	稳定	聚合危害	聚合		
燃爆危险与消防	燃烧性	助燃物	引燃温度	—	火灾危险性类别	乙类（高压空气）
	危险特性	空气为多种气体的混合物，主要成分为氮气和氧气，分别约占78.1%和20.9%。空气因含有氧气而具有氧化性和助燃性。压缩空气遇硫、磷会引起爆炸。能使油脂剧烈氧化，甚至发生燃烧爆炸。与乙炔、氢、甲烷等易燃气体能形成具有爆炸性的混合物。储存容器受热后压力增大，有开裂和爆炸的危险				
	灭火方法	用水使容器冷却，以防受热爆炸，急剧助长火势。迅速切断气源，用水喷淋保护切断气源的人员，根据着火原因选择适当的灭火剂灭火				

15. 其他危险有害物质

化验站由于化验样品用到多种危险化学品试剂，但存放量较少；水处理场、净化水场、循环水场用到多种杀菌剂、缓蚀阻垢剂等。

缓蚀阻垢剂为有机磷酸盐加锌盐加水磺酸共聚物的水溶液，理化特性：呈强酸性，pH<2；对皮肤、眼睛有刺激作用；毒副作用较小；无爆炸性，不可燃，挥发性较小；投加时，应戴好防护手套与防护镜。

非氧化性杀菌剂为季铵盐、戊二醛、异噻唑磷酮等的水溶液；pH值6~8；有一定的毒副作用，不可燃，投加时戴好浸胶防护手套。

氧化性杀菌剂（优氯净）易溶于水，具有高效、快速、广谱、安全等特点，有极强的杀菌作用，在20ppm时，杀菌率达到99%。性能稳定，干燥条件下保存半年内有效氯下降不超过1%。该药品对皮肤和眼睛有刺激性，在120℃以下存放不会变质，不会燃烧，操作时应佩戴防护眼镜和浸胶手套。

净化厂内其他危险物质分析见表2-4-15。

表 2-4-15 净化厂内其他危险物质

序号	化学名称	俗名	分子式	类型	CAS 号	用途	使用或存放地点	责任单位
1	二异丙胺	—	$C_6H_{15}N$	易燃液体	108-18-9	试剂	药品间	计量化验站
2	无水乙醇	无水酒精	C_2H_6O	易燃液体	64-17-5	试剂	药品间	计量化验站
3	溴酸钾	氯化锶、二氯化锶	$KBrO_3$	氧化剂	7758-01-2	试剂	药品间	计量化验站
4	高锰酸钾	过锰酸钾；灰锰氧	$KMnO_4$	氧化剂	7722-64-7	试剂	药品间	计量化验站
5	铬酸钾	铬酸二钾	K_2CrO_4	有毒品	7789-00-6	试剂	药品间	计量化验站
6	碘酸钾	—	KIO_3	氧化剂	7758-05-6	试剂	药品间	计量化验站
7	氢氧化钾	苛性钾	KOH	碱性腐蚀品	1310-58-3	试剂	药品间	计量化验站
8	重铬酸钾	红矾钾	$K_2Cr_2O_7$	氧化剂	7778-50-9	试剂	药品间	计量化验站
9	乙醇（95%）	95% 酒精	C_2H_6O	易燃液体	64-17-5	试剂	药品间	计量化验站
10	丙酮	二甲基酮	CH_3COCH_3	易燃液体	67-64-1	试剂	药品间	计量化验站
11	亚硫酸氢钠	酸式亚硫酸钠	$NaHSO_3$	酸性腐蚀品	7631-90-5	试剂	药品间	计量化验站
12	石油醚	石油精	戊烷、己烷	易燃液体	8032-32-4	试剂	药品间	计量化验站
13	四氯甲烷	四氯化碳	CCl_4	有毒品	56-23-5	试剂	药品间	计量化验站
14	异丙醇	2- 丙醇	C_3H_8O；$(CH_3)_2CHOH$	易燃液体	67-63-0	试剂	药品间	计量化验站
15	硼酸	—	H_3BO_3	有毒品	10043-35-3	试剂	药品间	计量化验站
16	对苯二酚	1，4- 苯二酚、氢醌	$C_6H_4(OH)_2$	有毒品	123-31-9	试剂	药品间	计量化验站
17	氨水	氨溶液［含氨 >10%］	$NH_3 \cdot H_2O$	碱性腐蚀品	1336-21-6	试剂	药品间	计量化验站
18	30% 过氧化氢	过氧化氢	H_2O_2	氧化剂	7722-84-1	试剂	药品间	计量化验站
19	硝酸钾	火硝	KNO_3	氧化剂	7757-79-1	试剂	药品间	计量化验站
20	过硫酸钾	高硫酸钾；过二硫酸钾	$K_2S_2O_8$	氧化剂	7727-21-1	试剂	药品间	计量化验站
21	氯乙酸	氯醋酸；一氯醋酸	$C_2H_3ClO_2$	酸性腐蚀品	79-11-8	试剂	药品间	计量化验站
22	盐酸	氢氯酸	HCl	酸性腐蚀品	7647-01-0	试剂	药品间	计量化验站
23	硫酸	磺镪水	H_2SO_4	酸性腐蚀品	7664-93-9	试剂	药品间	计量化验站
24	二异丙醇胺	2，2′-二羟基二丙胺	$C_6H_{15}NO_2$	碱性腐蚀品	110-97-4	试剂	药品间	计量化验站
25	氢氧化钡	—	$Ba(OH)_2$	毒害品	17194-00-2	试剂	药品间	计量化验站

续表

序号	化学名称	俗名	分子式	类型	CAS 号	用途	使用或存放地点	责任单位
26	硫脲	硫代尿素	$(H_4N)_2S$	毒害品	62-56-6	试剂	药品间	计量化验站
27	硝酸银	—	$AgNO_3$	氧化剂	7761-88-8	试剂	药品间	计量化验站
28	氢氧化钠	苛性钠；烧碱	NaOH	碱性腐蚀品	1310-73-2	试剂	药品间	计量化验站
29	三氯化铁	氯化铁	$FeCl_3$	酸性腐蚀品	7705-08-0	试剂	药品间	计量化验站
30	次氯酸钠溶液	漂白水	NaClO	腐蚀品	7681-52-9	试剂	药品间	计量化验站
31	硝酸	氢氮水	HNO_3	酸性腐蚀品	7697-37-2	试剂	药品间	计量化验站
32	磷酸	正磷酸	H_3PO_4	酸性腐蚀品	7664-38-2	试剂	药品间	计量化验站
33	*N*，*N*- 二甲基甲酰胺	*N*- 甲酰二甲胺；DMF；二甲基甲酰胺	C_3H_7NO	有毒品	68-12-12	试剂	药品间	计量化验站
34	2，4，6- 三硝基苯酚	苦味酸	$C_6H_2OH(NO_2)_3$	爆炸品	88-89-1	试剂	药品间	计量化验站
35	氯化钴	氯化亚钴，二氯化钴	$CoCl_2 \cdot 6H_2O$	无机盐	7646-79-9	试剂	药品间	计量化验站
36	硫酸氢钠	酸式硫酸钠	$NaHSO_4$	酸性腐蚀品	7681-38-1	试剂	药品间	计量化验站
37	硝酸铜	—	$CuNO_3$	氧化剂	10031-43-3	试剂	药品间	计量化验站
38	汞	水银	Hg	腐蚀品	7439-97-6	试剂	药品间	计量化验站
39	异戊醇	3- 甲基 -1- 丁醇	$C_5H_{12}O$	易燃液体	123-51-3	试剂	药品间	计量化验站
40	碱石灰	钠石灰（含氢氧化钠 >4%）	—	混合物	8006-28-8	试剂	药品间	计量化验站
41	氢气		H_2	易燃易爆气体	1333-74-0	气体分析	气瓶间	计量化验站
42	缓蚀阻垢剂	—	—	强酸性、刺激性	—	生产用品	循环水场加药间	净化水场
43	液硫	硫黄	S	易燃液体	7704-34-9	中间产品	液硫罐区	储运车间
44	硫化钠	硫化碱、臭碱	Na_2S	碱性腐蚀品	1313-82-2		废气处理装置	储运车间
45	柴油	—	—	GB3、3 类	—	叉车、装载机燃油	包装码垛	储运车间
46	次氯酸钠	漂白水	NaClO	碱性腐蚀品	7681-52-9	生产用品	循环水场	公用工程
47	亚氯酸钠		$NaClO_2$	氧化剂	7758-19-2	生产用品	净化水场	公用工程
48	三氯异氰脲酸	强氯精	$C_3Cl_3N_3O_3$	氧化杀菌剂	87-90-1	生产用品	循环水场	公用工程
49	磷酸三钠	—	Na_3PO_4	碱性腐蚀品	7601-54-9	生产用品	锅炉加药	水处理站

（二）主要生产装置和单元的危险有害因素分析

1. 天然气脱硫装置

1）天然气脱硫部分

该过程是在 8.3 MPa（g）压力下进行，高压操作对设备选材加工、联锁控制、生产操作等要求苛刻，主要存在发生高、低压窜气的危险。

2）溶剂再生部分

从第一级主吸收塔底部出来的富胺液进入富胺液闪蒸罐，在罐内闪蒸出所携带的轻烃，并在闪蒸气吸收塔中用补充胺液的方法吸收闪蒸气中可能携带的 H_2S。闪蒸气经压力控制后作为燃料气送入尾气焚烧炉，焚烧所产生的热量通过发生高压蒸汽进行回收。

闪蒸后的富胺液自闪蒸罐底流出，经换热后进入胺液再生塔，富胺液含有的 H_2S 和 CO_2 被重沸器内产生的汽提气解析出来，从塔顶流出，塔顶气经冷却后在塔顶回流罐分液，分离出的酸性水经泵送回再生塔顶，过量的酸性水定期送往酸水罐。分液后的酸性气送往硫黄回收单元，其温度为 50℃，压力为 0.177 MPa（a）。

再生塔底的高温贫胺液经换热降温后进入胺液过滤器，脱除携带的腐蚀产物及其他固体杂质，过滤后的贫液一部分经高压贫胺液泵送入第二级主吸收塔，其余部分送往尾气吸收塔。该过程存在的主要危险因素是腐蚀。

3）其他危险

脱硫单元原料气过滤器、吸收塔、闪蒸罐、再生塔、水解反应器等，如果管道或设备容器发生介质泄漏，容易引起中毒或爆炸事故，

脱硫单元含有各转动设备，作业过程中不注意个人防护、未按要求穿戴好劳动保护等，会发生机械伤害及噪声伤害。

2. 天然气脱水装置

来自两系列脱硫单元的脱硫气体混合后进入脱水塔，在塔内天然气与高纯度三甘醇逆流接触，天然气中的水分被脱除，脱水后的天然气进入分液罐脱除可能携带的三甘醇。

离开脱水塔的富三甘醇进入三甘醇闪蒸罐，以脱除溶解的天然气，闪蒸出的天然气作为燃料气送往尾气焚烧炉。闪蒸后的三甘醇经过滤脱除固体杂质（如铁锈）后经换热升温后进入三甘醇再生塔，再生塔顶部的气体送入焚烧炉处理。再生塔底的三甘醇纯度达到 99.5%。经换热后由循环泵升压后送至脱水塔循环使用。

该过程的操作压力是 8.1 MPa（g），和脱硫装置一样，主要存在的危险是高、低压窜气。

脱水装置的湿净化气脱水系统生产过程所用原料及形成的产品均属易燃易爆、有毒物品（如干气、三甘醇等），如果设备发生跑冒滴漏，设备可能泄漏（或人为排放）出可燃气体、H_2S 或其蒸气，它们沉积在地面、下水道、管沟等处，与空气混合达到一定的比例，遇着火源或达到一定的温度，将会发生爆炸，个人防护不当，会造成人身伤害

和环境污染等事故。

三甘醇再生系统设备为高温设备，设备及管道发生泄漏会造成灼伤及污染事故。

3. 硫黄回收装置

该过程的关键设备是主燃烧炉，存在的主要危险因素是因操作不当引起的主燃烧炉炉膛爆炸。

液硫池正常操作温度为124~148℃，若液硫池气相达到170℃并继续上升，同时液硫池烟囱处冒白烟说明池内硫化亚铁着火，停止液硫池进、出料迅速打开成型界区消防蒸汽阀门，停运液硫池上液硫进料泵，成型机做停机处理，利用消防水对液硫池烟囱进行降温处理待液硫池及烟囱温度降至正常值后，关闭消防蒸汽，对破裂的爆破片进行更换。

硫黄回收装置的火灾危险分类等级为甲类，装置属危害因素较大的设备及场所，其危险性主要有火灾、爆炸、中毒、灼烫。

（1）废热锅炉：为高温、易爆设备。

（2）酸性气分液罐，H_2S 气体泄漏时易燃易爆、剧毒。

（3）燃料气分液罐：燃料气泄漏时容易形成易燃、易爆气体。液硫池液硫脱气未按程序操作，吹扫空气量未达到设计要求，硫化氢达到爆炸极限会发生爆炸事故。

（4）硫黄回收装置采用饱和或过热蒸汽加热，含有较多的高温设备和高温蒸汽管道，容易发生灼烫事故。

4. 尾气处理装置

该过程的关键设备是加氢进料燃烧炉和尾气焚烧炉，存在的主要危险因素是腐蚀和因操作不当引起的炉膛爆炸。

酸性气放火炬之前，未确认火炬燃烧正常后，将酸性气放入火炬，硫化氢燃烧不完全，会造成恶臭和中毒事故的发生。

5. 酸性水汽提装置

酸性水汽提单元处理两个系列连续排放的酸性水。来自两个系列的酸性水收集在酸性水罐中，酸性水罐设置氮封来维持罐内压力，罐内累积的酸性气体经压力控制送入焚烧炉。

酸性水罐内的酸性水由泵抽出，经换热升温进入酸性水汽提塔顶部。在塔内与塔底重沸器产生的蒸汽逆流接触，汽提出所含的酸性气。塔顶气直接送往尾气处理单元急冷塔中冷却并回收循环的 H_2S。塔底排出的汽提后的净化水经换热降温后送出装置。该过程存在的主要危害因素是腐蚀。

酸性水汽提装置的火灾危险分类等级为甲类，装置危害因素较大设备及场所如下：

（1）汽提塔：H_2S 气体泄漏时易燃易爆、剧毒。

（2）酸性水缓冲罐、酸性水回收水罐：H_2S 气体泄漏时易燃易爆、剧毒。

6. 火炬及放空系统

火炬及放空系统的主要事故是回火，流体密封器缺天然气，阀门不严或管线腐蚀漏空气；水封罐水封高度不够，漏入空气，装置排燃料气时带有大量氢气，放空气压力太高等原因均可能导致回火事故。水封罐能够可靠地保护全厂可燃排放气体系统，即使发生了回火事故，火焰传播至水封面即被阻止，阻火安全可靠。火炬筒体内通入燃料气作为密封气，把进入到流体密封器顶部的空气不断挟带着回喷至火炬头顶部进入到大气中，从而达到防止回火的目的。

7. 主要工艺装置其他危险因素

1）设备超压

当设备内的操作压力超过其设计压力时，将可能损坏设备，引起有毒及可燃气体的泄漏，而导致火灾及爆炸的事故发生。

2）主风机故障

主风机故障会导致硫黄装置不能正常操作，进而引起全装置停车。

3）阀门故障

工艺过程的控制是由各种阀门完成的，当阀门由于关闭不严、阀门内漏、外漏，会引起设备窜压、倒流、气体泄漏。

4）仪表故障

净化厂生产为连续工艺生产过程，全部为自动化控制，检测仪表及动作部件的故障将导致设备的超压，切断阀的误动作。含硫化氢液体的液位计破裂会造成硫化氢泄漏导致操作人员的中毒事故。

5）停电

当供电出现故障时，所有用电设备停止运转，在不同的设备上出现事故。

6）停水

当冷却水意外停供时，会引起换热器不同程度的超温，导致事故。

7）停仪表风

仪表风系统的故障会使控制系统不能正常操作

8）停氮气

氮气系统不能供气可导致装置不能正常操作。

8. 硫黄储运与成型装置

硫黄成型及输送单元处理的介质为液体或固体硫黄，固体硫黄为易燃性淡黄色结晶体，硫黄粉尘易燃，可形成爆炸性环境，在储运过程中易产生静电荷。固体硫黄的火灾、爆炸危险性与粒度有很大关系，颗粒状、球状、锭剂或片状固体硫黄较为稳定。液体硫黄的温度在138℃左右，因为温度较高，较之固体硫黄更易发生火灾。

在取料作业过程中，料仓现场粉尘较大，硫化氢浓度较高悬，浮于空气中的硫黄粉尘在浓度达到35g/m^{3}时便具有爆炸危险性，皮带输送系统最易产生粉尘的地方为机头落料斗及皮带接料挡料槽内。

由于大臂堆料机尾部与上部进料皮带相连接，且溜管属于半密闭空间，若堆料皮带机长期没有运行，未先对溜管进行喷水除粉尘作业，皮带机突然运转，可能发生粉尘“闪爆”事故。

皮带输送机表面及皮带沿线附近有一定量的硫黄及硫黄粉尘，硫黄是可燃物质，但在不同粒径情况下表现为不同的燃烧性能，当受热或遇到电火花等情况时易发生火灾。现场部分硫黄腐蚀严重部位易产生硫化亚铁自燃。皮带输送系统易出现的热源有：

（1）机械设备故障产生电火花；

（2）皮带输送机运行过程中累计的静电；

（3）设备由于机械运转部位缺乏润滑而摩擦生热；

（4）皮带输送机胶带与设备钢结构、导料槽裙板摩擦；

（5）其他金属物体掉落在皮带输送机上，在料斗等部位撞击和摩擦。

9. 动力站锅炉

锅炉运行中，当受压部件、安全附件及辅助设备发生故障或损坏时，可出现超压、缺水、爆管等事故。如果运行人员误操作，参数监视不严，调整不及时或仪表显示失灵等，将导致锅炉运行出现异常或事故扩大，如处理不当会引起锅炉爆炸事故。

锅炉爆炸事故是指锅炉主要受压元件在承压状态下瞬间破裂，使锅炉压力突然降到等于外界大气压力的事故，一般来说是锅炉事故中最严重的事故。

锅炉压力容器承压部件的断裂破坏伴随着介质的能量释放会形成爆炸，具有巨大的破坏力，不仅损坏设备本身，而且损坏周围的设备和建筑，并常常造成人身伤亡，后果极其严重。造成伤害的因素主要有：

（1）冲击波伤害。锅炉压力容器内的介质一般是具有一定压力的气体、液化气体或高温液体，承压部件一旦破裂，介质即泄压膨胀或瞬时汽化，瞬间释放出大量的能量。其中大约 85% 的能量用以产生冲击波，向周围快速传播，破坏设备、建筑并危害人身安全。

（2）设备碎片伤害。锅炉压力容器破裂时，有些壳体可能会断裂成碎片并高速飞出，击穿、撞坏相遇的设备或建筑，有时直接伤人。

（3）介质伤害。锅炉压力容器破裂时介质外泄，常常造成人员烫伤、中毒、现场燃烧及二次爆炸，产生连锁反应。

锅炉其他容易发生的事故有：锅炉缺水、锅炉满水、汽包水位计损坏、汽水共腾、锅炉灭火、尾部烟道二次燃烧、炉管爆破、风机故障等。

10. 空分空压站

空压装置可能因为供电系统发生故障，导致装置停电，蒸汽管网发生故障，无法提供蒸汽，还可能发生 DCS 系统故障，如切断阀或调节阀失灵等。

空分装置氮气压缩系统在运行过程中，压缩机故障、爆炸，安全阀故障，阀门关不严，润滑油油路中断，可能造成装置、压缩机停工、透平损坏、分子筛失效，影响系统供气，严重时出现着火、爆炸造成人员伤害。

此外冷箱珠光砂处理、回收不当可能造成粉尘污染、堵塞设备，造成呼吸困难，设备事故等。

（三）生产过程中危险有害因素分析

1. 火灾、爆炸危险

天然气净化厂处理的物料是高含硫天然气，产品为净化天然气（主要成分是甲烷）和硫黄，主要辅助原料为 MDEA 胺液、三甘醇等。原料、辅助材料及产品均为可燃性气体或液体。在意外事故、违章操作、设备故障、雷电、静电等因素作用下，整个生产过程均有发生火灾、爆炸的危险。

根据《石油天然气工程设计防火规范》（GB 50183—2004）和《爆炸和火灾危险环境电力装置设计规范》（GB 50058—2014），脱硫装置、脱水装置、硫黄回收装置、尾气处理装置、酸性水汽提装置均属甲类火灾危险性装置。装置区内大部分区域为爆炸危险 2 区，硫黄料仓粉尘防爆：21 区。硫黄成型及输送单元处理的介质为液体或固体硫黄，因此从物料的输送、加工到产品的输出，火灾、爆炸危险是主要的不安全因素。主要危险物料的火灾、爆炸危险类别见表 2-4-16。

表 2-4-16 主要危险物料性质表

物料名称	爆炸危险类别		爆炸极限 /%（体积）	闪点 /℃	自燃点 /℃	火灾危险类别	灭火方法
	组别	级别					
硫化氢	T3	IIB	4.3~46	气体	246	甲	—
天然气	T1	IIA	5~15	气体	484	甲	—
MDEA	—	—	0.9~8.4	135	265	丙 B	泡沫、雾状水
液体硫黄	—	—	35~1400g/m^3	188	255	乙 B	蒸汽
固体硫黄	—	—	35~1400g/m^3	188	255	丙	水雾、砂土
三甘醇	—	—	0.9~9.2	165	371	丙 B	雾状水、抗溶性泡沫、干粉

2. 中毒与窒息

装置生产过程中的硫化氢、氨、二氧化硫、液氮等均有不同程度的毒性，泄漏时可引起急慢性职业中毒的发生。

1）硫化氢

无色具有臭鸡蛋气味的气体，为强烈的神经毒物，对黏膜也有明显刺激作用。特点是低浓度时，对呼吸道及眼的局部刺激作用明显；浓度越高，全身性作用越明显，表现为中枢神经系统症状和窒息症状。职业危害程度分级为Ⅱ级，最高容许浓度（MAC）10mg/m^3，接触反应表现为接触硫化氢后出现眼刺痛、羞明、流泪、结膜充血、咽部灼热感、咳嗽等眼和上呼吸道刺激表现，可有头痛、头晕、乏力、恶心等神经系统症状，脱离接触后在短时间内消失。轻度中毒表现为明显的头痛、头晕、乏力等症状并出现轻度至中度意识障碍，急性气管 - 支气管炎或支气管周围炎。中度中毒表现为意识障碍，浅至中度昏迷，急性支气管肺炎。重度中毒表现为深昏迷或呈植物状态，肺水肿，猝死，多脏器衰竭。

硫化氢在净化厂中分布的面广，酸性气中 H_2S 浓度也高，造成的危害也大。硫化氢存在于污水汽提、硫回收、溶剂再生、尾气处理单元，以污水汽提塔出口酸性气、溶剂再生塔出口酸性气、硫回收酸性气中 H_2S 含量高。酸性气如发生泄漏，极易造成重大人员中毒事故。

2）其他气体

空分装置液氮储槽操作区域如果泄漏，造成局部氮气积聚，在此范围内会有窒息的可能。

3. 车辆伤害

汽车车辆伤害是指企业机动车辆在行驶中引起的人体坠落和物体倒塌、下落、挤压伤亡事故。厂内机动车辆或进厂车辆因本身缺陷、道路缺陷、刹车失灵、无操作资质、违章行驶、车速过快、违章载人等原因，均可能造成车辆伤害，使人遭受撞击、碾压、坠落、挤压等伤害。车辆伤害的危险、有害因素主要有以下情况：

（1）翻倒：超速驾驶，突然刹车，碰撞障碍物，在车辆前部有重物时下斜坡、横穿斜坡或在斜坡上转弯、卸载，在不合适的路面或支撑条件下运行等，都有可能发生翻车。

（2）超载：超过车辆的最大载荷。

（3）碰撞：与建筑物、管道、堆积物及其他车辆之间发生碰撞。

（4）载物失落：如果设备不合适，会造成载荷从叉车上滑落的现象。

（5）火灾爆炸：在电缆线短路、油管破裂或电池充电时产生氢气等情况下，都有可能导致火灾或爆炸。

4. 触电

生产过程中主要引起的触电事故有以下几种：

（1）配电装置及电动机等电气设备缺少安全防护接地措施（保护接地、保护接零），这些电气设备的金属壳体、金属构架正常时不带电，发生故障（绝缘击穿、接地）时金属外壳带电，一旦人体碰触，即会发生触电事故。

（2）接地线设计不符合要求，如截面过小等，使得既不能满足热稳定和均压要求，容易发生触电伤害；接地线连接不合要求，采用焊接的接地线，其搭接长度不够、焊接质量低劣时，接地线电阻过大，不利于保护人身安全，易发生触电伤害；接地线材质不符合要求，机械强度不够，导致受损坏或腐蚀，起不到应有的保护作用；在电气设备没有可靠的避雷装置或避雷装置的接地不良，或接地电阻不符合要求等情况下，容易发生雷击伤害事故。

（3）配电柜如果功能不全，易引起误操作或无防护措施造成人员误入带电间隔，发生人身触电事故；电气设备名称、编号标识不全或者错误，导致维护、检修人员误入间隔或误登带电设备，造成人员触电伤亡。

（4）检修等作业过程中，人与电气设备带电部位安全距离不足，人体过分接近带电设备，造成触电伤亡事故；检修人员维护、操作使用的工器具或安全防护用品绝缘不合格，使用中发生触电。

（5）带电设备绝缘老化、损坏会导致触电事故。

（6）配电装置及电动机等电气设备缺少安全防护接地措施（保护接地、保护接零），这些电气设备的金属壳体、金属构架正常时不带电，发生故障（绝缘击穿、接地）时金属外壳带电，一旦人体碰触，即会发生触电事故。

（7）在用电焊作业进行维修压力管道、压力容器等设施时，应严格按照操作规程进行，操作人员要佩戴必要的劳动防护用品，否则也有可能触电，引起电气伤害。

（8）使用不合格工器具、误入带电间隔，操作时安全距离不够均可造成触电事故。

（9）使用移动电器设备或进行电焊作业时，在潮湿、腐蚀性的环境中，缺少漏电保护器，也有触电的危险。

5. 机械伤害

机械伤害是指机械设备运动（静止）部件、工具、加工件直接与人体接触引起的夹击、碰撞、剪切、卷入、绞、碾、割、刺等伤害。泵等设备若机械设备防护不当或作业人员违反操作规程可能给操作人员造成机械伤害，受伤者轻则皮肉受伤，重则伤筋动骨、断肢致残，甚至危及生命。引起机械伤害的因素主要有：

（1）检修、检查泵等设备忽视安全措施。在机械设备运行中直接进行检修、检查作业。

（2）检修时对检修、检查设备断电，但因未等至设备惯性运转彻底停住就下手工作，会造成卷入等伤害。

（3）对设备进行检修检查时，未挂不准合闸警示牌，未设专人监护等保护措施。

（4）缺乏安全装置。如泵的齿机、接近地面的联轴节、皮带轮等易伤害人体部位没有完好防护装置。

（5）电源开关布局不合理，紧急情况不立即停车或几台机械开关设在一起，极易造成误开机械引发严重后果。

（6）任意改造机械设备，不符合安全要求，使用时也易发生机械伤害。

（7）任意进入机械运行危险作业区。

（8）不具备操作机械素质的人员上岗或其他人员乱动机械。

（9）在维修过程中手动工具使用不当也易造成机械伤害。

6. 物体打击

物体打击是指物体在重力或其他外力作用下产生意外运动，打击人体造成人身伤害的事故。该项目存在的物体打击危险因素主要有：

（1）在生产装置操作平台或罐顶进行检修或操作，不慎将工具、机械零部件等物体跌落，会对地面人员造成打击。

（2）产装置操作平台或储罐操作平台上防护设施安装不良、风吹雨打等原因不慎从高处坠落，也会使位于其下方的人员遭受物体打击伤害。

（3）产装置操作平台内部的安全标示牌安装不牢固，也可能发生物体打击。

7. 起重伤害

起重伤害是指各种起重作业（包括起重机安装、检修、试验）中发生的挤压、坠落、物体（吊具、吊重物）打击等造成的伤害。

净化厂配备有电动葫芦、起重机等，主要用于设备安装和检修、物料的装卸、加料等。在安装、检修和使用起重设备吊装（运）物品的过程中，若违反操作规程或违章指挥，起重设备若本身存在缺陷等因素，都可能发生起重伤害事故，造成人员伤亡或财产损失。

8. 高处坠落

高处坠落是指在高处作业中发生意外坠落造成的伤亡事故。当巡检维修人员进行登罐作业检查时，作业平台超过地面2m以上，如果巡检人员不慎或麻痹大意，防护栏杆不规范或防护设施年久失修，有可能发生高处坠落伤害。装置的塔、罐、冷换设备及大部分管线均属于高大框架结构或离地面较高，操作人员定时巡视检查，或者进行阀门变换操作，需要上钢梯、走平台，跨越管道，处于高处作业状态，存在高处坠落伤害的危险性。

9. 噪声

净化厂产生连续噪声的设备有机泵、空冷器、制硫燃烧炉、尾气焚烧炉、鼓风机及硫黄成型、运输、包装设备等；间断噪声源主要有安全阀、调节阀、蒸汽放空。高噪声区包括泵区、燃烧炉区、空冷器及放空等，对人体的危害表现为引起头晕、恶心、失眠、心悸、听力减退及神经衰弱等症。噪声声源主要为：

（1）空气动力学噪声：包括锅炉及管道内流体进排汽、扩容、节流、漏气、风烟流动、安全阀排气等产生的噪声。

空压站压缩机产生的噪声：空压站的噪声根据设计要求应小于85dB，多台压缩机同时运行可能导致噪声超过该值，操作人员进入厂房应戴耳塞或其他护耳器具；

（2）机械性噪声：由机械设备运转、摩擦、振动等产生的，如水泵、风机、破碎机等的噪声。

（3）电磁噪声：包括电动机、变压器等电气设备在磁场交变运动过程中产生的噪声。

10. 腐蚀

装置加工过程中产生硫化氢、二氧化硫等腐蚀性有害物质，在生产过程中除可能发生高温硫化氢腐蚀和湿硫化氢腐蚀外，还可能发生高温氢腐蚀、氢脆、引起设备和管道腐蚀开裂，影响设备生命周期，严重时可能导致火灾爆炸事故。

水处理站及循环水场、碱渣处理装置含有盐酸、硫酸及氢氧化钠，这些具有强烈毒性或腐蚀性等，一旦系统的设备管线、阀门泄漏，作业人员误接触或吸入后对人体危险很大，易发生中毒、灼伤等事故。氨泄漏后形成的蒸气云遇明火可能发生爆炸。

11. 粉尘

装置催化剂装填、硫黄成型包装时，作业人员可能会接触到粉尘，粉尘对人体上呼吸道和肺有刺激作用。

12. 灼烫

锅炉装置生产设备操作温度较高，燃烧炉、高温设备及蒸汽管道介质均为高温热源，若高温设备及管线隔热不当或出现裸露部位，人员不慎接触有烫伤的危险。

（1）高温物体烫伤：净化厂存在锅炉、换热器、蒸汽管路、热水系统、高温物料蒸汽管道等设备设施，这些设备的外壁温度均比较高，在工作时不小心，人体碰及高温器体或裸露的高温管体，或因设备、管道故障和操作失误等原因引起高温物料泄漏、飞溅等，均能引起灼烫伤事故。空压站压缩机的出口温度高达115℃以上，操作人员进入现场应注意避免与高温部件碰触，以免烫伤。

液氮储存系统外送氮气时所用的低压高温蒸汽温度达150℃，氮气供出系统工作时也需注意防止蒸汽外漏和避免与高温管线的碰触。

（2）高温辐射灼伤：锅炉、空分空压站生产过程中，高温设备、管道及物质所产生的热辐射等，当工作人员长期接触时，会对其造成热辐射灼伤。

（3）火焰烧伤：在设备维修等其他动火的情况下，有可能产生火焰烧伤。

（4）其他灼烫：如维修时采用电焊易于产生电弧灼伤等。

13. 冻伤

水处理场、联合装置、计量化验站因工艺需要要用到液氨，液氨采用钢瓶装用，若钢瓶泄漏或工人换钢瓶操作不慎，均可能导致液氨泄漏，液氨溅到皮肤表面，液氨迅速汽化，带走大量的热，容易导致冻伤事故的发生。

液氮储存系统低温液氮的温度为 -196℃，操作时也应防止低温液氮泄漏对操作工人造成冻伤。

14. 淹溺

净化厂含有大量的水沟、坑、池、井等，若无盖、无栏杆，易造成坠落淹溺伤人。工业废水处理系统设有较大容积的中和池、曝气池等反应池，这些水池如果防护栏杆设置不合理、年久失修、腐蚀严重等，容易出现淹溺伤害。

（四）自然灾害危害因素分析

自然危险、有害因素主要包括地质灾害，气象灾害，如：雷击、暴雨、高温、地震等。

1. 雷击

达州地区年平均雷暴日37.4d，属于中雷区。净化厂建筑物、构筑物的防雷措施按照《建筑物防雷设计规范》（GB 50057—2010）的要求，对于15m以上的高大建构筑物均按二类防雷建构物设避雷保护。联合装置区内的防雷接地与工作接地、保护接地、防静电接地采用共用接地网，装置内的钢制烟囱及水泥烟囱套筒设避雷针，避雷针的引下线与共用接地网相连。硫黄储运设施的防雷接地同样采用共用接地网形式，避雷装置采用避雷带的形式，对防雷设施的选材和施工考虑防腐措施。模拟量仪表现场侧及DCS、SIS控制系统侧设置浪涌保护器。若接地电阻按大于4Ω，或者浪涌保护器损坏，大型的生产装置可能遭受雷电袭击破坏，引燃或引爆泄漏的天然气、硫化氢等易燃介质；控制室等建筑物可能遭到雷电袭击，电气系统、DCS控制系统可能因雷电波入侵，造成控制系统失灵，电气系统损坏，可能造成生产装置停工，严重的可能造成次生事故。

2. 暴雨

2005年7月，3d时间宣汉县降雨419mm，宣汉县某镇遭受到了百年不遇的大洪水，在某镇，老街上数十间房屋被冲毁，留下一片废墟。

在夏季暴雨天气，如果生产装置的设备基础因地基下沉，拉断管道或使静密封点泄漏，此时若遇到火源，就可能引起火灾、爆炸事故。在地势低洼区域，危险化学品的生产装置及储存设备也可能因排水不畅或设备、建筑、设施受雨水冲刷、浸泡，基础下陷，设备倾斜，使危险化学品外溢、泄漏，污染环境及引发二次事故，大量降水处理不及时也可能携带危险有害物质外流，污染危害周边环境。

3. 高温

达州地区年平均气温21.6℃，年极端最高温度39.9℃，年平均相对湿度82%，月平均最大相对湿度90%。夏季在高气温时设备及地表温度随之升高，加上湿度较大，易造成事故，导致大量天然气、硫化氢等危险化学品泄漏，可能形成爆炸性气体空间，严重的可能造成设备、管道静密封点泄漏或破裂事故。

4. 地震

根据净化厂地震安全评价报告，“净化厂位于地震活动水平不高的长江中游地震带西部，未来百年长江中游地震带地震活动将处于相对活跃时段，有可能发生6级地震。区域地震活动目前也处于活跃时段，未来百年有发生多次5级左右破坏性地震的可能。”

净化厂内建构筑物抗震设计按照《建筑抗震设计规范》(GB 50011—2010)和《构筑物抗震设计规范》(GB 50191—2012)，抗震设防烈度为6度；设计基本加速度值为0.05g；设计地震分组为第一组；场地类别为Ⅱ类。存在地震危害。一旦发生地震，建构筑物抗震设防能力不足，管架和设备支承强度不足，将导致车间坍塌，公用工程水、电、汽骤停，厂内管线容易发生扭曲损坏，有毒有害和易燃易爆物质大量泄漏，造成厂内人员和周边居民大面积中毒事故的发生；大量易燃易爆物质泄漏，遇火源可能发生系统剧烈火灾爆炸，造成厂内人员伤亡和财产损失，同时可能造成周边居民人员伤亡和建筑物毁坏。厂址所在地一旦出现塌陷等地质问题，建构筑物、设备基础处理不良，可能造成建构筑物、设备基础下沉，导致设备管线弯曲破裂。

(五)有限空间作业的危险、有害因素辨识与分析

净化厂涉及的有限空间作业主要有容器类：如压力容器、污水处理场水池底部、设备坑、圆形料场地下廊道、硫黄运输带式输送机等内部检修等；有限空间作业的可能产生的危害主要有：

(1)中毒、窒息：受限空间狭小，通风不畅，不利于气体扩散，有毒有害气体容易积聚，氧气含量低于19.5%，导致缺氧，引发中毒、窒息事故。

（2）爆炸或火灾：可燃气体的泄漏、可燃液体的挥发和可燃固体产生的粉尘等和空气混合后，遇到电弧、电火花、设备漏电、静电等点火源会发生爆炸或火灾，造成作业人员及附近人员的严重伤害。

（3）物理伤害和机械伤害：受限区域存在烫灼伤、高温作业引起中暑、电气设备触电伤害、高空落物和尖锐锋利物体引起的物理伤害，以及其他机械伤害等。

（六）人为因素和管理因素分析

1. 人的因素

1）心理、生理性危险和有害因素

（1）负荷超限：长时间连续工作造成身体严重疲惫，若继续工作很有可能发生意外伤害；或连续进行简单而重复的作业，麻痹大意也可能发生事故伤害。

（2）健康状况异常：感冒发烧或身体某些部位正在恢复当中进行上岗作业，很有可能发生意外事故，应严禁身体不适者进行危险作业。

（3）心理异常：若作业人员情绪低落，受其他事件影响，思想不集中，不听指挥，冒险作业，或由于刚开始上岗作业，情绪特别紧张，均有可能发生意外事故。

2）行为性危险和有害因素

（1）违章指挥：由于指挥错误或不按有关规定指挥造成设备、人员伤害，这主要是基本功不够，心理素质差或感知迟钝、对事故无预见而造成。

（2）违章操作：操作人员在操作过程中误操作、违章操作造成设备受损、人员伤害的事故在企业中也时有发生。

（3）监护失误：操作人员在操作过程中，监护人员的监护不利，甚至判断失察或监护失误造成事故。因此，要加强人员的安全培训等安全工作。

2. 管理因素

管理方面的风险因素主要是针对净化厂外包单位，主要包括以下方面：

（1）外包单位安全教育培训制度不健全，加上固定雇用人员少；临时招募的人员文化程度不高、流动性大，安全培训与技能培训不足，造成人员技能不够，安全意识差，相关能力欠缺，或事故应急预案及响应存在严重缺陷，起不到应急救援的作用，均有可能发生事故伤害，甚至可能酿成更大的事故。

（2）外包单位组织机构设置不合理，职责不清，人员配备不能满足工作需求等，都有可能因为管理不健全造成混乱，为事故发生埋下隐患。

（3）职业健康管理不完善，包括职业健康体检及其档案管理不完善。

（4）其他管理因素缺陷。

（七）安全措施

1. 防毒

工程防毒设计遵照“预防为主，防治结合”的方针，生产工艺选择成熟可靠的加工技术。原料气净化装置是引进美国BV公司的工艺包，在基础设计基本完成后，专门聘请国外有经验的专家组织工艺、安全、仪表等专业设计人员，对整个工艺流程做了安全分析（HAZOP），在安全分析中提出多项安全建议，设计人员逐条进行了落实。

最有效的防毒措施是隔离操作，密封有毒介质，净化厂生产全过程设计为密闭系统，根据净化厂大部分设备、管线运行的介质为高含硫气体、操作条件为高压、高温的特点，设备的壳体、内构件、附件选材及加工方式均要求满足相应标准规范，所有的配管按照GB50316、GB50235、SH3059、SH3501等标准和规范进行设计、制造、焊接、热处理（作为要求时）、检验和试验。对于高压及专利商有特殊要求的配管按照ASME B31.3、B31.1等标准和规范进行设计、制造、焊接、热处理、检验和试验。设计时考虑防震、防腐、防热膨胀等措施，重要管线做应力计算。对于设备、管线及各种附件的加工制造严格把关，要求制造厂商取得相应的资格证书。施工时确保施工质量，开工前做压力试验，确保密封，防止泄漏，保证长周期运行的要求。

根据产品性质，合理选择储罐形式，减少对空气的污染。液硫采用拱顶罐储存，MDEA、三甘醇和酸性水储罐选用加氮封的拱顶罐，酸性水储罐呼出含有硫化氢和氮气的混合气体密闭送至邻近装置的焚烧炉焚烧处理。

装置开停工吹扫气体密闭送入放空管网；检修时产生的污水通过密闭管线回收，集中处理；放空管道内的凝结液密闭回收，不随地排放；所有采样均选用密闭式采样器；装置区的污水井内设置水封措施，消除火灾隐患。

装置的公用工程管线，包括氮气、水蒸气、工业风管线与工艺管线连接时，安装三阀组、止回阀或“8”字盲板，防止互窜。可燃气体、液体管线在装置边界处安装隔离阀和“8”字盲板。

阀组、采样口、过滤器、法兰、人孔、泵等容易泄漏的地方设置可燃气体监测仪。

1）防硫化氢中毒

原料气中硫化氢的含量为13%~18%（体积），通过脱硫、硫黄回收等装置把原料气中的硫化氢转化为无毒固体硫黄，整个过程密闭操作，经过净化后的天然气硫化氢含量≤6mg/m^3，从而达到净化的目的。经净化厂脱硫处理后总硫回收率为>99.8%。

（1）装置区。硫回收装置生产的液硫进行脱气处理，使其含量<10ppm，以减少在运输及装卸过程中硫化氢的挥发。

从平面布置中考虑当地风向，安全距离。按照《使用有毒物品作业场所劳动保护条例》和《工作场所职业病危害警示标识》的规定，在含硫化氢介质作业场所按规范设置警示线、警示标识和中文警示说明。

在操作工人进入有可能泄漏硫化氢的区域时，须携带便携式硫化氢检测仪，必要时佩带自给正压式空气呼吸器进入泄漏区域进行救护及紧急控制操作。此外，在有可能泄漏高浓度硫化氢的装置，阀组、采样口、过滤器、法兰、泵等容易泄漏的地方设置固定式在线硫化氢气体检测报警仪和可燃气体监测仪，报警信号通过光缆直接送到相关区域控制室，并同时送至中心控制室。

（2）中控室。在净化厂内的中控室，采用强制通风设施，在取风口设有在线硫化氢检测联锁，当进气中硫化氢浓度超过 15mg/m^3 时切进气。在室内设有氧气检测报警，当氧气低于人可承受的浓度时报警。操作人员立即佩戴自给式空气呼吸器，安全停车后离开现场。中控室内空间体积约为 19000m^3，为中控室所有人员配有可使用 2h 的空气呼吸器。

（3）中心化验室。在净化厂内的分析化验室内，为保证操作人员的安全，所有与硫化氢有关的分析工作均在良好的通风条件下进行，分析化验室采用机械送风系统。并在有可能泄漏硫化氢的地方设有硫化氢报警仪。在分析化验室内备有逃生用呼吸器，事故情况下可安全撤离。中心化验室内含硫化氢的废气体样品通过负压通风柜排放，排放口设有吸附过滤措施，废液体样品统一回收。

（4）其他。在停工检修时，需要进入容器内作业人员必须办理进入有限空间作业票，进入容器前必须确认与该容器连接的管线已完全隔离，并经过彻底吹扫，在确认容器内空气合格和监护措施（防护措施、应急报警、通信、营救等设施）齐备后方可进入，外面要有专门监护人员每 2min 与作业人员进行一次联络。发现异常时立即停止作业，采取救护措施。

在加工装置操作场地上，执行有关风向标的规定，设置风向袋。风向标置于人员在现场作业或进入现场时容易看见的地方。一旦发生硫化氢泄漏报警后，应急救援指挥中心立即启动应急方案，视情况人工或自动执行相应级别的关断措施，进行保压停运或放空，并通过广播通知在场人员，立即佩戴逃生呼吸器，沿逃生路线从就近逃生门撤离现场，直到指定的安全处。

2）防二氧化硫中毒

一定浓度的二氧化硫只存在于硫黄回收单元的局部设备和管线中，在全密闭生产作业中，正常情况下不会造成泄漏，按规范要求设置便携式二氧化硫检测仪，工人在有可能泄漏二氧化硫的岗位工作时，携带二氧化硫检测仪；同时在设备附近设置的硫化氢浓度报警仪可及时发现并报警。为该岗位巡检人员配备空气呼吸器。

3）防二氧化碳窒息

工业尾气中不仅含有二氧化碳而且还有其他有毒物质，通过高空排放来降低和消除对人的影响，工作环境满足国家标准要求（时间加权平均浓度为 9000mg/m^3）。

4）防酸、碱灼伤

在水处理单元使用酸碱时采用隔离操作，操作工人按规范配有防酸碱工作服、面罩、手套，并在加药间附近设置事故淋浴及洗眼器。

5）防氮气窒息

为避免作业人员遭受氮气窒息死亡事故，氮气管线在与工艺管线连接时，在其根部要有“8”字盲板，连接处设计为三阀组，防止物料互窜。装置开停工过程中和大修时，作业人员进入氮气吹扫过的容器，要严格执行操作规程。

6）防粉尘伤害

硫黄成型采用水中成型工艺，硫黄含水约1.5%~2%，不易产生粉尘；硫黄成型机自带除尘设施，在硫黄包装成型厂房设置通风除尘设施。皮带输送出口处设湿式除尘设施，硫黄成型及运输生产岗位的操作工人必须穿戴防护服和防尘口罩。

2. 防火防爆措施

净化装置均采用国内外成熟可靠的加工工艺，从设备选型、选材、连接方式严格执行有关标准，规范密封措施，采用先进的自控技术，按规范配备消防设施等。

1）安全泄压

（1）密闭操作。密闭操作是最有效的防火防爆措施之一，净化厂的所有装置均是密闭生产，设备和管线的选材、连接方式、密封措施严格按有关标准规范设计。采用先进的自控和安全仪表联锁设施，气体排放密闭接入火炬管网，检修污水密闭收入污水池，加压后送污水处理场，使物料始终处于受控状态。

（2）安全泄压。事故时设备内超压会引起爆炸，因此，对所有带压设备应严格按《压力容器安全技术监察规程》等相关规范执行，在不正常条件下可能超压的设备均设安全阀，关键设备和连续操作的带压设备的安全阀设有备阀，阀前后均设切断阀，以便及时检修。安全阀选型、安装、校验按有关规范执行。

为了确保事故状态下的安全排放，通过对各种事故（如火灾、爆炸、停水、停电、停仪表风、停蒸汽等）及开、停工等工况的分析，确定最大排放量为发生火灾、爆炸等严重事故时的放空量，瞬时最大放空为750000Nm^3/h。按照全厂总平面布置，全厂设置东区装置高压火炬放空总管、西区装置高压火炬放空总管和低压火炬放空总管，上述每条放空总管分别进入对应的分液罐、水封罐和火炬放空筒体。

高、低压和备用火炬筒体为*DN*1100、*DN*900和*DN*1100，火炬筒体共用可拆卸塔架的高度100m，地势高差50m。火炬筒体采用可拆卸共架形式，当一个筒体需要检修时，切换至备用火炬系统。火炬采用先进的点火和控制系统。可实现操作室远程点火和现场就地点火。每套火炬筒体配一套高空点火器和一套地面点火器，可保证进入火炬的气体及时燃烧。

火炬放空是非正常工况的安全手段。放空时由于气体中含硫化氢，燃烧后产生二氧化硫及少部分未完全燃烧的硫化氢。根据项目的环境影响评价的结果，按火炬最大放空量排放10min计算，最大落地浓度：硫化氢0.025~0.13mg/m^3；二氧化硫2.25~11.71mg/m^3。项目环境评价已通过国家环保局的审查。

2）防明火措施

严格管理和杜绝明火是防火、防爆的重要措施之一，装置内的加热炉若是明火设备，则设备布置时要按规范要求保证加热炉与其他设施的安全距离，并布置在装置的边缘。

进入厂区内的运输车辆设有防火花、防静电专门措施，排烟口设置阻火器。

为防止设备和管线内硫化亚铁的自燃，除按规范选材和防腐设计外，检修时必须遵守规范操作。

为操作工人配备防静电工作服、使用的工具、便捷式用电设备要有防止产生火花的措施，装置内维修动火要严格按程序审批并按操作规程操作。

3）建筑、结构、设备防火、防爆措施

净化厂主要建筑物集中在厂区东侧的厂前区，厂前区建筑物远离西侧的爆炸危险源，处于安全地带。中控室采用抗爆结构。各建筑物的防火要求、安全出口、结构形式均按照《建筑设计防火规范》（GB 50016—2006）及《石油天然气工程设计防火规范》（GB 50183—2004）执行。

分布在装置区的机柜室、配电间位于非防爆区内，机柜室采取抗爆结构。

室内建筑装饰材料根据规范选用不同等级的防火、防静电材料，中控室地面采用防静电材料；机柜室采用抗静电活动地板；压缩机厂房采用不发火花水泥地面等。

塔、炉、压缩机、储罐、烟囱等重量大、防火级别高的设备基础采用浇注钢筋混凝土结构；泵基础采用素混凝土结构。

按规范对厂区暴露的承重钢框架、支架、塔类、容器的裙座、管架覆盖耐火层，使其耐火极限不低于2h。

4）电气防爆

（1）电气设备选型。净化厂爆炸危险区域划分和电气设备的选择及安装按《爆炸和火灾危险环境电力装置设计规范》（GB 50058—92）执行。装置区内的大部分区域、溶剂储罐、液硫罐区和硫黄成型、运输、储存区为爆炸危险2区。爆炸危险区域内的电气设备、电动仪表的防爆等级不低于dIICT4（隔爆型）、ibIICT4（本安型），现场仪表防护等级不低于IP65。

（2）接地系统。净化厂建筑物、构筑物的防雷措施按《建筑物防雷击设计规范》（GB 50057—94）执行，对爆炸、火灾危险场所内可能产生静电危险的设备和管线按《石油化工静电接地设计规范》（SH 3097—2000）做接地设计，各装置、辅助单元的工作接地、保护接地、防雷防静电接地采用共用接地系统，其接地系统的接地电阻按不大于4Ω 设计。

在爆炸危险区的操作人员的工作服装和使用工具要有不发火花要求。

5）火灾报警系统

为有效预防火灾，及时发现和通报火情，保障生产和人身安全，设计有电话报警和火灾自动报警系统。

电话报警：厂自动电话站程控电话交换机设有电话专用号“119”报警系统，各电话分机均可拨打“119”专用号向厂消防站值班室报警。在厂消防站设“119”受警终端设备。

火灾自动报警系统：火灾自动报警系统采用总线式系统，系统由各类报警装置、火灾报警控制器和区域显示器组成。

在全厂火灾危险性较大或较重要的建筑内设极早期火灾报警探测器和消防手动报警按钮；在各变配电间电缆夹层的电缆桥架内设线性感温探测器；在装置区、罐区设防爆手动报警按钮，在硫黄成型装置区设置防爆火焰探测器。报警控制器、区域显示器设在有人值班的控制室或值班室内。报警控制器联网，组成全厂火灾自动报警系统。

硫黄转运站落煤口和栈桥上采用感温线缆用钢丝绳悬挂敷设；水幕雨淋阀组和自动喷水湿式报警阀组均根据实际情况设置相应的监视和控制模块，通过总线接入火灾自动报警控制系统。

硫黄圆形料仓由于比较特殊，除了在其围墙四周设置感温线缆外，还在堆场顶部设置两个感烟探测器，并将其报警信号接入火灾自动报警控制柜。烟雾探测器为光电感烟探测器，不受强磁干扰，不怕潮湿，在低温状态（-20℃）下能正常工作，具有三次取样比较功能，自身识别，避免误报。

中控室是净化厂火灾报警控制系统的中心。在中控室，配备计算机图形系统。

火灾报警信号通过火灾报警控制器通信接口送至仪表 DCS，通过 DCS 将火灾及可燃气体等报警信号统一提供给气田紧急救援中心和消防气防站控制中心。

3. 自动控制和安全仪表系统

1）自动控制系统

先进的自动控制系统能有效保证装置的安全稳定运行，避免人为的误操作因素，减少事故发生，同时大大减轻职工的劳动强度，改善劳动条件。净化厂设置一套分散控制系统（简称 DCS），通过 DCS 对工艺过程进行集中控制、监测、记录和报警。DCS 显示全面直观、控制可靠、操作方便，是实现全厂安全、平稳、自动操作的重要手段。

DCS 系统主要对天然气脱硫、脱水、硫黄回收、尾气处理、酸性水汽提等生产装置、辅助生产设施及公用设施进行常规检测与 PID 控制，顺序控制，以及输入/输出监视和数据采集，历史数据记录和报表生成，报警指示记录。通过终端人机界面的显示器能够显示全厂工艺流程图，显示并控制调节包括温度、压力、液位、流量、组成等各种主要工艺参数及机泵的启停状态，调节阀的开度及状态报警等。为确保自控系统的安全、可靠，DCS 控制器、电源、通信网络、控制类 I/O 卡都采用冗余配制。自控设备的选型按规范考虑防爆、防腐要求，爆炸危险区域安装的电子仪表为本安型或隔爆型，其他区域选用普通仪表。

成品包装及储运单元设置一套 PLC 控制系统，用于装车楼、转运站、圆形料仓、带式输送机、堆取料机、电机振动给料机、除铁器以及皮带秤等其他辅助设备的控制。PLC 控制系统选用二取一带自诊断（1oo2D）系统，控制系统的安全等级为 SIL3，控制系统的可用率不低于 99.99%。安装在料仓内、库房内的可燃气体检测器、粉尘浓度传感器的检测信号进入系统，自动监视记录流程运行过程中设备发生的故障情况，并通过控制系统进行数据采集和数据处理。

硫黄成型装置设置一套 PLC 控制系统，用于成粒机、成型罐、成型盘、烟气罩、脱水筛、水力旋流器、水槽、泵、冷却塔、风机、细粉硫螺旋输送器、产品输送器、液硫池、液硫过滤器、冷凝捕集器等设备的监控。PLC 控制系统设有报警和停车系统，用来预防设备的损坏、危及操作人员安全以及操作中成粒装置停机等问题。

2）安全仪表系统

净化厂设置一套独立的安全仪表系统（简称SIS）用于装置的联锁。安全仪表系统采用三重化容错技术，具有高可靠性，安全仪表系统（SIS）按故障安全型设计。符合IEC 61508和IEC61511标准要求。SIS系统能与DCS系统进行实时数据通信，具有顺序事件记录功能。在操作站上能监视联锁动作及报警显示；在SIS上还设置旁路功能，以便于系统启动、操作、维修。

事故状态下防火、灭火的重要措施是切断气源，经过各专业专家评审讨论，紧急关断系统分为4级，叙述如下：

一级关断：该关断级别为净化厂最高级别，为区域级关断，一级关断的条件是集输末站、输气首站或净化厂发生火灾爆炸或严重泄漏情况。

二级关断：该关断级别为净化厂第二级别，为联合装置级关断。中央控制室内每一联合装置设有一个按钮。联合装置级关断通过联合装置内各个装置单元级关断实现。二级关断的条件为联合装置所属区域发生火灾、爆炸和严重泄漏情况。

三级关断：该关断级别为净化厂第三级别，装置单元级关断。中央控制室内每一系列净化装置设有6个按钮，分别为脱硫单元保压、脱硫单元放空、脱水单元保压、脱水单元放空、硫黄回收单元紧急切断、尾气处理单元紧急切断。三级关断的条件为装置单元内重要设备发生事故或发生泄漏。

四级关断：该关断级别为净化厂第四级别，是装置单元内为保护设备而设置的关断。

二、硫黄储运过程危害因素及安全措施

某气田天然气净化厂储运系统设计硫黄储运能力 240×10^4/a，由液硫储运系统、液硫成型系统、固硫存输系统组成，具体包括：液硫罐区单元、液硫成型单元、料仓单元、散料装车等单元组成。

储运系统主要由液硫储运系统及固硫输送系统组成：联合装置生产的液硫输入液硫罐区储存，约10%的液硫直接进行液硫销售，其余由硫黄成型单元转固为2~6mm的颗粒硫黄，成型后的硫黄颗粒经皮带输送系统转运至料仓储存，由料仓内的取料机和皮带输送系统转运至汽车装车平台和火车装车单元，通过火车、汽车进行外运，工艺流程如图2-4-1所示。

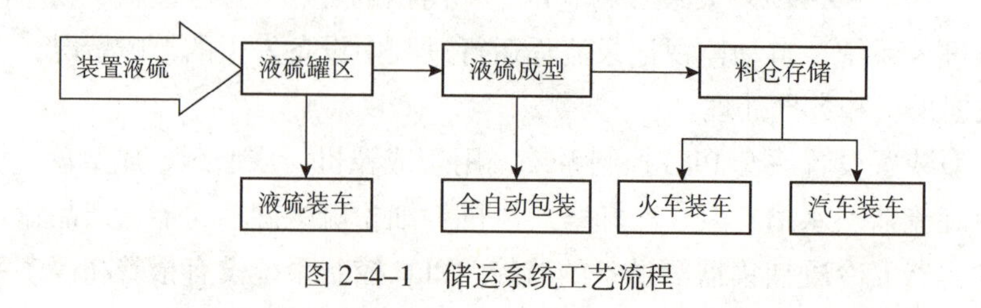

图2-4-1 储运系统工艺流程

三、液硫储运过程危害因素及安全措施

液硫储罐计为常压储罐，工程容积 5000m^3，液硫存储温度为 135~142℃，储罐主材质为 16MnR/Q235-B。液硫池用于接收液硫储罐的液体硫黄，并为成型单元输送原料硫黄，为全混凝土地下结构的液硫储存池。池底设有加热蒸汽盘管维持池内液硫温度，液硫池由内部隔墙隔开成为两部分。

1. 液硫储运系统危害因素

1）硫化亚铁自燃

液硫罐区单元过程中，由于液硫储罐通气孔直通大气，当发生恶劣天气（大风、大雨）时，空气容易倒灌进液硫储罐，加速硫化亚铁的自燃速度，引燃罐内硫黄，导致着火事件的发生。

液硫池投运过程中同样存在硫化亚铁自燃现象，经分析，液硫池烟囱材质为普通碳钢，易产生 FeS，导致液硫池着火事件的发生。

2）罐区废气逸散

天然气净化厂设 5000m^3 液硫储罐 10 座，储罐为常压罐，罐顶设 *DN*350 通气孔 4 个。由于液硫储存温度较高（135~142℃），含硫废气（主要包括硫化氢、硫蒸气、羰基硫等组分）由通气孔逸出，影响厂区环境和设备安全运行。

2. 液硫储运系统安全治理措施

1）特大型液硫储罐内喷铝防腐技术

为防止硫化亚铁生成，在液硫储罐罐顶、罐壁和罐底喷涂 0.2~0.3mm 金属铝，发挥良好的防腐作用和抑制硫化亚铁生成。由于喷涂层存在一定孔隙，喷涂后采用低黏度涂料，对涂层进行封孔处理并加两道面漆，成为以金属为基础的复合涂层，进一步提高涂层防蚀能力，喷铝后的储罐内壁如图 2-4-2 所示。

图 2-4-2 喷铝后储罐内壁照片

经过喷铝防腐的液硫储罐投入使用后，各项工艺指标均在规定的范围内。经查相关腐蚀资料，铝涂层在大气环境中的腐蚀速率仅为 2.3~6.5μm/a，天然气净化厂液硫储罐喷铝厚度平均为 0.25mm，液硫储罐内的腐蚀速率取 10μm/a，对于一般腐蚀介质其有效防腐期限长达 20~30a。因此通过液硫储罐内壁喷铝构成了长效的防腐结构。

2）液硫池正压通风技术

在液硫池中设置正压通风系统，及时将液硫池中硫化氢携带出液硫池，防止硫化氢在液硫池中集聚，同时将生成的硫化亚铁及时进行氧化，生成氧化铁，并携带走硫化亚铁氧化后生成的热量。正压通风工艺流程如图 2-4-3 所示。

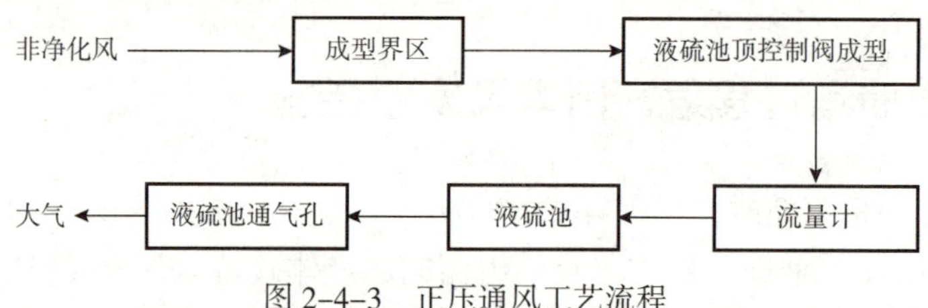

图 2-4-3　正压通风工艺流程

3）集气罩式废气治理技术

在储罐排气孔上方设计集气罩，吸风罩高度 1.2m，安装高度由 20cm 间隙降至约 5cm 间隙，吸风罩顶设侧门。罩内增设硫粉收集板。废气经水浴除尘器输送至脱硫反应器进行废气吸收。两台液硫储罐共用 1 台水浴除尘器，废气出口管线接入废气治理装置汇管。废气治理工艺流程如图 2-4-4 所示。

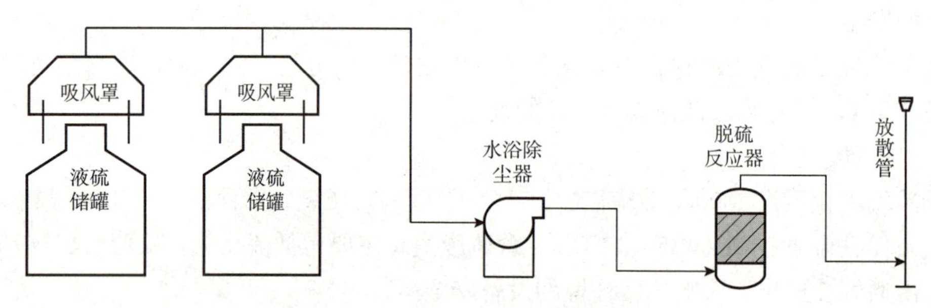

图 2-4-4　废气治理工艺流程简图

四、固硫存输过程危害因素及安全措施

固硫储运单元主要包括料仓单元、装车单元。料仓主要完成散料硫黄的存输过程，主要由堆料机、取料机及相关辅助系统组成。堆料机为悬臂式皮带机，上设皮带输送机，与上游皮带机连接，用于输送固体硫黄料并落入料仓，完成堆料作业。取料机为门架式刮板机，在圆形料仓的范围之内，取料机的刮板在回转过程中所能触及的地方均能刮取固体硫黄。圆形料斗设在中心立柱最低处，下连地下廊道给料机和皮带输送系统，作用是将取料机刮取的硫黄从料仓经料斗落到皮带机输送至装车单元。

装车单元包括两部分：火车装车系统和汽车装车系统，两套系统均采用大型料斗秤原理，包括钢结构塔架、缓冲仓、称重仓、称重系统、液压系统、软件系统等，装车能力强、精度高，满足现场装车需求。

1. 危害因素分析

1）廊道粉尘聚集

料仓单元投运以来，总体运行平稳，但在固体硫黄储运过程中，由于散料硫黄在料仓内挤压、风化及输送过程中的硫黄碰撞等原因，产生硫黄粉尘。硫黄粉尘经料斗输送至地下廊道过程中，粉尘逸散至地下廊道及皮带输送线周边，存在粉尘闪爆的风险，具体表现为：地下廊道出料皮带机胶带上硫粉聚集，给料机在运行中，部分细粉硫黄黏附在表面，地下廊道排放风管，在有点火源的情况下，表面聚集的粉尘可能有闪爆风险。料仓进料皮带上硫粉聚集，遇静电或火花等出现粉尘闪爆。

2）缓冲仓结构不合理

装车单元处于储运系统的后序工段，由于输送过程中散料硫黄水分的蒸发，散料硫黄含水量降低，经上游皮带进入快速定量装车装置缓冲仓、称重仓的过程中，在落料点产生扬尘，存在粉尘浓度超标的风险。且缓冲仓为密闭空间，物料在输送过程中也存在一定的静电，一旦发生危险，后果较为严重。

3）皮带线粉尘浓度高

皮带输送系统机械转动点多，产品硫黄被碾压形成粉末，转动点发热存在粉尘爆炸危险。粉尘弥漫在储运系统的各转运点，转运点处设有电机等设备且摩擦转动点多，不加控制极易爆炸。

2. 固硫输送系统安全治理措施

1）地下廊道综合改造

（1）地下廊道部分拆除。原地下廊道全长65m，2017年拆除地下廊道地上部分12m，地下廊道受限空间大小缩减18%，从根本上提升了料仓单元安全指数。

（2）取消地下廊道给料机，更换为气动对开闸板阀及低尘落料管。原料仓内硫黄经料斗直接坠至皮带给料机，产生大量扬尘。2017年取消给料机，在料斗底部设置气动对开闸板阀，散料硫黄经闸板阀汇入低尘落料管，低尘落料管具有有效收束料流，减少在落料过程中的碰撞，降低物料溜出溜管至受料位置的冲击，达到减少扬尘的目的。

2）装车楼粉尘综合治理

（1）结构优化改造。缓冲仓内新增散料硫黄螺旋滑道，优化皮带落料至缓冲仓过程，将物料的直接落料方式改为缓冲式落料，减少物料扰动，避免扬尘的产生。

（2）增设水浴除尘装置。缓冲仓、称重仓内均增设水浴除尘装置，物料落至缓冲仓后产生的扬尘，由水浴除尘抽风口抽至水浴除尘内水箱，达到水洗除尘的目的。

3）散料输送系统干雾抑尘技术

微米级干雾抑尘技术是通过由压缩空气驱动的声波振荡器产生高频声波将水高度雾化，“爆炸”形成1~10μm大小的水雾颗粒，喷向起尘点，使水雾颗粒与粉尘颗粒相互碰撞、黏结、聚结增大，对悬浮在空气中的粉尘进行有效吸附，并在自身重力作用下沉降，达到抑尘的目的，原理如图2-4-5所示。

通过对微米级干雾抑尘技术的研究，微米级干雾抑尘技术能比较完善地解决硫黄储运系统粉尘治理的问题，净化厂选择干雾抑尘技术对现有喷淋抑尘设施进行改造，在硫黄储运系统的硫黄料仓、转运站、火车装车楼的下料点、受料点、落料触击点等硫黄粉尘起尘点安装微米级干雾抑尘装置。

通过系统需求分析和产品参数查阅，拟增加2套微米级干雾抑尘装置。其中，1# 干雾抑尘装置应用于0#、1#、2#、3# 转运站、1# 和2# 硫黄料仓的起尘点；2# 干雾抑尘装置

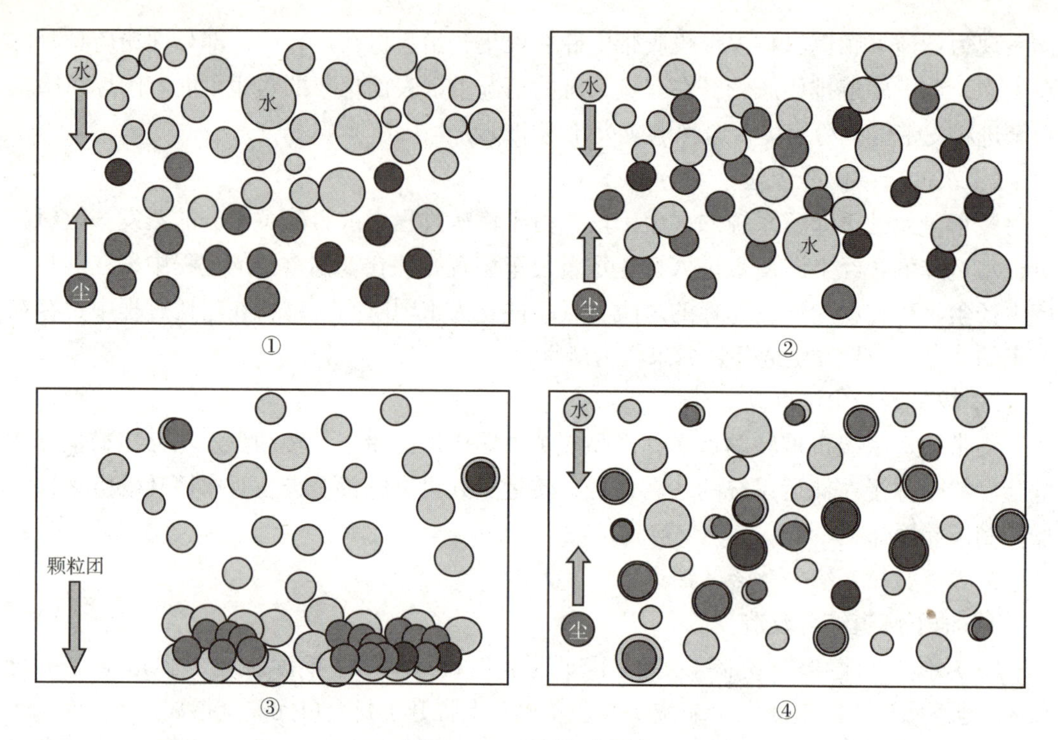

图 2-4-5　干雾抑尘原理

应用于 4A 转运站、4B 转运站、5# 转运站、6# 转运站、1# 和 2# 火车装车楼的起尘点。

微米级干雾抑尘系统的应用，从根本上抑制粉尘扩散，有效地降低了带式输送系统各转运点粉尘浓度，改善了工作环境，减少了清扫、维护工作量，消除了设备隐患，提高了设备运行可靠性，为硫黄储运系统安全高效运行提供了保障。将粉尘浓度由最高 102.3ppm，降低到 8.5ppm，达到了国家安全生产标准。同时采用微米级干雾抑尘，产品硫黄含水量没有明显增加，经取样分析，含水量由 1.82% 增加到 1.87%，整个系统含水量增加值未超过 0.1%，且产品硫黄含水量低于国家标准规定的 2% 的要求。

第五节　含硫气田安全控制技术

距离防护是安全环保管理的基本原则之一，而对于高含 H_2S 和 CO_2 气田钻井、开发、集输和净化等各个生产环节来说，距离防护措施具有无可替代的作用。比如钻井井场发生了井喷事故，地下的高含 H_2S 气体从地下喷涌而出，然后向井场四周飘散。在此情况下，如果井场安全距离符合规定，且 H_2S 扩散范围内没有民居和工厂，则只要钻井队搞好自身的安全防护，便不会酿成人员伤亡事故；假使在 H_2S 扩散范围内分布有大量的民居或厂矿、学校，一旦疏散不及，必然会造成大量的人员伤亡。因此，在高含 H_2S 和 CO_2 气田钻井、开发、集输和净化等生产环节中，认真落实安全距离有着十分重要的意义。

落实安全距离措施应该从“源头”抓起。对于钻井、试气（井下作业）等流动性施工作业而言，应该从地质设计、工程设计、钻前施工和设备安装阶段着手规划，并严格落实；对于集输场站、湿气管道和脱硫净化厂，则应在项目科研、基础设计等前期工作开始规划，并分步实施。

一、高含硫气田生产开发装置危害分级与安全控制距离

1. 含硫气井公众危害程度分级方法

（1）含硫化氢天然气井。天然气中硫化氢含量大于 75mg/m^3（50ppm），且硫化氢释放速率不小于 0.01m^3/s 的天然气井。

（2）硫化氢释放速率 *RR*：事故状态下含硫化氢天然气井单位时间内向大气中释放的硫化氢的量，在标准状况（温度为0℃，压力为1标准大气压）下，单位用m^3/s 表示。

（3）含硫化氢天然气井公众危害程度等级根据行业标准 AQ2017，依据其硫化氢释放速率划分，分为 3 级，具体见表 2–5–1。

表 2-5-1 含硫化氢天然气井公众危害程度等级

危害程度等级	硫化氢释放速率 /（m^3/s）
一	$RR \geqslant 5.0$
二	$5.0 > RR \geqslant 1.0$
三	$1.0 > RR \geqslant 0.01$

（4）硫化氢释放速率 *RR* 按式（2–5–1）计算：

$$RR = A \times q_{AOF} \times C_{H_2S} \tag{2-5-1}$$

式中 RR——气井硫化氢释放速率，m^3/s；

A——系数，取值 7.716×10^{-8}（m^3·d）/（mg·s）；

q_{AOF}——气井绝对无阻流量最大值，10^{4}m^3/d；

C_{H_2S}——天然气中硫化氢含量，mg/m^3。

（5）在含硫化氢地区，未取得绝对无阻流量或硫化氢含量的气井应按下述方法计算：

①周边 5km 范围内含硫化氢天然气井数超过 5 口，分别取其中绝对无阻流量和硫化氢含量最大的 5 个值，求其平均值后按式（2–5–1）计算；

②周边 5km 范围内存在含硫化氢天然气井但井数不超过 5 口，分别取其中绝对无阻流量和硫化氢含量最大的值，按式（2–5–1）计算；

③周边 5km 范围内不存在含硫化氢天然气井，公众危害程度等级视为二级。

2. 含硫气井与公共设施安全距离

（1）公众安全防护距离：井口至民宅、铁路及高速公路、公共设施、城镇中心的水平距离。

（2）含硫气井与公共设施安全距离：公众安全防护距离见表 2–5–2。

表 2-5-2 公众安全防护距离

气井公众危害程度等级	距离要求
三	井口距民宅应不小于 100m，距铁路及高速公路应不小于 200m，距公共设施及城镇中心应不小于 500m
二	井口距民宅应不小于 100m，距铁路及高速公路应不小于 300m，距公共设施应不小于 500m，距城镇中心应不小于 1000m
一	井口距民宅应不小于 100m，且距井口 300m 内常住居民户数不应大于 20 户；距铁路及高速公路应不小于 300m；距公共设施及城镇中心应不小于 1000m

3. 加拿大含硫气井风险分级

关于风险分级方面，加拿大阿尔伯特省能源与公共设施委员会（EUB）提出了含硫化氢气井风险分级标准，如表 2–5–3 所示。不同风险等级气井周边功能区域距离要求见图 2–5–1。

表 2-5-3 含硫化氢气井风险分级标准

等级	H_2S 释放速率 /（m^3/s）	等级	H_2S 释放速率 /（m^3/s）
一级	≤0.3	三级	2~6
二级	0.3~2	四级	≥6

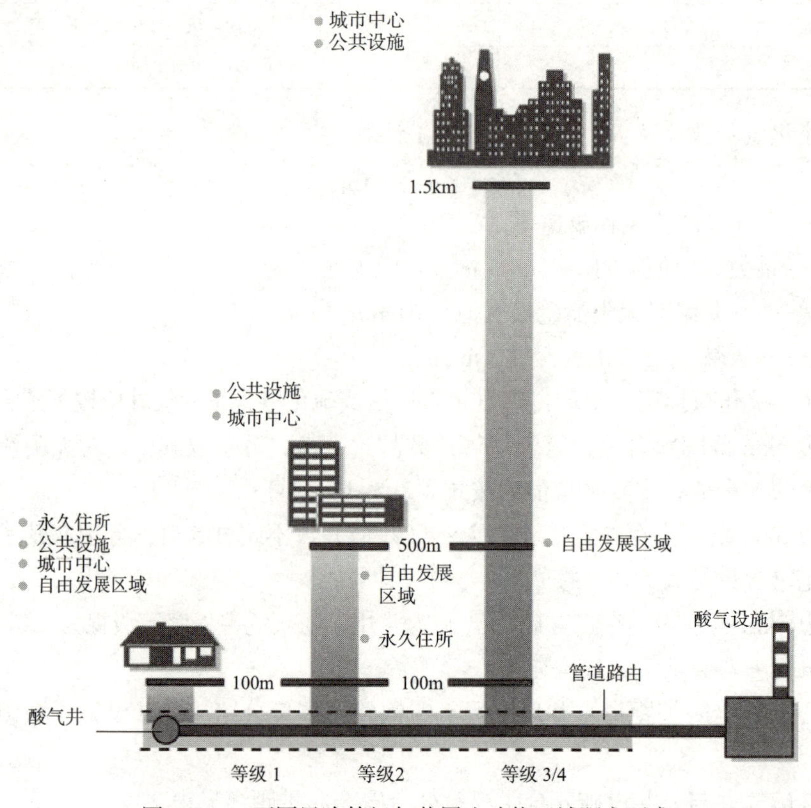

图 2–5–1 不同风险等级气井周边功能区域距离要求

4. 加拿大管道安全距离

国内行业标准 SY/T6277—2017 明确规定，含硫化氢集输管道居民搬迁距离应经过模拟计算或安全评价确定。加拿大按照管道硫化氢释放体积明确了含硫油气输道管道公共安全距离，见表 2–5–4。

表 2-5-4　加拿大油气输送管道公共安全距离

等级	H_2S 释放体积 /m^3	最小距离
1	<300	管道可以通过
2	≥300~<2000	100m：距个人永久性住宅和不受限制的乡村开发区域 100m 500m：距城市中心和公共设施 500m
3	≥2000~<6000	100m：距密度为每 1/4$mile^2$ 不超过 8 个住宅的区域内的个人永久性住宅 100m 500m：距不受限制的乡村开发区域 500m 1500m：距城市中心和公共设施 1500m
4	≥6000	由 EUB 确定，但不小于 3 级中的规定

5. 集输站场与净化装置安全距离

我国石油天然气行业标准 SY/T 6277—2017 对高含硫天然气集气场站搬迁距离做出了规定。

（1）搬迁区域：假定发生硫化氢泄漏时，经模拟计算或安全评价，空气中硫化氢浓度可能达到 1500mg/m^3（1000ppm）时，应形成无人居住的区域。

（2）天然气集气场站的搬迁区域应符合以下要求：

①硫化氢体积分数为 13%~15% 的天然气集气场站，搬迁区域边缘距最近的装置区边缘宜不小于 200m；

②硫化氢体积分数低于 13% 或高于 15% 的天然气集气场站，在组织专家技术论证后，可适当减小或增大搬迁区域。

（3）单列脱硫装置处理能力为 $300 \times 10^4 m^3/d$ 级的天然气净化厂搬迁区域应符合以下要求：

①硫化氢体积分数为 13%~15% 的单列脱硫装置处理能力为 $300 \times 10^4 m^3/d$ 的天然气净化厂搬迁区域边缘距最外脱硫装置边缘宜不小于 400mm；

②硫化氢体积分数低于 13% 或高于 15% 的单列脱硫装置处理能力为小于或大于 $300 \times 10^4 m^3/d$ 级的天然气净化厂，建设单位参考（1）的规定，在组织专家技术论证后，可适当增大或减小搬迁区域。

（4）其他硫化氢环境的工作场所，应经过模拟计算或安全评价，确定搬迁区域。

二、应急响应及应急撤离区域

1. 国内外剧毒气体应急响应现状

国外主要含硫油气田开发所在地如加拿大 Alberta 省和 British Columbia 省、美国

Texas 州，这些地方政府针对高含硫气田的开发和生产过程，重点从控制含硫天然气泄漏导致的人员硫化氢毒害角度，进行含硫生产设备的风险分析、气体扩散模拟、危害等级评价、应急区域确定等一系列控制措施的研究，建立全面有效的应急救援体系作为应对事故灾难的重要措施，并通过严谨的科学研究、逐步地改善更新和长期的累积实践，已建立、健全了一套完善的含硫油气田开发和生产事故控制措施方案和应急救援体系，保障了含硫油气田开发和生产的安全进行。

2. 国外剧毒气体应急响应分级研究

在国外，部分政府组织对含硫气田公众安全防护距离分级制定了相关的标准，例如加拿大 ERCB 制定的含硫气田生产设施公众安全防护距离分级标准。ERCB 是 Alberta 省政府下的独立准司法机构，负责监管加拿大绝大部分含硫化氢天然气生产，其所制定的含硫气田生产设施公众安全防护距离分级标准得到广泛参考和引用。ERCB 规定输送硫化氢含量超过 10mol/ kmol 的天然气管道需建立公众安全防护距离，并针对管道泄漏硫化氢扩散毒害事故，根据管段间最大硫化氢泄漏体积将公众安全防护距离分为 4 级。对不同等级，ERCB 规定了管道距单座固定民宅、居民散居区、城镇中心和公众设施的最小距离。ERCB 标准建立在地广人稀的加拿大，由于川渝地区人口密度远高于加拿大，ERCB 标准并不适用于气田主要所在地川渝地区。同时，川东北地区以山区环境为主，区域的复杂地形对人员疏散、物资调集及消防抢险等含硫化氢天然气集输管道事故控制实施可造成显著阻碍，仅依靠公众安全防护距离不足以实现全面的公众防护。

根据我国已颁布的含硫化氢天然气井分级标准，结合 ERCB 标准，中国石油大学朱渊、陈国明在《含硫化氢天然气集输管道公众安全防护距离分级标准讨论》中建立了依据硫化氢最大泄漏体积的含硫化氢天然气集输管道最小安全距离。在企业方面，国内外大型石油化工企业大多针对本企业所生产、使用的高毒气体原料或中间体，在企业现场内应急预案中制定了应急响应分级标准。例如：拜耳公司针对其生产和使用氯气的下属企业，按照氯气的泄漏量在应急预案中制定应急响应分级标准；中国化工所属蓝星公司在其 TDI（甲苯二异氰酸酯）生产企业，在使用光气中间体的车间应急预案中，在数值模拟结果和企业应急能力相结合的基础上，将一定时间内光气的泄漏量作为应急响应分级标准。

针对剧毒气体现场应急响应定量分级的研究，国外的政府和企业在这些方面做了大量工作，但是由于可查到的资料有限，并且许多企业所指定的分级原则大多是基于本企业现场生产实际的，实际借鉴意义不大，只能作为参考。

3. 国内外含硫气田应急响应研究现状

含硫气井发生重大事故风险较大，国内外的研究工作中主要以保护公众安全为主旨的应急响应原则，总结风险分级防控、企地联合应急机制和专业应急救援为保障的含硫气井应急管理模式，分析和提出了风险管理、协同应急机制、应急资源保障等方面的相关对策措施。

政府方面，加拿大是目前国际上高含硫气田应急响应做得比较好的国家之一。加拿大拥有比较完善的有关高含 H_2S 气田开发的标准、规范和指南，并注重应用。加拿大高含 H_2S 油气田开发公司专设事故应急指挥系统和危机管理机构，制定了系统的应急预案。突发事件发生时，高含 H_2S 油气田开发企业能在最短时间内，与政府以“一个声音”向公众和媒体及时发布有关信息。在加拿大，与含 H_2S 油气田开发相关的专业技术咨询、培训和设备制造公司已形成互补配套的技术系列，为油气田开发公司的生产经营提供了有效的保证。在含 H_2S 气田开发的规划、建设、生产过程中，加拿大石油天然气企业认真考虑气田周边居民的安全，重视向周边居民普及安全防范常识，以确保经济、社会、人与自然的和谐发展。

在加拿大，高含 H_2S 油气田开发的 HSE 管理系统主要由政府监管部门、油公司、社区和公众以及专业服务公司几个部分构成，它们分别发挥着各自不同的功能和作用，形成了一个有机和有效的管理系统，比如：按照“加拿大上游石油工业应急准备与反应要求”的规定，油公司要钻一口含 H_2S 的气井，首先必须编制相应的应急预案（ERP），然后到 AEUB（Alberta Energy and Utilities Board，加拿大阿尔伯达省能源监管委员会）申请作业许可证。同时，必须将应急预案与政府有关部门、服务公司、社会相关方以及媒体进行衔接，以保证一旦发生事故时，能够及时、有效地启动预案，采取应急措施，控制事故危害和损失。加拿大的国家标准的基本制定过程为：企业、行业推荐做法—行业（AEUB）标准—国家（CSA）标准。AEUB 制定和发布了比较完善的有关高含 H_2S 气田开发的标准、规范和指南，其中比较值得关注的是《加拿大上游石油工业应急准备与反应要求》[GUIDE 71（AEUB）]，该指南明确规定了应急准备与反应的步骤和程序，风险分析的方法和模型，应急反应区域（EPZ）的计算方法和反应程序，主要应急事件分类及应急预案的编制要求。指南中所规定的应急准备及响应的程序是整个文件的核心。

在企业方面，壳牌卡罗林天然气处理厂在含 H_2S 气田的开发和生产中采取了 BowTie 风险管理模式。BowTie 风险管理模式是壳牌集团公司通过多年实践形成的一套行之有效的风险预防、管理和事故控制模式，目前在壳牌集团公司的全球各分公司广泛应用。该模式的核心理念是：既要注重风险的控制，也要重视事故的应急。做好风险识别和评价分析，采取有效措施，往往可以避免大事故的发生；一旦事故发生，高效的应急指挥系统和应急反应措施可以将事故的损失控制到最小。

国内方面，在王建光、邓云峰编写的《含硫气井应急管理模式初探》中，作者在对高含硫气井进行定义的基础上，根据高含硫天然气泄漏事故突发性强的特点，研究事前的预防、准备等含硫天然气生产过程中的应急管理，制定协调机制和应急资源保障机制，并提出高含硫天然气应急管理模式。此模式以公众安全防护为中心，以企地协同应急机制、风险分级防控、专业应急救援保障为三个基本点：企地协同应急机制体现在企业和地方政府之间的应急预案编制、应急演练、公众应急培训、指挥协调和应急资源联动等方面；风险分级防控是将风险等级较高的含硫气井作为应急管理的重点和针对不通等级的含硫气井可能发生事故的典型场景，制定相应的应急处置和公众防护措施，体现在设置防护距离、划定应急区域、编制应急预案、制定环境监控和人员疏散方案等方面；专业应急救援保障体现在企业和地方政府应当依据“分工负责，企业为主”的原则，提供专业性应急资源保障方面。

目前，国内针对高含硫天然气的应急管理主要研究重点是风险分级防控、企地协同应急为机制、专业应急救援保障三个方面：一是风险管理，包括：制定风险可接受水平，对高含硫天然气生产实施分级和开展安全规划，建立高效的应急平台；二是协同应急机制，包括：签订合作协议，充分利用双方应急资源，组建联合应急管理和应急指挥组织机构，加强应急预案的衔接，开展联合应急演练，共同组织公众应急培训；三是应急救援保障，包括：以高含硫天然气生产企业为主负责保障现场应急救援所需的点火、个体防护、报警、事故监测、信息通信等应急物资，地方政府负责组织保障人员疏散、群众安置、医疗救护、治安消防等应急物资，企业的专业应急救援队伍负责事故现场气井生产作业区内的点火、井控等抢险作业，地方应急队伍负责医疗救护、治安等工作，企地双方专业救援队伍负责消防、搜救、监测等专业性工作，在地方政府的指导下组织相关应急人员负责疏散、群众安置等救援工作，由企业负责搭建集成监测、预警、通知、指挥、预案管理、辅助决策等功能的应急救援平台。尤其是应急辅助决策系统，其基本内容是以安全科技为核心，以信息技术为支撑，软硬件相结合的突发事件应急保障技术系统，是实施日常安全监督管理、调度运行和启动应急预案，进行指挥决策的工具；具备日常应急管理、风险分析、监测监控、预测预警、动态决策、应急联动等功能。事故应急辅助决策系统对于建立和健全统一指挥、功能齐全、反应灵敏、运转高效的应急机制，预防和应对重特大突发事件，减少事件造成的损失，具有重要意义。

4. 应急撤离区域要求

石油天然气行业标准 SY/T 6277—2017 对高含硫天然气集气场站应急撤离距离做出了规定。

（1）应急撤离区域：发生硫化氢泄漏时，人员应进行撤离的区域。SY/T6277—2017 中明确规定，当空气中硫化氢浓度达到安全临界浓度时，无任何人身防护的人员应进行撤离的区域；

（2）含硫集气场站的应急撤离区域应符合以下要求：

①硫化氢体积分数为 13%~15% 的天然气集气场站，应急撤离区域边缘距最近的装置区边缘宜不小于 1500m；

②硫化氢体积分数低于 13% 或高于 15% 的天然气集气场站，参考（1）的规定，在组织专家技术论证后，可适当减小或增大应急撤离区域。

（3）单列脱硫装置处理能力为 $300\times10^4m^3/d$ 级的天然气净化厂应急撤离区域应符合以下要求：

①硫化氢体积分数为 13%~15% 的单列脱硫装置处理能力为 $300\times10^4m^3/d$ 的天然气净化厂应急撤离区域边缘距最近的装置区边缘宜不小于 1500m；

②硫化氢体积分数低于 13% 或高于 15% 的单列脱硫装置处理能力为小于或大于

$300\times10^4m^3/d$ 的天然气净化厂，建设单位参考相关规定，在组织专家技术论证后，可适当增大或减小应急撤离区域。

（4）其他硫化氢环境的工作场所，应经过模拟计算或安全评价确定应急撤离区域。

三、钻井试气安全距离要求

1. 钻井井场安全距离

钻井井场布局要充分考虑安全距离问题，除下面即将提到的内部安全距离和外部安全距离外，还应设置应急集合点、临时安全区和紧急逃生通道等。应急集合点应有两个，分别处在井口的两个不同方向，并与井口至少保持 30m 以上的安全距离。

1）外部安全距离

含硫气井钻井应按《含硫化氢天然气井公众危害程度分级方法》（AQ2017）确定气井公众危害程度等级，按照《含硫化氢天然气井公众安全防护距离》（AQ2018）确定公众安全防护距离。

关于井场的其他外部安全距离要求，许多行业标准都有规定条款，但条款之间存在一定差别。《硫化氢环境钻井场所作业安全规范》（SY/T 5087—2017）中，补充规定了一些外部安全距离要求：

①油气井井口距高压线及其他永久设施不少于 75m；

②含硫化氢天然气井放喷管线出口（放喷池）距井口 100m 以外；

③井场生活区距井口不少于 300m。

2）内部安全距离

内部安全距离主要是指井场各种设备、设施之间的间距（图 2-5-2），以及与井口之间的距离要求，以防止突发性火灾事故发生时相邻设备之间相互影响。特别是柴油罐等储油设备，锅炉房、发电机、柴油机等产生火源的设备，放喷管线出口等危险部位，以及人员相对集中的地方更应高度重视。主要距离指标有：

（1）一般要求：井场各设备、设施之间的安全距离应按如下条款布置：

①值班房、发电房、库房、化验室、油罐区距井口不应小于 30m；

②发电房距油罐区不应小于 20m；

③远程控制房距离井口不应小于 25m。

同时，值班室、工程室、钻井液室、气防器材室等应位于井场主导风向的上风侧。

（2）冬季施工要求：锅炉房应设置在井口盛行风的下风侧，且距离不小于 50m。

（3）苇塘施工要求：在苇塘等区域钻井施工时，井场周围应设置防火隔离带，且宽度不应小于 20m。

2. 试气与井下作业安全距离要求

1）外部安全距离

从理论上讲，由于 H_2S 和 CO_2 气体极易随风扩散，故安全距离应依据有害介质的浓

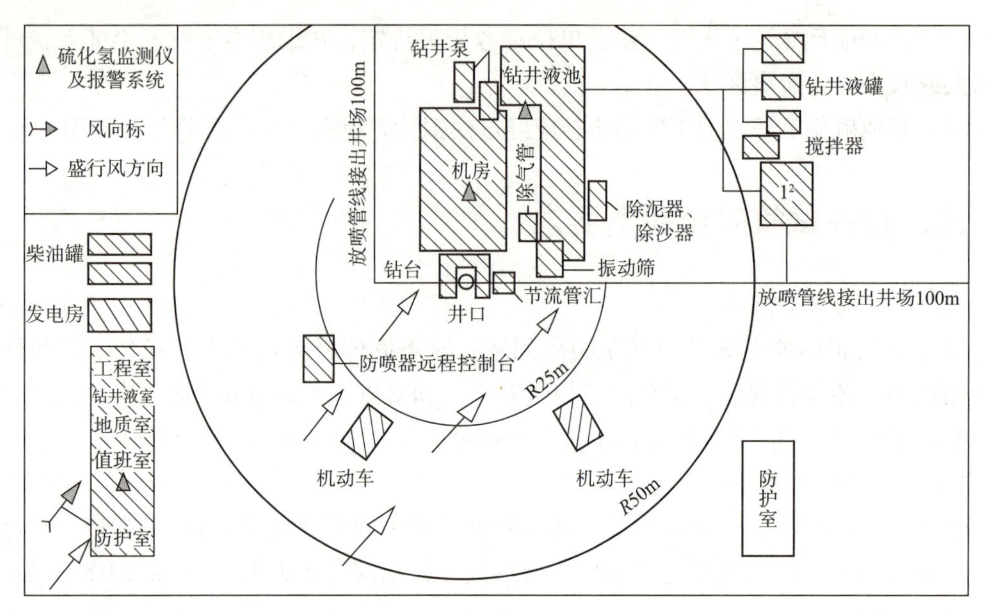

图 2-5-2　井场设备布置与安全间距示意图

度确定，即凡是 H_2S 浓度可达到 20ppm 的地方，此范围内便不属于安全距离范围。

应该提出的是，试气作业所潜在的高含 H_2S 和 CO_2 气体泄漏的可能性和危害性，并不一定比钻井施工作业的小，故其安全距离要求应该高于钻井施工。在具体应用时，试气和井下作业井场外部安全距离的确定，应参照钻井井场标准执行。特别是在试气求产作业时，一定不能低于钻井井场的安全距离标准。同时，可以考虑采取提前疏散 500m 范围内的居民，然后再试气的施工方式。

2）内部安全距离

（1）一般原则：试气与井下作业井场设备摆放和布置，应根据季节和施工目的来综合考虑，同时还要合乎安全防火要求。井场布局要有安全通道、临时安全区，紧急逃生通道，逃生路线图，并应安装风向标和明显标志，应急集合点位于井口安全距离 30m 以上。井场布局还应根据设计考虑压裂、酸化大型施工车辆的摆放等。

（2）电气防爆：距井口周围 30m 内的电器设备要做到整体防爆，并达到防爆级别要求。

（3）井口距离：以井口为中心，半径 25m 以内用来摆放循环及动力设备。防喷器远控台及辅助设备、配合单位机动车辆应距离井口 25m 以上。

（4）其他距离：发电房、值班房、工具房与井口、储油罐、循环放喷池的距离应在 30m 以上，并尽量摆放于盛行风的上风处。储油罐也是一个危险爆炸源，应单独安装在距井口 30m 以外的地方。油气分离器与井口之间的距离要大于 30m，油气分离器与井口之间的距离也要大于 30m，放喷口距井口或民居应大于 100m，且位于主导季候风向的下风侧；放喷管出口应斜朝上。

四、有毒气体扩散模拟方法介绍

1. 复杂地形有毒气体扩散模拟现状

在复杂地形上，大气受下垫面特性的影响很大，因而在水平和垂直方向上形成非常特殊的风场和温度场，再加上地形动力作用的阻塞与分流，致使污染物的扩散、稀释规律比平原地区复杂得多。地形和下垫面的非均匀性，对气流运动和气象条件会产生热力和动力的影响。因地形热力影响形成各种局地环流，如山谷风、海陆风、冷泄流（下坡风）、城市热岛效应等；因地形动力作用引起气流阻塞、流场扰动、背风坡尾流区与背风涡旋、背风波和地形绕流等。这些环流均会改变污染物的扩散条件，明显地影响山区中的污染物输送过程。

山区风场是大范围的盛行风与局部地形热力作用造成的山谷风的组合，当地形的相对高差不大时，山谷风很微弱，往往被盛行风所掩盖，引起山区风场发生局地变化，主要是地形的阻碍作用，当气流垂直于山脉走向越过山脊时，由于山的影响改变了气体流线，形成地形波。气流过山强迫抬升，流线加密，流速增大，过山后的气流将力图恢复其平衡状态，气流下沉，流速降低。

过山气流的形态与气流过山前的风速大小，山的高度和风随高度的分布特点有关。当风速较小时，整个山脊上空的气流都很平直，垂直运动很微弱，气流呈层流状态。过山气流的流线与山波地面各点的高度比气流过山前距水平地面的高度有所降低，山脊处最低，过山后又逐渐恢复到原来的高度。

针对复杂地形下高含硫天然气的扩散过程，国内外研究者从实验、模型和数值模拟等方面开展了大量的研究工作。

1）国外有毒气体扩散模拟技术现状

国外对天然气井特别是高含硫气井试气或者井喷失控被迫点火产生的尾气对井位附近人员产生的影响、扩散数值模拟已经有了较为全面的研究。如加拿大 EUB 制定了一系列相关规范，如：酸性井试井点燃火炬申请程序及扩散模拟图解（Sour Well Test Flaring Permit Application Process and Dispersion Modelling Nomographs），API 制定了含硫化氢油气井钻井和井下作业推荐作法（API RP49—2001：Recommended Practice for Drilling and Well Servicing Operations Involving Hydrogen Sulfide）、含硫化氢油气井开采和天然气净化厂推荐作法（API RP 55：Recommended Practices for Oil and Gas Producing and Gas Processing Plant Operations Involving Hydrogen Sulfide）等。EUB、API 采用比较简单的关联式来考察了硫化氢气体在不同气象条件下的影响范围，但是没有考虑复杂地理条件的影响。

Egan 等认为，复杂地形中有很多因素会促进扩散和羽流的稀释。其中一个是风速、风向随地形高度变化而导致的风切变；另一个是羽流越过或者环绕地形时发生的变形。复杂地形中气流的扭曲相当显著。当气流流线不再沿着障碍物的形状时，就会发生气流分离。垂直于一个两维物体（如山脊，ridge）的流，比环绕一个孤立的三维物体（如山，hill）的流更容易发生气流分离。不稳定或中性条件下的气流分离比稳定条件下的更明显，因为稳定条件更倾向于抑制气流分离。在稳定条件下，复杂地形和平坦地形关于稳定性的区别最为显著。稳定层结容易产生剪切移动，从而促进湍流。山谷中，风向和风速有局部变动。典型的，白天有上坡风（因为地表的空气被加热而提升），晚上有下坡风（地表的空气被冷却而下降）。复杂地形中的两个重要问题是高架源扩散到地面的冲击和驻点区域内阶段性的浓度稀释。

Ramsay 等认为，重气泄漏会形成一个地面云团，对人工或自然障碍物的影响都非常敏感。地面高程的变化会影响气体的浮力受迫运动。倾斜面，孤立的山或复杂地形会改变或转移云团。地形可能会加强羽流的稀释，使云团偏离高处。或者，重气云团会被引入低的面积，不受大气流动稀释作用的影响。

Davies 等认为，复杂地形对高架羽流扩散有不利影响，产生比平坦地面预期浓度更高的地面浓度，包括：

①垂直羽流轨迹修正会降低羽流高度，增强羽流受地形的直接影响。当羽流轨迹不能抬升超过地面时，稳定条件下的直接影响是最大的。

②水平羽流轨迹修正会导致羽流要么沿着有高度的地形前进，要么被限制在一定的区域内。例如，山谷的宽度和深度会限制混合作用，增大地面浓度。

③渠道效应会使高暴露的时间延长，导致持续性会超过与山谷风相关的持续性。确切地说，羽流可能会停滞在某个狭长的区域好几天。

与地形有关的能降低浓度的有利因素包括：

①在复杂地形区域易发生的微风会增加排气管底部的羽流高度。

②由于地形特征使湍流增强，导致羽流更大程度上的稀释。

③与平坦而没有林冠覆盖的地表相比，由于林冠覆盖的存在，会使湍流程度增强，从而导致更大程度的稀释。

地形对环境大气质量的总体影响取决于有利影响和不利作用的竞争。

在不稳定和不确定的条件下，气流可能穿过或跨越障碍物。在中度风速稳定条件下，也可能穿过或跨越障碍物，然而风速较低时，气流可能被障碍物转移，环绕山丘或者流进山谷。

对山区而言，造成地面有毒气体高浓度的主要原因有以下几个：

（1）烟流撞山。这是造成迎风坡高浓度的主要原因。高耸的地形使得高架源完全或部分地损失了它的有效高度，使得迎风坡出现高浓度。

（2）地形波和垂直湍流。山体背风坡形成的地形波和强烈的垂直扰动，可将背风侧高架源排放的污染物或过山污染物很快带向地面，造成高浓度污染。

（3）冷泄流。夜间冷空气沿山体向下滑动，形成逐渐增厚，可达几十米的冷泄流，将在这一层排放的污染物向山谷中汇集，造成低层空气中的高浓度污染。

（4）山谷中的漫烟。山谷中的漫烟比平原复杂，除了与平原相同的漫烟外，还有一些其他类型的漫烟过程。日出后，山谷两侧坡面受日照不均匀形成与山谷走向垂直的横向环流，可将夜间聚集在上部的高浓度空气导向谷地形成高浓度。在山区，当漫烟与山谷风转换同时发生时，污染物在向下面混合时可将背谷风带回高架源所在地，并出现地面高浓度污染。

（5）静稳条件。山区形成静风的原因很多，因地形阻挡，在山体的下部可出现静风区，还有凹地中的静风和山谷风转换期的静风等。若静风持续时间长，特别是伴随逆温同时出现时，污染物在静稳条件下长时间积累，可造成严重的空气污染。

（6）地形的限制。四周封闭的盆地或凹地中更容易出现静稳条件，受地形限制，通常只有在大风天气和午后梯度风短暂入侵时才能带走凹地中的污染物。在狭长的山谷中，污染物的侧方向扩散受到限制，在同等条件下浓度比平原高。

随着技术的革新，各种实验手段及计算机软硬件技术的提高，各种模型的精确度也逐步提高。国外事故模拟经历了由简单工程化事故模拟到三维精确事故模拟的过程转变。

自20世纪80年代以来，美国环保署投入了大量的资金用于开发适于复杂地形上扩散的数值模型。但是，开发出的模型通常是在高斯烟羽模型的基础上，引入一个地形调整系数以作为地形对浓度分布影响的考虑，而这个系数一般与地形的几何形状无关。这样，在这些模型的预测结果中，就没有考虑地形所引起的风场变化对浓度分布的影响。

CTDM模式有其自身的不足之处，在模型中引入了位势流理论，该理论模型与实况有很大差距，其定量结果不能简单地用于过山气流问题，而且其背风坡的情况更不符合实际，因此CTDM模式不适用于背风坡面。

CTDMPLUS只适用于计算孤立山包或连绵山体上风侧地面接收点的小时平均浓度，不能计算背风坡一侧的接收点上的地面浓度，也不适用于多山包情形的计算，也没有考虑由地形引起的烟流下洗等现象，而且要求所处理的地形坡度不超过150。

NOAA模式未考虑烟流随地形起伏的变化，包括烟流可能发生形变或绕流而不一定直接触地；另外，该模式也未引入山区扩散速率比平原地区高的因素。所以模式计算结果非常保守。

CALPUFF模型不能精确预测短期排放和短期产生的峰值浓度，如泄漏排放事故。在该类事故中，环境污染物峰值浓度可能远远大于浓度均值，从而对人群健康产生急性毒性影响。CALPUFF扩散参数化使用的单位平均时间一般需要约1h，而脉动扩散作用发生的时间短得多，对于小烟团（刚释放出来），控制其扩散的主要因素是脉动作用，而不是烟团自身的增长。因此，烟团模型不适合对污染源瞬时释放（尤其是近场）做合理浓度预测。

AERMOD和ADMS均假定风向不随高度变化而只考虑风速随高度变化，不考虑复杂风场而只考虑复杂地形条件下的水平型烟羽和流过地形型烟羽。

这些工程化事故模拟模型较为简单，具有计算速度快、操作简便等优势，是定量风险评估、应急平台等事故模拟模块的基础，这些软件方法也是目前国内事故模拟及定量风险评估事故场景设置中采用的常见方法，但是存在准确性低、适用性差等缺点。

以求解描述流体流动的 Navier-Stokes 方程为基础，综合考虑影响气体扩散的多方面因素，计算结果得到了实验对比和实际观测的检验，在复杂地形大气流动和有毒气体扩散研究中得到了很多的应用。Spyros 和 Fotis 采用计算流体力学方法（Computational Fluid Dynamic，CFD）模拟了有障碍物存在的气体扩散过程，并与 Thorney Island 实验结果进行了对比分析，确定模拟计算结果具有较高的准确性；K Hanjalic 和 S Kenjeres 采取了 T-RANS 方法对某中等山区城市的污染物扩散进行模拟，综合考虑地表、大气、太阳辐射和地面区域热点等影响的作用，计算模拟结果与实际监测数值具有一致规律；Ellen 等对街道中的气体扩散问题进行了数值模拟分析，对比不同建筑物高度对气体扩散的影响情况，结果表明气体扩散过程主要受空间外形和雷诺数影响。

Gexcon 公司采用 FLACS 软件对 New York 城市中有毒气体（氯气）泄漏后在整个城市中的扩散过程进行了数值模拟研究，主要考察了泄漏量的大小对有毒气体范围的影响，其中城市建筑的建模采用了立体拍摄成像技术（STL）。

上述国外模型并不适合在我国川东北的特殊地形地貌和气象条件下的扩散模拟。总之，国外对于复杂地形且气象条件多变条件下的气体扩散模拟仍然处于一种探索研究阶段。

2）国内有毒气体扩散模拟技术及发展现状

“12·23”重庆开县罗家寨 16H 特大井喷事故后，国内的大专院校和研究机构对高含硫气井井喷释放的 H_2S 扩散进行了广泛的研究。

清华大学利用流体力学计算方法，通过求解各组分对流、扩散和热传导 Navier-Stokes 方程，得到各时刻流场物理量的具体信息。进而对“12·23”开县罗家寨 16H 井喷事故进行数值模拟，得到各时刻 H_2S 浓度场的分布结果，与当时现场监测数据对比，结果吻合较好。

陈建国等采用 k-eps 湍流模型对事故过程进行了模拟，将模拟结果和事故现场的定性和部分定量结果进行了比较，得出了较为一致的结论。

中国安全科学研究院席学军等采用大涡模型以及贴体网格技术，对某地区发生泄漏进行研究并进行三维数值模拟，模拟结果显示了气体扩散的时空分布以及对人员的危害，通过模拟结果，可以对井场地区的安全情况作出评价，能够对应急人员疏散策略及安全区域规划的制定提供帮助。

北京师范大学环境学院研究了复杂地形高含硫输气管道环境风险事故模拟，以四川“某气田”高含硫输气管道为研究对象，采用地随坐标三维客观诊断风场以及 Lagrangian 烟团模型，对复杂地形区高含硫输气管道发生断裂事故的 H_2S 扩散情况进行了模拟。

上述工作在扩散理论研究上是可行的，并且有些研究结果与已发生的“12·23”开县罗家寨 16H 井喷事故的 H_2S 监测数值部分吻合。此外，由于事故发生在夜间，当时的应急措施不利，井喷失控，释放源强及其物化数据（温度、速度、压力等）无法测量，造成误差较大。事故发生时 16H 气井附近的气象条件没有准确的测量数据，因此，仅部分模拟结果吻合并不能表示上述方法在川东北特殊条件下适用。并且这些工作基本上都是从计算流体力学的角度对复杂地形下扩散过程进行了模拟，模拟工作需要耗费很长的计算时间，无法应用在事故状态下的快速模拟。

清华大学公共安全中心主持的“985工程”二期科技创新平台“公共灾害防治科技创新平台”也将重大灾害事故的实验模拟与数字模拟平台作为其重点建设内容，通过信息系统依据气象条件、地理信息等对灾害事故的发展进行模拟预测，并在此基础上进行应急预案优化、决策、处置建议等。

北京大学石油与天然气研究中心进行了井喷事故中硫化氢污染扩散课题的研究，利用遥感影像的技术生成数字高程模型，在此基础上建立了硫化氢污染扩散模型，研制了基于地理信息系统技术的硫化氢污染扩散计算机模拟系统，开展硫化氢污染扩散过程模拟研究。

综合以上可以看出，国内事故模拟方面基本是以应用研究为主，缺乏对复杂地形下高含硫气体扩散过程的系统分析。

3）计算流体力学（CFD）研究现状

要对复杂地形上大气污染物扩散进行可靠的预测，应该采用以流体力学原理中污染物输送、扩散理论为基础的计算流体力学模型。计算流体力学模型通过建立各种条件下的基本守恒方程（包括质量、动量、能量及组分等），结合一些初始和边界条件，加上数值计算理论和方法，能更好地描述重气在障碍物或明显的地形变化条件下的扩散过程，从而描述真实扩散过程中各种场的分布，如流场、温度场、浓度场等，可用于任何泄漏扩散场景、任何地形和任何气象条件，较为准确地描述重气扩散的物理过程。

2. 大涡数值模型

我国含硫气田集中分布在川渝地区，用一般的烟羽扩散模式模拟井喷 H_2S 的扩散难以精确计算出 H_2S 扩散浓度场的时空分布（Jayatilleke，1969）。近年，大涡数值模型（Deardoff，1973；Tutar & Oguz，2002；Michelassi1，Wissink，Rodi，2003；Li，Liu，Leung，2006；王晋军，符松等，2001）较多地应用于大气环境污染的研究（Deardoff，1973；谢飞钦，2001；崔桂香等，2008）。

根据计算流体动力学原理（CFD）（Jayatilleke，1969；Jameson，et al，1981；Sada & Sato，2002；王福军，2004；张兆顺，2008）模拟 H_2S 气体扩散，采用大涡模拟方法，通过耦合污染物扩散程序模块，建立了复杂地形 H_2S 气体扩散的数值预报模型。该模型是一种非静力大气预报模式，采用可压缩的 N-S 方程描述大气的运动；采用地形贴体坐标系统，可以有效地处理复杂的地形条件；可用于多种尺度范围的大气扩散预报，覆盖从几米到几千千米的尺度范围。

1）控制方程

在该数值预报模型中（Xue，Droegemeier，Wong，2000；Xue，et al，2001；Xue，Wang，Gao，2003），控制方程采用可压缩的 N-S 方程，包括动量方程、连续性方程、能量方程、状态方程以及浓度扩散方程。在大气扩散过程中，密度变化不大，由连续性方程和状态方程消去密度 ρ 得到关于压力的方程。因此，所求解的基本未知量有：速度

分量 u，v，w，压力 p，位温 θ 和浓度 c。对基本方程进行过滤，并进行坐标变换，得到计算空间中的大涡模拟的基本方程。

动量方程见式（2-5-2）~式（2-5-4）：

$$\begin{aligned}\frac{\partial u^*}{\partial t} = & -\left[u^*\frac{\partial u}{\partial \xi}+v^*\frac{\partial u}{\partial \eta}+W^{c*}\frac{\partial u}{\partial \zeta}\right] \\ & -\left[\frac{\partial}{\partial \xi}\{J_3(p'-\alpha Div^*)\}+\frac{\partial}{\partial \zeta}\{J_1(p'-\alpha Div^*)\}\right]+\sqrt{G}D_{\mathrm{u}}\end{aligned} \tag{2-5-2}$$

$$\begin{aligned}\frac{\partial v^*}{\partial t} = & -\left[u^*\frac{\partial v}{\partial \xi}+v^*\frac{\partial v}{\partial \eta}+W^{c*}\frac{\partial v}{\partial \zeta}\right] \\ & -\left[\frac{\partial}{\partial \eta}\{J_3(p'-\alpha Div^*)\}+\frac{\partial}{\partial \zeta}\{J_2(p'-\alpha Div^*)\}\right]+\sqrt{G}D_{\mathrm{v}}\end{aligned} \tag{2-5-3}$$

$$\begin{aligned}\frac{\partial w^*}{\partial t} = & -\left[u^*\frac{\partial w}{\partial \xi}+v^*\frac{\partial w}{\partial \eta}+W^{c*}\frac{\partial w}{\partial \zeta}\right] \\ & -\left[\frac{\partial}{\partial \zeta}\left(p'-\alpha Div^*\right)\right]+\rho^* B+\sqrt{G}D_{\mathrm{w}}\end{aligned} \tag{2-5-4}$$

式中，$\rho^*=\sqrt{G}\bar{\rho}$，$u^*=\rho^* u$，$v^*=\rho^* v$，$w^*=\rho^* w$，$W^{c*}=\rho^* W^{c}$；$u$，$v$，$w$ 分别代表东西、南北和竖直方向的风速，单位均为 m/s；ρ 为密度，kg/m^3；p' 为脉动压力，Pa。方程右边各项依次为：速度对流项、压力梯度项、亚格子湍流扩散项。在垂直方向上的动量方程里包含密度变化引起的浮力的影响 B 的确定见式（2-5-5）。

$$B=-g\frac{\rho'}{\bar{\rho}}=g\left[\frac{\theta'}{\bar{\theta}}-\frac{p'}{\bar{\rho}c_{\mathrm{s}}^2}\right] \tag{2-5-5}$$

式中，g 为重力加速度；$c_{\mathrm{s}}=\sqrt{\gamma R\bar{T}}$ 为声波速度。方程中加入一项减弱声波影响的人工阻尼项 αDiv^*，α 为阻尼系数，其计算公式见式（2-5-6）。

$$Div^*=\frac{1}{\sqrt{G}}\left[\frac{\partial u^*}{\partial \xi}+\frac{\partial v^*}{\partial \eta}+\frac{\partial W^{c*}}{\partial \zeta}\right] \tag{2-5-6}$$

在绝热条件下，位温是守恒的。在该预报模型中，假设位温的基本态不随时间变化，并且在水平方向是均匀的，只求解位温的扰动量，其方程见式（2-5-7）。

$$\frac{\partial(\rho^*\theta')}{\partial t}=-\left[u^*\frac{\partial \theta'}{\partial \xi}+v^*\frac{\partial \theta'}{\partial \eta}+W^{c*}\frac{\partial \theta'}{\partial \zeta}\right]-\rho^* w\frac{\partial \bar{\theta}}{\partial z}+\sqrt{G}D_{\theta}+\sqrt{G}S_{\theta} \tag{2-5-7}$$

方程右边各项依次为扰动位温对流项，位温基本态对流项，湍流混合项，以及微物理过程、辐射和其他升（降）温过程引起的热源（汇）项。

在密度、温度、压力三个状态量中，两个需要预先给出，另外一个可以计算出来。由于在动量方程中存在压力梯度的影响，压力需要保证系统中的质量平衡，所以在该模型中压力是需要计算的。利用状态方程及连续方程可得扰动压力的控制方程：

$$\frac{\partial(J_3p')}{\partial t}= -\left[(J_3u)\frac{\partial p'}{\partial \xi}+(J_3v)\frac{\partial p'}{\partial \eta}+(J_3W^c)\frac{\partial p'}{\partial \zeta}\right]+J_3\bar{\rho}gw$$
$$-\bar{\rho}c_s^2\left[\frac{\partial}{\partial \xi}(J_3u)+\frac{\partial}{\partial \eta}(J_3v)+\frac{\partial}{\partial \zeta}(J_3W^c)\right]+J_3\bar{\rho}c_s^2\left[\frac{1}{\theta}\frac{\mathrm{d}\theta}{\mathrm{d}t}\right] \quad (2\text{-}5\text{-}8)$$

等式的右边依次为压力扰动量对流项、压力基本态对流项、散度修正项及透热项。

2）浓度扩散方程选取

对于有害气体扩散的模拟，采用浓度的扩散方程：

$$\frac{\partial\left(\rho^* c\right)}{\partial t}=-\left(u^*\frac{\partial c}{\partial \xi}+v^*\frac{\partial c}{\partial \eta}+W^{c*}\frac{\partial c}{\partial \zeta}\right)+\sqrt{G}D_c+\sqrt{G}S_c \quad (2\text{-}5\text{-}9)$$

方程的右边依次为对流项，湍流混合项和源项。

3. 应用实例

中国安全生产科学研究院采用大涡模型对国内某高含硫化氢气田泄漏扩散进行模拟，得出了数据与时间序列的浓度场数据，为了更好地分析硫化氢扩散的情况，可将每种浓度在整个时间序列上不同方向的扩散结果进行叠加，来分析整个扩散过程中，每个点在时间序列上的扩散结果，最终得出不同浓度变化模拟结果。

如图 2-5-3 所示，在风向为东风，泄漏量为 $2m^3/s$ 的时候，1000ppm 已经扩散到 252m。

如图 2-5-4 所示，在风向为东风，泄漏量为 $2m^3/s$ 的时候，900ppm 已经扩散到 272m。

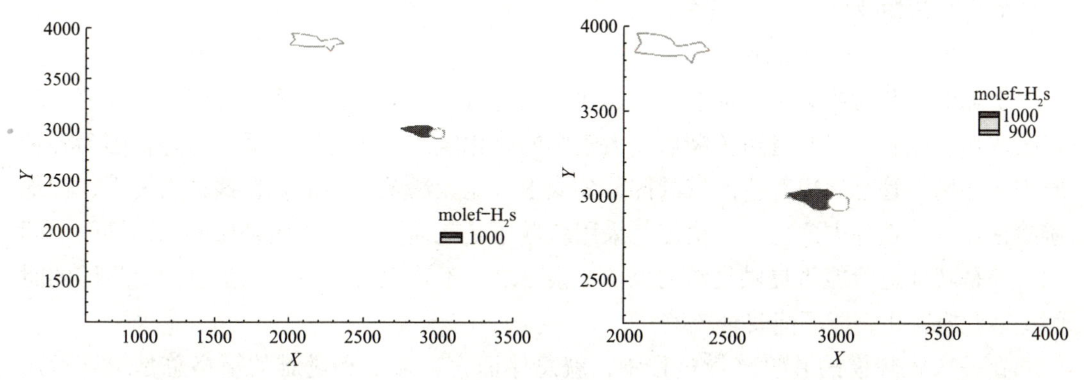

图 2-5-3　东风，$2m^3/s$ 泄漏量，1000ppm 扩散 252mmolef-H_2S—即硫化氢浓度值

图 2-5-4　东风，$2m^3/s$ 泄漏量，900ppm 扩散 272m

如图 2-5-5 所示，在风向为东风，泄漏量为 $2m^3/s$ 的时候，300ppm 已经扩散到 745m。

如图 2-5-6 所示，在风向为东风，泄漏量为 $2m^3/s$ 的时候，100ppm 已经扩散到 1707m。

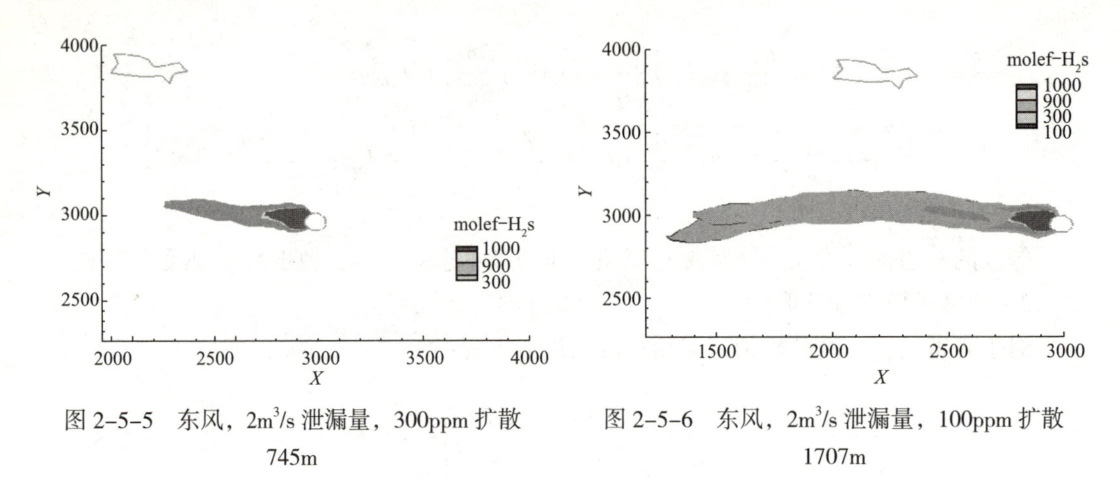

图 2-5-5　东风，$2m^3/s$ 泄漏量，300ppm 扩散 745m

图 2-5-6　东风，$2m^3/s$ 泄漏量，100ppm 扩散 1707m

五、就地避难技术

涉及含硫气井事故公众安全保障的直接途径实际不外乎以下三种：疏散、就地避难和个体防护。

井喷、集输管道发生后，周边公众迅速撤离危险区域，即及时疏散，是确保公众安全的最直接最彻底的方法。而由于疏散准备和实施过程长，人力物力耗费大，在实施过程中公众仍然面临暴露于硫化氢烟云的危险，所以在某些情况下，选择在家中或特定避难场所中就地避险可能是有效的。需要特别说明的是，这两种策略并非对立的，而是相互补充的，许多情况下，只有根据实际情况将这两种策略有机结合，才能在总体上达到最佳的公众防护效果。

1. 疏散与就地避难的决策

实际上，井喷或集输管道泄漏后高浓度硫化氢烟云只能持续较短时间，在井喷事故点火成功后或管道泄漏管道关断后，大气中的硫化氢浓度将迅速降低；另外，因为各种原因，井场、管道周边某些区域的部分公众很可能无法及时疏散。在这种情况下，就地避险往往也是选择方式之一。决定是采用疏散还是就地避险，实质是权衡和回答两个问题：一是就地避险能否提供足够的保护？换言之，不疏散行不行？二是有没有足够的时间疏散？换言之，能不能安全疏散？

在一次大规模的井喷疏散过程中，就总体而言，疏散和避难的策略总是结合运用的，某些区域的人员必须疏散，而另外一些区域的人员则可能必须就地避险，还有一些区域则可以有两种选择。那么对于一个具体区域，如何判断究竟采取哪种防护策略呢？

从加拿大目前的做法来看，其基本原则是，在能够确保疏散过程中的人员安全时，疏散是最佳选择，当无法确保疏散过程中的人员安全时，就地避险是最佳选择。另外，在应急准备阶段事先建立了应急计划区和应急意识区，只是为了事先做好各种应急准备工作。在井喷事故发生后，要针对井喷事故的具体条件和环境（如风向等），确定具体的应急响应区域。对于大多数井喷事故，在井场周边一般存在一个初始隔离区，由于该区域距离井口过近，室内避难可以提供的防护有限，必须在保证安全的情况下疏散该区域内的居民。这个区域的实际大小，可以利用加拿大 EUB 提供的专门软件 ERCBH_2S 计算出来。

此外，加拿大《石油工业应急准备与响应要求》(Directive 071) 中规定，在以下五种情况下，应考虑采用就地避险措施：

①没有足够时间安全疏散危险区域内的公众；

②待疏散的公众需要外界协助；

③井喷量小或持续时间很短；

④井喷或泄漏的具体位置尚未确定；

⑤疏散面临的风险比就地避险大。

实际上，针对含硫气井井喷泄漏事故来说，需要确定疏散和就地避险这两种公众保护策略的选择原则和程序方法。可将疏散和就地避险两种防护策略的取舍过程分为分析和决策两个阶段。

在分析阶段，要了解和评估以下因素：不同浓度 H_2S 对人体的作用特征、井喷泄漏区域的气象条件、井喷泄漏井周边建筑物的特点（主要包括建筑物的年限、类型、建筑的换气率、风速与室内外温差、机动车辆的透气率、空气置换时间）、可用安全疏散时间、必须安全疏散时间与必需就地避险准备时间之间的比较。

其中，安全疏散时间、必需安全时间可用相关理论与方法进行评估，而就地避险的决策准备时间目前尚无系统的评估方法。从目前已有的知识看，就地避险决策准备时间至少由三部分组成：

①从事故发生到接到警报所需的时间；

②从接到警报到做出就地避险决定所需的时间；

③从做出就地避险决定到完成所有就地避险准备工作所需要的时间，其中包括进入避险场所、封闭避险场所等。

决策阶段，在分析了以上因素之后，可以首先通过检查表来分析采用不同防护策略的优劣，以定性判断该策略在目前的适用性。表 2-5-1 给出了一个简单示例。

表 2-5-1　防护策略选择检查表

影响因素	就地避险适用条件	疏散适用条件	当下的具体情形
建筑透气率	低	高	
烟云持续时间	短	长	
有毒物质含量	低	高	
事故发生时间	夜间	白天	
人口密度	高	低	
道路交通状况	差	好	
人群运动能力	低	高	
人群就地避险意识	高	低	

检查表的优点是简单易用，但单纯使用检查表无法直接做出决策。在实际应用时，可将检查表与决策树等其他方法结合使用。

疏散组织有三条基本原则：一是居民应尽快由所居住的房屋到达主要道路；二是应该向背离井口的方向疏散；三是在满足前两条原则的前提下，选择最短逃生路线。

2. 就地避险要点分析

就地避险实际可分成两种情况，一是在普通住宅或办公建筑中的临时就地避险，二是在临近的专门避难场所中的就地避险。二者的不同也主要体现在：前者不需要冒险在室外逗留，但因建筑物气密性能较差，其防护效果也较差；后者则恰恰相反。

就单体建筑物而言，不管是普通建筑还是专门的避难场所，其防护效果主要取决于两方面的因素：一方面是建筑物的气密性能，具体表现为单位时间（如每小时）的换气次数，这主要取决于建筑物本身特性，此外与室内外温差和环境风速等也有一定关系；另一方面是有毒烟云的浓度及其滞留时间。

就气密性能而言，一般将避难场所分为五类，第一类是普通建筑，第二类是在事故发生后采取临时封堵措施后的普通建筑，第三类是事故发生前已经采取了改变建筑结构等措施提高气密性的建筑物，第四类是专门的避难场所，第五类是采取了加压措施的专门的避难场所。另外，就普通建筑而言，选取建筑物内的某个房间作为临时避难场所显然比选择整个建筑物效果更好。

就较大区域范围而言，总体防护效果还取决于人口分布以及避难场所分布情况。

相对于疏散研究而言，目前就地避险方面已有的研究比较少，而且基本集中在单体建筑物的防护效果方面，其中最典型的是美国橡树岭实验室在20世纪80~90年代所开展的研究。就理论研究而言，1988年Chester曾在假设有毒烟云浓度恒定的前提下，探讨了影响普通建筑物防护效果的主要因素，并且进一步分析了采取不同改造措施对提高建筑物气密性能的成本和效益的关系。1990年Rogers等则系统对比分析了疏散、就地避险和佩戴个体防护器具三种防护方式的适用范围和防护效果。美国劳伦斯伯克利国家实验室和阿尔贡国家实验室在过去二三十年内也都开展过相关研究。在应用研究方面，美国德克萨斯州鹿园市曾在21世纪初聘请专业技术公司对辖区内的典型建筑进行气密性测试，并基于测试研究结果总结了一系列就地避险注意事项。

从目前所有相关研究结果看，在含硫气井周边区域应急准备过程中，若计划使用普通建筑或特定类型建筑作为就地避难场所，必须首先对其在不同情况下的气密性进行实测。

保护系数f_p是衡量临时避难场所防护性能的基本指标，其定义为：

$$f_P=\frac{C_a}{C_{in}} \tag{2-5-10}$$

式中，C_a某一时刻室外大气中的H_2S气体浓度；C_{in}为同一时刻室内空气中的H_2S气体浓度。

随着有毒H_2S烟云滞留时间增加，室内空气中的H_2S气体浓度会逐渐升高，同一建筑物的保护系数将不断下降。根据美国阿伯丁陆军兵器试验场提供的针对美国本地普通建筑的研究结果，在 10min 的暴露时间内，普通住宅建筑的保护系数为 15~68，而当暴露时间延长到 1h 时，普通住宅建筑的保护系数降低为 3~13。对于同类建筑，当采取临时密闭封堵措施后，暴露 10min 时的保护系数可以提高到 39~101，而当暴露时间增加到 1h 时，其保护系数为 7~17。所以，在应急准备过程中，真正有意义的是特定类型建筑结构在规定时间段内的就地防护效果。而要预测评估这种效果，一般需要借助计算机模拟技术，综合考虑可能发生的井喷事故特点、环境因素及建筑结构本身的特点，最终得到室内硫化氢气体浓度随时间的变化规律。在此基础上，从理论上确定在典型井喷情形下可以采取就地避难措施的区域、其最长就地避难时间以及建议采取的临时密闭封堵措施。

最后，必须指出，井喷事故发生后，若周边公众选择在其所处的建筑物内就地避险，尽管不像采用疏散策略时需要耗费相当的时间从危险区域转移到安全区域，但仍需要一定时间完成必要的准备工作。

对于在普通建筑物内临时避险而言，所需进行的主要准备工作如下：

选择合适的房间（无窗最好，房间面积尽可能大一些）作为临时避险空间，对于抵御含硫气井井喷产生的 H_2S 而言，在一般情况下，若有可能，选择楼上的房间较好；

准备水、食物、药品、手电、对外通信设备（手机、收音机等）等必要物品；

携带上述必要物品进入避险空间；

关闭建筑物的所有门窗；

关闭所有空调、风扇等通风换气设施；

用塑料纸、密封条、湿毛巾等封堵门窗孔隙和其他通风口；

必要时，在临时避险空间内可再用湿毛巾捂住自己口鼻。

根据目前有限的研究结果，完成上述准备工作最短需要几分钟，而最长则可能需要几十分钟。在这些准备工作完成之前，就地避险难以达到预期效果。

所以，有关部门在事先制定公众防护策略时，必须考虑上述各种因素的影响，以便将疏散与就地避险有机结合，从总体上实现最佳的公众防护效果。

3. 硫化氢泄漏房屋内死亡概率分析方法

1）受体致死概率

由于采用防护系数很难判断房屋内的避险效果，这里采用有毒气体在房屋内的累积量作为基础，通过毒性负荷判别法来计算人体待在房屋内的死亡概率来判断人体待在房屋内是否安全。

若获得了井喷后硫化氢气体扩散时在时空中的分布规律和特征，这便为判断个体遭受硫化氢毒害气体风险分析提供了基础。受体致死概率的确定是事故后果分析中的关键问题，考察硫化氢毒害气体对个体致命伤害的概率，可以选用概率函数方程来进行。对化学物质暴露而言通常采用下面形式的概率方程：

$$P_r = a + b\ln\left(\int_t c_{l,t}^n \mathrm{d}t\right) \quad (2\text{–}5\text{–}11)$$

$$P_c = \int_t c_{l,t}^n \mathrm{d}t \quad (2\text{–}5\text{–}12)$$

式中，P_r 为受体致死概率，下标 r 代表受体（receptor）；a、b、n 是依赖于毒物本质的危险参数；$c_{l,t}^n$ 是浓度值或暴露剂量，通常用 ppm 表示；t 是暴露时间，以分钟计；P_c 为毒性负荷。不同研究机构对硫化氢的 a、b、n 取值非常多，如表 2–5–2 所示。目前我国使用较多的为加拿大 EUB 规定参数。

表 2-5-2　不同研究机构对概率方程参数的选取

参数	a	b	n	LC50（60min）/ppm
Rijnmond Irreversible Injury（COVO 1982）	−39.70	2.366	2.5	372
Triple Shifted Rijnmond（ERCB 1990）	−36.20	2.366	2.5	206
HSE（1990）（derived from L50 and L1）	−30.023	1.154	4.0	709
EUB L50 with UF=20	−29.415	1.443	3.5	283

按硫化氢毒理数据得到的不同浓度及持续时间下的硫化氢毒性负荷、致死概率及换算得到的死亡百分率如表 2–5–3 所示。可以看出，式（2–5–11）采用的各项参数基本合理，计算结果基本符合实际。

表 2-5-3　硫化氢毒性负荷、致死概率及死亡百分率

硫化氢浓度 /×10^{-6}	100	300	600	800	1000
持续时间 /min	60	49	30	5	3
毒性负荷	6.00×10^{8}	2.29×10^{10}	1.59×10^{11}	7.24×10^{10}	9.49×10^{10}
致死概率	−0.25	5.01	7.80	6.67	7.06
死亡率 /%	0	50	99.8	96	98

利用式（2–5–11），一方面，若知道某位置点硫化氢气体浓度随时间的变化关系，可以求得该位置点处人员致死的概率；另一方面，为了模拟人群暴露于有毒气体物质的后果效应，若给定临界致死概率及吸入有毒气体的时间（通常暴露时间限定的最大值为 30min），则可划定有毒气体致死率为 50% 时的浓度（LC50）范围。概率与死亡率的换算见表 2–5–4。

表 2-5-4　概率与死亡率的换算

死亡率 /%	概率									
	0	1	2	3	4	5	6	7	8	9
0		2.67	2.95	3.12	3.25	3.36	3.45	3.52	3.59	3.66
10	3.72	3.77	3.82	3.87	3.92	3.96	4.01	4.05	4.08	4.12
20	4.16	4.19	4.23	4.26	4.29	4.33	4.36	4.39	4.42	4.45
30	4.8	4.50	4.53	4.56	4.59	4.61	4.64	4.67	4.69	4.72
40	4.75	4.77	4.80	4.82	4.5	4.87	4.90	4.92	4.95	4.97
50	5.00	5.03	5.05	5.08	5.10	5.13	5.15	5.18	5.20	5.23
60	5.25	5.28	5.31	5.33	5.36	5.39	5.41	5.44	5.47	5.50
70	5.52	5.55	5.58	5.61	5.64	5.67	5.71	5.74	5.77	5.81
80	5.84	5.88	5.92	5.95	5.99	6.04	6.08	6.13	6.18	6.23
90	6.28	6.34	6.41	6.48	6.55	6.64	6.75	6.88	7.05	7.33
99	0.0	0.1	0.2	0.3	0.4	0.5	0.6	0.7	0.8	0.9
	7.3	7.37	7.41	7.46	7.51	7.58	7.58	7.65	7.88	8.09

2）个人风险容许标准

个人风险容许标准是针对需要保护的具体目标而提出来的。通常依据最低合理可行原则 ALARP（As Low As Reasonable Practicable）给出可容许风险的上限和下限值，ALARP 原则起源于 1949 年 Edwards 与英国煤炭部的一场著名法律纠纷。后来，英国健康安全委员会（HSE）明确指出要使用此原则进行风险管理和决策，它已成为可接受风险标准确立的标准框架。ALARP 原则将风险分为 3 个区域，即不可接受区、合理可行的最低限度区和广泛接受区，如图 2-5-7 所示。若风险评估值在不可接受区，必须采取强制性措施减少风险。在广泛接受区，风险处于很低的水平，完全可以接受，可不采用任

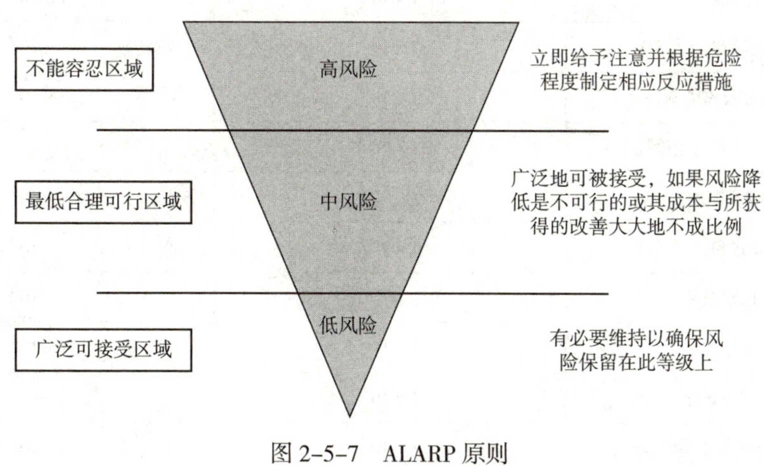

图 2-5-7　ALARP 原则

何风险减少措施。在合理可行的最低限度区，则需要在可能的情况下尽量减少风险，即对各种风险处理措施方案进行成本效益分析等，以决定是否采取这些措施。ALARP 原则包含 2 个风险分界线，分别是可接受风险水平线和可忽略风险水平线。国外根据自身实际情况对这两条风险线进行了研究，提出了不同的风险容许标准，国外一般事件的平均个体风险统计资料表明，如相对于汽车等意外事故的死亡风险而言，1×10^{-5}/a 到 1×1^{-6}/a 的基准是合理的可接受的风险。

国外常用的厂界内及厂界外个人风险标准如表 2-5-5 及表 2-5-6 所示，国内安全评价常用的风险标准如图 2-5-8 所示。

表 2-5-5 国外厂界内个人风险标准

机构及应用	最大容许风险（每年）	可忽视风险（每年）
英国安全卫生部（现有危险性设施）	1×10^{-3}	1×10^{-6}
壳牌石油公司（陆上和海上设施）	1×10^{-3}	1×10^{-6}
英国石油公司（陆上和海上设施）	1×10^{-3}	1×10^{-5}
Norsk Hydro 公司（陆上设施）	1×10^{-3}	—
ICI 公司（陆上设施）	—	3.3×10^{-5}
挪威石油公司（陆上设施）	—	8.8×10^{-5}
Rohm & Haas 公司（陆上设施）	—	2.5×10^{-5}

表 2-5-6 国外厂界外个人风险标准

机构及应用	最大容许风险（每年）	可忽视风险（每年）
荷兰（新建设施）	1×10^{-6}	1×10^{-8}
荷兰（已建设施或结合新建设施）	1×10^{-5}	1×10^{-8}
英国（已建危险工业）	1×10^{-4}	1×10^{-6}
英国（新建核能发电厂）	1×10^{-5}	1×10^{-6}
英国（新建危险性物品运输）	1×10^{-4}	1×10^{-6}
英国（靠近已建设施的新民宅）	3×10^{-6}	3×10^{-7}
中国香港（新建和已建设施）	1×10^{-5}	—
新加坡（新建和已建设施）	5×10^{-5}	1×10^{-6}
马来西亚（新建和已建设施）	1×10^{-5}	1×10^{-6}
文莱（已建设施）	1×10^{-4}	1×10^{-6}
文莱（新建设施）	1×10^{-5}	1×10^{-7}
澳大利亚西部（新建设施）	1×10^{-6}	—
美国加利福尼亚（新建设施）	1×10^{-5}	1×10^{-7}

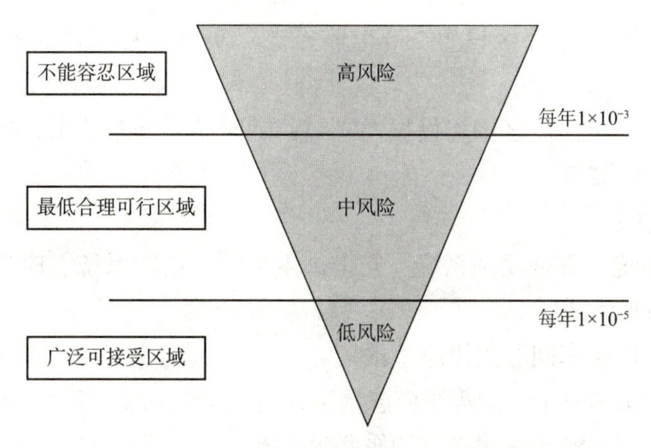

图 2-5-8 国内安全评价常用风险标准

六、典型高含硫净化装置安全管控简介

某天然气净化厂于2007年8月31日开工建设，2009年10月12日开始投料试车，2010年8月31日投入商业运营；设计年处理原料气$120\times10^8m^3$、年产硫黄240×10^4t。

1. 净化装置安全保障技术

净化厂监测监控体系、应急处置体系、“分公司－厂－车间”三级应急预案、“气田－区域－装置－设备”四级联锁关断等四个体系形成了某净化厂特有的安全保障技术。

1）监测监控体系

由H_2S泄漏监测系统、在线腐蚀监测系统、火灾报警系统、尾气排放监测系统、职业卫生监测、电视监控系统、边界防范系统等7套系统组成。

（1）H_2S泄漏监测系统：千余台固定式可燃（有毒）气体检测系统、两套激光对射硫化氢检测仪组成，覆盖全厂，检测精度达到1ppm。目前可燃气体和有毒气体检测报警依据GB50493—2009《石油化工可燃气体和有毒气体检测报警设计规范》设计，现场检测信号进入DCS、SIS控制系统进行显示、报警及联锁。净化厂制定了固定式有毒（可燃）气体探测器管理规范，加强固定式有毒（可燃）气体探测器的日常维护、管理工作，明确了管理机构及职责、日常管理、校验检定等工作。固定式气体探测器实行月示值比对、季度标定、半年抽检、一年检定的工作模式，所有示值比对、标定、定位、校准、测试等工作都按照制度、规程、设备说明书操作。

（2）在线腐蚀监测系统：设置156个在线腐蚀监测点，随时监测腐蚀速率。

（3）火灾报警系统：设置可燃气体报警器83个、感烟探头836个、红外线探头51个、感温电缆25150m，覆盖全厂所有装置。

（4）尾气排放监测系统：设置15个二氧化硫排放监测点，分布在12台尾气焚烧炉及动力站3台锅炉的烟囱上，在线实时监控尾气排放指标。

（5）电视监控系统：厂区设置 256 个监控点，实时监控厂内所有重点区域和关键设备。

（6）边界防范系统：厂区围墙设振动光缆，随时感知异常情况，摄像头联动跟踪，实现对厂边界的实时监控。

2）应急处置体系

由应急指挥系统、安全联锁系统、安全逃生系统、消防系统、应急广播系统、门禁与定位系统 6 套系统组成。

3）“分公司 – 厂 – 车间”三级应急预案

针对不同事件编制三个不同等级应急预案，实现了“一点一案、一事一案”。

4）“气田 – 区域 – 装置 – 设备”四级联锁关断

设置气田（全厂）、区域（东区或西区）、装置（单个生产单元）、设备（单台设备）四级联锁关断。

全气田关断联锁控制如图 2–5–9 所示。

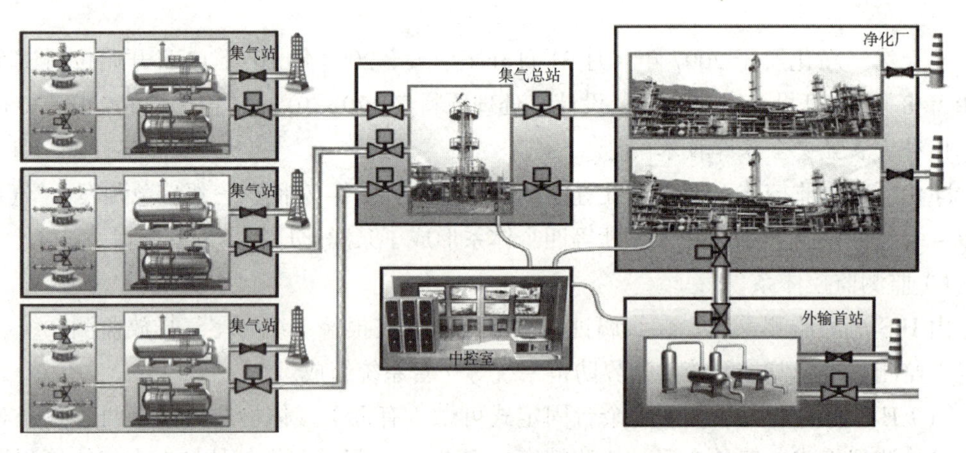

图 2–5–9　全气田关断联锁控制

2. 净化装置安全管理

含硫天然气中含有大量硫化氢，对设备、装置的腐蚀十分明显，在开采和生产管理过程中存在较大的风险；且地质构造复杂，河流、高山道路险阻众多，施工条件恶劣，开采和生产管理稍有疏忽造成硫化氢泄漏，就将危及施工人员和附近居民的生命安全，将会直接对人员和环境、设备造成严重的损伤和破坏。因此，制定合理的方案和科学的管控来保障含硫气田的正常开采和生产具有十分重要和深远的意义。

1）关口前移，使周边群众和政府高度重视

高含硫气田的井口、设备、集输和其他生产装置在生产过程中发生故障，当高含硫化氢原料气大量泄漏时，周围空气中 H_2S 浓度会很高，对周围环境和人身安全造成严重危害。为了降低这种风险，可从以下几个方面开展工作：

（1）对危险区域内的属地群众进行安全知识宣传和应急技能培训。定期对周边群众进行与硫化氢人体急性中毒有关的安全知识宣传，可以降低事故危害作用程度，并使群众了解和支持紧急救援工作。

（2）对重要危险区域内的属地居民，和地方政府结合，通过援建生活区、回迁等方式，让居住在危险区域内的居民搬离危险区，集中居住在有应急条件的生活区内。

（3）高含硫气田在气井开采、原料气集输及气体处理过程中的应急救援工作需要与地方政府加强沟通和协调，让地方政府积极参与到应急救援预案的编制、演练和实施工作中，确保预案的响应及时，针对性强，确保周边群众的安全。

如国内某大型气田，在集气站场、输气管道沿线的1.5km和净化厂围墙外的2km内，所有的乡镇村庄共设置了9个基站387个广播点。广播预警区域220km^2，覆盖8个乡镇的33村8万多人。气田还聘任了群众安全监督员81人，做到村村都有应急联络员，每月组织召开应急练习会议，每季度举办硫化氢防护讲座，通过媒体、广播、标语等将安全告知和硫化氢防护知识以手册、光盘等形式发放到每个村民手中。

2）强化人员培训

为了强化全体员工的“防硫”意识，气田应实施了岗位、证书、薪酬三位一体管理，推行上岗员工“四小证”取证培训制度：所有员工必须通过培训并取得硫化氢防护、井控、HSE、安全资格证才能上岗作业，考核不合格的员工一律清退，并根据不同岗位实施不同安全教育。

（1）主要负责人和安全生产管理人员的安全教育。主要负责人和安全生产管理人员应具备从事生产经营活动相应的安全知识和管理能力，经地方政府负有安全监督管理职责的部门考核合格；主要负责人和安全生产管理人员初次安全培训时间不得少于32学时；每年再培训时间不得少于12学时。

（2）其他管理负责人（包括职能部门负责人、基层单位负责人）、专业工程技术人员的安全教育由人力资源部会同HSE部门，按干部管理权限分层次组织实施。

（3）特种作业人员安全培训。特种作业人员必须按照国家有关规定，接受专门的培训具备相应特种作业的安全技术知识，经安全技术理论考试和实际操作技能考核合格，取得特种作业操作资格证书，方可上岗作业。

（4）生产岗位员工安全教育。新员工（包括合同工、大中专院校毕业生、外单位调入员工、劳务工等）上岗前应接受三级安全教育，教育时间不少于72学时，考试合格后方可上岗。

厂级（一级）安全教育由人力资源部驻厂组组织实施，时间不少于24学时。安全教育的主要内容：

①国家有关安全生产方针政策、法律、法规。

②通用安全技术、职业卫生、安全生产基本知识，包括一般工艺安全措施、机械、电气安全、消防和气体防护、各项安全管理规定等安全常识。

③掌握天然气净化厂安全生产的一般状况、性质、特点和特殊危险部位、危害因素的识别技术。

④天然气净化厂安全生产规章制度和五项纪律（劳动、操作、工艺、施工和工作纪律）。

⑤典型事故案例及其教训，事故预防的基本知识。

车间级（二级）安全教育时间不少于32学时，安全教育的主要内容：

①工作环境及危险有害因素。

②所从事工种可能遭受的职业危害和伤亡事故。

③所从事工种的安全职责、操作技能及强制性标准。

④自救互救、急救方法、疏散和现场紧急情况的处理。

⑤安全设施、个人防护用品的使用和维护。

⑥本单元安全状况及相关的规章制度。

⑦预防事故和职业危害的措施及应注意的事项。

⑧有关事故案例。

⑨其他需要培训的内容。

班组级（三级）安全教育时间不少于16学时，安全教育的主要内容：

①班组、岗位的安全生产概况，本岗位的生产工艺流程、工作特点和注意事项。

②岗位职责范围，应知应会。

③岗位安全操作规程，岗位间衔接配合的安全注意事项。

④岗位预防事故及灾害的措施。

（5）日常安全教育。以各基层单位为单位的安全活动应有针对性、科学性，做到经常化、制度化、规范化，防止流于形式和走过场。班组安全活动应做到有领导、有计划、有内容、有记录，基层单位领导和安全管理人员应对安全活动记录进行检查、签字，并写出评语。

（6）其他人员及外来人员的安全教育。①临时用工人员、外来施工人员的身体状况应能适应所从事的工作，实际年龄不得超过60周岁；②应能按要求独自完成安全教育答卷、签订《HSE承诺书》，并有效识别现场各种警示标识；③临时用工、外来施工和实习人员的厂级安全教育由HSE办公室负责，时间不少于8学时；④临时用工、外来施工和实习人员的车间级安全教育由各车间专职安全工程师负责，时间不少于4学时。

3）严肃承包商管理

将承包商纳入本单位HSE管理，实行“统一标准，统一管理，统一要求，统一考核”。定期召开承包商安全会议，开展承包商安全检查，督促整改发现的问题。

（1）安全资质审查。招标前，项目主管部门应审查招标文件中承包商的施工、安装资质等级及安全资质要求，确保与承担的施工项目相适应，工作业绩能满足项目的需要；承包商是否具有政府部门颁发的安全生产许可证；承包商HSE管理体系或安全管理体系、安全生产标准化的建立及运行情况；承包商主要负责人、项目负责人、专职安全生产管理人员取得政府部门颁发的安全生产考核合格证书情况，特种作业人员和特种设备作业人员持证情况；近三年的安全业绩情况（主要包括安全事故率、损失工时率，总伤害率及事故简要描述等）。

（2）招标过程安全管理。招标文件中应明确提出安全保证措施的要求；招标文件中应明确提出工程分包控制措施的要求；招标文件中应明确提出特殊作业及危险性较大的施工现场必须配备安全视频监控设施的要求，以及安全防护措施费用单列、专款专用的要求；招标文件中应明确提出对施工过程中存在的危害因素进行风险分析，制定安全措施和应急预案的要求；招标文件中应明确提出现场管理人员、特种作业人员的配备要求。

（3）开工前的安全管理。参加项目的承包商所有人员应有（职业）健康体检合格证明，无从事作业所涉及的工作禁忌证，现场施工人员的年龄不应超过法定退休年龄，从事高空作业及特种作业的人员年龄不宜超过50周岁；承包商已对参加项目的所有人员进行了安全培训，特种设备作业人员需持有政府部门颁发的“特种作业操作证”“特征设备作业人员证”。

承包商需结合现场实际，制定和完善突发事件应急预案，按要求在当地县级以上安全监督管理部门备案，每季度至少组织一次演练。发生突发事件，按有关规定及时启动应急预案并向上级汇报。

为加强监管，气田制定了承包商动态管理办法和考核细则，实行安全生产“黑名单”制度，对安全不合格的，在项目招标中一票否决。安全管理机构应当每半年对其承包单位的施工资质、安全生产管理机构、规章制度和操作规程、施工现场安全管理等情况进行一次检查；发现承包单位存在安全生产问题的，应当督促其立即整改；成立安全环保督查室，进行全天候、全覆盖现场督查。对现场查出了安全违章行为的承包商，督查室严格执行扣除承包商的安全文明施工费，清退承包商施工人员的制度。

4）强化施工现场安全管理

施工现场是事故易发区、多发区。切实加强施工现场的有效管控，是防患未然的关键所在。为达到对气田开发生产全过程、全方位、全天候安全管控，可实行以下措施：

（1）严格施工区域准入制度。施工队伍应具有与施工项目相适应的资质，建立健全HSE管理机构，完善HSE管理制度，落实HSE管理责任，认真执行国家、当地政府、公司及甲方有关HSE管理方面的法律法规、标准规范和规章制度。

严禁无“证”的非工作人员进入施工作业区域。在野外进行酸化压裂，放射源探伤等可能存在风险的作业，未取得硫化氢培训认证并与作业无关人员，不得进入距作业现场500m范围内；施工作业前，应与地方政府结合，将风险以“通知”的形式，告诉周围的居民，并疏散作业现场500m范围内的人员。在圈闭的厂区内进行项目施工，大型检修等作业，应执行相关管理规定，将作业内容、风险告知、应急疏散等内容张贴告知。

（2）适时对周边环境进行检测、报警。对施工作业区域及其周边环境进行监测，在野外环境下按照相关规定，要对作业区范围内影响到的乡镇农户、学校、医院进行清查，发现问题及时采取措施，根据二氧化硫对人们和作物的伤害，指定环境敏感目标和需要保护的范围。同时，应设计安装“集中接警、统一派警、整体联动、快速处置”的指挥中心通信系统，实现迅速报警、接警智能排队、智能调度、会议电话和故障报警。

5）特殊作业安全管理

对用火、受限空间、动土等特殊作业，必须强化作业许可申请人、签发人、接收人（施工单位现场负责人或安全负责人，技术负责人）、监护人的责任落实，强化风险分析和安全措施的落实确认。同时应严格执行以下规定：

（1）施工作业过程中，签发人、接收人对作业全面负责，双方的监护人应在现场全程值守。

（2）申请人、签发人、接收人、监护人必须经过建设单位安全管理部门组织的作业许可管理培训，取得合格证书。

（3）开票前，签发人必须会同申请人、接收人针对现场和作业过程中可能存在的危害因素运用 JSA 等方法进行风险分析，制定相应的作业程序及安全措施。

（4）施工前，签发人会同承包商的现场负责人及有关专业技术人员、监护人，对现场作业的设备、设施进行现场检查，对作业内容，可能存在的风险以及施工作业环境进行交底，对许可证列出的有关安全措施逐条确认后，现场签发作业许可证。

（5）开始作业前，施工完毕后，应及时报告生产调度（运行）部门。

（6）作业完毕，经签发人现场检查，确认无遗留安全隐患后，办理作业票关闭手续。

6）编制全面的应急预案

为了全面贯彻落实“安全第一、预防为主”的方针，坚持全员、全过程、全方位、全天候的安全管理原则，规范应急管理工作，建立、健全突发事件应急反应机制，提高突发事件的应急救援反应速度和协调水平，增强综合处置重特大事件的能力，预防和控制次生灾害的发生，保障企业员工和公众的生命安全，最大限度地减少财产损失、环境破坏和社会影响，根据国家的有关规定，应制定全面的应急预案，如图 2-5-10 所示。

根据《中华人民共和国安全生产法》《生产经营单位生产安全事故应急预案编制导则》《生产安全事故应急预案管理办法》《中国石化生产安全事故应急预案》（2015 版）等有关法律、法规，除编制综合预案外，还应根据自身的实际情况编写相应的专项预案。

如国内某大型气田，在开发之初，气田一方面开展专项技术攻关，进行硫化氢动态扩散影响区域模拟，和中国安全生产科学院开展了集输管线和净化厂公众安全防护距离论证，确定了安全防护距离。另一方面，历时一年半，对生产区 3km 内水源、道路、人居分布等情况进行了实地勘探，获取了数十万个基础信息数据，编制了 1 个总体预案，4 类 14 项专项预案，345 个车间应急处置方案，758 张岗位应急处置卡，每个方案都明确了“四图一卡”（即行车路线图、居民分布图、水源分布图、抢险力量部署图和疏散逃生说明卡），形成了“横向到边、纵向到底”的应急预防体系。并与周边乡镇、村组签订了应急疏散联动协议，发布了《XX 公司与 XX 县企地联动应急预案》。

7）开展全面的应急演练

建议企业按照《生产经营单位安全生产事故应急救援预案编制导则》（GB/T 29639—2013）、《生产安全事故应急预案管理办法》（国家应急管理部令第 88 号）的要求，根据实际情况进一步补充完善应急预案，及时更新，并对应急预案定期组织培训、演练，提高应急能力。应急演练分厂、车间、班组三级，厂每季度开展一次，车间每月开展一次、班组每周开展一次。

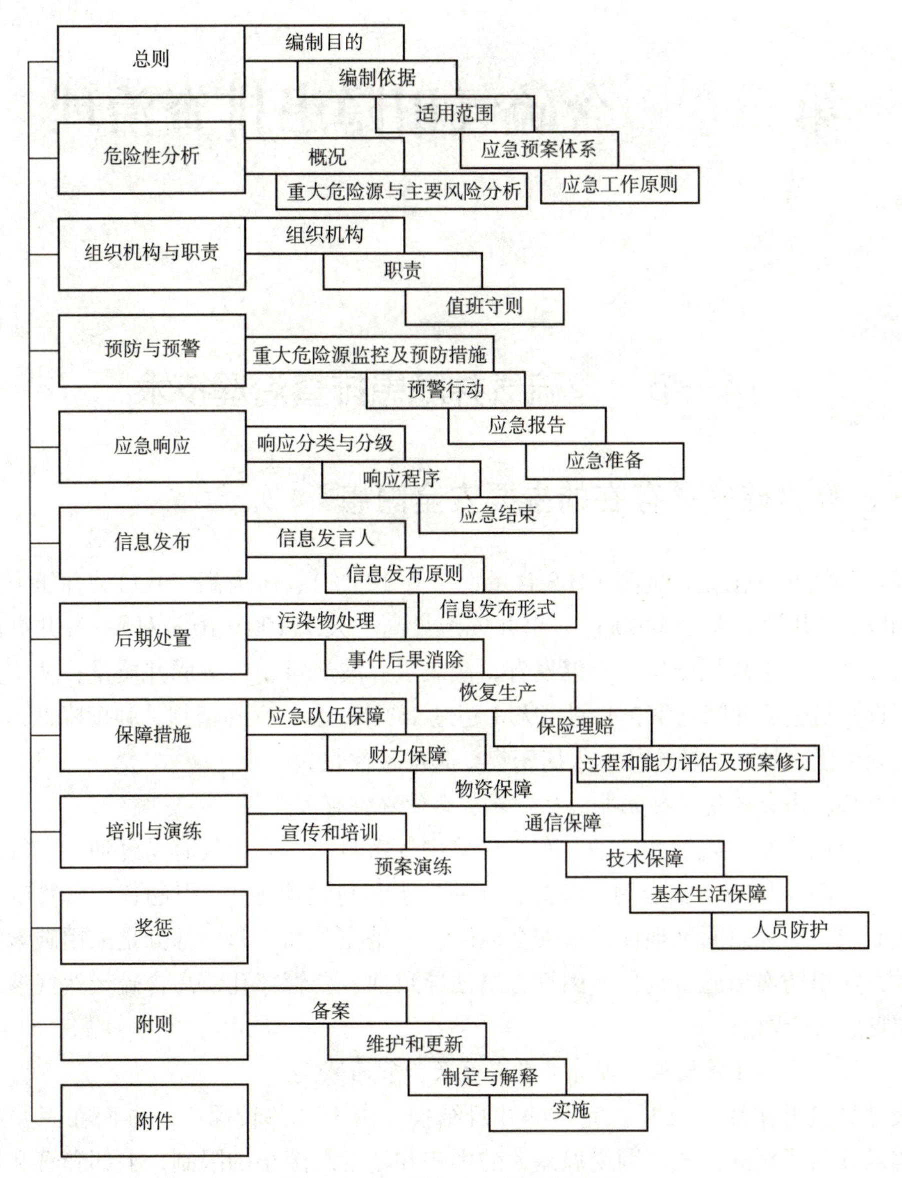

图 2-5-10　综合应急预案框架图

第三章　含硫气田隐患排查治理

第一节　含硫气井隐患排查治理技术

一、高含硫气井存在的主要安全隐患

高含硫气井硫化氢含量高（H_2S 含量大于等于 5%）、压力高（井口关井压力大于等于 30MPa）、井深（大于 4000m）、单井气产量高（大于 $100\times10^4m^3/d$）；气井纵向上地质结构复杂，上部地层断层、裂缝发育，浅表层井漏严重，影响固井质量；丛式井井口间距太近，易造成井间互窜；井斜较大（超过 45°）；套管存在磨损，强度降低；高含硫气井地处山区，地面交通不便，人居密集，其危害性较大。

1. 高压、高含硫气引起完井管柱渗漏、套管环空窜气

一是早期在高含硫气井中油、套管未使用气密封扣，高压气容易经油、套管丝扣、井下工具泄漏（如井下安全阀、滑套、伸缩接头和封隔器等），引起各层套管带压甚至经地表断层、裂缝窜漏到地面形成安全风险；二是完井油、套大部分是采用碳素钢类抗硫材质，如果防腐措施不到位，因综合腐蚀导致油、套管穿孔，高含硫天然气渗漏到上部地层形成安全隐患。

2. 套管附件存在薄弱点，固井质量差导致套管间窜气

大部分气井采用“三开三完”的井身结构。由于气井较深，一方面在固井工艺上常采用悬挂与回接的方式，因受温差大的影响和套管间隙小的限制，上部套管和尾管的固井质量较差；另一方面由于裸眼井段长，压力系数相差大，如采用分级箍固井，这些固井附件成为油层套管的薄弱点。一旦完井管柱发生泄漏，便会引起套管间和上部地层窜气。

二、高含硫气井安全隐患评估及治理

尽管一口井可能存在上述的某种安全风险，但它不是封闭的唯一条件，不是所有

高含硫气井均存在安全隐患和开发风险。本着“安全环保、科学发展、效益开发”的原则，为了科学开发好高含硫气田，消除高含硫气井已存在的安全隐患，结合高含硫气井隐患特征，通过对高含硫气井地质、钻井、固井、完井、材质、防腐、地面人居环境等方面开展综合评估，对存在风险的气井针对性地制订治理方案，真正实现高含硫气田的安全开发。

1. 确定高含硫气井评估和治理原则

（1）严格执行气田开发纲要；

（2）锁定不完整的高含硫开发井和“三高”探井；

（3）重点敏感区域必须把安全、环保放在首位；

（4）综合考虑高含硫气田安全开发和效益开发；

（5）气井封闭原则还要充分考虑上部地层的勘探开发潜力和综合利用；

（6）对存在严重安全隐患风险的高含硫气井和“三高”探井应彻底治理。

2. 对高含硫气井逐井排查，建立高含硫气井单井评价档案

（1）单井井史卡片；

（2）井身结构图；

（3）各层套管数据表；

（4）固井数据及质量评价；

（5）完井管柱结构及相关数据；

（6）井口装置及相关压力资料；

（7）气井产量、流体性质；

（8）气井钻井、完井及生产过程中有关历史事件记载；

（9）防腐措施；

（10）气井周围500m范围内人居环境调查情况；

（11）评估结论及建议。

3. 高含硫气井永久封闭技术方案

根据评估结果，针对存在严重安全隐患的高含硫气井，按照“科学治理、不留隐患”的原则，达到对高含硫气井彻底治理的目的。认真编制高含硫气井永久封闭技术方案和单井设计（包括地质设计、工程设计、施工设计和安全、环保预案）方案。

4. 治理技术措施

（1）对于油层套固井质量未达标，存在天然气上窜泄漏危险的井需对气层进行挤水泥封堵，并对套管外窜槽井段采用射孔、挤水泥封堵；套管内采用桥塞+水泥塞段封闭，原则上应该分2~3段进行封堵；在有效封闭井段的套管外应有100m左右的优质水泥塞段，防止天然气经管外窜到地表，每段水泥塞长度不低于200m，最后一个水泥塞位置应在表层套管鞋以上。井筒注入重钻井液，安装简易井口及压力表，井口周围需进行必要的保护。

（2）对于油层套管固井质量合格，产层部位以上管外水泥有100m连续井段固井质

量优的井，这类井含硫天然气沿套管外上窜的风险极小。因此，可先对产气层挤水泥封堵，然后用桥塞 + 水泥塞封闭，最后一段水泥塞应封在套管薄弱段以上，每段水泥塞长度不低于 200m；井筒内注入钻井液，井筒内应下入光油管，安装与区域地层压力相符的采气井口，井口周围需进行必要的保护，可作为上部潜力层回采井观察利用。

（3）对于产量低无经济开采价值的高含硫气层，因套管固井质量合格不会发生含硫天然气上窜泄漏的风险，上部地层又具有勘探开发潜力，可采用桥塞 + 水泥塞封闭，封闭产层的水泥塞厚度应大于 200m。井筒注入钻井液或清水压到井口，井筒内应下入光油管，安装与区域地层压力相符的采气井口，井口周围需进行必要的保护同时可利用该井实施回采工作，充分利用现有资源。

（4）所有封闭井应对井口进行保护，安装一条放喷管线，加强压力观察，按生产井管理模式建立资料台账。

5. 封闭方案

1）产层封闭方案

（1）压井。油管内采用挤注法压井，将油管内的气体挤入地层，实现压井液液柱压力与地层压力平衡，同时向气层挤入一定量的压井液，防止气窜。当油管内压井成功后，打开 CMPA 滑套，建立油、套循环通道。如果 CMPA 滑套打不开或无滑套，则进行油管穿孔，采用油套循环压井，最终达到压井平稳。

（2）解除封隔器锚定或切割油管。压井平稳后，将采气井口换装成防喷器。上提、正转管柱实施解除锚定。如果解除锚定不成功，则实施油管倒扣或切割作业，起出封隔器以上管柱。

（3）封堵产层。下入钻具，通过钻具向产层试挤压井液，根据流量决定是否能向产层挤入水泥浆。如果有条件则最好先向产层挤入水泥浆，以达到产层有效封堵。在原封隔器以上坐封桥塞，在其上注入水泥塞并试压合格。

2）井筒薄弱段及关键部位封闭方案

（1）尾管悬挂器、分级箍、套管回接处和套管偏磨处是套管受损和密封的薄弱点，为确保井筒尾管悬挂器、分级箍、套管回接等薄弱点的安全，封堵产层后，在薄弱点上下应注水泥塞封闭。

（2）固井质量差，高含硫气层上部无连续 50m 以上优质固井质量段，特别是单层套管固井段，是安全隐患的薄弱段，存在高含硫天然气管外上窜泄漏风险。采用分段套管穿孔，用封隔器分隔挤注水泥固井，在薄弱段及上下形成连续注水泥塞封闭。

3）井口保护

（1）永久封闭井，安装简易井口和压力表。

（2）安装一条引流放喷管线到点火池。

（3）井口周围安装防护栏杆。

三、对高含硫气井安全隐患治理的认识

通过对安全隐患井技术分析，进一步认识到在高含硫气田勘探开发中存在较大的安全风险，要实现高含硫气井安全生产，必须严格执行天然气开发纲要、天然气安全开发技术标准和技术规程，加强各环节工程质量控制和管理，进一步提高高含硫气井的完整性，确保高含硫气井长期处于安全工作状态，最终实现高含硫气田安全、高效开发。

第二节 净化系统隐患排查治理

某气田净化厂推行双重预防机制，建立起了完善的隐患排查及奖励制度，重点落实对排查隐患的整治。

一、隐患排查

推行“四级检查、三级奖励、季度评审”隐患排查奖励机制，坚持开展日常检查、周综合检查、季节性检查和专业检查，查出隐患实行分级管理，推行“班组日排查、车间周排查、专业旬排查、厂级月排查”做法，确保隐患排查人员覆盖各层级、现场覆盖各装置、时间覆盖全时段，对排查问题严格落实整改和跟踪。

四级检查：承包商级、车间级、厂级、公司级，开展多层级、深度交叉的隐患排查活动。

三级奖励：查找的隐患通过评审，按照公司级、厂级、车间级三个等级进行奖励。

季度评审：每季召开一次厂、公司级隐患排查评审会。

二、隐患排查奖励机制

设置车间、厂、公司级奖励和专项奖励基金，实现“被动查”到“主动找”的转变，通过多专业多层级排查，隐患排查覆盖率、整改率100%。推行重大隐患立项治理。严格落实“五定”措施，加快推进实施，2018年，某气田净化厂完成周界防范隐患、低压火炬水封罐隐患2项重大隐患治理工程实施，并取得了较好的效果。

三、隐患排查项目实施

1. 酸水汽提装置升级改造

酸性水汽提装置采用单塔低压汽提技术，六套装置正常工况下处理总量为162t/h，

最大工况为270t/h。天然气净化厂投产以来，各联合装置酸性水汽提后净化水合格率偏低，pH值、氨氮、铁离子、硫化物含量长期不达标。水质长期超标的汽提净化水进入循环水场后会使循环水水质控制难度增大，循环水多项指标超标。

改进酸水汽提工艺流程：酸水汽提塔进料/产品换热器（E-501）增设副线调节阀，通过控制酸水汽提塔温度提高汽提效果，改善净化水品质；酸水汽提塔重沸器（E-502）蒸汽侧增加跨线，低压蒸汽直接进入汽提塔进行汽提，酸水汽提塔重沸器隔离出来，减少重沸器及周围管线的腐蚀对净化水的影响。

2. 增加阻泡剂加注系统

每系列净化装置增加一套可远程控制的阻泡剂加注系统。该系统为撬装设备，每套阻泡剂加注系统包括1罐2泵。阻泡剂罐规格 V=0.25m³，壁厚不小于3mm。罐体应符合JB/T4735—1997《钢制焊接常压容器》的相关要求，材质为06Cr19Ni10。阻泡剂注入泵采用双隔膜计量泵，带隔膜破裂就地显示，手动就地流量调节，量程10%~100%可调节，流量40L/h，泵出口压力9.1MPa（g）。每个阻泡剂加注点设置紧急切断阀。

阻泡剂加注系统中液位计采用玻璃板液位计，差压液位计信号远传至中控室。阀门、Y型过滤器、管件和管线等过流材质均采用06Cr19Ni10，全部采用法兰连接。安全阀材质为06Cr19Ni10，安全阀的设定压力为计量泵额定排出压力的1.1倍，安全阀出口接至泵入口管线。

阻泡剂加注系统可通过就地及DCS远程控制实现阻泡剂的加注。

阻泡剂加注系统通过控制柜进行控制，控制柜上设有每台泵和电机的状态显示，电机需接地线，电控柜内设有极低液位时与计量泵联锁停泵，在控制柜内留有接线端子，所有电线均应穿在钢管保护中，铠装电缆接线。爆炸危险区域安装的电气、仪表结构应为本安型或隔爆型，防爆等级不低于dIIBT4。电机按照防爆电机系列选型，户外型，防爆等级不低于IP55。

3. 部分管线材质升级

急冷水、汽提净化水管线腐蚀减薄严重，易发生酸性水泄漏、硫化氢外溢等事件，同时，急冷水-汽提水系统腐蚀造成汽提净化水中铁离子含量偏高。汽提净化水作为补水回用至循环水场，由于水体铁离子含量超标，引发循环水水质波动，导致循环水冷却器腐蚀加剧。

考虑急冷水、汽提后净化水腐蚀多发生在高温段，将急冷水自急冷塔C-401至过滤器SR-401管线（包括相关的回流及排凝线）及管线上的仪表阀门材质升级为316L。

酸性水自E-501至酸水汽提塔C-501的管线AW-050104、汽提净化水自酸水汽提塔C-501至E-501的管线（包括相关的回流及排凝线）及管线上的仪表阀门材质升级为316L。

4. 机泵增加返流线及滤网

再生塔底贫胺液泵（P-102）主要用于贫胺液增压，工作介质为贫胺液，温度为128℃，压力为0.217MPa（a）。装置投产后，各系列P-102均存在气蚀问题，导致泵体振动强烈、异常声响、机械密封、轴承损坏频繁、维修成本高等问题。

从贫液后冷器（E-106）出口引出一股贫胺液回流至再生塔底贫胺液泵（P-102）入口，降低贫液泵入口温度，回流胺液流量通过 FV-10801 控制为 40t/h 左右（根据泵的运行情况调节），混合后贫胺液温度降低 5℃，贫液泵可增加 4m 有效汽蚀余量，可有效防止汽蚀发生。回流胺液注入位置应靠近再生塔底贫胺液出口以便回流胺液与再生塔底贫胺液充分混合。

半富胺液泵（P-402）位于尾气吸收塔底部，输送介质为半富胺液，工作温度为 46℃，压力为 0.111MPa（a）。半富胺液泵入口过滤器为管道过滤器，容量较小、过滤精度较低，且半富胺液中杂质含量高，杂质堆积在过滤器内造成泵入口堵塞，并由此引发机械密封、轴承失效、维修频繁等问题。

在 C-402 贫胺液入口增加尾气溶剂精过滤器 SR-402，去除颗粒较大的杂质以减少对泵的影响，同时保证泵入口流量。

5. 电气系统升级改造

将原有 SCADA 系统软硬件进行升级更换，增加低压配电系统进线开关、母联及关键低压设备的遥信、遥测信号。同时，装置投产后新增设备状态信号在设计时一并考虑；为保证供电设备可靠运行，净化厂 UPS 增设蓄电池检测仪、791/792 八台主变安装变压器油在线监测系统，实现设备状态检修在 PLC 升级基础上，增设低压备自投智能装置。

6. 仪表控制系统升级改造

净化厂自投产以来，公用工程循环水场、动力站 DCS 系统、中控室 SIS 系统等九大控制系统已连续运行超过 5 年，因各自只有单独一套控制系统，从未进行系统停工检修，存在部分系统性能下降、腐蚀、故障频发等问题。操作站、工程师站、服务器为 2007 年产品，原选型计算机硬件已停产，控制系统部分卡件也已经停止生产，备件不能正常采购。

原 DCS、SIS 系统使用的 WINDOWS XP 系统，2014 年 4 月 8 日起微软公司已停止为 WINDOWS XP 用户提供修复、产品更新以及安全补丁等服务。原设计选型计算机已停产，DCS 及 SIS 系统面临操作站硬件、软件无法更新，新机型无法支持现有控制系统等问题。

对 DCS、SIS 系统的操作站硬件、软件进行升级，并利用全厂停机检修机会，对公用系统的控制系统进行扩容改造及负荷分配，达到东西区单独运行时系统检修的目的。

1）中心控制室 SIS 系统分区改造

SIS 系统新增 1 套控制器及相关 I/O 卡件，将原 SIS 系统中西区部分（用于第四～第六联合装置）I/O 点移至新增 SIS 系统中；原 SIS 系统用于东区部分，卡件不变。

2）全厂 DCS/SIS 系统升级

对全厂 DCS/SIS 系统的操作站 / 工程师站等硬件进行更换并对软件进行升级。

3）空分空压站 ITCC 系统分区改造

本单元原有 2 套 CCS 系统，将第 1 套 CCS 系统中蒸汽透平驱动空压机 734-K-001C

的I/O点全部移至第2套CCS系统中，单独设置机架并增加卡件，第1套CCS系统中原有卡件不变。此外，新增2个就地操作站、1个远程I/O机架及相应卡件（安装在中心控制室），更换原有2台操作站及第1套CCS系统的1台工程师/SOE站硬件，并对操作系统软件进行升级。

4）火炬设施DCS系统分区改造

火炬设施单元新增2套DCS系统及2套远程I/O，第1套DCS系统及远程I/O用于火炬塔架-1、高压火炬分液罐D-003、高压火炬水封罐D-006/007；第2套DCS系统及远程I/O用于火炬塔架-2、低压火炬分液罐D-005、低压火炬水封罐D-010。备用分液罐D-004、备用火炬水封罐D-008/009等公共部分仪表信号通过1入2出隔离式安全栅或信号分配器分别接至两套DCS系统。山下部分原接入MDEA、三甘醇罐区现场I/O的信号全部接入新增DCS系统。

5）循环水场DCS系统分区改造

本单元新增1套DCS控制站，将第一循环水系统的信号全部接入新增DCS控制站，同时将两套循环水系统公共部分仪表信号通过1入2出信号分配器分别接至2套DCS系统。原DCS系统控制站及卡件不变。

本单元新增1套锰砂过滤器系统，设置1台现场PLC，通过Modbus RTU协议接入第二循环水系统DCS系统，PLC随过滤器系统成套供货。

6）动力站DCS系统分区改造

动力站单元新增1套DCS控制站，将燃油燃气锅炉831-B-101A、除氧器831-D-401A/B、中压锅炉给水泵831-P-401A/C、燃油系统及发电机组等的信号全部接入新增DCS控制站，同时将两套除氧水系统、蒸汽系统及辅助系统的公共部分仪表信号通过1入2出安全栅或信号分配器分别接至2套DCS系统，原动力站单元DCS系统控制站及卡件不变。

7. 液力透平入口液位调节阀改造

液力透平入口液位调节阀（LV-10305A）设计压降为70kPa，装置投产后，各系列调节阀实际压降达到2.0MPa，接近设计压降的30倍，造成调节阀内件严重损坏，维修工作量大、成本高。对调节阀内部结构进行升级改造，将阀内件改为抗气蚀内件，同时将阀门至透平入口管线升级为316材质。

8. 中控室中央空调系统改造

主要改造内容包括：

（1）空调机房内有6台恒温恒湿空调机，由于设备老化和制冷剂管线腐蚀严重，空调室内机和室外机均存在管线制冷剂泄漏问题，此次改造将更换此6台恒温恒湿机组。

（2）空调机房内，原有4台新风净化机组，经过近6年的运行，设备净化效率已经衰减，室外新风经净化机处理后，进入空调机组，造成空调室内机换热盘管的腐蚀，产生换热盘管泄漏现象。改造更换此4台新风净化机组。选用高效的化学新风净化机组，以保证进入室内的新风达到标准要求。

（3）中控室周围房间多为办公室及会议室，原有系统采用多联空调。多联空调室外机由于安装在室外，机组存在制冷剂管线腐蚀严重问题，管线多处修补，存在制冷剂泄漏隐患。此次改造，将对多联空调进行更换。

（4）中控室增加1套防排烟系统。防排烟系统由1台排烟风机，2台补风风机以及4个防火排烟口组成。当有火灾情况发生或接收到中控台发出的火灾信号时，排烟口打开，并联锁开启排烟风机进行排烟，同时补风机运行，对室内进行补风。

（5）将中控室内设备房间和操作人员房间分开设置空调风管系统，达到独立控制温湿度的要求。

（6）在每个进风口增设1台毒性气体检测器，共计2台。毒性气体检测器信号接入中控室DCS系统独立的AI卡中。毒性气体检测器信号联锁关闭风口气密阀门。原有4台毒性气体检测器信号由SIS系统移至DCS系统中。

9. 尾气焚烧炉余热锅炉隐患治理

尾气焚烧炉余热锅炉（E-404）共有12台，为进口设备，系双锅筒烟道式水管余热锅炉，水汽自然循环方式。由锅炉主体、汽包、液包、烟气进口防护管束、三级过热器、三级减温器及进出口烟箱组成，投产后多台次E-404发生泄漏，主要为水冷壁管及蒸发管腐蚀穿孔泄漏，严重影响装置正常生产运行，委托专业院所进行失效分析，结论为烟气硫酸露点腐蚀是导致炉管穿孔的主要原因。

1）高温段工艺流程优化

采用Fluent分析软件，针对一、二级过热段的串、并联流程进行流体分析，得到不同流程下出口侧烟气温度、速度及压力场分布，确定将一、二级过热段由并联改为串联，过热器出口烟气温度场、速度场更均匀，同时压降满足要求。

2）低温段余热回收增效

进口设备排烟温度275.8℃，能源消耗大、环保压力突出，通过烟气露点温度计算及现场测试，遵循“排烟温度高于露点温度30℃”，根据修正后露点计算结果，确定设计排烟温度为230℃。综合考虑露点腐蚀风险及技术经济性，蒸发器后增加1台省煤器，实现排烟温度降至230℃的目标。

3）高含硫复杂工况余热锅炉材料优选

综合比较12Cr1MoVG、10Cr9Mo1VNbN、07Cr19Ni10三种典型材料的传热、强度、热稳定性、热补偿及高温腐蚀性能，过热器材质选用综合性能优秀的10Cr9Mo1VNb，在国内高含硫净化装置为首次应用。通过研究不同材料在冷凝酸条件下的耐腐蚀性能，在中、低浓度的硫酸环境下，常规耐蚀合金及专用耐蚀材料均不理想，中、高浓度条件下，ND钢较理想；考虑经济性和耐蚀性，省煤器材质选用ND钢。

改造尾气焚烧炉余热锅炉安装完成并投入运行，应用情况良好，未发生一次泄漏，且排烟温度降低48.5℃，热回收效率提高3.8%。

第四章　含硫气田硫化氢泄漏应急处置技术

第一节　基本要求

一、安全要求

（1）应急救援力量应选择上风方向的入口、通道进入现场，在上风方向或侧风方向，进入警戒区的力量应配齐配全防火罩、个人防护装备。在上风、侧上风方向选择进入路线，并设立抢险救援阵地。

（2）利用侦检设备、仪器，掌握硫化氢及可燃气体、有毒有害气体的浓度、泄漏部位、泄漏速度以及现场风速、风向等环境情况。

（3）分析评估泄漏扩散范围和可能引发爆炸燃烧的危险因素及其后果。

（4）先行警戒或根据侦检情况确定警戒范围，划分重危区、轻危区、安全区，设置警戒标志和出入口，实时监测现场情况，适时调整警戒范围。同时，确定安全防护等级，为进入重危区、轻危区的救援人员配备呼吸防护装备、化学防护服等个人防护装备。

（5）设立现场安全员，对救援人员的安全防护措施进行检查，做好救援人员出入危险区的登记。

（6）规定安全撤离信号，一旦险情加剧，危及救援人员安全时，指挥员及时发出撤离信号，下达紧急撤离命令。

（7）进入现场救援的人员应专业、精干，防护措施到位，并采用喷雾水枪等科学、有效的措施进行掩护。

（8）使用上风方向水源，合理组织供水，保证消防供水持续、充足。

（9）救援行动展开前，应急处置物资要同步到位。

二、个人防护要求

（1）应急救援人员应配备符合救援要求的安全职业防护装备。

（2）应按照岗位人员的1∶1.2比例配备正压式空气呼吸器和按1∶1比例配备便携式硫化氢气体检测仪，备用气瓶应按照岗位人员1∶2的比例配备。有条件的单位，可设置长管供气系统。

（3）根据硫化氢气体毒性划分危险区域，在重危区应采用一级防护等级防护，在轻危区应采用二级防护等级防护。具体防护标准见表4-1-1。

表4-1-1　防护标准

级别	形式	防化服	防护服	防护面具
一级	全身	内置式重型防化服	全棉防静电内外衣	正压式空气呼吸器
二级	全身	封闭式防化服	全棉防静电内外衣	正压式空气呼吸器

第二节　应急处置技术

一、应急处置原则

（1）以人为本的原则：进入重危区人员实施一级防护，并采取水枪掩护，确保应急人员安全，疏散周边民众，抢救受伤人员，搜救遇险人员。

（2）先控制再消灭的原则：控制危险源，保护周边设施，防止次生灾害。

（3）环境优先的原则：全过程对大气、水体、土壤持续检测监控，污染物收容、控制与处理。

（4）协调有序的原则：应急资源、组织机构、物资调配、现场指挥、信息报送、新闻发布、舆情控制等综合协调。

（5）点火原则：

①一般泄漏（T2级），不点火；

②严重泄漏（T1级），当扩散出的硫化氢气体将引起严重灾害性后果时，应该点火。

（6）灭火原则：

①采用“先控制、后消灭”的战术原则；

②选择主攻方向，设置合理的水枪阵地；

③把握灭火时机，迅速准确集中力量灭火。

（7）避险原则：现场指挥员应密切注意各种危险征兆，当可能威胁现场抢险人员人身安全时，应果断调整部署，命令人员转移、撤退或就近隐蔽，避免因爆炸、沸溢、倒塌、毒气等险情发生时造成不必要伤亡。指挥员发现有以下危险征兆时，必须及时作出准确判断，下达撤退命令。

①站场罐体出现震颤、管道（线）变形、啸叫、火焰增大、发亮、由黄变白，火舌形似火箭，烟色由浓变淡、温度急剧升高。

②遇有火势熄灭后，较长时间未能恢复稳定燃烧或受热辐射可能发生爆裂。

③发现其他威胁救援人员生命安全的异常现象。

二、应急响应

应急响应内容如下：

①接到险情报警，按响警铃。

②用应急广播播报警情。

③启动硫化氢等有毒有害、可燃气体泄漏和着火爆炸应急救援预案。

④成立抢险救援组织机构。设立抢险指挥部，明确各战斗段责任分工，按照预案和岗位职责展开救援行动。

⑤应急疏散。

下面具体介绍应急疏散。

1. 应急计划区域图（EPZ 图）

参照《硫化氢环境人身防护规范》（SYT6277—2017）中搬迁距离和公众安全防护距离要求，根据风险分析评价，将气田集气站、管道、阀室、隧道、天然气净化厂周边1500m 界定为应急计划区域（危险区域）。为了确保应急计划区域可操作性、科学性，气田通过 GPS、测距仪等工具，获取区域内的居民分布、水源分布、道路布设等方面的人员、数量、坐标、方位、海拔等图形和位置信息，通过测量手段，在地图上标注出疏散路线、安全区域和应急集合点，最终形成普光气田地面集输系统应急计划区域图，为气田应急状态下的资源调配、人员疏散、现场指挥等方面提供辅助决策。

1）应急计划区域界定

以某集气站为例，选取事故率最高、最易发生的险情来进行说明。

考虑到集气站分布距离，各个站之间的 EPZ 有重叠和交叉区域，为便于实际操作和使用，将各个集气站的 EPZ 在地图中界定为 1000m，即可实现整个气田的 EPZ 范围内信息显示。

2）计划区域图基本信息

基础信息收集主要包括周边水源、居民分布、道路情况、地形地势、主导风向等方面。对于水源要求水源类型、水源储量（枯水期最少水量）、位置、海拔等信息；居民分布要求常住人口、老年人和 10 岁以下儿童的分布信息，特别是人员相对集中的学校、医院、村委会办公场所等，明确应急疏散管理员；道路要求道路走向、宽度、最大坡度、最窄宽度、最小通车高度等信息；地形地势，要进行海拔测量，实地摸清等高分布，特别是山涧、溪流、植被（类型）等信息。

3）确定应急疏散路线

结合地形、人员分布、道路等基本信息和当地常年主导风向，确定应急集合点和应急疏散路线。

4）绘制 EPZ 图

以当地高清比例地图为基础，比例尺设置在 1∶25 万及以上，采用 AutoCAD 绘图软件，将所有的信息在一张图上进行标注、绘制，形成 EPZ 图。

5）审核、发布

绘制出 EPZ 图后，认真审核，确保信息录入的准确性和全面性，避免出现盲区。经征求相关方意见，修改后，进行发布。

2. 建立 800M 数字集群系统主体应急疏散广播系统

某气田主体应急疏散广播系统主要由 800M 数字集群系统、应急疏散广播自检系统、安装当地居民家中 270 个应急疏散广播点三部分组成，其中 800M 数字集群系统包括中心通信机房 1 套交换系统、分布在气田区域的 6 座基站和分别安装在采气厂调度室净化厂调度室的 2 套调度呼叫终端组成。预警人口约 4 万人，涉及 6 个乡镇，23 个自然村。

如图 4-2-1 所示，基于 800M 数字集群系统应急疏散广播点包括 800M 数传电台、自检终端、UPS、蓄电池组、功率放大器、室外号角、音频处理器、温湿度控制器、配电箱、接地模块等。

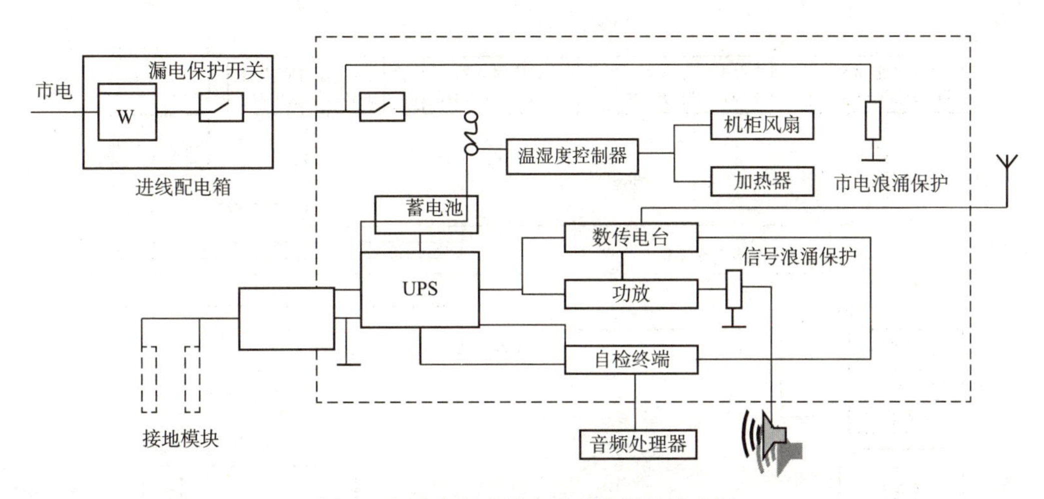

图 4-2-1　应急疏散广播系统原理示意图

如图 4-2-2 所示，发生泄漏时根据泄露情况确定疏散范围，并使用 800M 数字集群组呼功能，控制打开疏散范围内的广播点数传电台，并通过功率放大器、室外号角等扩音设备发出预警通知。应急疏散广播系统信息传输图如图 4-2-3 所示。

某气田新区块应急疏散广播系统基于 SCA 可寻址调频技术，主要由 1 套核心控制系统、3 座广播基站的广播发射系统、大湾区块应急计划范围内居民家中安装的 1602 套广播终端，和集气站、阀室安装的 25 套防空警报器及分址调频控制器组成。

1 套核心控制系统（图 4-2-3）包括安装在通信机房的数据库服务器、通信服务器和安装有广播控制软件的操作终端。生产管理中心及采气厂终端作为整个系统控制终端，主要功能有：①能够接受控制人员指令，通过网络对各个通信基站机房工控机进行远程

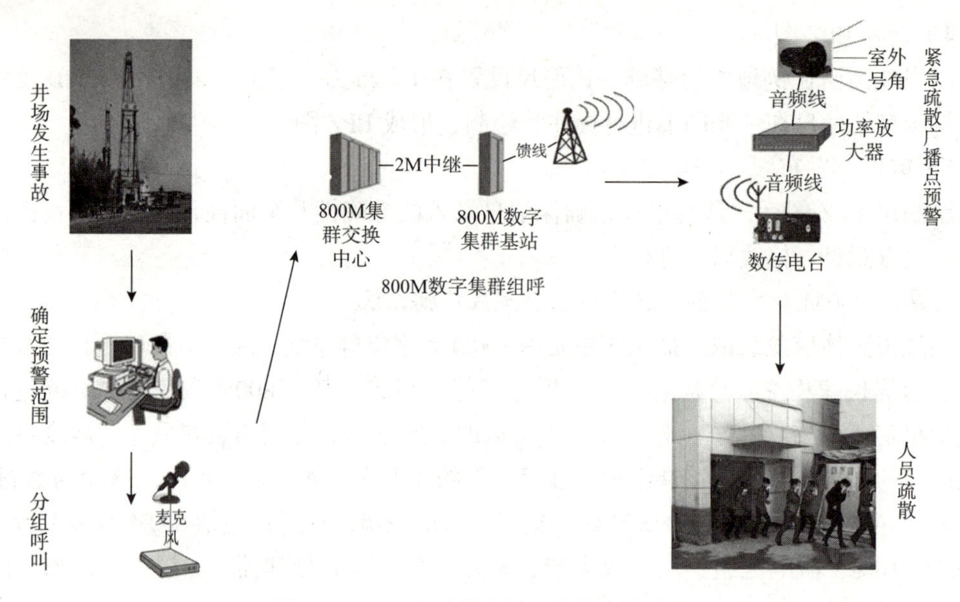

图 4-2-2 应急疏散广播系统信息传输图

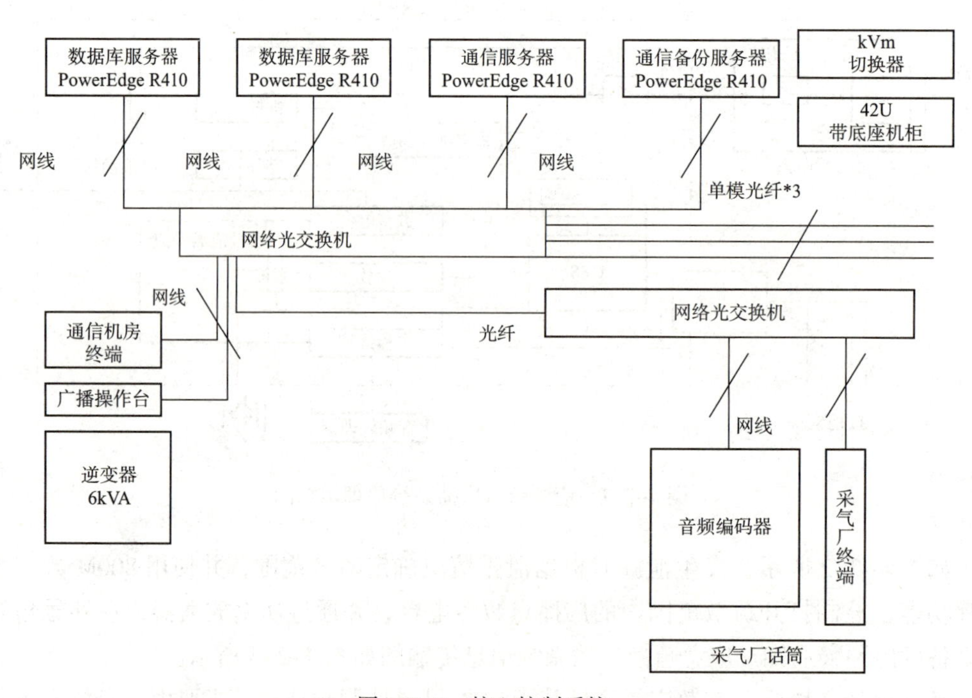

图 4-2-3 核心控制系统

控制；②对服务器进行数据读取和存入；③提供人机交互界面，将 GIS 信息及其他相关信息在软件中进行显示；④用户权限控制。采气厂话筒主要作为紧急状态时使用，是计算机控制语音信息的必要补充，该话筒发出的模拟音源，通过音频分配器转发送音频编码器，转成数字信号发给各个通信基站机房。

如图4-2-5所示，基站广播发射系统由广播发射机、SCA信号分配器、SCA可寻址信号编码器、调音台、工控机、网络音频解码器等组成，如图4-2-4所示。工控计算机（工控机）通过客户终端发出指令运行智能控制软件，播出文字转成的语音和音频解码器播出的模拟音频送入调音台进行混音、音量调节、音频修饰等输出复合音频信号，经过调频广播发射机对音频进行调频调制、激励放大和末级放大输出高频功率信号，经由高频馈送电缆或高频波导馈管输送到双层十字天线、四层十字天线或垂直极化发射天线，由天线振子转换成电磁波，使得广播信号在空中无线发、送、传。

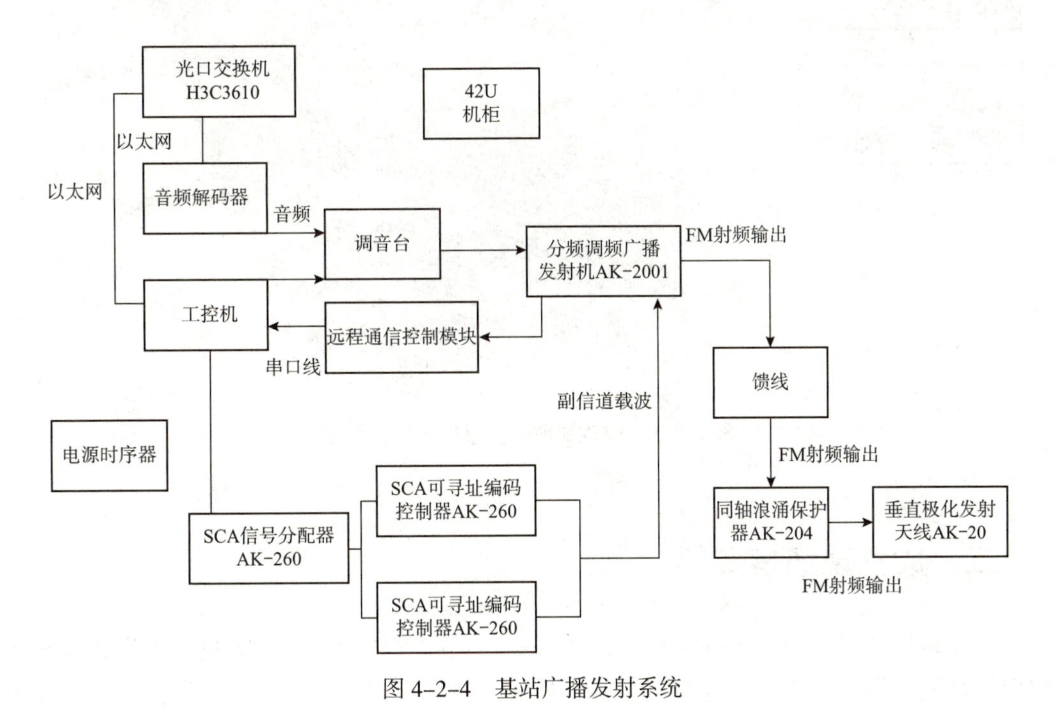

图4-2-4 基站广播发射系统

SCA可寻址调频技术应急疏散广播系统在事故发生的第一时间对事故可能影响区域内的村民进行报警和通知。在发生事故时，事故地点通过电话或者网络向指挥中心发送事故信息，指挥中心按照系统自动调用的事先储存好的方案生成需要通知居民列表，并根据生成的信息发送队列，每条信息通过文本合成语音模块转成语音信号传给广播通知模块，广播信号通过发射基站发送给相应的接收通知终端。

如图4-2-5所示，该系统通过分户报警通知方式和分址调频控制防空警报方式对需要疏散的村民进行通知：分户报警子系统主要针对室内居民进行通知，通过安装在每户中的报警通知终端设备，该方案能够针对冬季密闭房屋内熟睡居民进行报警通知；分址调频控制防空警报子系统一方面针对在户外劳动无法听到室内报警器的居民，另一方面重复覆盖居民住户。村（社）、组（队）应急联络员组织所负责的住户有序进行疏散撤离；居民听到报警后，按照语音广播提示向安全区域疏散。

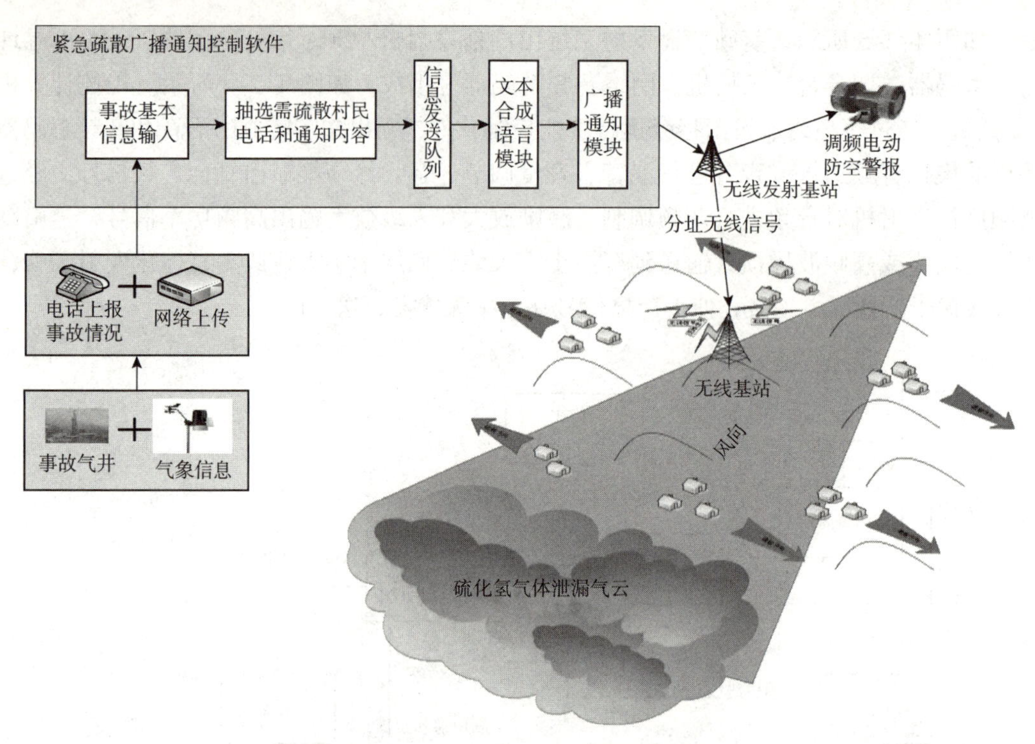

图 4-2-5　应急疏散广播系统预警流程图

三、成立现场指挥部

到达事故现场，成立现场指挥部，统一指挥调度现场的应急抢险救援工作，全面掌控现场情况，科学、合理制定救援方案，按照“属地为主、系统指导，先到先行、有序衔接”的原则实施。

1. 制定现场处置措施

现场指挥部根据情况，开展侦检、管制、抢救遇险人员、人员疏散、医疗救护、应急处置、监测、应急保障等方面工作，制定工程抢险、防范次生衍生事故等现场处置措施。

2. 了解事故现场情况

现场指挥部应及时了解事故现场情况，主要了解以下内容：

（1）人员中毒、伤亡、失踪、被困情况；

（2）硫化氢等有毒有害、可燃气体介质危险特性、数量、应急处置方法等信息；

（3）有关装置、设备、设施损毁情况；

（4）应急救援设备、物资、器材、队伍等应急力量情况；

（5）事故可能导致的后果及对周围区域可能影响范围和危害程度。

3. 重点工作

现场指挥部应重点做好以下工作：

（1）迅速隔离事故现场，抢救伤亡人员，撤离无关人员及公众；

（2）收集现场信息，核实现场情况，根据现场变化制定和调整现场应急处置方案，并组织实施；

（3）整合、调配现场应急资源，统一指挥救援工作；

（4）确定泄漏区域和范围，实施人员疏散、管制和医疗救护等工作。

4. 注意事项

现场指挥要注意以下几点：

（1）在上风向安全区设置应急指挥部，及时将现场指挥部人员名单、通信方式等报告上一级应急指挥机构，并通知现场应急处置工作组以及相关救援力量。

（2）根据现场需要，按规定配备必要的指挥设备及通信手段，具备迅速搭建现场指挥平台的能力。

（3）统一标志，维护现场秩序。现场指挥部要悬挂醒目的标志；现场总指挥和其他人员要佩戴相应标识；对救援人员和车辆发放专用通行证；现场主要出入口应有专人值守和引导。

（4）现场指挥部根据事态发展变化，对救援力量及时进行相应调整。

（5）科学掌握救援进度。对于直接威胁救援人员生命安全、极易造成次生衍生事故等情况，应采取有效措施防止救援人员伤亡，险情排除后，继续展开救援。

四、应急处置措施

1. 侦检

1）侦检主要任务是确认事故现场情况。通过侦检，重点包括但不限于以下内容：

（1）被困人员及中毒、伤亡情况；

（2）硫化氢气体等有毒有害、可燃气体泄漏、着火、爆炸部位，了解泄漏浓度、扩散范围、蔓延方向，对毗邻装置、建（构）筑物威胁程度等事故现场信息；

（3）生产装置、工艺流程、消防设施完好性；

（4）确定战术战法、攻防路线及阵地；

（5）现场及周边污染情况。

2）方法：由外至内，从不同方位向事故中心点梯次检测，重点关注事故区域暗渠、管沟、管井等相对密闭空间。

3）其他要求：重点了解周边单位、居民、地质、水文、气象等情况。

2. 管制

（1）根据硫化氢等有毒有害、可燃气体及燃烧产物的毒害性、泄漏量、扩散趋势、火焰辐射热和爆炸波及范围进行评估，按照大气中硫化氢等有毒有害、可燃气体浓度的高低划分为安全区、轻危区、重危区。

（2）在不同级别管制区域涉及的主要道路、水路设置交通管制点、警示标识。

（3）交通管制点设专人负责，采取禁火、停电及禁止无关人员进入等安全措施，对进入人员、车辆、物资进行安全检查、逐一登记。

（4）撤离与事故应急处理无关的人员。

（5）根据事故发展、应急处置和动态监测情况，适时调整交通管制点。

3. 疏散与搜救

（1）根据现场侦检、监测信息，确定事故区域的公众安全防护距离，并通过周边应急疏散广播及时通知相应区域内无关人员，按照疏散路线快速、有序撤离。

（2）结合疏散情况和监测信息，对大气中硫化氢浓度大于10ppm区域范围内的被困居民进行搜救，必要时，扩大搜救范围。

（3）做好撤离人员的心理疏导、食宿及安抚工作。

4. 医疗救护

发现中毒人员时，按照“先救命，后治伤（病）”的救护原则。

（1）应立即使患者脱离中毒环境，迅速将其转移至空气新鲜处，解开衣扣，脱去污染衣物，保持呼吸道通畅，给予氧气吸入，对伤（病）情进行正确的评估、诊断。

（2）眼部损伤者，立即用生理盐水对眼部进行彻底清洗，并给以抗生素滴眼液和地塞米松滴眼液交替滴眼。较重的损害，可再用2%碳酸氢钠溶液冲洗。

（3）呼吸、心跳停止者，立即进行心肺复苏术。人工呼吸时严禁口对口人工呼吸，应使用简易呼吸器辅助呼吸，以防有毒气体吸入造成施救者中毒。

（4）多人中毒时，须及时联系地方医院，请求医疗援助。并对伤病员进行检伤、分类，左胸前佩戴标识卡，优先对危重伤员进行救治。

（5）中毒人员均应尽快转送医院，给予高压氧治疗，但需配合综合治疗。对中毒症状明显者需早期、足量、短程给予肾上腺糖皮质激素，有利于防治脑水肿、肺水肿和心肌损害。较重患者需进行心电监护及心肌酶谱测定，以便及时发现病情变化。

（6）抢救过程中，应做好诊断、用药、抢救等各种记录。将病员转送到医院后，按照院前病员交接制度进行详细交接，认真填写交接记录。

（7）其他伤情，对症处理。

5. 泄漏现场处置措施

（1）根据泄漏量、泄漏位置，采取保压、关断、放空等工艺处置措施，控制泄漏源。

（2）利用事故区域固定消防设施和强风消防车等移动设施，通过水雾稀释，降低硫化氢等有毒有害、可燃气体浓度。

（3）吹扫硫化氢等有毒有害、可燃气体，改变气体扩散流动方向，掩护、配合工程抢险人员施工。

（4）根据现场泄漏情况，研究制定科学处置措施，开展封堵、打卡、焊接等措施，实施工程抢险。当无法有效处置，可能造成重大危害事故时，果断采取点火措施。

（5）一般泄漏处置（T2级）。坚持“先结合、后处置”“救人第一”和“先控制、后消灭”的原则，采取稀释、隔离、环境监测和医疗救护等措施，展开应急处置。

（6）严重泄漏处置（T1 级）。坚持“先结合、后处置”“救人第一”和“先控制、后消灭”的原则，采取稀释、隔离、点火、环境监测、医疗救护、围堵截流和污水收容等措施，展开应急处置，防止着火、爆炸等次生灾害发生。

（7）泄漏燃烧、爆炸处置。坚持“先结合、后处置”“救人第一”和“先控制、后消灭”的原则，采取稀释、隔离、灭火、冷却保护、环境监测、医疗救护、围堵截流和污水收容等措施，防止次生灾害发生。

6. 环境监测

硫化氢等有毒有害、可燃气体泄漏发生后，环境监测人员立即携带环境监测设备赶赴现场科学布点监测。监测点要覆盖事故发生及周边区域，重点关注环境空气敏感区；监测范围一般为半径 100~500m 的区域，当较高的点源对地面浓度产生影响时，可扩大到半径至 500~4000m 区域。

（1）根据现场情况，在泄漏处上风向布设 1 个背景监测点，该监测点应根据泄漏介质理化性质科学布控。

（2）在泄漏处下风向半径为 200m、500m、1000m 的轴向设置监测点，监测最高扩散浓度，沿轴向的垂直方向距轴向监测点 50~100m 的地方设置边缘扩散浓度监测点。各监测点周围空旷无遮挡，大气混合均匀，能反映污染物的扩散规律。

（3）根据事故发展进程，按初期、中期、后期，区分监测重点，适当调整监测点位。

（4）保证监测点数据无线传输的可达性。

（5）监测指标：

①大气污染应急监测项目：二氧化硫、硫化氢、可燃气体、氧气。

②大气污染应急描述项目：风向、风速、气体浓度、颜色、气味、污染扩散范围及速度等。

（6）监测时间和频次：

①远程监测 10s/ 次。

②在线监测巡检周期为 60~240s，便携式气体检测仪的监测频次根据现场情况而定。

（7）数据反馈：当出现异常数据时，应及时向现场指挥汇报，并进行现场确认。

7. 污水收容

（1）将事故处置中产生的污水，转输储存至事故池，减少污染。

（2）无事故池时，将污水围堵、集中收容，避免产生环境污染。

8. 供气保障

（1）根据现场风向、地势、道路情况，在安全区合理设置供气保障点。

（2）确保现场处置人员的空气呼吸器气源供给。

9. 洗消

（1）根据现场硫化氢等有毒有害、可燃气体介质含量高低，在危险区与安全区交界处设立洗消站。

（2）洗消的对象包括：中毒的人员、现场医务人员、现场救援人员及群众互救人员、救援装备及染毒器具。

（3）洗消污水的排放必须经过环保部门的检测，以防止造成环境污染。

五、应急终止

（1）当现场得到有效处置、受伤人员得到妥善救治、环境污染得到有效控制时，下达应急终止指令。

（2）清点人数、收捡器材。

（3）现场保护、移交。

第三节　硫化氢泄漏典型部位处置措施

一、天然气净化过程塔器泄漏

1. 主吸收塔设备概况

主吸收塔本体型号 Φ3700×12600T/T，设备位号 C-101，直径 3700mm，容积 163.5m^3，高度 22m，总质量 222000kg，设计温度 85℃/160℃，设计压力 9.1 MPa，操作压力 8.3MPa，主要介质为胺液和酸性天然气。吸收塔如图 4-3-1 所示。

图 4-3-1　吸收塔

2. 周边消防设施情况

1）联合装置区消防设施情况

装置内消防水系统按稳高压消防给水系统设置，系统管道工作压力 0.7~1.2MPa（g），消防水量为 150L/s，该水量主要由装置外环状管网供给。

2）消火栓设置情况

装置区外地上消防栓26个（每边6~7个），水带接口为Φ65mm，吸水管接口为Φ100mm。固定式消防水炮12个（每边3个炮），射程为60m。装置区内地上消防栓14个，水带接口为Φ80mm，吸水管接口为Φ150mm。固定式消防水炮6个，射程为60m。消防竖管15个。地上箱式消火栓16个。装置内设置手提式及推车式灭火器，以便扑灭装置初期火灾。

3. 险情假设

一级主吸收塔进气法兰发生泄漏。晴天，东北风，风力3级。

4. 泄漏应急处置

1）成立组织机构

抢险力量到达现场后，结合净化厂处置情况，成立现场指挥部。下设侦检组、警戒组、搜救组、处置组、供水保障组、供气保障组、环境监测组、医疗救护组、后勤保障组9个处置组，如图4–3–2所示。

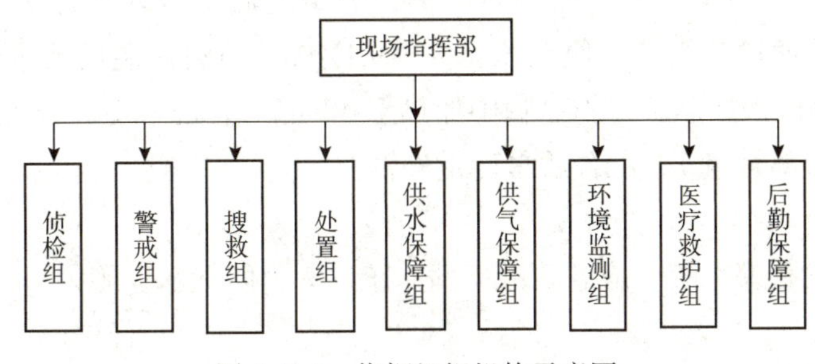

图4–3–2 指挥组织机构示意图

2）现场处置

具体的处置要点参照本章第二节第二~四部分内容。

3）硫化氢等有毒有害、可燃气体稀释的主要措施

（1）按照“先固后移”的原则，充分利用现场固定消防设施，占领东侧1门固定水炮，对泄漏部位进行稀释降低硫化氢等有毒有害、可燃气体浓度。

（2）多功能消防车停靠在泄漏点北侧约35m处道路上，出车载遥控炮，向泄漏装置区进行稀释降低硫化氢等有毒有害、可燃气体浓度，利用东北侧消火栓铺设水带，向多功能消防车供水。

（3）强风消防车停靠在泄漏点北侧约25m处，对泄漏出的硫化氢等有毒有害、可燃气体进行稀释及改变蔓延方向，就近占领消火栓，向强风消防车供水。

（4）18m高喷消防车停靠在泄漏点西北侧约25m处（脱水塔东侧），对塔顶部泄漏出的硫化氢、甲烷气体进行稀释及改变蔓延方向，占领西侧消火栓，向18m高喷消防车供水。

二、集气站场硫化氢泄漏处置

图 4–3–3　集气站示意图

1. 集气站概况

集气站（图 4–3–3）由八大设备撬块组成，分别是井口装置、加热炉撬块、酸液缓冲罐撬块、计量分离器撬块、甲醇加注撬块、缓蚀剂加注撬块、火炬分液罐撬块、燃料气调压分配撬块。

主要工艺：自气井采出的高含硫天然气经井口龙套式节流阀调压至 19~28MPa，然后经二级节流阀调压至 11~19MPa，调压后的气体（进入分酸分离器对携带的酸液进行分离，分离之后）进入加热炉一级盘管中加热到 30~35℃，然后通过三级节流阀调压至 8.9~9.1MPa，节流后温度要求保证比水合物形成温度高 5℃，再进入加热炉二级盘管中加热至 40~45℃，进入生产分支管汇（或者进入计量分离器再次分离计量），汇合后总计量外输。

2. 消防设施情况

设有火灾自动报警系统、应急疏散广播系统，无消防给水设施。

3. 险情假设

集气站内加热炉出气管线发生泄漏。晴天，东北风，风力 3 级。

4. 现场应急处置

到达现场后，与现场人员结合了解险情，重点了解采取措施（流程切换、技术措施等）、人员伤亡等情况，并成立现场指挥部，对各小组进行分工，结合实际，制订合理的处置措施。

1）成立组织机构

指挥部迅速将人员合理安排，根据职责分工，分为现场侦检组、警戒组、处置组、供水组、供气组、后勤保障组、环境监测组、医疗救护组等，了解现场处置情况后，迅速展开，做好战斗的准备。组织机构可参照图 4–3–2 成立。

2）现场处置

（1）利用消防水泵，水带若干，在泄漏点东侧和西侧各设置一门自摆炮，进行稀释保护。

（2）强风车布设在上风向或侧风向，以改变风向保护抢险救援人员，对泄漏区域有毒有害气体进行驱散、稀释。

（3）指挥车、水罐消防车、多功能消防车、医疗救护车、充气车布设在指定安全区域。

（4）污水回收：利用站场的污水池，对处置产生的污水进行收容；当污水池蓄满后，关闭内排，围堵挖堰做好引流，进行污水收容。

（5）其他处置：参照硫化氢泄漏处置内容。

三、酸气管道隧道硫化氢泄漏处置

1. 隧道概况

隧道（图 4-3-4）位于集输管道上，隧道内共有 2 根管线敷设，1 条酸气管线，酸气管道设计压力为 11MPa，运行时压力为 8.3~9.3MPa，设计温度为 55~60℃，1 条燃料气管道，用来向集气站输送燃料气。

图 4-3-4　隧道示意图

2. 周边消防设施情况

设有火灾自动报警系统，无消防给水设施。

3. 险情假设

隧道内酸气管线焊缝发生泄漏。晴天，北风，风力 3 级。

4. 现场应急处置

到达现场后，与现场人员结合了解险情，重点了解采取措施（流程切换、技术措施等）、人员伤亡等情况，并成立现场指挥部，对各小组进行分工，结合实际，制订合理的处置措施。组织机构可参照图 4-3-2 成立。

现场处置分 2 个战斗段，分为隧道的上端口和隧道下端口。

（1）处置组在上下端口各出水枪 2 支，利用开花或直流对隧道端口进行喷淋覆盖和对有毒易爆气体进行稀释。

（2）强风车停放在隧道下端口，向隧道内正压送风，加速隧道内气体流动，防止硫化氢气体聚集。

（3）干粉车停放在隧道的上端口待命。

（4）污水回收：在隧道下端口，收容组人员利用沙袋和防雨布对污水进行封堵，防止污染环境。同时利用吸污车进行污水转运。

（5）其他处置：参照硫化氢泄漏处置程序。

四、酸气管道跨越硫化氢泄漏处置

1. 跨越概况

跨越（图 4-3-5）位于集输管道上，跨越上有 4 根管道，包括酸气管道、燃料气返

图 4-3-5　跨越示意图

输管道、光缆套管、预留污水管道；酸气管道设计压力为 11MPa，运行时压力为 8.3~9.3MPa，设计温度为 55~60℃。

2. 周边消防设施情况

无消防给水设施。

3. 险情假设

跨越上酸气管线焊缝发生泄漏。晴天，西南风；风力 3 级。

4. 现场应急处置

到达现场后，与现场人员结合了解险情，重点了解采取措施（流程切换、技术措施等）、人员伤亡等情况，并成立现场指挥部，对各小组进行分工，结合实际，制订合理的处置措施。

1）成立组织机构

组织机构可参照图 4-3-2 成立。

2）现场处置

（1）利用消防水泵从天然河流处向水罐消防车供水，水罐消防车向便携 $3m^3$ 水槽蓄水，利用消防水泵向多功能水枪和自摆炮供水，稀释硫化氢浓度。

（2）在跨越的下方，利用沙袋和防雨布对污水进行封堵，防止污染环境，同时利用吸污车进行污水转运。

（3）其他处置参照硫化氢泄漏处置内容。

五、井喷应急处置

1. 钻井井控设计

某酸性气田井下压力高，且多是丛式平台，地处山区，地形地貌复杂，山高沟深、坡陡路险，人员居住散落。

钻井平台有一个 35 型环形防喷器、两个双闸板防喷器，加四通，是由距井口 25m 处的远控房操作；防喷器的压力为 35MPa+70MPa+70MPa ；放喷管汇放喷压力为 35MPa ；井口装置为一类装置，为最高标准；放喷管线 4 条，2 条为 1 组，设有主、副放喷池。

2. 周边消防设施情况

平台周边无消防给水设施。

3. 险情假设

钻井井口失控。晴天，西南风，风力 3 级。

4. 现场应急处置

到达现场后，与现场人员结合了解险情，重点了解采取措施（流程切换、技术措施等）、人员伤亡等情况，并成立现场指挥部，对各小组进行分工，结合实际，制订合理的处置措施。组织机构可参照图 4-3-2 成立。

（1）井喷失控处置包括点火、清障、拆除井口、安装封井器。

（2）做好点火准备并实施点火。

（3）符合下列条件之一的，应该在 15min 内实施井口点火。

①发生井喷失控，且距井口 500m 范围内存在未撤离的公众。

②距井口 500m 范围内居民点的硫化氢 3min 平均监测浓度到达 100ppm，且存在无防护措施的公众。

③井口周边 1000m 范围内无有效的硫化氢监测手段。

（4）若井口周边 1.5km 范围内，无常住居民，可适当延长点火时间。

（5）点火后，对井口及附近设备进行冷却、降温。

（6）开展带火井口清障，暴露井口，可采用先易后难、由远及近的方法开展清障。同时对清障作业人员使用水枪进行冷却保护。

（7）井口周边清理完毕后，继续对井口冷却降温，根据地形地貌、风向等周边环境，集中喷射密集水流，使用水力喷砂带火切割装置切割井口并拆除。

（8）安装引火罩，冷却井口，松动螺栓，拆卸井口法兰上部设施，移开引火罩。

（9）吊装井口引火筒，将井口引火筒与井口对正，装上螺栓，上紧螺栓，试关井。

（10）调集压井设备，包括压裂车、液罐、灌注泵等，转运压井液；连接压井管汇，对管汇进行试压。

（11）试压合格后，将流程倒为压井流程，启动压裂车，打背压高于井口关井压力，以 $0.5m^3/min$ 的排量挤注压井液压井。

（12）当井口压力显示为 0 后，暂停压井观察，2h 内压力无变化，压井成功；如果压力上升，继续压井。

（13）压井成功后，拆卸井口引火筒，安装新封井器。

（14）对安装的新采气树整体试压，试压合格后，恢复生产。

（15）污水回收：在钻井平台的外排沟，利用沙袋和防雨布对污水进行封堵，防止污染环境。同时利用吸污车进行污水转运。

（16）其他处置：参照硫化氢泄漏处置内容。

六、着火爆炸应急处置

发生着火爆炸后，现场一些工艺附件会出现失控或失灵，导致事故状态进一步扩大，甚至出现人员伤亡。

（1）现场处置过程中，开展侦检和人员搜救，对现场处置人员进行清查。

（2）对着火设备和罐体开展冷却保护。

（3）对现场火灾辐射范围内的重要设备进行冷却降温保护。

（4）待供水满足、工艺措施可控，灭火条件具备时，实施灭火。

（5）其他处置参照硫化氢泄漏处置内容。

第四节 典型情景构建

一、情景构建基础知识

1. 情景构建的概念

情景构建是结合大量的历史案例研究、工程技术模拟对某类突发事件进行全景式描述，并依次开展应急任务梳理和应急能力评估，从而完善应急预案、指导应急演练、最终实现应急准备能力的提升。情景构建是“底线思维”在应急管理领域的实现与应用，“从最坏处准备，争取最好的结果”。

情景构建中“情景”不是某典型案例的片段或整体的再现，而是无数同类事件的预期风险的系统整合，是基于真实背景对某一突发事件的普遍规律进行的全过程、全方位、全景式的系统描述。

2. 情景构建的发展

1）国外的发展情况

“9·11”事件和卡特里娜飓风之后，美国国土安全委员会牵头开发了国家应急规划情景，以此为目标指导美国联邦政府层面的应急准备工作，2004 年开始，德国围绕“重大突发事件情景”持续开展了跨州演练工作。

2）国内的发展情况

“十一五”期间，我国一些科研单位已经开始关注重大突发事件情景构建的理论探索，2012 年底，北京市应急办率先在国内开展了巨灾情景构建工作，探索归纳了地方政府层面开展情景构建的标准化模式，2013 年 5 月，国家安全生产应急救援指挥中心、中石油、中石化、中海油、天津市安监局开展了石油石化行业的重大突发事件情景构建研究，逐步探索出了行业重大突发事件情景构建理论体系，目前中海油、中石化所属单位都在开展重大突发事件情景构建项目。

3. 情景构建的意义

重大突发事件情景构建是当前公共安全领域最前沿科学问题之一，国内外学界给予了广泛的关注，其主要价值是重大突发事件情景规划对应急准备规划、应急预案管理和应急培训演练等一系列应急管理工作实践具有不可或缺的支撑和指导作用。

应急准备与应急响应能力对突发事件实施有效的预防、准备、响应和恢复至关重要，而能力主要通过事前的应急准备来实现，重大突发事件情景构建则为各高危行业的应急准备工作提供了清晰、确切的方向和目标。通过“情景”引领和整合，使应急管理中规划、预案和演练三大主体工作在目标和方向上能够保持一致。

二、含硫气田典型情景分析和筛选

1. 情景主体信息分析和筛选

1）企业概况

某分公司隶属中国石化，成立于2008年2月；分公司机关设在市区；4个直属单位中采气厂、净化厂和应急救援中心办公场所，设在前线某镇；生产服务中心办公场所在市区。现有员工约1500人。具有年产混合气$110 \times 10^8 m^3$的生产能力和$120 \times 10^8 m^3$高含H_2S天然气处理能力；主要产品是天然气和硫黄。

所管辖气田是目前国内发现的规模最大的海相整装酸性气田，主要包括两个区块，面积$1116km^2$；具有“四高一深”的特点，即储量丰度高（$42 \times 10^8 m^3/km^2$）、气藏压力高（55~57MPa）、H_2S含量高（14%~18%）、CO_2含量高（8%~12%）、气藏埋藏深（4800~5800m）。

2）某净化厂概况

净化厂主要包括6套联合装置及公用工程、硫黄成型、专用铁路线等配套设施，处理混合气$120 \times 10^8 m^3/a$（日处理能力$3600 \times 10^4 m^4$），可生产净化气$100 \times 10^8 m^3/a$，硫黄$240 \times 10^4 t/a$。

净化厂的净化系统采用MDEA法吸收脱硫、三甘醇（TEG）吸附脱水、常规克劳斯二级转化法回收硫黄、斯科特法加氢还原尾气处理、酸性水汽提工艺，总硫回收率达到99.8%以上，是国内建设的第一座特大型高含硫天然气净化厂，处理能力和硫黄产量位居世界前列。

净化厂生产、运行过程存在的主要危险物质有：硫化氢、天然气、硫黄、*N*-甲基二乙醇胺、二氧化硫、二氧化碳、一氧化碳、氢氧化钠、硫酸、液氨、压缩氮气、压缩空气等。其中H_2S属于Ⅱ类剧毒物质，是强烈的神经性毒物，净化厂6套联合生产装置每套中硫化氢存在量为7.81t。

3）净化厂周边地理环境和人口分布

净化厂周边区域地形为丘陵地带，净化厂布局呈台阶状，地形起伏较大。

在建厂初期，净化厂周边800m范围内的居民已全部完成拆迁，但周边800~1500m范围内有一期安置社区和两个村，周边1500~2000m范围内有生产管理中心、应急救援中心、二期安置社区等人口集中区域，约有居民4000人。

4）净化厂H_2S泄漏风险

净化厂主要包括6套联合装置及公用工程、硫黄成型、专用铁路线等配套设施，日处理酸性原料气能力为$3600 \times 10^4 m^3$，酸性原料气H_2S含量为14%~18%。

天然气的危险有害特性：易燃、易爆、有毒等。天然气属于甲B类火灾危险物质，天然气常常在作业场所或储存区扩散，在空气中只要较小的点燃能量就会燃烧，因此具有较大的火灾危险性。天然气可能发生的火灾类型为喷射火、闪火、火球等。天然气与空气组成混合气体，其浓度处于一定范围时，遇火即发生爆炸。天然气（甲烷）的爆炸极限范围为 5.0% ~14%（体积），爆炸浓度极限范围愈宽，爆炸下限浓度值越低，物质爆炸危险性就越大。应重视天然气产品的泄漏和爆炸性蒸气的产生与积聚，以防止爆炸事故的发生。

H_2S 是一种强烈的神经毒物，对黏膜有强烈刺激作用。浓度高于 1000mg/m^3（667ppm）时，接触数秒，可致突然昏迷，呼吸和心脏骤停，发生闪电型死亡。低浓度时可闻到腐臭鸡蛋气味，浓度 6.9mg/m^3（4.6ppm）时气味明显。随着浓度的增加，嗅觉会逐渐钝化，不能通过气味来辨别 H_2S 的存在。低浓度时，对呼吸道及眼的局部刺激作用明显；高浓度时，全身性作用明显，表现为中枢神经系统症状和窒息症状。眼、呼吸道刺激表现为眼刺痛、羞明、流泪、结膜充血、咽部灼热感、咳嗽等；神经系统症状有头痛、头晕、乏力、恶心等。H_2S 应急响应区域划分特征见表 4-4-1。

表 4-4-1 H_2S 应急响应区域划分特征

伤害区域	H_2S 体积浓度 /ppm	警示标志	暴露于 H_2S 的典型特征
安全区	H_2S 浓度 < 10	绿牌	通常在大气中含量为 0.195mg/m^3（0.13ppm）时，有明显和令人讨厌的气味，在大气中含量为 6.9mg/m^3（4.6ppm）时就相当显而易见。随着浓度的增加，嗅觉就会疲劳，气体不再能通过气味来辨别
报警区	10≤H_2S 浓度 <20	黄牌	有令人讨厌的气味，眼睛可能受刺激
应急区	20≤H_2S 浓度 <100	红牌	在暴露 1h 或更长时间后，眼睛有烧灼感，呼吸道受到刺激
撤离区	H_2S 浓度≥100	红牌	3~15min 就会出现咳嗽、眼睛受刺激和失去嗅觉。在 5~20min 过后，呼吸就会变样、眼睛就会疼痛并昏昏欲睡，在 1h 后就会刺激喉道。延长暴露时间将逐渐加重这些症状

通过上述分析，情景构建事件主体信息筛选为：天然气净化厂联合装置高含硫酸性原料气大量泄漏。

2. 情景事件信息分析和筛选

按照净化厂风险分析结果，联合装置二级主吸收塔等部位存在焊缝缺陷，可能造成高含硫酸性原料气大量泄漏事故发生。

情景构建事件信息筛选为：天然气净化厂一联合装置二级主吸收塔由于压力波动，造成焊缝撕裂，高含硫酸性原料气大量泄漏。

3. 情景环境信息分析和筛选

1）时间信息

情景构建选择某年 2 月 12 日（星期五，正月初五）上午 10 时作为事件发生时间。

原因如下：事件发生选择中国传统节日——春节期间，分公司及所属各单位部分员工处于休假、探亲阶段，对事件应急响应和处置有一定影响；周边居民处于外出打工人员回乡过年期间，居住区人员较多。

2）气象信息

气象条件如风向、风速、温度、湿度、光照强度等，会对酸性气的扩散路径及扩散速度产生影响。

- 风向：风向决定气体扩散的主要方向。
- 风速：风速影响气体的扩散速度和被空气稀释的程度。风速越大，大气湍流越强，空气的稀释作用也越强。风速 3m/s 时，酸性气扩散影响范围最大。
- 温度和光照强度：主要通过影响大气垂直对流运动而影响气体的扩散。

根据近年的气象资料，年平均气温为 16.9℃，极端最高气温为 39.0℃，极端最低温度为 -2℃（部分井站海拔较高，温度可能要低一些）。年平均相对湿度为 82%。主导风向为东北风，风力一般在 1~2m/s。年平均云量为 10（阴天）的天数超过 50%。

按照气象统计，2月份日平均气温为10℃左右，湿度75%~82%，风速平均为1.7~2m/s，不利于有毒气体扩散。

本课题气象信息选择：风向东北风，风速 2m/s ；天气为多云无雨，气温 16℃。

3）周边人口信息

情景构建周边人口信息筛选为：某年 2 月 12 日上午 10 时，气田天然气净化厂净化车间六联合原料气进料过滤分离器发生泄漏，遇不明点火源发生爆炸并持续燃烧，西区整体紧急联锁关断；东区原料气入口管线压力瞬时急剧上升，紧急联锁系统由于不明原因失效，一联合装置二级主吸收塔焊缝撕裂发生泄漏。设定现场环境数据为多云、主风向东北、风速 2m，下风向 1500m 范围内约有居民 1500 人，下风向 1500~2000m 范围内约有居民 2500 人。

4. 情景构建信息设定

对天然气净化厂酸气泄漏典型情景构建的条件做出如下假设：

（1）六联合原料气进料过滤分离器大盖接口处发生泄漏并发生爆炸，引发净化厂西区整体紧急联锁关断，原料气超压致使一联合装置二级主吸收塔焊缝撕裂，大量高含硫天然气泄漏；

（2）泄漏口长按照焊缝长度 80cm，宽 1cm 进行扩散模拟计算；

（3）六联合原料气进料过滤分离器火灾爆炸导致紧急关断；

（4）一联合装置二级主吸收塔焊缝撕裂净化厂安全阀失效，紧急关断失效，放空阀没有起跳，放空系统失效；

（5）分公司启动全气田关断后，采气厂井站和集输系统完成关断，并放空；

（6）净化厂有毒气体泄漏量为东区三套联合装置 6 个系列内所存的高含硫天然气，依据净化厂提供的数据，H_2S 泄漏总量为 28.6t ；

（7）气象数据为气温 16℃，多云，主风向东北、风速 2m ；

（8）泄漏点周边 2000m 范围内约有居民 4000 人。

三、情景演化过程分析

1. 事件孕育阶段

事件当天：

某年 2 月 12 日（星期五，正月初五）上午 10：00，天然气净化厂净化车间六联合原料气进料过滤分离器大盖接口处发生泄漏，进料过滤分离器内部压力达到 8MPa 的高含硫天然气由泄漏口快速喷出，遇不明点火源发生爆炸并持续燃烧，爆炸引发净化厂西区整体紧急联锁关断。

集气总站流量控制不及时，导致净化厂东区原料气入口管线压力瞬时急剧上升，净化厂紧急联锁系统由于不明原因失效，原料气超压致使一联合装置二级主吸收塔焊缝撕裂，大量高含硫天然气泄漏。

2. 事件发生和处置阶段

1）六联合装置原料气进料过滤分离器火灾爆炸

10：00——净化厂中控室净化二车间内操人员通过 DCS 画面发现监控到六联合装置高压区固定式 H_2S 报警仪相继报警，触发六联合装置紧急联锁关断，六联合装置开始泄压。

10：01——内操人员启动区域广播，同时向班长、调度和车间值班领导汇报；净化厂调度通知应急救援中心。

10：02——净化二车间值班领导宣布启动应急预案，内操启动 0.5MPa 高压放空（总体泄压时间约为 8~10min）；净化厂调度向分公司调度室报告，公司调度室向分公司应急指挥中心各成员发布预警信息。

10：03——当班班长组织外操人员佩戴空气呼吸器等个体防护装备，赶往六联合装置高压区进行现场确认（外操人员从中控室到六联合装置约 5min）。

10：04——现场监控摄像头显示六联合装置原料气进料过滤分离器附近发生空间闪爆，大盖接口处形成喷射火，赶往现场查勘的 2 名外操人员受伤倒地。

10：04——净化厂调度启动厂级应急预案，内操人员触发净化厂西区紧急联锁关断；净化厂调度向分公司应急指挥中心办公室报告，请求启动分公司级应急预案。

10：05——净化厂调度通知采气厂做气量调整。

10：05——应急救援中心第一出动 5 台救援车辆达到现场，其中包括多功能消防车 1 台、强风车 1 台、医疗救护车 1 台、充气车 1 台、环境监测车 1 台；第一出动人员 22 人，其中指挥人员 1 名、安全官 1 名、战斗人员 12 名（所携带的主要器材：空气呼吸器 20 具、备用气瓶 20 个、大量程多功能检测仪 2 台、红外检漏仪、AreaRAE 无线多点检测仪、个人防护装备、照明灯、警戒设施、担架、通信设施等）。

10：06——分公司调度室电话汇报分公司应急指挥中心总指挥、副总指挥，建议立即启动分公司级应急预案。

10 : 06——应急救援中心第一出动派出 2 名人员进行现场侦检，侦检人员佩戴轻型防化服，携带大量程多功能检测仪，从下风方向（东北风）向泄漏区域推进检测。

10 : 07——应急救援中心第一出动在现场周边设置 4 处警戒，拉起警戒带、设立警示标识；在现场周边设立 3 处应急监测，并派专人收集、汇报监测信息。

10 : 08——应急救援中心搜救人员在六联合 C-104 附近发现有 2 人倒地，立即进行现场急救并由医疗救护车送往医院。

10 : 08——分公司应急指挥中心总指挥下达分公司级应急预案启动指令。

10 : 09——分公司调度室通过短信、电话通知前线值班领导、前线主值班部门干部、生产管理部领导、首席应急专家及各应急专业组。

10 : 09——应急救援中心增援的水罐消防车 1 台、高喷消防车 1 台到达现场，并完成作战力量部署。

10 : 10——分公司调度室向分公司应急指挥中心各成员发布应急召集信息，并向县应急办、油田总调度汇报。

10 : 11——六联合装置进料过滤分离器现场火势得到控制，为控制燃烧状态。

2）集气总站应急过程

10 : 04——净化厂西区紧急联锁关断，集气总站控制室 DCS 画面显示原料气管线压力产生波动。

10 : 05——集气总站内操人员向班长、总站值班领导，及采气厂调度室汇报。

10 : 05——采气厂接到气量调整报告，集气总站内操人员采取调压动作。

10 : 06——集气总站内操人员发现 DCS 画面显示原料气管线压力持续升高。

10 : 12——集气总站接到净化厂广播系统报警信号，立即向净化厂值班人员确认报警的真实性。

10 : 13——集气总站内操人员报警确认后，向采气厂调度室进行汇报，按照采气厂调度室的指令执行全气田一级关断操作；采气厂集气总站固定式 H_2S 报警仪相继高位报警，采气厂启动厂级应急预案。

10 : 14——集气总站各操作台人员向各集气站通报关断情况，要求现场进行关断确认。

10 : 16——集气总站各操作台人员在人机界面上确认关断情况，并向采气厂调度室进行汇报。

10 : 18——集气总站组织所有人员沿应急通道，从净化厂 8 号逃生门进行疏散，在一号桥方向安全区域集结。

3）一联合装置二级主吸收塔焊缝撕裂，酸气大量泄漏

10 : 06——净化厂控制室净化一车间内操人员发现 DCS 画面显示原料气管线压力持续升高。

10 : 07——净化一车间内操人员向班长、调度和车间值班领导汇报。

10 : 11——净化一车间内操人员发现一联合装置二级主吸收塔压力产生剧烈压降，

同时一联合装置高压区周边多个固定式 H_2S 报警仪相继报警，判断二级主吸收塔发生泄漏。

10：11——净化一车间内操人员启动一联合装置紧急关断，联合装置调节阀和切断阀失效，紧急联锁关断失败；超压导致一联合装置二级主吸收塔焊缝撕裂，大量酸气从焊缝处泄漏，泄漏酸气总量约为 96t，H_2S 总量约为 28.6t。

10：12——净化一车间内操向值班领导汇报，请求启动全气田紧急联锁关断。

10：12——净化厂内操人员向应急救援中心报告，同时启动净化广播和声光报警，组织现场人员进入中控室进行紧急避险；启动厂区周边应急广播。

10：13——净化厂调度向分公司应急指挥中心办公室（分公司调度室）应急报告，并请求采气厂从上游井站进行关断。

10：14——分公司调度室将最新情况立即向分公司应急指挥中心报告，及向相关部门负责人通报。

10：15——分公司调度室向县应急办、镇级人民政府应急报告，请求启动企地联动应急预案，组织周边居民进行疏散。

10：16——应急救援中心按照救援级别分梯队，由近就远的原则调动协调救援单位。向中石化集团公司区域联防组成员单位及市级应急救援队、专（兼）消防、气防队伍和市相关医院等单位打电话进行求援；同时，调动第一出动力量对第二现场进行增援。

10：16——集气总站确认上游气源关断。

10：17——天然气管道分公司输气首站固定式 H_2S 报警仪相继高位报警，监控显示有 3 人在紧急疏散过程中倒地。

10：17——分公司调度室通知对外关系部，由对外关系部向某高速公路管理单位报警，请求启动应急联动预案。

10：17——应急救援中心第二出动 3 台救援车辆达到现场，包括消防车 1 台、装备运送车 1 台、通信指挥车 1 台；第二出动人员 16 人，其中指挥人员 1 名、安全官 1 名、战斗人员 14 名（所携带的主要器材：多功能水枪 4 支、自摆炮 2 台、四合一检测仪 2 部、水幕水带 4 盘、水幕发生器 2 个，警戒带、警戒标示牌、水带、空呼、气瓶、通信设施等）。

10：18——应急救援中心第二出动派出 2 名人员进行现场侦检，侦检人员佩戴轻型防化服，携带大量程多功能检测仪，从下风方向（东北风）向一联合二级主吸收塔泄漏区域推进检测。

10：18——分公司应急指挥中心办公室人员使用电话、短信和传真等方式将最新情况通知各应急专业组、机关职能部门，并将信息通报县应急办、油田应急办、应急专家，请求各联动应急救援单位和医疗救护单位启动应急预案。

10：21——应急救援中心第一出动在保持第一事故现场应急处置的基础上，调动 5 台车辆增援第二事故现场，包括：强风车、18m 高喷车、水罐消防车、充气车、环境监测车各 1 台。

10:22——高速附近检测到 H_2S 浓度 20ppm。

10:23——应急救援中心在与净化厂现场指挥对接后立即成立现场指挥部。现场车辆完成作战力量部署，成立现场指挥部；对进入红区人员实施一级防护，并采取水枪掩护：对现场泄漏的已扩散气体进行水雾驱散，及送风驱散。

10:25——应急救援中心组织对现场周边开展应急监测，并在净化厂周边主要道路设置警戒。

10:25——高速公路上下游入口封闭，高速交警组织车辆下高速进行疏散。

10:25——下风向生产管理中心附近检测到 H_2S 浓度 20ppm，位于事故点下风向的生产管理中心和应急救援中心组织疏散。

10:30——高速路附近检测到 H_2S 浓度 100ppm。

10:30——地方政府下令疏散周边 2 公里内的 4000 名居民。

10:35——位于事故点下风向的 1000m 范围内的居民组织疏散完毕。

10:40——分公司应急指挥中心派赴现场的现场指挥部总指挥和相关部门成员到达某。

10:45——周边纤维厂报告在紧急疏散过程中 30 名疏散员工出现中毒迹象。周边搜救人员报告约有 100 名经过净化厂周边道路的人员出现中毒迹象，其中 10 人倒地，其他人逃离；停在路上的车辆堵截净化厂周边道路。

10:45——在安全区域，现场指挥部组织成立各现场功能组。

组织应急救援中心等单位人员成立应急救援组，佩戴空气呼吸器进入泄漏点 700m 范围内，从内到外进行搜救；

安全环保组组织对净化厂事故点周边按照监测方案进行环境监测；

调度指挥组和工程抢险组负责上游采气厂和下游某首站的工艺调整；

治安警戒组在净化厂上风向 1.3km 外主要路口设置了第一道交通管制区，禁止无关人员、车辆进入；在 700m 处主要路口设置了第二道交通管制区，所有进入人员必须穿戴黄马甲，防止人员闯入；

后勤保障组负责现场应急保障工作；

企地协调组参与地方组织的居民疏散和转运安置工作。

10:50——市医院、县医院等协议医疗救援力量达到现场，进行伤员现场急救和转运救护，依据现场伤害程度，进行检伤分类，轻度患者转送县医院进行处置，中重度患者经现场处置后可在 1h 内转送市医院，急危重患者可在 3h 内转送省医院。

10:55——地方政府人员到达现场，成立企地联合现场指挥部。

医疗救护组对搜救出的中毒人员进行救治，初步抢救后转至医院进行下一步治疗；

应急物资保障组向预设的安置点送帐篷、食物；

疏散安置组将疏散出的人员引导至安置点，发放食物，进行安抚，做好人员登记和情况了解；

市、县增援消防气防组车辆就位，消防车对泄漏点进行有效喷淋，强风车远距离对泄漏点进行水雾喷淋；

地方应急救援增援力量补充进应急救援组后，现场扩大人员搜救面积，安置疏散组组织清点疏散人数；

工程抢险组组织消防废水的封堵和转运；

应急监测组按照监测方案，对泄漏点周边的 H_2S 浓度进行实时监测，同时对河水下游水质情况进行实时监测；

通信保障组发放对讲机，通信指挥车就位；

新闻报道组根据现场指挥部提供的对外信息，组织新闻发布会对外公布；

疏散安置组组织居民疏散和安置。

11 : 20——疏散安置组报告疏散居民和工作人员中有 100 余人出现不同程度的中毒迹象。宣汉县土主镇附近十余名疏散群众半途返回家中取东西后失联。

3. 事件恢复和后期处置阶段

12 : 00——疏散安置组报告疏散人员得到妥善安置。

12 : 30——应急监测组报告事故泄漏点，及下风向环境监测 H_2S 浓度降到 10ppm 以下。

14 : 00——酸性气云团逐渐消散；地方环保部门对大气进行监测，有毒气体含量达标；疏散居民陆续返回家中。

14 : 30——现场指挥部宣布现场应急状态解除，地方政府召开新闻发布会，通告事故情况；同时网上出现大量不实言论。

1 天后，大量伤亡人员家属围堵政府和某分公司办公场所。

两天后，轻度中毒人员接受治疗并观察后，检查正常，陆续出院。

1 周后，净化厂其他装置恢复生产。

半个月后，中度中毒人员陆续出院。

3 个月后，重度中毒人员出院。

4 个月后，善后处理完毕；指挥部宣布应急响应终止。

事故共造成 34 人死亡、250 人住院治疗、4000 人紧急疏散，直接经济损失 5000 余万元。

第五节　应急抢险车辆介绍

一、水罐消防车

适用于固体、液体等各类火灾的扑救与处置。流量≥60L/s，射程（水）≥80m，吸水深度≥8m。

二、奔驰多功能消防车

干粉、泡沫、水、二氧化碳、火场照明四位一体的多功能消防车，适用于固体、液体、气体、电器等各类火灾的扑救与处置。车载有7t水、2t泡沫、2t干粉和300kg二氧化碳。流量≥60L/s；射程（水）≥80m，泡沫≥70m；干粉炮射程40m；二氧化碳枪1个，射程12m，出气量1kg/s。

三、干粉消防车

扑救易燃液体，如油类、液态烃、醇、酯、醚等；可燃气体，如液化石油气、天然气、煤气等；一般电气设备的初起火灾。也就是通常所说的A、B、C类火灾。两个干粉罐容量分别是2t、3t，18个氮气瓶。干粉炮流量40kg/s，射程≥40m。

四、强风消防抢险车

强风车，采用的是大功率、正压强排风，在排烟通风机四周安装了水雾灭火系统，集通风、排烟、除尘、灭火、改变风向和处理其他灾害为一体的多功能新型全遥控机器人，可以在距离100m范围内，对车辆和强力机进行遥控操作；最大化地满足了火场特别是硫化氢泄漏区域、隧道、地铁或石油化工场所的消防救援需要。最大排风量300000m^3/h，出口风速58m/s，水雾喷射距离80m，风机升降2m，370度旋转无死角。

五、充气车

用于现场救援气瓶的充装，该车装配德国产宝华压缩机，最大工作压力38MPa，排气量1500L/min，6个充气终端，10s可充满1个6.8L气瓶。配载16只50L储气钢瓶，在不开动空气压缩机的情况下，可充满25个6.8L空气呼吸器。4个50m中压长管供气系统，2个移动供气车。随车装载60个备用气瓶。

六、奔驰救护车

用于现场伤员的救护与转运。该车是德国原装进口奔驰4×4越野救护车，医疗舱设置4个可躺病床，器械配置有真空担架4个、心脏复苏泵、内外科急救箱、心电除颤仪、呼吸机、吸引机等器材。

第五章　含硫气田典型事件案例

第一节　采气集输系统典型事件案例

一、含硫天然气管道事故调查与分析

目前，国内高含硫气田还没有可供参考的含硫气管线事故统计资料。本书将借鉴加拿大阿尔贝塔省EUB统计资料进行分析，以期获得相关信息，供设计、施工和管理参考。

加拿大阿尔贝塔省EUB统计资料显示，2004年酸性气体集输管道总长度为19545km，占管道总长度的5.5%。2000~2004年期间共发生管线失效事故174次，其中2004年发生事故38次。管线因各种原因引起泄漏的比率占80%~85%，因各种原因发生管线破裂的比率占15%~20%。

1. 1980~2002年3月31日管道故障原因统计

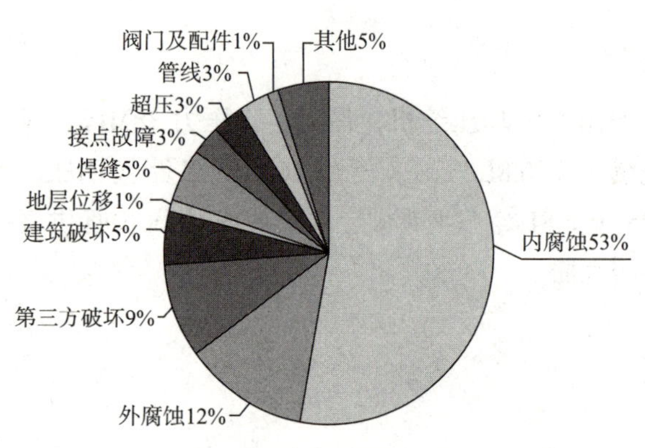

图5-1-1　1980~2002年3月31日管道故障原因统计分析

图5-1-1中是1980~2002年3月31日期间管道故障原因统计结果，主要统计因素包括：内腐蚀、外腐蚀、第三方破坏、建筑物破坏、地层位移、焊缝、接点故障、超压、管线、阀门及配件及其他。从图中可以看出，各种因素所占比率排序如下：

内腐蚀 > 外腐蚀 > 第三方破坏 > 建筑物破坏 = 焊缝 > 接点故障 = 超压 = 管线 > 阀门及配件 = 地层位移。

其中内腐蚀因素所占比例为53%，超过一半以上；其次是外腐蚀，12%；第三方破坏为9%，建筑物破坏和焊缝因素分别占5%。

2. 2002年1月1日~12月31日管道故障原因统计

图5-1-2中是2002年1月1日~2002年12月31日管道故障原因统计结果，主要因素包括：内腐蚀、外腐蚀、第三方破坏、建筑物破坏、地层位移、焊缝、接点故障、超压、管线、阀门和配件及其他。

从图中可以看出，各种因素所占比率排序如下：

内腐蚀 > 外腐蚀 > 第三方破坏 > 建筑物破坏 = 焊缝 = 管线 > 接点故障 = 超压 > 阀门及配件 = 地层位移。

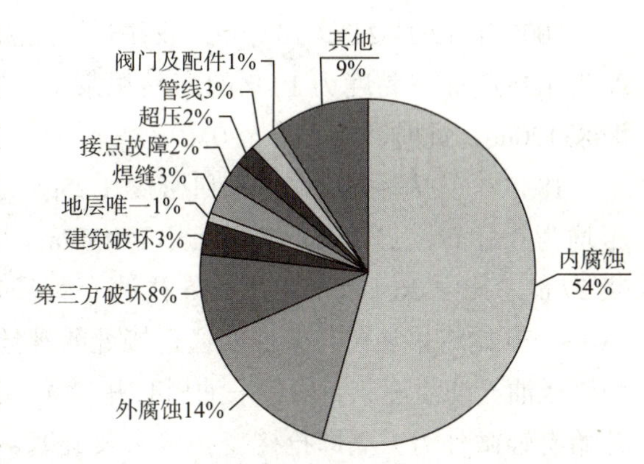

图5-1-2 2002年1月1日~12月31日管道失效原因统计分析

其中内腐蚀因素所占比例为54%，超过一半以上；其次是外腐蚀，14%；第三方破坏为8%，建筑物破坏、焊缝、管线因素分别占3%。

综合以上故障原因的统计结果，高含硫天然气集输管线的内外防腐措施是高含硫天然气集输管线的设计重点，第三方破坏是生产运行阶段的管理重点，焊接质量和管线材质是施工和选材过程质量控制的重点。

二、含硫气井事故调查与分析

1. 塔中823井井喷事故

1）基本情况

该井是部署在塔中低起I号坡折带82号岩性圈闭上的一口重点评价井，位于巴州且末县境内，距沙漠公路直线距离5km，距塔中1号沙漠公路直线距离9km，距塔中作业区约40km，距最近的村庄约200km。该地区为沙漠腹地，无长住居民。

塔中Ⅰ号坡折带是塔里木油田公司2005年发现的一个超亿吨油气田，资源量达到3.6×10^8t，有利勘探面积1100km^2。

该井由某集团公司下属的塔里木第六勘探公司以总包的形式承钻，于2005年7月23日开钻，11月8日钻至井深5550m，11月10日完井中测，用8mm油嘴求产，油压42.56MPa，日产油88.8m^3、气32.6×10^4m^3，含硫化氢20~1000ppm（0.03~1.5g/m^3）。本井于11月21日12:00完井，进行VSP测井，至11月29日14:00正式转为试油。12月16日碘量法实测硫化氢浓度14834ppm（22g/m^3）。

该井一开钻深803.00m，套管下深803.00m；二开钻深5371.00m，套管下深5369.00m；三开钻至5550.00m，回填固井至5490.00m。油管下深5365.73m，封隔器坐封不成功，油套管相互连通。

2）发生经过

2005 年 12 月 24 日 13：00，该井开始试油压井施工，先反挤清水 90m^3，再反挤入密度为 1.25g/cm^3、黏度为 100s 的高黏泥浆 10m^3，随后反挤注密度 1.25g/cm^3、黏度 50s 的泥浆 120m^3，此时套压下降至 0MPa。

18：00 正挤注清水 24m^3 和密度 1.25g/cm^3、黏度 50s 的泥浆 35m^3，此时油压、套压均为 0MPa。观察期间套压上升至 4MPa，往油套管环空内注入泥浆 3 次，共注入泥浆 27m^3，其中 26 日 6：30~6：55 往油套管环空内注入泥浆 17m^3，套压由 4MPa 下降至 0MPa，开始将采油树与采油四通连接处的螺丝卸掉。7：05 时，油、套压均为 0MPa，无泥浆或油气外溢迹象。吊起采油树时井口无外溢，将采油树吊开放到地上后约 2min 井口开始有轻微外溢，立即抢接变扣接头及旋塞，至 7：10 抢接不成功，此时泥浆喷出高度已经达到 2m 左右。到 7：15 重新抢装采油树不成功，井口泥浆已喷出钻台面以上高度。井队紧急启动《井喷失控应急预案》，全场立即停电、停车，并由甲方监督和平台经理组织指挥井场和营房区共 71 名作业人员安全撤离现场。

3）事故处理情况

塔里木油田公司接到塔中 823 井井喷报告后，立即按程序向中油股份勘探与生产分公司做了汇报，并迅速启动了油田突发事件应急救援预案，立即成立以总经理为组长的抢险工作组，第一时间赶赴现场。组织以塔中 823 井为半径 7~100km 范围内的 10 家单位 1374 人全部安全撤至安全区。为确保过往车辆人身安全，巴州塔里木公安局分别对周边的沙漠公路进行了封闭，油田抢险车辆携带 H_2S 监测仪和可燃气体监测仪方可通过。

26 日中午，抢险小组携带 H_2S 监测仪和正压呼吸器进入井场，勘查现场情况，经检测，现场距离井口 10m 左右 H_2S 浓度不超标（人员顺风口进入现场，检测仪器未显示出含 H_2S）。同时，塔中 823 井方圆 20km 以外的作业区场所，由专人负责监控现场 H_2S 浓度。根据勘查结果，制定了两套压井作业方案，并报请股份公司通过。

先进行清障作业，清除井口采油树，推副井场，准备 4 台 2000 型压裂车组，储备水 200m^3 和密度 1.30g/cm^3 泥浆 400m^3，从油管头四通两侧接压井管线并试压合格。于 12 月 30 日进行反循环压井施工作业，共泵入密度 1.15g/cm^3 的污水 110m^3，压稳后抢装旋塞。然后，正反挤 1.30g/cm^3 的泥浆 173m^3，事故解除。

4）原因分析

（1）通过对事故调查结果综合分析后认为，本次事故在地质和工程方面存在一定的意外因素：

①地质原因。该井地层属于敏感性储层，经酸压后沟通了缝洞发育储层和喷、漏同层，造成压井泥浆密度窗口极其狭窄，井不易压稳。

②工程原因。按照目前国内的试油工艺和装备，将测试井口转换成起下钻井口时，需要卸下采油树，换成防喷器组。因此，井口有一段时间处于无控状态，这是目前试油工艺存在的固有缺陷。

（2）本次事故也存在很多人为责任因素，总的来看，造成本次井喷事故的原因有以下几个方面：

①主要原因。井队未严格按照试油监督的指令组织施工，是导致本次事故的主要原因。

试油监督在12月23日下达的《塔中823井压井、下机桥、注灰作业指令》中明确要求了挤压井的工作程序，和挤压井完后的具体观察的要求，即“压井停泵后，观察8~12h，在观察过程中，在时间段内记录静态下地层漏失量，出口无异常”后，方能拆采油树。而从6：30至6：55井队往油套管环空内注入泥浆17m^3，套压由4MPa下降至0MPa，7：05井队值班干部便指挥班组人员起吊采油树，严重违反了监督指令的要求，是造成此次井喷失控的主要原因。

②井队对地下情况认识不足，在井口压力不稳的情况下，擅自进行拆装井口作业，是导致本次事故的直接原因之一。

现场试油监督在生产会上明确要求：在进行拆卸采油树的施工作业前，必须往井筒内各反挤、正挤密度为1.25~1.26g/cm^{3}的泥浆。但井队人员却未给予应有重视，从6：30至6：55，往油套管间的环空内注入17m^{3}泥浆，观察套压由4MPa降为0MPa后，在未进行正挤泥浆及采取其他有效的技术和安全措施的情况下，便擅自组织拆装井口作业，致使拆装作业过程中井口失控。这一作业行为，严重违反了塔里木油田企业标准Q/SY-TZ 0075—2001《试油换装井口作业规程》中第4.1条“换装井口之前，应将井压稳后再进行”的规定。

③拆卸采油树之后，未能及时抢装上旋塞是导致本次事故的另一直接原因。

试油巡井监督反复要求：要将油管与钻杆之间的变扣接头与旋塞连接好，在拆完采油树后，立即在油管挂上装上旋塞（配变扣接头）。但井队未能在拆卸采油树前将变扣接头和旋塞连接好，并在井口出现溢流抢接旋塞和变扣接头时失败，是导致本次事故的另一直接原因。

④井队在拆装井口过程中，未及时通知试油监督人员和工程技术部井控现场服务人员，使整个施工过程中，缺乏应有的技术指导是导致本次事故的另一重要原因。

塔里木油田企业标准Q/SY—TZ0075《试油换装井口作业规程》中第4.2条明确要求“拆装井口前，应做好一切准备工作，拆装井口作业应由监督指导，井队工程师亲自指挥”。另外，油田公司《安装套管头及采油树专业化服务规定》中也要求“换装套管头及采油树应由工程技术部负责技术指导和试压”，但井队在未通知试油监督和工程技术部井控现场服务人员的情况下，就擅自组织夜班人员进行拆装井口作业，严重违反了上述规定和标准要求。由于没有技术管理人员在场，致使井口失控时，不能得到及时的技术支持，延误了控制井口的时机。

⑤井队技术力量薄弱，井队施工作业能力和应变能力较差，也是造成本次事故的原因之一。

塔中823井是高压、高产、高含硫的凝析油气井，是油田2005年部署的重点评价井之一，但就是这样一口高难度、高风险的复杂井，第六勘探公司却为井队配备了一名于2004年7月毕业、现场技术和管理经验都较贫乏的助理工程师独立顶工程师岗。

本井关于拆装井口的应急预案中对硫化氢的安全防护和应急方面的问题只字未提。所有这些情况都反映了该井队技术力量的薄弱和安全管理上存在的问题。

⑥监督指令下达不规范，也是其中一个间接原因。

本井驻井试油监督于12月23日起草的监督指令上未有甲乙双方的签字，且指令中对巡井监督提出的两条关键性施工要求未被列入，而只是在生产会上口头下达给井队。事发当日凌晨，驻井场试油监督未能及时察觉并亲临井口组织指导井队拆卸采油树，驻井试油监督在本次事故中负有监督不力的责任。

5）经验教训

（1）对高含硫油气井必须给予高度重视，对高含硫油气井要进一步加强技术力量的配备。对高压、高产和高含硫的油井必须从甲乙方双方加强技术力量，加强硫化氢知识的安全培训，正确认识和科学防护硫化氢，并明确责任，密切协作。同时加强对各类危害和风险的识别评价，从技术方面制定出科学周密的措施。同时，要制定切实可行的预防和控制措施，特别是建立针对性强的应急预案，并分解到各相关岗位予以贯彻落实。由此，通过加强技术力量，从源头上保证高含硫油气井的施工作业安全。

（2）应进一步加强对钻井及相关作业队伍的管理。今后几年油田勘探工作任务重，钻井工作量大，钻井及相关作业队伍出现供不应求的局面。一些承包商队伍将一些工龄较短、工作经验不够丰富的技术管理和操作人员推上一些关键岗位，如：60130队的工程师是2004年才毕业的助理工程师，现在就开始在井队独立顶岗；负责（在事发夜间）换装井口的夜班司钻也是在当年刚刚从副司钻岗位调整到司钻岗位。

同时，不少乙方基层单位人员反映，由于工作量大，人员不足，施工队伍人员倒休也受到一定程度的影响，一些井队技术管理人员在前线一干就是半年，对身体和精神上都造成很大压力。人是安全生产的第一要素，上述存在问题给油田钻井及相关作业的安全生产带来潜在的巨大隐患，因此油田应进一步加强对乙方施工队伍的监督管理，在加强对员工培训工作的同时，强化对施工队伍及人员的能力评价工作，并进一步培育油田钻井及相关作业队伍市场，以确保各施工作业队伍的人员能力满足油田勘探开发生产，特别是高难度、高风险井的施工作业要求。

（3）进一步加强对监督队伍的人才储备。油田近年来钻井及相关作业现场监督力量严重不足，油田固定监督人员短缺，由于种种原因，技术好的监督人员招不来，近年来监督人员的综合素质不断降低，使油田监督队伍的整体业务素质和水平下滑，基层监督人员数量严重不足。

今后，油田应进一步加强监督队伍的人才储备和综合素质的提高，以适应油田不断发展的需要。

（4）健全完善硫化氢安全防护管理制度，加大防硫安全投入。油田应进一步健全完善相关的硫化氢安全防护管理办法和相应的硫化氢应急预案，为今后含硫油气田的大规模勘探开发提供可靠的安全保证。

同时，要进一步加大在硫化氢安全防护方面的科技投入，以进一步提高油田在含硫油气田的钻采、集输和储运的技术含量和管理能力。为油田含硫油气区的大勘探、大开发筑好基、铺好路。

（5）进一步增强对硫化氢安全防护用具的配备。本次抢险应急过程中也暴露出油田对硫化氢安全防护用品投入不足，在整个抢险应急过程中，经常出现因安全防护器具配备不足，而临时从别处紧急调配的情况。同时对安全防护器具要严格定期检定校验制度，确保随时处于完好备用状态。

（6）进一步加强对油田相关人员硫化氢的培训。从油田长远考虑，应进一步加大对油田相关作业人员的防硫培训。油田今后应采取"请进来，送出去"的办法，加强与国内外油气田在防硫技术方面的交流和合作，以迅速提升塔里木油田的防硫技术和管理能力。

（7）完善《塔里木油田试油井控实施细则》，不断适应油田试油井控工作的需要。随着油田高风险、高难度复杂油气井的增多，对试油井控技术的要求也越来越高。2005年6月油田下发的《塔里木油田试油井控实施细则（试行）》虽然对指导油田试油井控工作起到很强的指导作用，但在实践过程中发现，目前细则已不能完全适应一些高难度、高风险油气井试油工作的需要。今后《油田试油井控实施细则》在补充完善过程中，应着重考虑以下几方面内容：

①在细则中应补充有关试油拆装井口作业的相关内容。

②喷、漏同层或含 H_2S 井在换装井口拆采油树前，油管内必须控制，否则不准拆采油树。

③研究在不动管柱情况下的封堵工艺技术，来封闭油气层，避开换装井口无控制环节。

④对试油、井下作业所用内防喷工具进行研究，研究带压情况下可下入和取出的内防喷工具，以确保在换装井口期间的井控安全。

⑤各辅助专业队伍（指钻井队、修井队以外的测试队、地面计量队、射孔队、酸化压裂队等）也要加强现场生产管理，提高作业者的技术水平和自我防护能力，加强井控知识、硫化氢危害知识的培训，杜绝违章作业和无证上岗。对重要岗位员工的培训一定要加强。各辅助生产单位要加强与钻井队、修井队的密切配合，高风险工序施工作业前要充分做好风险评估和职责分工；要做好应急预案，把每道工序的责任落实到岗、明确到人，安全生产措施要突出预防、强化控制。

6）下步措施

油田公司认真总结了TZ823井井喷失控原因及教训，2006年将继续加大井控管理力度，加大购置井控装备的投资力度，努力杜绝井喷失控事故的再度发生。主要从以下几个方面着手：

（1）进一步规范井控工作行为，对《塔里木油田井控管理办法》《塔里木油田钻井井控实施细则》《塔里木油田试油井控实施细则》《塔里木油田井下作业井控实施细则》进行修订，完善相关内容。

（2）加强施工作业队伍的管理工作。一方面加强现场施工作业的监督力度，严格执行相关标准和规定，只允许规定动作，不允许自选动作。另一方面，保障监督人员的素质，提高监督队伍的技术和业务能力，保证现场监督的质量。

（3）抓好试油、井下作业关键环节的井控工作，派井控经验丰富的技术人员驻井负责指导施工作业，并制定详细的技术措施和应急预案。

（4）加强油田各级井控检查、督查以及整改力度，把井控隐患消灭在萌芽状态。

（5）继续进行井控集中统一培训，努力提高井控培训的质量；针对不同专业、不同类型的岗位进行培训，培训紧密结合现场实际及典型的井喷失控案例，提高实际操作能力。

（6）在全油田范围内开展井控宣传工作。制作塔里木油田井控失喷案例板报进行宣传，提高油田员工的井控安全意识。

（7）加大井控科研攻关力度，研究适合钻井、试油、井下作业的内防喷工具，确保内防喷可靠；尤其是要研究适合试油、井下作业的内防喷工具，确保换装井口作业的可靠；研究适合试油、井下作业的井控装备，提高作业的井控安全。

（8）加大对现有井控设备的检测力度。加强对老化井控装备的检测，及时发现设备存在的缺陷，消除井控装备失效的因素。

（9）努力解决井筒一致性和完整性问题。使用高强度套管，提高套管抗内压强度。

（10）进行套管防磨技术研究，采用套管防磨新技术，解决套管磨损问题，达到减少井控安全风险的目的。

2.“12·23”井喷事故

2003年12月23日22时，位于重庆市开县的某井发生天然气井喷失控和H_2S中毒事故，造成井场周围居民和井队职工243人死亡，2142人中毒住院，6500余人紧急疏散转移，直接经济损失6432万元。

1）井况简介

该井是四川盆地川东断褶带罗家寨构造上的一口国家重点工程科研项目水平井，拟钻采高含硫天然气。同一井场还部署另外三口水平井组；已建成的邻井测试产量$62.3\times10^4m^3/d$，H_2S含量$125.53g/m^3$，暂时封井待脱硫厂建成后输气。该井设计井深4322m，垂深3410m，水平段长700m；水平段设计在邻井区飞仙关组第二套储层内（厚度20m以上），是培育$100\times10^4m^3/d$级的高产气井之一；预测目的层地层压力40.45MPa，地压系数1.28；井喷时井深4049.68m，水平段长424m；井口与邻井仅距3.8m。

2）事故发生及处理经过

2003年12月23日2时29分钻至井深4049.68m；3：30至12时 循环起钻过程中顶驱滑轨偏移，导致挂吊卡困难，强行起至安全井段（井深1948m套管内），灌满泥浆后，开始修顶驱滑轨；12：00至16：20修顶驱滑轨；16：20至21：51起钻至井深195.31m，发现溢流1.1m^3，立即放钻具至197.31m；21：55抢接回压泵、抢接顶驱未成功，发生强烈井喷，钻杆内气液喷高5~10m，钻具上行2m左右，大方瓦飞出转盘；21：59关万能、半封防喷器，钻杆内液气同喷至二层台以上；22：01钻杆被井内压力上顶撞击在顶驱上，撞出火花引发钻杆内喷出的天然气着火；22：03关全封防喷器，钻杆未被剪断而发生变形，火虽熄灭，但井口失控，转盘面以上有约14m钻杆倾斜倒向指重表方向；22：32向井内注入1.60g/cm^{3}的钻井液，关油罐总闸，停泵、柴油机和发电机；24：00井队人员全部撤离现场，24日13：30井口停喷，两条放喷管线放喷，井口压力28MPa，24日16：00点火成功。27日由14名专家及技术人员组成的前线总指挥部和75名抢险队员组成的10个抢险施工组共89人进入该井井场，27日8：00至9：36压井施工准备，3条放喷管线放喷，井口压力13MPa；9：36至10：15用3台压裂车向井内注密度1.85~2.0g/cm^{3}压井泥浆182.9m^3，井口最大施工压力48MPa；10：15至10：45用2台泥浆泵注入浓度10%、密度1.50g/cm^{3}桥塞泥浆27m^3；10：45至11：00用1台压裂车向井内注密度1.85~2.0g/cm^{3}压井泥浆20m^3，压井成功。

3）事故原因

（1）溢流和井喷发生原因分析。2003年12月23日20：00起钻，第一个小组起钻20余柱，未发现异常，2h后交由第二小组继续起钻，起出第一柱钻杆母接头泥浆是满的，没有外溢；起出两个单根后，钻杆母接头处溢流，接着发生井喷，作业人员想把钻杆下放，没下到转盘面，大方瓦就被冲飞，钻具也上顶，不能及时接回压阀，试图接顶驱也没有成功。

地质录井报告显示，21：51起钻至195.31m时，发现溢流1.1m^3（录井时间记录与钻井时间记录相差10~25min），当报告给钻台时，实际已发生了井喷。从起下钻实时报告表上可以看出溢流开始时间为21：42，井喷时间为21：57。说明溢流的预兆发现较晚，失去了抢接回压阀的时机。

（2）溢流预兆不能及时发现的原因

①钻台和钻井液岗未设专人观察井口和灌浆量变化。

②钻井液由泥浆泵直灌，很难发现灌不进或进少出多的情况；另外，通过泥浆池液面变化来预报溢流，会因泥浆池表面积大，当溢流刚开始且量少时难以及时发现。

③依据出口泥浆电导率的变化来预报，要待高电导率的天然气出来才能发现，预报时间过晚。

（3）溢流发生的原因。溢流是井涌、井喷的初始阶段，是由于井底压力小于地层孔隙压力造成地层流体进入井筒，使井口返出量大于泵入量或在停泵后钻井液从井口自动外溢的现象。造成井底压力下降而不能平衡地层压力的因素是多方面的，该井溢流的主要直接原因有：

①起钻前循环泥浆时间短，没有将井下岩屑和气体全部排除，井内钻井液密度尚未均匀就起钻，造成井底压力的降低。从记录曲线反映2：55前井底加有钻压

130~160kN，3∶30已停泵，可以确认循环时间是35min（迟到时间为62min），循环时的排量为26L/s，因为是按冲数计算，若考虑钻井泵上水效率96%，排量应为1.498m³/min（与钻井技术员提供的排量1.5m³/min是符合的），因此循环过程中共打入井内钻井液为52.55（35×1.5）m³。按照Φ215.9mm的井径和Φ127mm钻杆形成的环行空间，52.55m³钻井液只占2178m长的井段，还有1870m的环行容积的钻井液含气。这些气体不断地滑移上窜，体积不断膨胀，当它上升到井筒上部时体积将逐渐膨胀顶出钻井液，这就造成井下液柱压力下降。因此，循环不干净是造成液柱压力下降的重要原因之一。

②起钻未按制度要求灌钻井液，造成井下液柱压力降低，是产生溢流的一个重要原因。较长时间未灌钻井液或未灌满钻井液，会造成井筒内的液面下降，给地层流体进入井内并给井内的气体上窜提供了机会，到了一定的程度就会形成溢流，诱发井涌，甚至井喷。

按规定井队起钻每3柱灌满一次浆是合适的。但该井12月23日起钻时，通过实时参数记录的原始曲线反映，从起钻到事故发生共18.5h，起钻120柱，灌浆38次，其中有9次超过了3柱才灌，最长一次9柱（第87~95柱）才灌，时间是18∶40至19∶40共1h，连续起出9柱钻杆未灌浆造成液面降低38m，按1.43g/cm³密度计算，液柱压力下降0.55 MPa。

③造成井底压力下降的因素是很多的，所以在设计钻井液密度时必须有一个附加量。本井的附加量是0.15g/cm³，按规范可以满足要求。但对本井产层发育、水平段长等特殊情况，附加量是否足够值得研究探讨。确定附加量要考虑很多实际因素，如起钻的抽汲作用所产生的负压问题，本井用的是PDC钻头，PDC钻头与井壁的间隙通道较牙轮钻头小，若有一点泥包或岩屑床，在起钻时极易造成“拔活塞”而使井下形成暂时的真空，将地层流体抽出来。另外，本井的水平段是产层，已钻开的424m产层裸露也为抽汲引流提供了长距离的条件，此为造成溢流的又一因素。

④在没有循环的情况下井内的气体由于与钻井液的密度差会滑移上窜，滑移上窜速度受地层压力、气体的性质及钻井液性能等因素的影响。本井的钻井工程设计要求钻井作业中需进行短程起下钻，并计算气体上窜速度，以测定每趟起下钻作业的安全时间。但本井没有做这项工作，停止循环的时间越长，气体上窜越高，体积膨胀越大，井底压力越低，因此钻井工程作业中都要求井下静止时间（不循环时间）越短越好。这次钻井中用了4h 20min（12∶00至16∶20）处理顶驱滑轨偏移问题后，如果下钻通井循环再起钻，情况可能会好得多。

造成井底压力下降可能还有其他因素，以上原因所产生的压力降叠加在一起，导致全井的井底压力低于地层压力，地层流体严重侵入井内，造成了此次井的溢流。

（4）井喷原因分析。井喷是地层流体无控制地涌入井筒并喷出的一种现象。它有一个发展的过程，即井侵－溢流－井涌－井喷－井喷失控，每个环节若处理不好就会向下一个环节发展。每个环节的初始阶段都有预兆显示，早发现并及时正确处理就不会向下一个环节发展。本次事故是起钻过程中发生的，主要是溢流未被及时发现，当气测仪

发现溢流 $1.1m^3$ 并报告时，实际已发生了井喷。该井是一口开发井，压力不高。钻井液附加值 $0.15g/cm^3$，相当于超地层压力 5.1MPa。井内有钻具时，有近 400m 钻井液柱，即有 $11m^3$ 左右（除掉已发现的溢流 $1.1m^3$）钻井液被耗掉，各个环节都未及时发现。应该指出的是，起下钻的溢流预报不能按钻进工况的标准进行。此外，由于钻具上未带回压阀，导致井内流体（钻井液和天然气）直接从钻杆内喷出，失去了很好的关井控制溢流的条件，造成了严重的井喷后果。

（5）井喷失控的原因分析。井喷失控是指井喷发生后，无法用正常的常规方法控制井口而出现敞喷的现象。这是钻井过程中最恶性的事故。该井当时井深 4049.68m 起钻至 195.31m 发现溢流时，钻杆提出转盘面 2 个多单根（长度 19m 左右）发生井喷，大方瓦被气流冲出转盘，无法抢接回压阀，抢接顶驱未成功，关防喷器又未能控制住，造成井喷失控。

钻具组合未装回压阀。如果装有回压阀，井喷时井内液体、气体就不会从钻杆内喷出。打开节流管线，关防喷器，可以正常实施井控操作。

2003 年 9 月 28 日该井钻开油气层现场办公要求第一条内容是：从钻开油气层前到完钻作业结束必须始终在钻具上安装内防喷工具（包括钻具回压阀和方钻杆上下旋塞），这次下钻没有按此要求执行。

实际用的钻具组合没有安装回压阀，查其原因是：本趟下钻时，由于更换了无线随钻测斜仪，仪器操作者认为由于使用 MWD 无线随钻测斜仪，钻具中安装回压阀影响测量，定向井现场施工人员决定拆除回压阀，卸下回压阀是本次井喷失控的直接原因。

防喷器组中没有装剪切闸板防喷器。剪切闸板能把井内的钻具切断，使井孔全部关闭。井队若当时安装有剪切闸板，井喷时用剪切闸板挤扁井口钻杆，在当时情况下是必要的，不但可以扑灭井口着火，同时使喷流大大减小形成套压，完全可以实现从放喷管线出口放喷点火，防止事态的扩大。

（6）事态扩大的原因分析。井喷失控后，从井口喷出的高含硫的天然气迅速弥漫，H_2S 气体随空气流动会大面积扩散，危及周围的生态环境，特别是人员的生命安全。

由于 H_2S 燃烧后能产生低毒性的 SO_2，点燃含 H_2S 气体是有效制止井内喷出的有害气体大范围扩散、减少危害的有效措施。在多种行业规范及标准中都从不同角度较为明确地阐述了含硫天然气井井喷后需放喷点燃的必要性。按规范，井喷失控后，应立即组织放喷，同时在放喷口点燃。该井从发生井喷、井口失控到井场柴油机和发电机熄火之间至少有 1h 17min 以上的时间，当时井场天然气的浓度还未达到天然气与空气混合比和硫化氢与空气混合比的爆炸极限，组织放喷点火有充足的时间，点火也不致危及井场安全。但负有现场安全责任的钻井监督没有在最短的时间内安排放喷点火，失去了控制有害气体扩散的有利时机。在失去环境条件比较有利的第一点火时间后，生产指挥部门的决策者应根据高压天然气井井喷失控具有严重危害后果的特殊情况，迅速组织、明确指令井队准备实施点火，这是减少事态进一步扩大的必要措施。但该井在此期间，除疏散现场人员和村民外，一直未对井喷失控采取进一步的处理措施。

第二节　净化系统典型事件案例

事件一：原料气过滤器大盖泄漏硫化氢事件

一、事件经过

2014年1月1日15：30，151脱硫单元高压端硫化氢报警画面4号报警仪连续报警，某车间当班内操立即上报班长和调度室，外操佩戴正压式空气呼吸器，并用“四合一”硫化氢检测仪现场查漏，确定为151–SR–101B大盖泄漏。15：42，原料气过滤器（151–SR–101B）泄漏量增大，扩散至多处报警，有可能造成单元保压停机，影响正常生产。当班技术员及班组多名外操佩戴好空气呼吸器以及报警仪现场倒流程，并联系内操做好平稳操作，随时保持联系，并协调厂调度派应急强风车到现场监护，经过半小时的处置，切换到SR–101A，没有造成人员伤害，生产得到了保证。

二、原因分析

（1）大盖垫为橡胶材质，使用过程中，长期受到硫化氢腐蚀，失效变质，密封性能下降。

（2）安装作业过程中，装配不到位，使用过程中发生泄漏。

三、预防措施

（1）加强现场巡检力度，内操精心操作，发现报警立即汇报。

（2）定期组织更换密封垫，并做好记录。

（3）制定《天然气进料过滤分离器（SR–101A）酸气泄漏应急处置方案》，定期演练，提高应急处置能力。

事件二：某系列贫富胺液换热器富胺液入口管线焊缝泄漏

一、事件经过

2014年8月某日13：50，162–E–101B富胺液入口管线水平管段右侧弯头正下方焊缝突然发生泄漏，某车间迅速联系维保人员到达现场，同时向主管领导及各科室汇报。由于泄漏介质为高压富胺液，现场硫化氢浓度较高，车间第一时间摘除六联合“七选三”联锁，并联系强风车到达现场，确保现场抢修人员的人身安全。

泄漏点压力较高（0.6MPa），温度较高（75~85℃），无法实现带压堵漏。在与维保站进行沟通后，车间向厂领导汇报此情况，决定对泄漏点进行紧急停工抢修。抢修工艺准备：15：05，停162原料气→停162–P–402A/P–106B/101A/102B→关闭162–FV–

11403/11503→关闭162-D-102富胺液出口闸阀→关闭162-PV-11701B前后蝶阀（161脱硫单元酸性气部分分配至162硫黄单元）→打开162-PV-11701A对D-102至C-104处进行泄压→17:00，交付检修。对泄漏区域进行测厚发现管壁严重减薄，中原油建利用一DN200、300LB的预制管件（带泄压阀门）对泄漏部位进行补焊，于18:00完成焊接作业。

恢复开工：打开162-D-102富胺液出口闸阀对泄漏区域试漏→恢复工艺流程→建立胺液循环→162-E-104A/B引蒸汽升温→22:30，162引原料气恢复生产。

二、原因分析

泄漏处管线介质为富胺液，富含硫化氢，且该段管线的介质温度较高，在一定程度上加剧了管线的腐蚀，由于管线的逐渐减薄，焊缝连接等薄弱部位容易冲孔发生泄漏。

三、防范措施

（1）加强对现场的巡检。

（2）择机对E-101C至E-101B段管线和弯头予以更换（图5-2-1、图5-2-2）。

图5-2-1 富液管线泄漏情况

图5-2-2 管线修复后情况

事件三：某系列闪蒸罐液位调节阀下游放空焊缝泄漏

一、事件经过

2015年2月某日，某车间内操在操作过程中，发现C-104附近现场硫化氢报警仪多处报警，内操立即向内操班长汇报并联系外操到现场进行情况确认，通过检查外操发现141-D-102至C-104调节阀下游放空焊缝漏富胺液。外操立即向内操汇报并将调节阀切至副线，并通知维保对泄漏点进行补焊，补焊完成后危险解除，恢复正常生产。

二、原因分析

放空阀焊缝处可能存在焊接缺陷，在管线长期振动与腐蚀的情况下，导致焊缝腐蚀穿孔而发生泄漏。

三、防范措施

（1）外操巡检时加强巡检，保证巡检质量。

（2）检修时加强对高危腐蚀处焊缝进行检测。

（3）对该段富胺液管线加固支撑，调节阀两侧密排管线取消。

事件四：某系列中间胺液泵机封半富胺液泄漏

一、事件经过

2014年2月某日10：20，某班四联合内操发现DCS显示142-P-106A驱动端白油压力低报，遂通知外操去现场处理白油低压报警。外操到现场后发现142-P-106A驱动端机封有大量半富胺液外漏，并且越漏越大，情况紧急，立刻汇报内操。内操立刻向班长、当班技术员、车间值班领导汇报。设备技术员立即下令对泵进行切换，10：27外操将A泵切到了B泵。内操联系电气和机修人员到现场。维保人员经过4h的全力抢修终于将漏点处理完毕，外操对泵进行了退液置换和清洗过滤器，将泵达到备用状态。

二、原因分析

P-106A运转过程中，胺液中的杂质进入机封动静环之间，造成机封失效。

三、防范措施

（1）加强转动设备巡检，并严格按照机封管理规定，保证机封辅助冲洗系统压力在规定范围内。

（2）加强胺液过滤和原料气过滤，不断提高胺液品质。

事件五：原料气过滤器液位计根部阀漏硫化氢

一、事件经过

2018年6月13日14：10，某车间外操接到中控室内操报告，六联合一系现场固定式硫化氢报警仪ET-70002、70004、70010出现闪报，立即佩戴空气呼吸器，使用“四合一”检测仪进行现场排查，从原料气管线一直查找到C-101处，共计查找100多处，最后在SR-101B液位计处保温盒子外发现有细微的硫黄晶体，用检测仪测试，硫化氢显示满量程，打开保温后发现了SR-101B液位计的根部阀底部的密封胶圈处漏H_2S，班组立即将SR-101B切换至SR-101A，对泄漏点进行置换，避免由于硫化氢的大量泄漏造成周边作业人员中毒和触发装置“七选三”连锁放空事故的发生。

二、原因分析

（1）原料气酸性水含有硫化氢，易造成设备发生硫化氢腐蚀。

（2）原料气过滤器液位计本体阀门密封胶圈长期处于硫化氢环境，腐蚀老化，失去密封性。

三、防范措施

（1）加强装置区的巡检，隐患排查全面，处置要及时。

（2）现场硫化氢检测仪每月检查一次，确保完好，中控室内操加强 DCS 监控，发现问题及时确认，及时汇报。

（3）加强对三级管控区域的管理，进入一级管控区域，必须佩戴正压式空气呼吸器。

事件六：某系列原料气过滤器仪表密排接口泄漏

一、事件经过

2018 年 11 月 15 日，某车间发现 161–SR–101B 压差偏高，通知维保人员进行校验确认，仪表对压差计进行密排时，SR–101 区域出现硫化氢报警，数值在 10ppm 以上，仪表人员立即关闭密排阀，报警消失。经排查是密排放空线接口腐蚀，密排时发生泄漏。仪表人员更换相关引压管线及接口，消除隐患。

二、原因分析

（1）仪表管线与伴热线接触，发生电化学腐蚀。

（2）仪表管线接口松动。

（3）仪表人员隐患排查不彻底。

三、防范措施

（1）排查 SR–101 区域仪表接口是否紧固，更换存在缺陷仪表管线。

（2）隔离仪表引压管与伴热线，并做好保温。

事件七：某系列预硫化线流量计法兰泄漏硫化氢

一、事件经过

2018 年 3 月 31 日 22 时 13 分，某车间内操发现六联合二系列 R–401 现场固定式硫化氢报警仪报警，通知外操现场确认。外操班长立即带领外操，佩戴空气呼吸器，携带便携式硫化氢报警仪和“四合一”气体检测仪进行现场排查，从 R-401 平台周围管线及仪表逐一排查，最后在预硫化线流量计法兰处用“四合一”气体检测仪发现有硫化氢泄漏，检测仪显示有 95ppm。外操人员使用氮气置换后，安排维保人员更换法兰垫片，重新紧固后，消除漏点。

二、原因分析

（1）盲板材质为碳钢，长期的腐蚀造成盲板表面出现很多腐蚀坑，导致密封不到位。

（2）法兰垫片老化，失效。

三、防范措施

（1）每月对装置内硫化氢检测仪进行校验，确保检测仪好用。

（2）外操现场劳保着装规范，一级管控区域佩戴空气呼吸器并建立呼吸，对易泄漏点重点监控。

（3）及时更换垫片，使用 316L 材质垫片。

事件八：某系列克劳斯炉头主燃料气金属软管破损泄漏硫化氢风险

一、事件经过

2017 年 1 月 23 日 10：00 左右，某车间外操巡检至克劳斯炉处时，准备对克劳斯炉进行温度检测，刚至克劳斯炉平台处，即闻到有臭鸡蛋气味，立即撤离至安全区域。汇报内操确认 DCS 画面无硫化氢报警仪显示报警，随即佩戴好空气呼吸器，“一人作业，一人监护”，利用便携式硫化氢报警仪对周围可能泄漏管线的法兰面和阀门盘根进行检查，通过排查发现，克劳斯炉头主燃料气金属软管破损，有硫化氢窜漏，报警仪显示最高达 80ppm；外操班长立即将现场情况汇报内操，内操班长汇报车间领导和值班调度，车间领导宣布启动应急预案，成立现场指挥，外操 A 和外操 B 对现场无关人员进行疏散并设立警戒带，外操班长和外操 C 对克劳斯炉头燃料气金属软管进行通氮气保护，同时内操 A 通过联合装置应急广播进行喊话，“装置列克劳斯炉处漏硫化氢，现场作业人员做好个人防护，无关人员请撤离”，内操 B 通知维保人员至现场对破损金属软管进行更换。1h 后，金属软管更换完毕，现场硫化检测氢报警仪显示无报警，现场警戒解除。

二、原因分析

直接原因：克劳斯炉头主燃料气金属软管出现破损。

间接原因：①克劳斯炉燃料气管线炉头球阀内漏；②现场巡检不够仔细，没有及时检查发现。

三、防范措施

1. 车间加强现场设备管线日常检查、管理，车间全体职工提高责任心。

2. 车间将本次事件情况传达至全体职工，举一反三，深刻吸取教训，防止此类事故再次发生。

事件九：某系列原料气过滤器保险销泄漏硫化氢

一、事件经过

2017年3月23日20：24左右，某车间内操发现脱硫单元有大规模硫化氢报警仪显示报警，部分区域硫化氢报警仪达到满量程20ppm。当班内操班长立即汇报技术干部和车间领导以及厂值班调度，内操利用联合装置扩音对讲喊话“X联合有大面积硫化氢报警仪显示报警，现场所有人员请撤离”。20：26左右，车间值班领导下令启动车间级《联合装置硫化氢泄漏应急预案》，当班班长组织外操班长和四名外操佩戴好气防器具、防爆对讲机、手电迅速赶往现场检查确认，两人对装置内进行人员疏散和清点，确认现场无作业人员后在路口警戒，一人在装置入口警戒并接应消防车辆，当班班长和外操班长以及一名外操至现场排查漏点，“两人作业，一人监护”。通过排查发现，装置原料气过滤器SR-101B保险销垫子处漏硫化氢，报警仪显示满量程，外操班长立即将现场情况汇报内操，同时现场将原料气过滤器SR-101B进出口阀门关闭，之后对过滤器泄压至高压火炬，泄压完成后进行氮气置换。20：45左右，内操DCS画面显示硫化氢报警消除，外操用四合一报警仪对现场再次进行检查，确认无硫化氢报警。20：50左右，车间宣布《联合装置硫化氢泄漏应急预案》终止，现场警戒解除。

二、原因分析

（1）直接原因：系列原料气过滤器SR-101B保险销O形圈老化损坏，保险销O形圈失效。

（2）间接原因：该配件在国产化后，可能存在个别质量性能不稳定的情况；安装时，未使用扭力扳手造成O形密封圈装配变形。

三、防范措施

（1）车间加强联合装置原料气过滤器SR-101区域的日常检查、管理，车间全体职工提高责任心，加强现场作业监督。

（2）车间将本次事件情况传达至全体职工，举一反三，深刻吸取教训，防止此类事故再次发生。

（3）加强原料气过滤器泄漏硫化氢应急演练，提高应急处理能力。

第六章　含硫气田安全管理

第一节　含硫气田 HSSE 管理体系

实行“油公司”管理模式，建立“一级经营管理、两级生产管理、一体化管控”机制，即计划、财务、人力资源等职能实行普光分公司机关一级管理；生产、安全、技术等实行普光分公司及直属单位两级管理。

一、组织机构及人员配备

1. HSSE 组织机构及人员配备

（1）应设置 HSSE 管理部门，分别负责安全、环保、职业健康综合监管和公共安全监管；按要求设置安全环保、职业卫生、安全督查、公共安全综合治理等专业科室，配备专职管理人员。

（2）设立党政正职为主任的 HSSE 委员会，明确 1 名班子成员分管 HSSE 综合监管工作，HSSE 委员会办公室设在 HSSE 部门。

（3）设置安全环保总监，协助分管领导统筹协调 HSSE 工作。

（4）设置专业 HSSE 分委会，专业 HSSE 分委会办公室分别设在业务主管部门。

（5）技术、生产、设备、工程等负有专业安全环保管理职责的部门应设立兼职安全环保管理岗位，负责协调督导专业范围内的 HSSE 工作。

（6）成立安全督查大队，负责重点作业现场的督查，赋予停工处罚等权利。

2. 基层单位 HSSE 组织机构及人员配备

（1）应成立主要负责人、技术干部、HSSE 管理人员和班站长组成的 HSSE 领导小组，明确小组成员职责分工。

（2）应配备专（兼）职 HSSE 管理人员。生产基层单位应配备专职安全工程师或 HSSE 管理人员，班站配备兼职安全员或群众安全监督员。

二、HSSE 考核

1. 推行领导引领力

（1）各级主要负责人是“领导引领力”的践行者和推动者。

（2）各级领导（分公司、机关部门、直属单位、基层单位）要带头发挥引领和示范作用，激励员工安全环保行为，引领和推动 HSSE 管理体系的有效实施及持续改进。

（3）各级领导要积极开展安全环保风险承包与管控、HSSE 检查、安全观察等工作的协调、组织。

（4）每年将履行承诺及引领 HSSE 工作情况纳入职工代表大会报告。

（5）将领导的安全环保工作情况纳入年终领导干部绩效考核。

2. 领导承诺

（1）各级领导应将 HSSE 方针、目标和理念融入气田开发生产运行过程中，每年从 HSSE 目标、责任、措施、行为等方面做出 HSSE 承诺，并认真履行。

（2）分公司及各直属单位主要负责人的承诺内容至少包括（不限于）：

①遵守国家 HSSE 法律法规、标准规范，识别管控风险，排查治理隐患，为员工提供良好的安全环保生产条件和稳定的公共安全环境，积极履行政治、经济和社会责任；

②建立和持续改进HSSE管理体系，提供充分的人力、物力和财力等资源支持和保障；

③带头履行安全环保责任，发挥领导引领作用；

④抓实全员教育培训，倡导安全绿色行为，落实全员 HSSE 责任；

⑤将承包商管理纳入 HSSE 管理体系，实现互利双赢；

⑥合理开发利用资源，保护自然生态环境，做到清洁生产；

⑦积极推进企业安全文化，塑造气田良好的安全氛围。

按照“谁主管谁负责”“谁的业务谁负责”原则，重点围绕示范引领、专业 HSSE 责任落实、创造良好安全环保和公共安全环境、关爱职工职业健康等进行承诺。

实行 HSSE 目标管理，建立考核机制。将 HSSE 目标计划进行层层分解，逐级签订 HSSE 目标责任书，全员签订 HSSE 承诺书，并对目标和承诺完成情况进行考核。

3. 领导引领

（1）各级领导应带头推动建立和实施 HSSE 管理体系。主要领导应每年组织 1 次 HSSE 体系管理评审，分管 HSSE 领导应每年至少组织 1 次 HSSE 体系内部审核，业务分管领导和业务部门负责人应积极参与，确保体系有效运行、持续改进。

（2）各级领导按岗位要求参加政府、企业组织的各类 HSSE 培训，做到持证上岗。

（3）各级领导应带头开展安全环保知识和规章制度宣讲。

（4）各级领导要带头参加 HSSE 检查和安全观察。分公司领导、直属单位领导、机关部门负责人、基层单位领导应参加 HSSE 检查，检查过程中积极开展安全观察，亲自填写观察记录。

（5）承包关键装置、要害部位的领导应每月开展 1 次专项 HSSE 检查；承包安全、环境风险的领导应每半年开展 1 次专项 HSSE 检查。各级领导应至少每季度深入基层开展一次 HSSE 活动，广泛听取员工对 HSSE 工作的意见和建议，鼓励积极的安全绿色行为。

（6）各级领导应带头识别和评估安全、环保及公共安全风险。主要负责人应承包单位（部门）的最大风险，班子其他成员应按照业务分工依次承包相应风险。承包期内应组织、研究、检查并督促落实风险管控降级措施，实现风险降级或风险值降低。

（7）各级领导应按照业务分工，承包本单位较大及以上安全、环保和公共安全隐患，研究、指导、检查隐患治理方案，落实“五到位”要求，重大隐患治理情况应按规定向地方政府和职代会报告。

（8）各级领导应参与相关应急预案编制和审定，参加应急演练活动，提出改进措施和建议。

（9）各级领导应认真落实带班值班制度，基层干部应严格落实跟班盯现场制度。

（10）主要负责人应每季度主持召开 1 次 HSSE 委员会会议，每月主持召开 1 次安全环保例会，研究解决 HSSE 工作运行中的主要问题。

4. 领导行为公示与考核

（1）应公示各级主要负责人的 HSSE 承诺，公示各级主要负责人及班子成员承包安全环保风险、开展安全观察、带队进行 HSSE 检查、参加应急演练等情况，接受员工监督。

（2）各级领导应每年对 HSSE 承诺及领导引领情况进行自我评价。

三、HSSE 责任

1. 建立全员岗位 HSSE 责任制

应建立全员岗位 HSSE 责任制，明确从主要负责人到一线员工的 HSSE 责任、责任范围和考核标准。

2. 分公司及直属单位两级 HSSE 委员会主要职责

（1）每季度组织召开 1 次 HSSE 委员会会议，研究解决 HSSE 方面的风险管控、隐患排查治理、HSSE 投入、检查考核等事项，安排部署 HSSE 工作。

（2）组织审定 HSSE 管理体系文件、标准规范、规章制度、工作规划、培训计划、应急演练计划等，并监督实施。

3. HSSE 委员会办公室主要职责

（1）负责 HSSE 委员会日常工作，承办委员会会议及月度安全环保例会，督促协调和落实会议决定事项。

（2）指导专业 HSSE 分委员会抓好专业 HSSE 管理工作。

（3）专业 HSSE 分委员会主要职责。每季度组织召开 1 次 HSSE 分委员会会议，研究解决 HSSE 主要问题。

（4）专业 HSSE 分委员会办公室主要职责。负责专业 HSSE 分委员会日常工作，明晰成员部门 HSSE 职责，督促指导各成员部门落实 HSSE 管理责任。

4. 机关部门主要职责

（1）HSSE 部门负责对 HSSE 工作实施综合监管。建立和推进 HSSE 管理体系。组织 HSSE 综合检查，对风险管控和隐患治理、项目“三同时”、职业健康、交通安全等进行综合监管。

（2）负有专业安全环保监督管理职责的部门，负责制（修）订专业领域 HSSE 管理制度、操作规程及标准规范，组织开展专业技术培训、隐患排查、风险管控和专项监督检查等。

（3）计划部门负责将 HSSE 工作纳入整体规划，从发展规划、隐患治理投资项目、经营管理、市场准入、绩效考核等方面落实 HSSE 管理责任。

（4）人力部门负责 HSSE 管理机构设置和定员管理，将 HSSE 培训纳入分公司年度培训计划，组织开展全员安全技能培训，落实员工 HSSE 培训考核与上岗挂钩制度。

（5）财务部门负责安全生产费提取，安保基金上缴返还，资源综合利用项目减免税及环保税的核算、缴纳，将环保预算纳入财务预算计划。

（6）党群部门应在职责范围内为 HSSE 工作提供支持保障，开展 HSSE 法律法规宣传，发挥共青团作用，促进安全发展、绿色发展；依法监督 HSSE 工作，建立群众安全环保监督机制。

（7）法律审计部门负责 HSSE 法律法规识别、执行情况综合监督，对 HSSE 工作提供法律支撑；负责对领导干部 HSSE 责任制落实、HSSE 费用计提和使用情况进行审计。

（8）物资部门负责供应商安全监管，对所采购的物资质量安全负责，将绿色采购的标准和要求纳入物资采购管理体系。

（9）督查大队负责对分公司安全环保重大事项、重要工作及重点生产施工现场开展督查。

（10）其他各部门负责对业务范围内的 HSSE 工作进行监管，承担生产安全事故及突发环境事件应急预案所规定的职责。

5. 基层单位主要职责

（1）基层单位全面负责管辖区域内各类作业、施工活动、安全生产、清洁生产，对辖区内承包商、承运商及外来人员履行监管；严格落实安全环保管理制度和技术标准，执行各项操作规程和技术方案。

（2）基层干部的 HSSE 责任制应突出对辖区内一切施工作业安全、清洁生产（含承包商）和突发事件的初期处置负责。

（3）岗位员工 HSSE 责任制应突出对操作规程和制度执行、设备设施的安全操作、责任区域的作业安全、清洁生产及事故初期处置等负责。

（4）各单位、部门应对全员 HSSE 责任制进行公示和培训，并建立责任落实情况考核机制，与部门、员工的 HSSE 绩效挂钩。

四、HSSE 投入

（1）HSSE 投入主要包括安全生产费用、环境保护费用、相关成本投入及安全生产保证基金、安全环保隐患治理投资等。

（2）按规定及时提取安全生产费用，上缴安全生产保证基金，下达安全生产、环境保护费用性支出预算，指导各单位（部门）加强安全生产、环境保护费用核算，考核预算执行情况。

（3）要结合安全环保风险管控、隐患治理、环保设施运行与维护等实际，及时将 HSSE 资金投入纳入生产成本预算。

（4）HSSE 费用应建立统计台账。

五、社会责任

（1）应履行社会责任相关工作的协调，做好宣传工作，组织各部门与政府、公众、媒体沟通，采取有效形式，宣传 HSSE 管理、绿色行动等工作。

（2）督导各单位落实国家、地方政府的 HSSE 方针政策及要求，将社会责任融入提质增效、协调发展等气田开发和生产运行过程中。

（3）应将“安全发展、绿色发展”作为履行社会责任的首要任务，落实到业务管理活动中，对发布的专业 HSSE 信息负责。

（4）应充分发挥专业应急救援作用，积极协助地方政府开展抢险救援行动。

（5）社会责任内容。

①奉献清洁能源。始终坚守“安全发展、绿色发展”的社会责任理念，推动技术进步，保证天然气、硫黄质量，为地方经济发展作出贡献。

②公众交流沟通。采取公众开放日等方式，邀请社会各界走进普光气田，感受“安全发展、绿色发展”理念以及服务社会奉献清洁能源的社会责任，展示良好形象。

③责任关怀。应建立完善快速有效的周边村镇、厂矿联络渠道，及时了解公众关注热点并提供相关信息。联络与沟通应有书面记录，并就公众关注的企业 HSSE 问题进行评估和公示，确保被关注的问题在实施中得到反映。

④风险告知与应急联动。应将生产过程的风险及发生突发事件可能造成的后果、影响及应急撤离和疏散要求告知当地政府、村镇居民等相关方，使公众知晓在紧急情况下的应急措施，提升社会应对突发事件能力。

⑤积极参与地方抢险救灾。应充分发挥专业应急救援作用，协助地方政府处置突发事件和自然灾害事件。

第二节 含硫气田风险识别管控及隐患排查治理

一、依法合规

（1）公司应依法取得营业执照、银行开户许可证、生产销售经营许可证、安全生产许可证、房地产权证、商标及知识产权证、股权证书、各种认证证书及其他证件。

（2）开发、技术、生产、工程、设备等专业部门和单位每年开展1次法律法规识别活动，建立专业法律法规清单。

（3）及时宣贯，并将适用的法律法规要求及时转化为相关制度、文件，确保依法合规。

（4）建立公司法律法规清单，组织年度依法合规性评价。

（5）按规定开展安全、职业病危害和环境影响评价，依法取得安全、环保、职业卫生行政许可，并保持其有效性。

二、安全风险识别、评估与管控

（1）建立各级安全风险、施工安全风险清单（以下统称风险清单），定期对风险承包人履职情况进行检查督导，组织制定年度风险降级计划，并督导实施。

（2）基层单位岗位员工负责本岗位涉及的作业活动、设备设施的风险识别，落实风险控制措施，建立岗位危险事件（风险）清单。

（3）风险识别：

①风险识别是对可能造成人员伤害、财产损失、环境破坏和社会声誉影响的事故事件的识别（包括原因、后果和现有安全措施），识别范围应当涵盖总图布置、工艺流程、设备设施（含工程施工和检维修用设备设施）、物流运输、应急泄放系统、工艺操作、工程施工和检维修作业、特殊作业、有人值守建筑物、自然灾害和外部影响等全业务、全流程中存在的风险。

②公共安全风险指自然灾害、地质灾害、公共卫生及恐怖袭击、扰乱企业生产经营秩序、社会治安或刑事犯罪等事件突然发生，造成或者可能造成人员伤亡、财产损失、次生灾害和严重社会危害的风险。公共安全风险分为一级、二级和三级风险。

③每年开展一次全面风险识别工作，每月开展一次施工安全风险识别工作。

④基层岗位应当在基层单位管理人员的指导下对本岗位的作业活动和涉及的设备、设施等开展风险识别。

⑤应当按照属地化原则对管理的对象和业务逐区城、逐装置、逐专业、逐岗位进行风险识别，做到所有危险源、作业活动和相关的设备、设施全覆盖，形成基层单位风险清单。

⑥当出现以下情况时，应当及时开展风险识别：

a. 装置长时间在设计上、下限运行或延长计划检修周期；

b. 发生火灾爆炸或毒性气体严重泄漏事故；

c. 油气圈闭（区块）第一口探井进行钻（完）井作业；

d. 施工内容和方案发生重大变化；

e. 安全相关法律、法规与标准规范发生重大变化时。

（4）风险评价：

①风险评价是指对识别出的风险采用相应的评价方法和工具进行定性、定量评估，准确描述风险，确定风险等级，制定管控措施。

②风险评价实行评价小组组长负责制，评价小组对已识别出的风险开展风险评价，确定风险等级，制定相应的风险管控措施。

③应当采用中国石化安全风险矩阵等工具，对识别出的风险进行评价，确定每个风险的等级和风险值，完善风险清单。

④风险评价小组组长组织对各基层单位和专业科室识别出的风险进行评价，确定风险等级和风险值，制定管控措施，明确承包领导、承包科室、责任基层单位、责任人、措施落实人，形成直属单位风险清单。

⑤分委会风险评价小组组长组织对直属单位风险评价结果和管控措施审核把关，并对分管业务范围内识别出的风险进行评价，形成专业 HSSE 分委员会风险清单。

⑥分公司风险评价小组组长组织对各分委员会风险评价结果进行审核，按风险值排序，分解落实责任部门和责任人，形成分公司风险清单。

⑦重大风险应采用风险管控与行动模型（Bow-Tie）、定量风险评估（QRA）等风险评估工具进一步定量分析评价，优化风险管控措施，特殊情况请第三方论证或评估。

⑧直属单位每年应按重大、较大、一般、低风险绘制红、橙、黄、蓝四色风险电子分布图，按集输站场、生产装置、集输管线等在风险清单中等级最高的风险确定站场、装置、管线的风险色。

⑨交通安全风险。对人员、车辆设备、道路、停车场、气候及外部环境等方面开展交通风险识别与评估。应重点关注：

a. 驾驶员的安全驾驶技术素质和职业健康状况；乘车职工的安全行为；义务安全监督员的履职情况。

b. 机动车辆的安全技术性能和安全设施配备。

c. 气田生产道路和生产厂区、办公及生活区道路的安全设施。

d. 停车场的安全设施。

e. 雨、雾、雪、高温等恶劣天气带来的交通风险。

f. 山体滑坡、泥石流等地质灾害外部环境带来的交通风险。

g. 送班客车接送职工上下班途中的安全风险等。

⑩公共安全风险，应针对恐怖袭击、扰乱企业生产经营秩序、社会治安事件、刑事

犯罪及自然灾害、地质灾害等公共安全风险进行识别与评估，应重点关注：

a. 重点办公场所、生产调度应急指挥中心、人员聚集场所；

b. 油气集输管道、站场、罐区、阀室、跨越、隧道、处理及净化装置、硫黄等危险化学品存储、装卸区；

c. 储存化学制剂及消杀药品的化验（实验）室及库房；

d. “两特两重”（特殊地区、特殊时期、重大活动、重大节日）时期重点防范的公共安全风险部位和政府发布的恐怖威胁指向地；

e. 涉气、电、物资等案（事）件高发区。

（5）风险控制：

① HSSE 部门、分委会办公室、直属单位、基层单位每年应当制定各级风险清单总值降低的目标和计划，风险值降低情况纳入分公司安全绩效考核指标。各级风险总值为分公司、分委员会、直属单位、基层单位风险清单中各风险值的总和，新增风险降值情况纳入下季度考核。

② HSSE 部门、分委会办公室、直属单位、基层单位应当对风险评价确定的管控措施进行责任分解，分级明确风险的管控责任人和措施落实责任人，并在风险清单中明确。应优先采取工程技术类措施实现剩余风险值的有效降低。

③各级主要负责人应当承包本单位的最大风险，其他负责人承包分管业务范围内的风险，承包期内应当实现风险降级、风险值降低或保证风险管措施的有效落实。

④各级风险承包人应当及时审定风险管控方案和措施，听取、研究承包风险的管控情况，协调各种资源，确保风险消减与管控方案有效落实；发现风险值增加的危害因素时，及时调整风险管控方案；各项管控措施落实到位后，应当及时组织评估、消项。

⑤重大风险应当编制专项应急预案，其他等级风险应编制现场处置方案，并在风险销项前每年至少组织一次演练。

（6）风险监控：

①应当对风险电子分布图、安全风险的基本信息、管控措施和管控责任人等信息进行公示；重大、较大安全风险的工作场所和岗位，要设置明显的警示标识。

②应将风险控制措施的验证纳入日常检查内容，确保风险控制措施的有效性。

③分公司、分委会办公室、直属单位对重大、较大安全风险应实行挂牌管理。制定安全风险管控降级实施进度计划，进行专项检查、挂牌督办和每月跟踪，风险管控责任人和措施落实责任人应当对照计划检查落实进度，确保达到年度管控目标。

④风险承包人应履职尽责，开展风险承包检查工作。承包人对所承包的在役装置安全风险，每半年至少检查督导 1 次；对所承包的月度施工安全风险，每月进行检查。

（7）风险降级或销项：

①风险达到降级或销项条件时，应当办理审批手续，及时降级或销项；工程施工和作业活动类风险的销项应当在施工和作业活动完成后，安全风险的降级或销项审查由基层单位发起。

②风险降级或销项后应当持续保持管控措施的有效运行。

③重大、较大安全风险降级或销项时应当进行专项评估，形成评估报告，评估报告由直属单位牵头编制、所在分委会办公室组织审核，报告应当包括：风险基本情况、风险管控措施落实情况、剩余风险和评估结论等。

④直属单位、基层单位风险清单中施工风险、低风险和一般风险的降级或销项，由直属单位组织审批，同步更新风险清单。

⑤分公司各级风险清单中的重大、较大风险降级或销项，直属单位在完成评估报告审核后，报 HSSE 部门，经分公司 HSSE 委员会审定后实施。

三、重大危险源

1. 管理职责

（1）应定期开展重大危险源辨识、评估等工作，将重大危险源管理情况列入 HSSE 检查考核范围。

（2）负责属地重大危险源的管理，包括重大危险源辨识、评估、登记建档、备案，强化安全监测监控体系管理，定期开展 HAZOP 分析和 SIL 评估。

2. 重大危险源辨识和评估

（1）每三年委托第三方评价机构开展重大危险源专项评估，属地单位每年对重大危险源安全评估报告内容进行复核。

（2）当重大危险源法规、标准等外部原因发生变化，或属地单位发生重大危险源事故、公共安全保障需要等内部原因变化，应重新组织辨识。

3. 重大危险源管理

（1）建立完善重大危险源 HSSE 管理制度、安全操作规程和应急预案，定期对安全设施进行检测检验、维护保养。

（2）建立本单位重大危险源档案，并向县级应急管理部门进行重大危险源备案。

（3）应当将重大危险源可能发生的事故后果和应急措施等信息，告知可能受影响的周边单位、村镇。

四、隐患排查治理

1. 隐患分级

安全隐患分为一般隐患、较大隐患和重大隐患。

（1）一般隐患是指危害和整改难度较小，发现后能够立即整改消除的隐患。

（2）较大隐患是指危害较大，整改有一定难度，不能即查即改，但又急需整治的隐患。

（3）重大隐患是指不符合国家规定的重大隐患判定标准或经评估可能导致较大及以

上事故、必须及时整治的隐患。

2. 隐患排查

（1）应依据法律法规、标准规范要求，建立隐患排查治理制度，制定排查标准。

（2）应采取日常检查、定期检查、专业排查、专项排查和事故类比排查等多种形式持续开展隐患排查。

（3）出现下列情况之一时，应当及时组织隐患排查。

①法律法规、标准规范颁布执行或修订发布时，开展法规符合性隐患排查；

②同类企业发生生产安全事故、环境事件时，开展事故类比性隐患排查；

③生产作业场所外部环境发生重大变化时，开展环境适应性隐患排查。

（4）隐患清单。应对排查出的隐患实行分级管理，分别建立动态隐患治理清单。

3. 隐患治理

（1）隐患治理应遵循“谁主管谁负责”“谁的业务谁负责”“谁的属地谁负责”和轻重缓急的原则。较大及以上隐患治理要严格落实“五定”措施。

（2）隐患治理应重点关注：

①“三高”气井、高风险废弃井、长停井；

②采气、集输生产设备设施（含罐区）；

③天然气净化装置、硫黄等的装卸运输作业；

④消、气防控制系统及电气仪表系统；

⑤安全设施及其附件；

⑥劳动组织和人员行为等。

4. 隐患治理项目管理

（1）隐患治理项目界定。经排查评估且符合以下条件之一的，可以界定为隐患治理项目。

①生产设施和公共场所存在的不符合国家安全生产、标准规范，以及相关制度所形成的隐患；

②可能直接导致人身伤亡、火灾爆炸事故或可能造成事故扩大的生产设施、安全防护设施等的隐患；

③可能造成职业病或职业中毒的隐患；

④生产过程中突发事件形成的隐患；

⑤可能造成灾害扩大的投资或成本项目。

（2）项目立项。隐患治理项目所在单位应提交项目申报表、技术方案、可行性研究报告、多媒体等资料，经相关专业部门和HSSE部门组织审核和确认。

①项目技术方案与可行性研究报告主要内容应包括现状和问题、必要性和依据、工艺技术方案（技术路线）、主要建设内容、工程量和投资估（概）算、实施效果预测、进度安排、项目负责人等内容；

②技术方案应符合法律法规和标准规范的要求，防止产生新的隐患和发生事故。

（3）项目实施。隐患治理项目资金计划下达后，应定期报送实施进度情况。

（4）隐患治理项目的验收。

①隐患治理项目由专业部门牵头组织竣工验收；

②项目验收合格后，应将竣工验收报告、竣工验收表及财务决算表扫描上传至 HSE 管理系统平台；

③项目验收合格后，应制定相应的规章制度和操作规程，组织操作人员学习。

（5）重大隐患治理项目应组织开展效果后评估工作。投资项目应组织后评估。

5. 检查与考核

应将隐患排查治理工作纳入安全检查与年度 HSSE 绩效考核范围。因隐患排查治理不到位，隐患治理前未采取有效防控措施，造成事故（事件）的，进行责任追究。

第三节　含硫气田过程控制体系

一、培训管理

1. 管理职责

将 HSSE 综合培训、管理、专业技术培训纳入年度培训计划。抓实员工技能培训，落实 HSSE 培训考核与上岗挂钩制度。

2. 总体要求

（1）HSSE 培训应符合有关法律法规要求，法律法规要求持证上岗的人员应依法参加培训、考核取证。

（2）全体员工、承包商员工上岗前应接受相应的 HSSE 培训考核。

（3）培训应突出提升员工的岗位安全能力。主要包括：遵守规程的能力、风险管控能力及应急处置能力等。

（4）建立和充实专（兼）职师资队伍，优化完善培训资源，突出实操训练、仿真模拟、体验式教学。

3. HSSE 培训矩阵和计划

（1）应分级建立覆盖各岗位的 HSSE 培训矩阵，明确培训内容、掌握程度等要求，突出 HSSE 培训的针对性和实效性，每年进行评估、更新。

（2）应依据培训矩阵，进行岗位 HSSE 能力差距分析，并结合单位 HSSE 管理要求，确定岗位员工的 HSSE 培训需求，制定年度 HSSE 培训计划。

4. HSSE 培训实施

（1）应根据培训计划制定培训方案，组织编制培训教案。

（2）领导干部培训。以贯彻安全环保法律法规、强化责任意识、提升安全环保引领力为重点。

①各级行政主要领导、分管 HSSE 领导、安全环保总监、HSSE 部门负责人、HSSE 管理人员，应按规定接受政府组织的《安全生产知识和管理能力考核合格证》的取证及继续教育培训；

②各级行政主要领导、分管 HSSE 领导、安全环保总监、HSSE 部门负责人、HSSE 管理人员，开发、技术、生产、工程、设备等部门负责人，每 3 年至少参加 1 次环保专项培训。

（3）管理人员培训。以提升守法合规意识、风险管控意识，提高管理能力，发挥安全环保引领力为重点。

（4）专业技术人员培训。以法规标准、HSSE 体系及专业安全环保风险管控与隐患排查治理等作为培训重点。

①每年至少组织 1 次生产、技术、设备、工程等专业管理人员及基层技术人员的培训；

②生产、技术、工程、设备等部门应结合业务工作实际，每年至少组织 1 次专业技能 HSSE 培训。

（5）操作及其他管理人员培训。

①“三级”安全教育。应利用实操、案例、视频等手段对新上岗员工开展强制性 HSSE 培训；

②“四新”培训。采用新工艺、新设备、新技术、新材料的，由专业技术部门组织对相关生产、作业人员进行专项安全环保培训；

③转岗复岗培训。转岗及脱离岗位（12 个月以上）人员应进行基层、班组 HSSE 培训，经考核合格后上岗；特种作业、特种设备作业人员，连续离岗 3 个月以上，应重新考核验证其安全能力，合格后方可上岗；

④特种作业人员培训。电工、焊工、高处作业工、司钻、危险化工工艺过程操作人员等特种作业人员应接受专门的培训，取得《特种作业操作证》；

⑤特种设备操作及管理人员培训。锅炉、压力容器（含气瓶）、压力管道、电梯、起重机械等的操作（作业）人员及相关管理人员应接受专门的培训，取得《特种设备作业人员证》；

⑥危险货物运输的驾驶人员、装卸管理人员、押运人员培训，应当经政府交通运输主管部门培训考试合格，取得从业资格证；

⑦消防控制室值班人员、消防设备操作人员培训。应经过消防专项培训，学习掌握相应的操作技能，经培训考试合格后持证上岗；

⑧井控培训。涉及井控工作的人员及承包商应参加井控培训，取得《井控培训合格证》；

⑨硫化氢防护培训。工区所有人员应参加硫化氢防护培训，取得《硫化氢防护培训合格证》；

⑩接触职业病危害人员培训。应接受职业病防治法规、职业病危害因素和防范措

施、防护用品的使用和维护等知识培训；

⑪特殊作业许可申请人、接收人、监护人、审批人培训。应接受作业许可管理培训，做到持证上岗；

⑫机动车驾驶员培训。驾驶车辆的应参加交通安全知识培训，持《准驾证》上岗；

⑬放射源人员和管理人员培训。参加地方环保主管部门组织的培训，持《辐射安全与防护管理人员培训合格证》上岗；

⑭环境监测培训。环境监测人员应接受专业培训，取得环境监测上岗证；

⑮清洁生产培训。清洁生产审核管理人员应参加过国家清洁生产审核师培训，持证上岗；

⑯污水处理培训。生活污水处理岗位人员应参加地方环保部门的专业培训，持《环境污染治理设施运营培训合格证》上岗。

（6）环境保护培训。应结合生产特点、产排污现状、固体废物管理等开展环境保护法律法规、环境风险识别与防控、突发事件环保应急处置措施等相关环保培训，提升基层员工环境保护意识和能力。

（7）公共安全培训。应将公共安全列入教育培训内容。

（8）承包商培训。

①承包商作业人员的安全环保培训。应对承包商开展入场前安全环保教育培训，并考核验证其能力，合格后办理"临时出入证"；

②承包商项目负责人、项目安全管理人员及现场技术负责人培训。项目开工前，对其进行专项安全环保培训，考核合格后方可开工。

（9）到访和临时外来人员培训。对进入生产、关键装置与要害部位等场所的外来人员进行入场 HSSE 教育，告知安全环保风险及管理要求。

（10）推行"HSSE 第一课"制度，日常集中脱产培训中应包含该内容。

5. HSSE 培训考核

（1）建立 HSSE 培训考核与上岗挂钩机制。考核不合格不发证，无证不准上岗。

（2）应按照"教考分离"的原则实施培训和考核，建立健全培训考核档案资料。

（3）培训时长 0.5 个工作日以上的 HSSE 培训要组织考核。可采取实操考核、仿真考核、理论考试等形式。操作人员以实操考核为主，理论考试采取闭卷方式。

6. 培训档案和记录

（1）建立 HSSE 培训档案和记录，如实记录 HSSE 培训的时间、内容、参加人员以及考核结果等情况。

（2）HSSE 培训档案和记录管理宜采用信息化方式，分公司 HSSE 培训检查应认可电子化记录。

（3）应监督培训实施单位培训档案的真实性和可追溯性。

7. HSSE 培训评估

（1）应组织 HSSE 培训项目的评估，并出具评估报告。

（2）HSSE 培训评估应包括培训效果评估和对培训机构的评估。

（3）培训效果评估应重点对员工培训前后的能力进行对比分析，评估员工的 HSSE 能力是否提高，HSSE 能力是否与岗位要求相匹配。

（4）对培训机构的评估应涵盖培训师资、教案、组织实施和培训效果等方面。

（5）应根据评估结果，优化培训方案，优选培训机构，提升培训效果。

二、建设项目管理

1. 总体要求

（1）新、改、扩建设项目的 HSSE 设施与主体工程应同时设计、同时施工、同时投入使用（以下简称“三同时”），实现新建、改建、扩建项目依法合规和本质安全环保。

（2）应按照安全、环保、公共安全、职业病防护、消防设施“三同时”管理办法要求，开展工程设计和专项方案论证、可行性研究（包含安全、安保、环保、职业卫生专篇），组织各阶段专业审查、评价、试生产及竣工验收，按规定向所在地地方政府主管部门办理行政许可、报告（备案）等手续。

（3）“三同时”审查，应注重风险管控措施的有效性，并对审查提出的整改措施予以落实。

（4）项目完成后的安全环保条件应符合国家、地方政府现行法律法规和标准要求。

2. 项目立项

（1）组织有关单位、专业管理部门进行立项审查，充分论证项目安全性、可行性、经济性，明确项目负责人。

（2）一类、二类和重点三类建设项目，应委托有资质的咨询设计单位组织编制《可行性研究报告》，设置安全环保专篇（章），开展安全及环境影响评价，取得项目的安全、环保等相关行政许可。

（3）建设项目环评文件报批建设项目环评文件报批，由 HSSE 部门根据有关规定按照程序进行报批。

（4）项目环境评价文件自批准之日起超过 5 年，决定开工建设的，其环境影响评价文件应当报原审批部门重新审核。

3. 项目设计

（1）勘察设计单位应优先采用国内外最新、技术最成熟的技术标准规范，符合安全环保行政许可以及环评批复的要求。

（2）生产工艺、设备和材料应遵循本质安全化和清洁化原则，环保治理等项目在技术选择、设计时，应进行安全环保论证，提供的设计文件应满足建设工程安全环保需要。

（3）油气生产、储运和加工处理单位地面工程建设项目的HSSE防护设施、安保“三防”设施设计应满足强制性标准规范要求，应急物资的配备应符合风险管控和应急处置要求。

（4）化工建设项目选用的工艺、设备和材料应遵循本质安全化和清洁化原则，设计阶段采用危险与可操作性分析（HAZOP）、安全仪表完整性等级评估（SIL）等方法进行风险评估，提出管控措施，并组织审查。

（5）采用新技术、新设备、新材料、新工艺的建设项目和特殊结构的建设项目，设计单位应当在设计中提出保障施工作业人员安全、预防生产安全事故、污染防治的措施建议。

（6）做好HSSE设备设施的合规性审查，分阶段开展建设项目总体设计、基础设计；详细设计分阶段内审，组织设计单位、施工单位进行设计、现场交底和图纸会审。

4. 项目建设

（1）应在项目开工前，取得施工许可证或开工许可，项目施工方案需经审核审批，施工方案中必须有环保措施内容；超过一定规模的、危险性较大的分部分项施工方案应根据相关法律法规进行专家评审并建立清单；施工阶段应严格落实环境影响评价文件及设计文件中的环保措施。

（2）强化项目HSSE、质量、投资、进度、合同“五大”控制，做好承（分）包商入场教育、特殊作业监管等工作。

（3）建设、监理单位应配备专职HSSE管理人员，及时组织HSSE检查。应定期对建设项目施工现场进行督导检查，对有关问题及时跟踪督导。

（4）按照“谁采购谁负责”“谁验收谁负责”的原则，严格执行有关检验方法及验收标准，对进入工程项目现场的设备、材料，建设单位应组织施工、监理单位进行验收，未组织验收或验收不合格的不得投入使用。

（5）监理单位应设立不同层级的质量控制点，按控制点进行管控，并保留便于追溯检查的相关技术资料。

（6）建设项目改变安全设施设计且可能降低安全性能的，安全设施在施工期间重新设计的，建设项目的规模、生产工艺、原料、设备发生重大变更及安全设施设计作重大变更的，需重新向原审查部门申请安全设施变更审计审查。

（7）建设工程项目变更前必须进行风险评估，落实管控措施，未经风险评估的不予审批，未经审批的变更不准实施，不能用行政审批替代专业技术评估。变更应充分考虑健康安全环境影响，并确认是否需要工艺危害分析。对需要做工艺危害分析的，分析结果应经过审核批准。

（8）建设项目的生产规模、生产工艺、职业病危害因素的种类发生变更过的，应重新进行职业病危害预评价。

（9）建设项目的建设地点，生产原料、燃料，生产工艺或重大设备，环境治理方案（工艺、规模、处理能力等）发生变更的，应重新进行环境影响评价。

5. 项目三查四定

建设项目试生产（使用）前，应组织完成“三查四定”、单机试车、管道试压、吹扫气密、仪表联校等工作，组织编制、审查试生产（投用）方案，对安全环保条件、安保“三防”设施进行确认；检查发现的问题和缺陷应逐项记录，落实整改措施、整改时间、整改负责人。

6. 竣工验收

（1）建设项目投入生产（使用）前，应按要求组织安全、环保、职业卫生、治安保卫和消防设施“三同时”专项竣工验收。

（2）建设项目投产试运行 3 个月后，应按规定委托有资质的评价机构，开展建设项目安全验收评价和职业病危害控制效果评价，同时开展环保、安保自主验收，并按要求向地方安全、环保和公安部门备案。

（3）存在职业性有害因素超标的建设项目整改达标前，不得验收职业病防护设施；未经消防验收或者消防验收不合格的，禁止投入使用。

（4）建设项目未达到试生产运行条件，或存在环保设施未完成、污染物不达标、重大变更未重新报批环评、施工期生态破坏未恢复、纳入排污许可证管理未办理、分期投产项目的环保设施能力不满足运行要求的情况，不得进行竣工环保验收。

（5）应在项目试生产一年内完成竣工环保验收，组织技术力量或委托专业机构编制竣工环保验收报告，并报地方环保主管部门备案。

（6）严格执行国家和所在地政府有关排污许可管理的相关法律法规和政策要求，申请领取排污许可证。纳入排污许可管理的建设项目，在取得排污许可前禁止投料试生产；需开展环境影响后评价的项目，应按照要求开展环境影响后评价。

三、生产运行管理

1. 管理职责

（1）根据生产装置运行、设备设施操作和相关作业活动要求，制定操作（作业）规程，明确操作步骤和技术要点、注意事项、环境保护等相关要求和应急处置措施，经审核、批准后发布实施。并对操作人员进行专项培训，考核合格。

（2）应定期检查操作（作业）规程的执行情况，并建立记录；至少每年组织一次操作规程有效性评审，每 3 年组织一次修订，并对增加、删除和变更的内容进行说明。生产工艺等发生重大变化以及采取新技术、新设备、新工艺、新材料的项目在投产前或发生事故后，应及时重新修订、评审和培训。

2. 采气和集输

1）采气井场

（1）井场应满足井下作业、防火防爆、防污染等现场 HSSE 管理标准、规范要求。

（2）采气井口及地面配套设备设施运行参数应符合设计要求，井场安全设施齐全、完好。

（3）井场应封闭化管理，消防通道畅通。

2）集输站场

（1）生产场所和关键部位，应设置清晰醒目的安全警示标识、风向标、环境保护标识，按标准配备消、气防设施、应急物资，按规定安装和检测防雷、防静电接地装置。

（2）建立工艺优化和生产异常分析、报告及处置制度。定期组织工艺优化和异常分析，严禁超设计参数运行，及时处置突发异常情况。

（3）建立报警与联锁管理制度。应利用SCADA系统对报警信息分级管理，建立报警统计台账。对泄漏报警、工艺参数报警、设备运行报警分类统计、分析改进；应设置独立的联锁关断系统；不得摘除、停用联锁；联锁动作后，应查明原因，消除故障，方可恢复生产。

（4）严格执行工艺操作规程，按要求组织巡检、验漏、保养工作。集输系统应严格执行缓蚀剂连续加注制度，定期进行冲砂、清洗等作业。

（5）安全附件应定期检测、校验，确保安全可靠。

（6）应按照标准规范设置配备气体检测仪和在线监测设备，定期开展检验、比对和标定，确保监测数据真实准确。

（7）危险化学品装卸应制定装卸规定，配备具有提示报警功能的静电释放装置。

（8）化验室设备设施和化学试剂管理应符合安全环保要求，通风橱、洗眼器、防护服等应急防护设施完好，定期开展职业病危害因素检测。

（9）集气站应设置雨污分流，化学品储罐应设置泄漏围堰，污水池、放喷池液位不得超警戒线。

（10）应使用盲板隔离工艺流程，盲板规格、材质应与设计保持一致，并挂牌编号管理，末端阀门应使用盲板或堵头封堵。

（11）高含硫气田打开酸气流程前，应按照放空、吹扫、置换、钝化、碱液浸泡、隔断程序进行，复产应置换、气密试压，逐步确认。集气站全面检修前，应编制集输系统停产保护和复产方案，经审核后实施，并与相关单位签订专项HSSE管理和应急联动协议。

（12）含硫污水应采取密闭输送或密闭拉运，放空气体应火炬燃烧，污水站含硫废气应进行脱硫处理，减少废气排放。

（13）含硫污水100%达标回注，固废合规处置，10人以上的站场、办公生活区生活污水应收集处理。

3）集输管道

（1）集输管道应建立完善指挥协调机制，运行参数应实时监控运行。

（2）集输管道的安全设施应保持完好，穿跨越水体、公路、铁路的管段和重点桁架应采取可靠的防护措施。

（3）管道运行单位应严格落实管道保护和巡护制度，加大重点管段、重点区域和沿线阀室的巡查频次，防范第三方破坏、穿孔污染和占压等现象发生。

（4）应对高含硫集输管道定期开展智能检测、缓蚀剂批处理和桁架检测。

3. 井下作业

1）作业前准备

（1）上修前施工单位应签订 HSSE 施工协议。

（2）上修前应按照地质、工程设计（方案）编写施工设计及应急预案，并评审合格。

（3）上修前应认真落实道路、井场、井口、放喷池、污水池等，做好现场勘查工作，按照工程要求配备合适的修井装备。

（4）上修前应进行地面设备设施、地下管线电缆、井口、现场及周边环境的交接。

（5）作业施工现场设备设施合理布局，值班房、工具房、发电房等布置应符合相关标准规范要求。消防器材、应急物资、气防设施、工具器具、安全标识、标志齐全有效，安全通道畅通无阻。

作业现场作业设备（井架、游动滑车、天车、吊卡、刹车、气防设施等）应严格按要求开展检验检测，并出具具有检测资质单位提供的报告。

2）开工验收

作业开工前应由施工单位按照相关规定组织开展开工验收确认后，按照相关规定对队伍资质、人员取证、井控、HSSE 管理、消、气防管理等进行逐项检查确认，经验收合格，签发开工许可证后方可开工。

3）施工管理

（1）作业施工应设置全过程视频监控。

（2）作业过程中施工单位应有安全人员全程进行安全督管。

（3）作业明确施工安全主体，安全主体单位要与配合单位及交叉作业单位签订专项 HSSE 管理和应急联动协议。

（4）作业过程中应严格按照环保治理方案做好环境保护工作，现场应配备环保应急物资。

（5）压裂、酸化、射孔、放喷等特殊工序施工，施工单位应对安全措施逐项落实到位，达到安全条件后才能组织施工。

（6）作业过程中应根据施工设计风险及时开展应急演练。

（7）应严格按照“早发现、早关井、早处理”的要求，加强施工过程的井控管理，发现异常应立即关井。

（8）作业完井后，及时与普光分公司采气厂进行现场设备设施及环保交接，做到工完、料净、场地清。

4. 天然气净化、处理

1）停工和开工

（1）新改扩建项目完工投产前，建设单位应组织开展“三查四定”和安全环保条件检查确认。

（2）天然气净化装置（设施）因计划停工时和开工前，应开展风险识别和评估，确认安全环保条件，编制联合装置（设施）停工和开工方案，确保开停工安全平稳、尾气达标。应针对停工和开工过程中出现的问题，进行分析研究，提出整改措施。

（3）含硫天然气净化装置停工检修时，脱硫单元应按照降温、退液、清洗、蒸塔、隔离等流程依次进行，硫黄回收应按照吹硫、钝化、隔离等流程依次进行。

（4）装置（设施）停工交付检修前，应制定检维修安全环保措施，组织交付检修条件确认。

（5）装置检修产生的污染物应及时清理回收、转移处置，做到工完料净场地清。

（6）装置检修结束后，应组织检修交付生产条件确认。复产应按照解除隔离、气密试验、单机试运、建立循环、热备等程序进行，逐步确认。

（7）环保装置应后停先开，确保污染物受控及达标排放，开、停工报告信息应按要求向当地政府环保部门报备。

2）生产运行控制

（1）应根据生产装置和环保设施处理实际能力编制年度、月度生产计划及年度装置运行计划，合理安排生产，不得超温、超压、超负荷运行，污染物达标排放。应当优化工艺参数，定期分析，并持续改进。

（2）应落实交接班及巡回检查制度，及时处置并汇报现场异常事件，并做好记录。

（3）应建立生产异常的分析、报告和处置制度，及时记录、处置和分析生产异常事件，制定防范措施，落实闭环管理。

（4）应建立报警与联锁管理制度，对报警分级管理，及时确认、分析和处理；应定期维护联锁系统，建立摘除、联锁联校和投用记录，未经风险评估和审批不得摘除、停用。

（5）在可能涉及天然气泄漏、硫化氢泄漏、粉尘聚集的装置及场所应按照要求安装可燃气体、有毒气体检测报警、粉尘检测报警和火灾报警装置等安全设施，并按要求开展比对、标定和检定工作。

（6）对在线监测设备开展日常运维、故障处理、定期比对和校验工作，装置关键参数应设置高低预警，并填写有关记录和台账。

（7）生产装置的工艺流程隔离应使用盲板，盲板规格、材质等应与工艺流程设计保持一致，并挂牌编号管理，按要求进行巡检和维护，末端阀门应加装盲板或堵头。

（8）应定期对就地仪表和DCS控制系统的数据进行比对分析，及时消除误差。

（9）应开展生产装置HAZOP分析和安全仪表系统安全完整性等级（SIL）评估，并落实整改措施。

四、井控管理

1. 管理要求

（1）井控管理应围绕“立足一次井控、搞好二级井控、杜绝三次井控”的理念，坚持“发现溢流，立即关井；疑似溢流，关井观察，并及时汇报”的原则。

（2）应设立井控管理机构，配备井控管理岗位，负责日常井控管理工作。

（3）每季度组织开展井控专项检查，召开井控工作例会，下发会议纪要。

（4）现场使用的防喷器、压井管汇、节流管汇、内防喷工具、放喷管线、试气流程及多功能放喷流程、地面控制装置应按规定进行配套安装、检测、试压合格，做到不渗不漏。

（5）应配备井控应急抢险物资、检测仪器、井喷抢险装置，落实专人管理，建立井喷应急抢险队伍。

2. 井控过程管理

1）钻井、作业、生产测井井控

（1）按照“谁主管谁负责，谁签字谁负责，管生产必须管井控”的原则，做好地质设计、工程设计、施工设计审查和审批，未经审批不准施工。

（2）地质设计应根据区块内邻井地层压力数据、区调资料、地震资料等，做出压力预测；对压力异常区域、井漏、有毒有害介质进行风险提示。

（3）工程设计、施工设计应根据地质设计提供的压力预测，分别编制井控、环保专篇。按照井控管理规范，对井控装置、设施型号、压力级别、组合方式、安装质量、加重材料储备等提出明确要求。

（4）严格落实井控设备设施的开工验收、井控技术交底、风险识别与评估制度，做好开发井、探井浅层气和地层漏失处置、各种工况下应急预案与井控演练。

（5）做好组织编制钻井、作业、生产测井井控的应急处置方案和审查工作，参与井控突发事件应急抢险与指挥工作，以及井喷事故及硫化氢等有害气体溢出事故调查。

（6）开展各类钻井（参数井、预探井、科探井、一般钻井）安全现状重大风险评价工作，最大限度消减钻井过程中的事故风险，确保井控安全。

2）回注井井控

（1）在生产过程中，应严格执行生产管理制度，及时开展生产动态监测和分析；含 H_2S、CO_2 等酸性气体的采气井，应按照工艺设计要求采取防腐、防垢、防水合物等工艺措施。要根据采气区块或气藏生产状况，制定区块井控装置工况检测方案、腐蚀防治方案，指导开展井控装置工况分析诊断和维护。

（2）回注井应履行回注程序，严格执行回注方案设计及回注操作规程，生产井全部安装多功能放喷流程，禁止套管气直排。

（3）气井、回注井采气树应根据地层压力、井口压力、施工压力及流体特性和工作环境进行选择，安装前须经过气密封试压，更换装置或更换配件时应按规定要求进行气密试验。

（4）安装井口安全控制系统，控制系统应具有自动和人工应急关断功能。

（5）环空含硫化氢的气井，每月取样分析化验环空气样组分或液样腐蚀速率等情况；环空含硫化氢保护液漏失的气井，每半年检测环空保护液面高度，定期或及时补充环空保护液；套压异常井安装地面多功能辅助流程，并制定操作规程。

（6）井控装置应定期按标准进行配件完整性、灵活性以及密封性等专项检查和维修保养，并做好记录。井下安全阀、阀门等井控装置应定期进行开关活动，其中井下安全阀每半年活动1次。

（7）生产井每天至少对油、套压、环空压力情况进行1次监测并记录，环空压力控制应小于环空带压限定值，发现压力异常变化，应进行分析并及时汇报和处理。

（8）气井井口组装和附加变更相应配件时，全部采用法兰式或丝扣式连接，严禁采用焊接、切割、挖补等方法作业。

3）长停井（废弃井）井控

（1）长停井应逐井建立完整档案，准确记录井场位置、投（停）产（注）时间、停产（注）原因、井下管柱、井下工具、流体性质、井口装置，以及地面配套情况、危险类型和程度等。

（2）建立长停井定期巡检制记录制度，并应根据巡检记录对地下流体流动性和机械完整性进行评估。

（3）应按照危险程度对长停（废弃）井分类，进行“红、黄、蓝”三色管理，定期巡检井口装置、压力等情况。边远井、井口周边复杂井、有压力显示或异常井，建议安装压力远传装置，根据风险类型、风险程度、救援难度等，制定应急处置方案。

（4）废弃井封堵执行《废弃井封井处置规范》（Q/SH0653—2015）。地质设计、工程设计应进行审批。作业前应落实井筒状况，采取相应措施，可靠压井，井籍单位应落实已封废弃井定期巡检制度，井场要及时退耕复垦。

（5）封井施工队伍要编写施工设计和应急预案，设计要有井控专篇，按程序进行审批。施工前组织现场技术交底，明确责任和分工，提出具体要求。

（6）对已完成永久封堵的废弃井，每年应至少巡检1次，并记录巡井资料；“三高”气井封堵废弃后应加密巡检，每半年至少应巡检1次，并记录巡井资料。若发现井口有损坏、缺失，应立即进行维护，恢复原状。

五、危险化学品管理

1. 管理职责

应制定泄漏安全管理制度，对危险化学品泄漏进行考核，编制危险化学品泄漏（含硫化氢泄漏）应急预案并组织演练，并设置24h应急值班电话。

2. 险化学品生产

（1）编制、定期修订天然气、硫黄、液硫产品的《安全技术说明书》和《安全标签》。

（2）建立危险化学品泄漏点台账，开展泄漏统计、分析和预防工作，现场泄漏点实行挂红、橙、黄牌分级管理。

3. 危险化学品储存

（1）危险化学品装置区、储罐区和装卸区等部位应设置通信、监测、报警、监控。

（2）天然气净化厂对硫黄料仓、皮带线、转运站等硫黄聚集场所定期开展硫黄粉尘防爆检查，对液硫罐区硫化亚铁自燃部位进行风险评估，及时消除隐患。

（3）危险化学品罐区管控重点：

①报警和联锁系统；

②安全泄放系统；

③消防和冷却喷淋系统；

④独立安全仪表系统；

⑤储罐的安全附件和可燃气体报警设施；

⑥防雷防静电设施。

4. 危险化学品装卸与运输

（1）危险化学品的装卸管理应有相应操作规程、应急处置预案，对装卸现场人员、车辆、天气等影响因素进行要求。

（2）物资部门要对危险化学品承运单位、车辆及人员合法性进行管理，属地单位严格执行门禁管理，检查承运单位、驾驶和押运人员资质，核实运输车辆、罐体等设施的检验合格证书。

（3）应向硫黄和液硫等产品的使用单位提供安全技术说明书。

5. 危险化学品购买和使用

（1）采购危险化学品，应索取化学品安全技术说明书，对危险性不明的化学品应进行危险性鉴别和评估。

（2）应建立危险化学品台账，实施动态管控，制定相应管理制度、操作规程和泄漏处置预案。

（3）应定期向当地公安部门备案硫黄等易爆类危险化学品流向信息。

（4）涉及危险化学品的岗位员工应掌握相关危险化学品使用方法、注意事项及应急处置要求。

（5）因变质、过期失效等原因需要废弃和销毁的危险化学品，应委托有资质的专业单位进行处理、销毁，或者报地方政府有关部门按规定进行统一处置。

六、设备管理

1. 设备完整性管理

1）设备前期管理

技术部门负责设备可研和设计过程的安全环保管理。物资部门负责设备采购过程的安全环保管理。工程部门负责地面工程建设项目设备安装、调试、试运行过程的安全环保管理。

2）使用与维护管理

（1）常压储罐管理。常压储罐的使用、维护需满足常压立式圆筒形钢制焊接储罐维护检修规程。常压储罐检修执行储罐的检验、修理、改造和重建。在用常压储罐要定期进行全面检验，一般情况下每6年进行1次，国家另有规定的，按有关规定执行。

（2）机泵管理。

①操作、维护和设备管理人员应严格按照巡回检查制度规定内容和标准，对机泵各部位进行检查，并认真填写巡检记录；对不能及时处理的缺陷应采取防范措施，列入检修计划，直至消除缺陷。

②大机组日常管理严格落实“五位一体”（机、电、仪、管、操）特护。

③机泵检修过程中应加强检查和质量控制，关键检修工序应有施工及业主单位的安装质量确认；机泵检修完成后，应真实完整地填写检修记录，试车合格后方可投入运行。

④机泵各润滑点应统计登记齐全，按规定添加和更换润滑油（脂），定期检查、分析各润滑点油品质量，满足机泵管理细则要求。

（3）电气设备管理。

①电气设备是指分公司在生产运营过程中所使用的变压器、开关柜、电源装置、电动机等，使用维护应满足电气设备管理要求。

②电气设备运行维护执行油田企业电力安全工作规程要求和“三三二五”制（三票、三图、三定、五规程、五记录）。

③电气设备耐压、绝缘电阻试验等预防性试验，应落实电力行业现行电力设备预防性试验规程要求。

④电气设备的检修维护应落实石油化工设备维护检修规程要求。

（4）仪表及自控系统管理

①仪控设备是指分公司在生产运营过程中所使用的常规仪表、控制系统、报警联锁仪表、安全环保仪表等，使用维护满足仪表及自动化控制系统管理要求。

②常规仪表、分析化验仪表选型满足最新国标要求，要确保满足与现有控制系统进行数据通信的技术指标要求。

③自控系统定时检查主机/控制器、外围设备硬件的完好及运行状况，运行环境条件满足控制系统正常运行要求，安全防护应严格遵循国际、国家和地区的有关标准和规范、文件，检修维护应满足石油化工设备维护检修规程要求。

④安全环保仪表配置及选型应满足石油化工企业可燃气体和有毒气体检测报警设计规范，新建、改建、扩建的生产装置、集输及储运设施必须满足“三同时”要求。

⑤仪控设备检修、维护作业应满足石油化工仪表工程施工技术规程。

⑥报警联锁系统维护和检修，应在开工前或投用前进行现场试验，定期进行联锁报警自查自改，确保联锁仪表100%投用。

3）检修管理

（1）检修计划的编制必须建立在对设备日常运行有完整性的监测、检查档案和事故台账的基础上，检维修项目计划下达应及时、准确、详尽，真正做到“应修必修”“不失修”“不过修”。

（2）检修施工方案中要制定 HSE 管理内容，进行风险识别、风险评估和制定风险控制措施，并严格按照批准的方案进行作业前技术交底，落实风险控制措施。

（3）重要检维修项目施工过程实行工序质量控制，明确项目质量控制点。依据工序的重要程度和控制的必要性划定出不同的控制等级，实施不同的等级质量控制活动。工序质量控制分为 A、B、C 三个等级。对每一个等级，必须进行严格的检查。对各级质量控制点进行检查，施工单位都必须提供有关施工记录、检验和试验报告等。上一工序不合格，检查各方不予签证，不能转入下一工序施工。

（4）装置检维修项目施工完成后，交工资料编制按照生产装置检维设备 / 技术改造交工组卷资料技术规范执行。

4）更新改造管理

（1）关键或成套设备技术选型，应组织技术论证，由相关部门、项目单位、设计单位、相关厂商等参加，重点澄清、确认有关技术内容，形成技术方案并作为编制技术规格书的依据。技术方案应包括：设备工作环境、工艺配套、技术性能参数、安全环保与能效指标、供货范围、验收条件、质量保证、技术支持、人员培训、配件供应、售后服务等。

（2）重大关键或成套设备应按规定委派相应技术人员驻厂监造，具备条件的可委托有相应能力、资质的第三方机构承担监造工作。

5）缺陷与失效管理

（1）设备部门负责组织制定在用含缺陷压力容器管理制度，组织在用含缺陷压力容器监督检查与考核，对在用含缺陷压力容器的实施更新改造、维修管理，组织或参与在用含缺陷压力容器事故调查。

（2）HSSE 部门负责监督检查在用含缺陷压力容器安全管理工作，协调、督导各单位在用含缺陷压力容器检验检测、持证上岗、隐患治理等监督检查与考核，负责与法定检测单位沟通协调，确定在用含缺陷压力容器安全状况等级。

（3）技术部门负责组织制定在用含缺陷压力容器的操作工艺指标，对工艺操作情况进行监督和指导。负责在用含缺陷压力容器的腐蚀监测管理。

（4）使用管理要求。

①按照法律法规要求，对在用含缺陷压力容器定期进行月度和年度检查。在用含缺陷压力容器需设置明显警示标识，必要时予以区域隔离；并将在用含缺陷压力容器作为视频重点监控区域，确保实时监控。

②必须认真贯彻执行合同使用评价中所规定的管控措施及操作条件，严禁超温、超压、超负荷运行。在用含缺陷压力容器作业人员必须取得国家统一格式的作业人员上岗操作证书，方可从事相应的作业或者管理工作。

③每季度对缺陷压力容器选择最严重的缺陷进行重点检测；每半年委托原合同使用评价单位对缺陷进行定期跟踪检验；有特殊要求的按要求执行。在用含缺陷压力容器到检验周期后，由原合同使用评价单位进行复检、评估，并根据评估意见确定下一步处置措施。

④在用含缺陷压力容器安全附件、气体检测仪表、防雷接地、应急广播、消防器材等安全设施应确保齐全、灵敏、可靠，严格按照相关规定定期进行校验、比对和检查。

（5）失效分析管理要求。

①对已发现存在缺陷且无法判断产生原因的压力容器，开展失效分析工作。

②失效分析工作应邀请具有资质的国内检测权威机构实施，并出具失效分析报告用以指导生产。

③应根据失效分析报告的结论，从操作、使用、运行、维护、环境等方面进行调整，合理使用设备，降低发生故障的概率。

6）设备基础资料管理。

设备基础资料实行分级管理。指派专职人员负责设备基础资料管理工作。

7）检查与监督

（1）分公司每季度组织一次设备检查，开展设备管理工作创优活动。

（2）设备检查按照中国石化油田企业设备检查细则执行。

2. 特种设备管理

（1）应按照规定对特种设备进行选型购置、注册登记、检验检测、使用维护、人员培训等，建立健全特种设备安全管理制度、操作规程、技术档案、运行记录及应急预案等。

（2）已达到设计使用年限的压力容器，或者使用超过20年的压力容器，应委托有资格的特种设备检验机构对其进行检验，对其运行情况进行风险评估，制定相应的管控措施，经审核、批准、备案后，方可继续使用。

（3）承担分公司特种设备安装、维修（保养）、改造的施工单位，应在施工前书面告知当地政府特种设备安全监管部门，并向分公司特种设备安全管理部门报审《特种设备施工安全备案表》及相关资料。

（4）应对在用特种设备的安全附件、安全保护装置、测量调控装置及有关附属仪器仪表进行定期校验、检修，并做好记录。

3. HSSE设施管理

明确HSSE设施的管理部门，确保井控、防硫化氢、职业病防护、消、气防、防雷防静电、安保、环保等设施运行良好，按规定进行检验、检测和检查，建立记录档案，并将重要HSSE设施纳入设备完整性管理。要求如下：

（1）HSSE设施必须严格落实“三同时”要求。

（2）HSSE设施不得擅自停用和变更。变更时应严格进行风险评估，履行相关审批程序。

（3）各类HSSE设施应按照国家相关标准规范进行定期检测。

（4）设计、选用连续生产装置的HSSE设施时，要满足检测、检验周期的要求。

（5）结合实际，对安全阀、BDV等泄压放空设施，火炬系统，安全仪表系统，可燃、有毒气体检测报警设施，火灾报警和周界报警系统，井控安全设施等关键 HSSE 设施重点管理。

（6）关键 HSSE 设施选型时，应对技术、性能、环保、可靠性提出特殊要求，选择成熟可靠的产品。

（7）污染防治设施应运转正常，在线监测数据传输良好，检维修、开停工等非正常工况应制定环保措施，确保污染物达标排放。

（8）环保设施的关停须向地方政府环保主管部门报备。

4. 油气集输管道完整性管理

1）一般要求

（1）应每年编制管道完整性管理方案，作为本年度实施完整性管理的指导文件，方案应细化到具体管道。

（2）将完整性管理培训纳入分公司培训计划。

2）管理要求

完整性管理核心业务主要包括 6 步工作循环，即：数据采集与整合、高后果区识别、风险评价、完整性评价、风险消减与维修维护、效能评价。

（1）数据采集与整合。数据采集与整合应当从设计开始，全过程持续开展。具体数据内容包括管道中心线、阴极保护、管道设施、第三方施工、检测维护、基础地理、运行、管道风险和应急管理 9 大类。

（2）高后果区识别与管理。在管道运营期，每年开展 1 次高后果区识别。当管道及周边环境发生变化时，应重新识别。

（3）管道风险评价。新建管道投产 1 年内完成风险评价，运营期管道应每年开展 1 次风险评价。当管道属性及周边环境发生较大变化时，应及时开展风险再评价。

（4）完整性评价。原料气管道按照“三年一检”的原则，制定原料气集输管道内检验计划，并选择具有资质的检验机构开展内检验，评估管道安全状况。

（5）风险消减与维修维护。根据风险评价和完整性评价结果，对需要维修的管道制定风险消减与维修维护计划，保障各项措施。

（6）效能评价。每年开展 1 次效能评价确定完整性管理的有效性，可采用管理审核、指标评价和对标等方法。

5. 泄漏管理

1）管理职责

应制定泄漏安全管理制度，或将泄漏安全管理纳入专业安全管理制度，并监督实施。

2）管理要求

（1）应严格落实泄漏管理制度，开展泄漏风险识别和原因分析，建立考核机制和统计、检测台账，制定预防措施和应急处置预案，配置应急资源，定期开展演练。

（2）源头控制。项目设计、建设阶段，应当全面识别和评估泄漏风险，从源头采取措施控制泄漏危害，应当选用先进的工艺路线，减少密封点，优化设备选型，严格施工、保证质量，减少泄漏。

（3）对可能泄漏部位进行风险识别，采取相应的风险评价方法确定泄漏风险等级；对要害部位的泄漏应当进行风险分析，形成泄漏介质的流向（扩散）图和泄漏后的影响图，采取相应的预警和预防措施，报业务主管部门审查、备案。

（4）建立《密封点台账》和《泄漏点台账》，及时更新泄漏数据库，对泄漏进行统计分析，开展预防泄漏管理工作。

（5）对泄漏点实行分级（色）挂牌管理，按照 T11 泄漏挂红色牌、T12 泄漏挂橙色牌、T2 泄漏挂黄色牌进行管理，形成检测、处置、验收、销项闭环管理。

（6）对于边生产边施工的作业，作业前属地单位应当结合现场情况编制硫化氢泄漏处置方案。

（7）泄漏检测。应开展泄漏检测与修复，减少、消除逸散性泄漏，采用人工巡检观察和技术手段相结合等多种手段、方法进行日常排查，特别要加强内、外部温度变化时的检查，早发现、早处理，防止泄漏扩大；应加强可燃和有毒气体泄漏检测报警系统管理，确保报警系统准确、完好。

（8）应建立腐蚀管理机制。对于易受冲刷或腐蚀减薄的部位，应列为巡检的必查点，根据泄漏风险程度进行相应的定期定点测厚，推行在线监测技术，对比分析测厚数据，出现异常及时处理。

（9）应制定本单位的验漏制度，明确日常验漏检查频次，发现问题及时处理，并建立台账。

（10）应急物资及维保队伍管理，针对不同的泄漏形式和设备，配备管卡、防渗布等必要的应急物资、堵漏器具。

（11）突发泄漏应当立即采取防范控制措施，设置警戒区、处置泄漏点，收集处理泄漏物料，防止事态扩大，必要时立即停车处理。

七、施工作业管理

1. 管理职责

（1）技术、生产、设备、工程等专业部门分别负责业务范围内专业技术方案的审查，督促指导安全环保措施的落实及现场 HSSE 管理。

（2）HSSE 部门监督指导用火、临时用电、进入受限空间、盲板抽堵等特殊作业及非常规作业的许可管理和现场安全措施的落实情况。

2. 施工方案

施工作业应制定施工方案，由业主、施工方双方共同编制安全环保技术措施。对于经风险分析定级为较大及以上风险的施工项目，应编制专项 HSSE 保障方案。

3. 施工现场安全要求

（1）施工作业区、办公区和生活区应有明确划分。具备相对固定作业面的工程建设项目施工现场、装置检维修作业现场应实行封闭化管理，其他施工作业现场应采取警戒带或隔离设施，并设置安全标志。

（2）存在能量或危险物质意外释放可能导致中毒、窒息、辐射、触电、机械伤害的设备设施应采取能量隔离与挂牌上锁措施。

4. 施工过程管理

1）特殊作业

（1）特殊作业应制定特殊作业管理制度，实施许可管理，全程视频监控。

（2）作业前，作业负责人应根据 JSA 分析结果，将作业内容、作业风险及防范措施、作业中止和完工验收要求向作业人员交底，组织现场安全确认。

（3）作业范围和内容发生变化后应重新申请作业许可，作业人员不得随意改变作业范围和作业内容。

（4）特殊作业应实行双监护制度。生产单位和施工单位监护人必须持证现场监护，发现问题及时制止和处理。

2）交叉作业

应制定交叉作业管理制度，指定项目现场协调负责人，统一对现场进行监督管理。

3）非常规作业

专业管理部门应总结梳理非常规钻井、不压井、带压堵漏等非常规或其他高风险作业的类别，制定作业指导书、操作规程，实行许可管理。

4）涉硫作业

作业人员应取得 H_2S 防护证，全程使用正压式空气呼吸器和便携式 H_2S 气体检测仪；制定防 FeS 自燃措施。

5）环保管理

施工过程应严格落实施工方案中环保措施要求，实施清洁生产，确保污染物达标排放。涉土石方施工要严格落实围挡、物料覆盖、湿法作业等扬尘防控措施；作业废水全部回收；固体废物规范储存、合规处理；施工完成后做到工完料净场地清。

5. 检查与考核

专业管理部门应针对施工作业的风险管控情况，适时组织开展现场检查。各级 HSSE 部门应将现场施工作业的管理情况列入 HSSE 检查考核范围。

八、承包商管理

1. 管理职责

（1）应制定承包商准入管理制度，审核并确认承包商安全资格。

（2）HSSE 部门负责制（修）定普光分公司《承包商安全环保监督管理办法》，并监督检查落实情况。

（3）技术、生产、工程、设备等部门（单位）是业务范围内承包商的专业安全环保管理部门（单位），履行专业监管主体责任。

（4）项目监理单位负责对所承担的监理工程进行全过程、全方位的安全环保监督。

2. 资质审查

（1）技术、生产、工程、设备等专业部门按照“谁主管、谁负责”“谁引进、谁负责”的原则，组织业务范围内承包商安全环保资质、业务能力审查。

（2）建设单位（项目部）按照“谁主管、谁负责”的原则，对承包商的 HSSE 管理体系、施工资质、环保资质、人员资质及健康状况、设备设施等进行审查确认；参加项目建设的所有承包商员工身份信息，应经过当地公安系统采集、比对。

3. 招投标、合同管理

（1）招投标文件中应明确现场管理、技术及操作人员，配置视频监控设备，落实安全环保技术措施费用等要求。

（2）与承包商应签订 HSSE 协议，并作为合同附件。严禁转包、违法分包，严禁以劳务分包的名义进行专业分包，不得随意压缩工期。

4. 监督管理

（1）技术、生产、工程、设备等专业部门组织对业务范围内建设项目管理情况进行监督检查。

（2）应将承包商纳入本单位 HSSE 管理，实行“统一标准、统一管理、统一要求、统一考核”。

（3）应对承包商作业机具、设备等进行入场（厂）前检查，合格后张贴标识方可入场（厂）。

（4）应严格规范承包商的作业区域和现场管理要求，禁止承包商施工人员随意进入生产区域，禁止承包商施工期间违规排放污染物，不得将废弃材料及包装物等废物遗留在现场。

（5）应定期或不定期对施工现场进行 HSSE 检查，定期核查承包商“三项岗位”人员（生产经营单位主要负责人、安全管理人员和特种作业人员）和关键工种人员的资质，定期召开监理、承包商 HSSE 会议，记录和反馈监督检查结果。

（6）涉及特殊作业及其他高风险作业的，应督导承包商严格落实许可管理制度，实行属地和承包商“双监护”，全程视频监控。

（7）安装、拆除大型生产设施及其他大型工程施工，应制定专项施工方案，方案应包含安全环保措施，按规定经业务部门、监理单位审查，建设单位批准后方可实施。

5. 绩效考核

（1）应建立承包商安全环保违规处罚、考核、清退机制。各单位、部门不准使用黑名单的承包商。

（2）每季度组织承包商考核，根据考核情况进行奖惩，并与承包商准入和业务承揽挂钩。

（3）承包商发生事故的，等同单位内部事故。追究相关人员管理责任。

九、供应商管理

（1）实行“资格审查、分级管理、动态考核、守信激励、失信惩戒”的物资供应商管理运行机制。

（2）实施资源共享、资格审查、动态考评、合作共赢、诚信管理的管理原则。

（3）制定《供应商安全管理规定》，做好供应商安全管理，对供应商实施资质审查、采购实施、质量检验、绿色采购、考核评价等管理。

（4）建立绿色采购机制，将绿色采购的标准和要求纳入物资采购管理体系。明确绿色采购供应商资格审查和现场考察标准。采购部门在签订润滑油、油漆、试剂、蓄电池等采购合同时，要增设废旧物料、包装物等回收条款，并严格落实。

（5）物资的储存、运输、装卸、报废处理处置等过程应符合安全环保技术要求，对采购设备设施、备品备件、原辅材料的质量负责，并对各单位储备情况进行监督。

（6）把质量、安全、环保、健康等要素，作为供应商入网资质审查、现场考察和供应商考核的内容。

（7）物资采购、合同签订应明确质量、安全等条款。

（8）供应商提供的物资必须符合气田对物资质量、安全、环保、健康等方面的要求。

十、变更管理

1. 管理职责

（1）变更应按照“谁主管谁负责”“谁变更谁负责”“谁审批谁负责”原则，根据分管业务、属地化管理和岗位职责对各自负责领域的变更负责。

（2）严禁未经风险评估批准变更，严禁未经审批实施变更。

（3）各业务主管部门应根据分管业务对各自负责领域的变更负责，明确范围内相关变更的程序和具体要求，明确业务范围内一般、较大和重大变更的管理要求，做好变更事项的督导和检查。

2. 变更流程

变更流程包括变更申请、变更风险评估、变更审批、变更实施和变更关闭。

1）变更申请

在生产过程中，人员、工作过程和程序、工艺技术、设备设施、作业过程、工作过程、设计等发生变化，应确定变更类别和主管部门，办理变更申请。

2）变更风险评估

应成立变更风险评估小组，开展变更风险评估。

（1）一般变更、较大变更采用专家审查的方式进行风险评估，生产工艺与设备设施的重大变更采用 HAZOP、FMEA 等方法进行风险评估，并充分识别新增环境因素，评估环境风险，提出防控措施。

（2）重大变更的风险评估应核实可能涉及的生产工艺和控制措施的安全性；涉及建设地点、生产工艺或重大设备等变更的，应重新报批相关文件，重新报批的文件未批复前，重大变更部分不得开工建设。

（3）重大、较大变更评估小组组长由分公司变更事项主管部门负责人、分管负责人或技术专家担任。

3）变更审批

（1）一般变更、较大变更、重大变更应按权限进行审批审批。

（2）涉及工程施工的变更，变更审批人应当对安全环保风险管控措施进行现场校核。

（3）变更批准后应报 HSSE 部门备案。

4）变更实施

（1）变更应当按照变更审批确定的内容和范围实施，并对变更实施过程进行管理。

（2）变更实施前，应对技术方案、安全风险和防控措施、应急处置措施、应急预警信息等相关内容进行技术交底或专项培训。

（3）紧急变更可先行实施。突发紧急事件需要紧急变更时，应当执行应急处置规定，在风险预判可控的情况下经现场负责人同意后，先行实施，实施期间应当做好相关技术记录。

5）变更关闭

（1）变更完成后，批准单位应当组织投用前的条件确认。

（2）变更项目实施完成并正常投用后，由变更批准部门审核并关闭、备案，健全变更资料。

十一、员工健康管理

1. 管理职责

（1）应组织制定并实施年度职业健康管理工作计划，定期识别员工的职业健康风险，建立健全职业病危害因素清单，每年向职代会报告员工职业健康与劳动保护工作情况。

（2）应当健全部门、岗位与人员的健康责任制，制定完善员工健康管理相关制度，定期开展员工健康状况评估，加强重点人员、高危人员健康监护，实现全员健康与全面健康管理。

（3）各级党政负责人对本单位员工健康管理全面负责，并通过职代会、HSSE 工作例会、HSE 委员会通报职业健康和身心健康工作情况。

2. 职业健康

（1）应动态监控职业病危害因素，治理超标场所。应在可能发生职业伤害的场所设置符合标准规范、满足员工健康要求的职业病防护设施和警示标识，定期委托有资质的单位开展职业病危害因素日常监测和定期检测。

（2）应为员工提供符合国家要求的个体防护装备。建立个体防护装备的选用、配备、采购、验收、保管、发放、使用、维护保养、更新及报废等管理制度。

（3）更衣室、交接班室、休息室、卫生间、宿舍、餐厅等的设置应满足相关标准规范要求。

（4）集中空调通风系统每年应定期进行清洗、消毒维护保养和委托有资质的单位开展送风、冷却水卫生指标检测。

（5）应定期组织接触职业病危害因素人员职业健康检查，建立职业健康异常人员、重点关注人员、高危人员清单。对体检异常人员的健康状况、工作内容、作业环境、劳保措施等情况进行综合分析，及时安排疑似职业病的员工进行诊断，按程序上报。

（6）应规范职业病记录、报告、分析、安置等管理程序，配合政府部门做好因职业病导致的工伤管理工作。

（7）应按要求组织工伤、职业病等人员的诊断鉴定、治疗、康复等工作，评估和处置其健康状况的岗位相容性。

（8）心肺复苏培训。应当开展网格化心肺复苏培训，具备应急救治能力的员工比例不得低于职工总人数的15%。

3. 身体健康

（1）应定期开展全员健康检查，对员工健康状况进行评估；不得安排健康条件不符合岗位要求的人员和有职业禁忌证的人员从事不适合的工作；体检结果应当书面告知本人。

（2）全员的综合健康检查每年1次，应明确检查项目和时间，及时提醒员工早日诊治各类疾病；重点关注心脑血管等疾病员工的健康状况，不宜安排其从事重三级以上体力劳动、连续加班和单独值班工作。

（3）对非因工致残和经认定患有难以治疗疾病的员工，应当按规定给予一定的医疗期；医疗期满，应当安排进行劳动能力鉴定，按国家要求处理劳动关系。

4. 心理健康

（1）各级党群部门组织应定期开展员工心理帮扶与教育。对具有明显焦虑、抑郁等心理行为异常人员，及时提出转介建议。

（2）应定期对境外员工开展身心健康筛查。不适合外派出国的人员及境外人员，不得派出或立即安排回国。

（3）HSSE部门应当参照事故调查程序对职业病病例、在岗期间非生产性死亡事件的原因进行个案调查，形成调查报告。

十二、公共安全管理

1. 管理职责

（1）HSSE部门负责落实上级公共安全管理要求，制（修）订气田公共安全管理制度，指导各单位识别、评估公共安全风险，开展治理活动，落实“三防”措施以及特殊群体、重点人员、重点场所的管控等工作。

（2）党群部门负责重大群体和社会稳定性事件的管理、防范、处置及信息沟通等工作。

2. 公共安全管理

（1）应开展公共安全风险识别、评估工作，建立公共安全风险清单、管控台账，确定公共安全风险级别，落实分级管控措施。

（2）应落实生产区域、作业工地封闭化治安管理措施，严格物料出入、设备设施管理和外来人员、车辆的准入。

（3）“两特两重”时期提升安保防范级别管理，制定专项安保工作方案，增加巡护力量和频次。

（4）应建立自然灾害、地质灾害信息预警机制，因地制宜采取综合防治防范措施，完善各类应急保障资源，提升防灾减灾救灾能力，最大限度减少灾害损失，杜绝次生灾害发生。

（5）应按照“预防为主”的方针，建立健全公共卫生管理制度，加强环境卫生、防疫等公共卫生管理，有效防范、控制重大公共卫生事件发生。

（6）应建立公共安全隐患排查治理制度，开展经常性隐患排查活动，及时发现、整改公共安全隐患。

（7）应加强重大涉油气案（事）件管理，有效管控各类案（事）件，并对发生的重大涉油气案件开展司法跟踪。

（8）应开展各类专项治理活动，依法配合打击涉气、涉电、涉黑、涉恐等违法犯罪行为。

（9）应制定落实单位重点办公场所、指挥中心、重大（文体）活动、人员密集场所的安保措施，落实门禁管理、领导带班、门岗值班、治安巡逻等相关管理制度，制定完善专项应急预案及现场处置方案，预防、管控爆炸、踩踏、恐怖袭击等公共安全事件发生。

（10）应建立公共安全应急处置机制，编制与上下级单位、当地政府及相关部门相衔接的应急预案体系，制定分级专项应急预案，开展应急演练活动，并纳入演练计划。

（11）应建立特殊群体稳定性风险评估、研判、排查机制，落实稳控措施和责任，及时、有效管控各类不稳定因素。

（12）应落实重点人员管控责任，及时排查、报告、处置不稳定苗头及各类不稳定事件，消除潜在风险隐患。

十三、消防安全管理

1. 管理职责

（1）消防部门负责制（修）订气田消防安全管理方面的规章制度，组织消防安全检查及隐患排查，对建筑消防设施检测与维保、工程建设项目消防“三同时”方案的论证、审定等进行管理。

（2）专业部门负责业务范围内的有关设计、运行符合消防安全管理相关标准规范要求。

（3）属地单位应履行消防安全的主体责任。负责日常消防安全管理，应明确单位和岗位消防安全职责。

2. 火灾预防

（1）应将包括消防安全布局、消防泵房、消防供水、消防通信、消防通道、消防装备等内容的消防规划纳入总体规划。消防设施、消防装备不足或者不适应实际需要的，应当增建、改建、配置或者进行技术改造。

（2）生产、储存和装卸危险物品的装置、罐区、站场、栈台、仓库和泵房，以及易燃易爆气体和液体的充装站、调压站等设置应当符合国家工程建设消防技术标准和管理规定。

（3）举办大型群众性活动，应制定消防和应急疏散预案并组织演练，保持消防设施和消防器材配置齐全、完好有效，保证疏散通道、安全出口、疏散指示标志、应急照明和消防车通道符合消防技术标准和管理规定，并实行消防车监护。

（4）在具有火灾、爆炸危险的场所进行用火作业的，应严格监管；存在重大危险性用火作业，应实行消防车现场监护。

（5）不得损坏、挪用或者擅自拆除、停用消防设施、器材，不得埋压、圈占、遮挡消火栓或者占用防火间距，不得占用、堵塞、封闭疏散通道、安全出口、消防通道。人员密集场所的门窗不得设置影响逃生和灭火救援的障碍物。

（6）公共消防设施应当保持完好有效。

（7）修建道路以及停电、停水、截断通信线路时，有可能影响消防灭火救援的，必须到单位消防安全管理部门和应急救援中心备案。

3. 消防设施与消防装备

（1）应当按照国家有关标准和规定，配置消防设施和器材。配置必要的抢险救援、照明、举高等特种应急消防救援车和重型消防车，以及通信、灭火、防护、训练器材和检测仪器等，满足战备和防火灭火的需要。

（2）加强对各类固定、半固定和移动式消防设施（包括消防泵房、泡沫站、消防车、灭火器材）的管理，建立健全并落实各级管理责任制和维护保养责任制，确保消防设施、装备和器材的完好。

（3）消防泵房、消防控制室等实行24h值班制，设专职或兼职值班人员，严格交接班制度，出现故障应立即处理并排除。

（4）灭火器的配置类型、规格、数量及其设置位置应符合国家消防技术规范要求，有固定的摆放位置和标识，不得随意挪用，并建立灭火器登记台账。

（5）灭火器的维修与报废应严格执行《建筑灭火器配置验收及检查规范》（GB50444）和《灭火器维修》（GA95）要求，灭火器达到送修条件的，应及时维修，灭火器一次送修数量，不得超过计算单元灭火器总数的1/4，并建立灭火器维修记录。

4. 防雷防静电

（1）应建立健全防雷防静电设施档案，档案应包括防雷防静电接地设施平面布置图、检查记录、竣工图纸和测试报告等。防雷防静电设施发生变化后，应及时修改防雷防静电设施平面图及台账，保证档案资料与现场一致。

（2）生产场所的设施应设置防雷接地，防雷接地装置可兼作防静电接地装置。防雷接地（除独立接闪器的防雷接地外）、防静电接地、工作接地、保护接地宜共用接地装置，并接入共用接地系统，接地电阻值应按接入设备中要求的最小值确定。

（3）控制室、机柜间应设置等电位连接和保护接地，电气和电子设备的金属外壳、线槽、电缆金属铠装层、保护管均应等电位连接。

（4）输送油气及其他危险化学品管路的阀门、金属法兰盘等连接处的接触电阻大于0.03Ω 时，连接处应采用金属线跨接。非腐蚀环境下，不少于 5 根螺栓连接的金属法兰能构成电气通路时可不跨接。

（5）作业过程应避免油气混合物在露天环境积聚。油气混合物可能泄漏或积聚的区域，要避免产生火花放电。

（6）施工中确需断开防雷防静电设施时，施工单位应与所属管理单位共同确认位置、数量，制定完善的防护措施，施工结束后按原样恢复，工程验收时双方共同复查（测）确认。

（7）应制定雷电或静电事故应急预案和现场处置方案，宣传预防雷电灾害的基本知识。

（8）应在雷雨季节来临之前对防雷防静电设施进行全面检查、检测和维修。爆炸和火灾危险环境的防雷防静电设施的检测时间周期为6个月，其他环境检测周期为12个月。

（9）防雷防静电设施的检查应坚持定期检查与日常检查相结合，发现问题应及时修复或更换。检查内容应包括：接地装置、等电位连接线等是否安装到位；防雷防静电设施、等电位连接线是否有松动、脱焊或锈蚀等现象；各类电涌保护器、静电监测消除设备的运行状况；测试接地装置和等电位连接的电阻值。

十四、交通安全管理

交通安全管理要求如下：

（1）应履行交通安全管理主体责任，建立健全交通安全管理制度、应急预案和资料台账，按规定开展交通隐患排查和培训教育、风险识别与评估、应急演练等活动。

（2）应明确交通安全监管组织机构和人员，按规定建立监管制度和台账，加强对车辆服务单位的安全监督检查和考核，及时制止违章和消除隐患，组织本单位职工开展乘车应急逃生和自救处置演练，建立送班客车义务安全监督员制度并监督落实。

（3）执行生产任务的车辆，出车前必须进行风险识别，采取安全措施，加强行驶中的安全监护，严禁冒险行进和作业。

（4）承担硫黄拉运等危险货物的运输单位、车辆及其驾驶员、装卸管理和押运人员，应具备合法资质，安全设施齐全有效，遵守装卸操作规程，加强安全监护和应急处置。主管单位应加强安全监管，与承运商签订安全协议，明确各自安全管理责任。

（5）应加强所管辖道路的隐患排查和安全设施维护，确保安全畅通。

（6）应加强车辆派放管理。严格落实车辆路单行驶、长途车审批及节假日“三交一封一定”等制度。加强车辆 GPS 视频监控，及时提醒和制止违章。

（7）应建立车辆进出场（库）管理制度，车辆应集中停放、统一管理，严格车辆门禁管理，停车场按规定配备安全设施和标志，确保停车场交通、消防和用电安全。

（8）应加强乘员和私家车安全管理。乘员按规定安全乘车、文明乘车，外出要乘坐合法营运交通工具。加强私家车安全监管，按规定签订《交通安全承诺书》，定期对其进行安全教育培训，严禁驾驶私家车从事与工作有关活动或驶入、停放在生产或办公区域、接送职工上下班等，不提倡员工驾驶私家车休假。

十五、污染防治与生态保护

1. 管理职责

（1）HSSE 部门负责制（修）订环境保护管理制度，依法组织取得排污许可，组织开展环境监测，收集与提供环境保护税基础数据及资料。

（2）各级生产、技术、设备、工程等专业主管部门负责主管业务范围内的污染防治和生态保护工作。

（3）财务部门负责组织依法缴纳环境保护税。

（4）各单位负责本单位的污染防治和生态保护工作，承担环保管理的主体责任。

2. 管理要求

（1）按照“谁污染谁治理”“谁产生谁负责”“谁主管谁负责”“随产、随转”的原则，各部门、直属单位依法对其产生的污染物承担防治责任。

（2）实行领导分级负责制和职能部门环保责任制。把环境保护纳入计划和勘探开发、生产、经营、建设、科研等全过程，同步规划、同步实施、同步发展，积极采取新工艺和新技术，实现资源再利用，从源头削减污染物的产生。

（3）按照污染物达标排放、总量控制要求，从产生、治理、达标排放实施全过程监督管理，做好污染防治和生态保护工作。

（4）对纳入排污许可管理的单位，应及时申领排污许可证，持证排污、按证排污，并做好台账记录、执行报告上报和信息公开等工作，主动自证守法排污。许可证有效期内有关事项发生变化的应及时申请变更，届满三十个工作日前办理延续手续。

（5）应严格落实自行监测，按要求及时、如实向社会公开相关环境信息，按时足额核算环境保护税。

（6）应积极开展资源综合利用工作，充分利用与资源、环保相关的税收优惠政策，配合相关部门做好减免税工作。

3. 水污染防治

（1）应按照“清污分流、污污分治”的原则，建立科学、合理的雨水系统、污水收集系统和输送管网，落实雨污分流。

（2）加强水的循环利用、串级使用及污水回用，优化新鲜水制水、循环水、蒸汽使用等系统运行和管理，降低系统排水。

（3）应配套建设勘探开发废水处理系统，钻井、作业废水回收至采出水处理系统，达到回注水技术要求后用于工艺回注。钻井泥浆池、污水池应符合防渗要求，井场雨污分流，污水回收处理施工过程严防跑冒滴漏。

（4）加强观测井的检测和维护，防止回注水泄漏污染地下水。

（5）各生产场站应设置事故废水（液）、污染雨水收集设施。

（6）天然气净化厂污水处理场按地方政府要求，安装自动在线监控设施并联网，确保废水治理设施和在线监测设备正常运行，发生异常情况应及时上报。

4. 废气污染防治

1）有组织排放管理

（1）锅炉应优先采用低硫分优质燃料和成熟、可靠、高效的烟气治理技术，按地方要求规范建设污染物排放连续监测系统（CEMS）并联网，保证数据有效上传。

（2）工艺加热炉采用低硫燃料和低氮燃烧技术，优化加热炉运行，确保污染物达标排放。

（3）酸性气应密闭输送至脱硫装置，硫黄回收应采用两级及以上克劳斯或其他实用高效的硫回收技术，回收尾气应采取焚烧或其他方式无害化处理。

（4）确保火炬系统完好、通畅、充分燃烧。

（5）食堂油烟净化设备要正常运行，定期维护。

2）无组织排放管理

（1）天然气开采、处理过程中应采取有效措施，最大限度减少废气污染物排放。

（2）开停工检维修时，应制定废气管理计划，防止废气超标排放。

（3）严格控制恶臭气体的泄漏，加强有害气体、烟尘、粉尘治理，确保废气达标排放。

（4）施工作业现场及粉状物料堆放等场所应采取有效的防尘、抑尘措施。

5. 固体废物污染防治

（1）对涉及的各类固体废物进行全面识别和分类，制定固体废弃物资源化、减量化、无害化工作目标和计划，并负责实施。

（2）固体废物的收集、贮存、运输、利用和处置应遵循分类管理及全过程监管原则，防止发生二次污染。

（3）应建立综合台账和单项台账，如实记录每种固体废物产生、收集、贮存（出入库）、综合利用或内部处置、外委转运处置的全过程监管情况。

（4）危险废物管理。

①应开展危险废物识别，按照国家有关规定进行申报登记，制定年度危险废物管理计划。

②危险废物的暂存应符合《危废储存污染控制标准》和《危废收集储存运输技术规范》的要求。

③危险废物的转移严格按《危险废物转移联单管理办法》和地方政府相关规定执行，委托具有危险废物运输资质的单位转移，并监控转移过程。

④危险废物要委托具有处理资质的单位进行处置，核实处置单位的处理能力。

⑤应制定危险废物专项应急预案，报当地环保部门备案。

6. 噪声污染防治

（1）对产生噪声和震动的设备、装置，应采取消音、隔音、减振等有效措施，减轻噪声影响。

（2）厂界噪声排放应满足《工业企业厂界环境噪声排放标准》要求。

（3）建设项目施工作业符合《建筑施工场界噪声限值》要求。

7. 土壤和地下水

（1）开展新、改、扩建项目环境影响评价时，应按照国家有关技术规范，开展工矿用地土壤和地下水环境现状调查，制定土壤污染和地下水风险管控措施。

（2）应将生产装置、储罐和管道，或者污水池、应急池等存在土壤污染风险的设施用地区域内的土壤和地下水纳入环境监测计划，定期开展监测。

（3）对生产装置、储罐和管道污水池等重点设施，应按照有关标准和规范采取防渗、防腐蚀、防泄漏等措施，预防土壤和地下水污染。

（4）经调查存在污染的应按要求制定并落实污染土地土壤及地下水修复方案。

8. 生态保护

（1）国家、地方划定的生态保护红线区内，禁止新建勘探、开发等不符合生态保护红线区主体功能定位的生产活动。

（2）新、改、扩建项目应严格落实“三线一单”（生态保护红线、环境质量底线、资源利用上线和环境准入负面清单）要求，避绕生态敏感区。

（3）应在建设、生产、关停、退役等各个环节落实生态保护措施，对造成的生态扰动开展生态恢复，确保生态功能维持原有功能。

9. 清洁生产

（1）应制定中长期清洁生产规划和清洁生产审核计划，完善清洁生产审核机制，分解落实清洁生产职责，实施过程控制。

（2）广泛开展清洁生产审核宣传教育、培训和信息交流，鼓励人人参与。

（3）基层单位清洁生产审核周期为1年，本单位审核周期为2年。

10. 环境监测与统计

（1）应根据生产经营过程污染物产生排放的实际，制定年度监测计划。

（2）应建立环境监测质量控制体系，定期进行仪器校验；监测人员应具备相应的岗位资质。

（3）应积极配合环保监测工作，为监测提供必要条件和相关资料，按计划完成监测任务。

（4）环境监测内容：

①地表水和废水监测；

②环境空气质量和废气监测；

③环境噪声监测；

④固废监测；

⑤放射性监测；

⑥生态及其他根据生产实际需要监测的项目。

（5）建立健全生产经营及环境保护设施运行原始记录、统计台账。

（6）环保统计内容包括环境污染与防治、周边环境质量、生态保护、环境管理等与环保有关的数据。

（7）环保统计数据通过环保统计报表或环境保护信息系统按照月、季、年度节点报告地方政府。

（8）新建装置通过验收后，将其排污情况立即纳入环保统计。

十六、应急管理

1. 管理职责

HSSE 委员会是应急管理的领导机构，统一领导应急管理工作，HSSE 委员会主任是应急管理的第一责任人；各专业分委员会负责分管业务范围内的应急管理工作。

（1）生产部门负责 24h 应急值班，接报生产安全事故（事件）、突发环境事件报告，请求或下达应急指令，调动和协调应急救援资源等工作，及时通报应急处置情况，做好与地方政府应急主管部门的应急联动工作，负责组织制定自然灾害专项应急预案。

（2）HSSE 部门负责制定和实施应急管理制度，组织编制安全环保综合应急预案和突发事件企地联动应急预案，向所在地应急管理部门和地方环保管理部门报备。

（3）生产、技术、设备、工程等专业部门分别负责组织编制业务范围的专项应急预案，组织制定并实施业务范围突发事件的应急处置措施或方案。

（4）应组织急救援力量，负责自然灾害、火灾和爆炸等事故（事件）现场的应急抢险和救援工作，配合突发事件（事故）的应急抢险、救援及处置等工作。

（5）应建立突发事件应急指挥机构，配备专（兼）职应急管理人员，明晰各部门的应急工作职责。

（6）应编制厂级综合和专项应急预案，指导基层单位负责编制现场处置方案（应急处置卡），按计划开展演练，做好各类异常情况处置。

（7）按照“项目管理、业务分工、属地负责”，督促承包商针对承包项目、服务项目设立应急组织机构，落实应急管理主体责任，明确应急管理第一责任人，编制专项应急预案或现场处置方案，签订安全管理协议时，明确甲、乙方应急管理职责。

（8）结合气田特点，建立与县、镇、村应急联动体系。

2. 应急预案

（1）应按照相关法律法规要求，结合风险评估和能力评估结果，编制与上下级单位、当地政府及相关部门相衔接的应急预案体系，每年组织评估1次，根据评估意见，及时修订完善应急预案，实现应急预案的动态管理。

（2）工程建设、检维修项目、新建项目投产及重大活动应编制专项应急预案，主管部门、单位组织对专项应急预案进行评审。

（3）应急预案需通过专家评审，并向所在地应急管理部门进行告知性备案。突发环境事件应急预案应在地方环保部门备案。

3. 应急演练

（1）演练应采取桌面、实战等多种形式，并做到全员参与，覆盖所有应急预案。桌面演练要贴近实际，逐步推演；实战演练要对照预案，不编脚本。

（2）应急演练评估。参演人员较多的大型演练应实施定量评估，其他小型演练应实施定性评估。及时组织整改演练评估发现的问题。

（3）应急演练频次。分公司每半年至少组织1次实战演练；各直属单位应每季度至少组织1次实战演练，针对装置检修组织施工前和开工前各1次实战演练；基层单位每月至少组织1次现场处置方案演练；生产班组要重点针对高风险突发事件，每周选择1个现场处置方案进行演练，涉及井控安全的班组、岗位都要针对不同的工况每班开展1次现场处置方案演练，确保每年对全部现场处置方案演练1次；劳务外包、业务外包单位应急演练计划要提交主管基层单位，并同步开展应急演练，演练频次相同；各项目部（组）结合项目实际，开工前组织开展1次实战演练，开工后演练频次每季度至少组织1次实战演练；钻井、作业承包商要针对每个工序开展1次实战演练。

4. 应急处置

（1）应严格执行突发事件信息上报制度，细化上报条件和流程。各级应急指挥机构接到信息报告后，应及时组织专家组分析事件形势，研判是否启动应急预案。

（2）预案启动后，应立即成立前线指挥部，明确疏散、警戒区和抢险隔离区，撤离无关人员，科学组织救援，防止发生次生环境事件。

（3）可能影响周边企业、公众安全的，应及时向地方政府、周边企业和公众发出预警信息，配合做好人员疏散、道路警戒、人员搜救和环境监测等工作。

（4）应急处置结束，应清理现场，恢复生产，组织分析事故（事件）原因，编制、审核事故（事件）分析报告，评估应急处置过程存在的问题并及时改进。

5. 应急资源

（1）应建立专业应急专家库，参与突发事件（事故）发展趋势研判，制定抢险抗灾处置措施；单位应组建义务应急队，主要承担人员搜救与撤离、初期灾害处置等应急职责。

（2）物资部门负责库存应急物资的日常管理，按时统计上报应急物资信息等，坚持定期盘点，做到账、卡、物、资金四对口。

（3）应结合生产过程可能发生的事故类型，根据应急预案要求，配备必需的应急设备、工用器具和物资材料，并建立清单，定期检查、维护、保养，现场应急设备设施必须齐全有效；与救援协作单位签订相关协议，确保救援力量充足。

（4）对应急物资进行接收，并做好物资验收、手续签认和记录。

（5）应急物资应定人保管，建立动态使用台账，及时提报应急物资需求计划等。

十七、HSSE 信息管理

HSSE 信息管理要求如下：

（1）应收集、分析和应用 HSSE 信息，按、照国家法律法规要求管理 HSSE 文件、记录和台账。

（2）及时在 HSE 管理系统中填报 HSSE 信息，各类检查应认可电子化记录。

（3）应根据实际情况申请 HSSE 信息管理资金，推动和引导 HSSE 管理信息化。

（4）需要纳入管理的信息主要包括：

①危险化学品、重大危险源、安全生产等信息；

②工艺、设备（设施）及布局等基础信息；

③报警、设备故障、异常工况等生产异常信息；

④ HSE 风险管控、隐患排查治理、高风险作业等动态信息；

⑤ HSSE 事故（事件）、地方行政处罚等信息；

⑥ HSSE 活动、HSSE 报表、HSSE 台账、HSSE 会议等信息；

⑦ HSSE 检查（督查）、安全观察、应急管理等信息；

⑧ HSSE 培训、领导承包、领导承诺、变更管理、HSSE 考核与奖惩等信息；

⑨承包商 HSSE 管理、“三同时”管理、优秀安全诊断建议等；

⑩消、气防管理、环境监测、泄漏管控等信息。

（5）HSSE 信息应做到真实准确、动态更新。

（6）定期组织对系统的管理情况进行监督检查。

第四节　含硫气田基层安全管理体系

一、基层 HSSE 组织建设

1. 职责

（1）HSSE 部门负责督促、指导基层建立完善 HSSE 组织机构。

（2）建立群众安全监督员队伍，监督基层 HSSE 工作情况，配合推进安全生产示范基层单位、示范班组建设。

（3）各基层单位负责 HSSE 组织建设的实施。

2. 基层 HSSE 组织

（1）HSSE 领导小组。基层应成立由主要负责人、技术干部、安全环保管理人员和班组长组成的 HSSE 领导小组，领导小组成员职责应分工明确，主要负责人直接负责 HSSE 工作，基层专业技术人员承担专业安全管理职责。

（2）班组建设。各生产班组应明确班组长，配备兼职安全员或群众安全监督员。

（3）应急队伍。采气、净化生产基层单位应根据生产过程存在的泄漏、火灾爆炸及中毒等风险，以及水体、大气、土壤等环境风险，组建处置泄漏、火灾爆炸事故（事件）、突发环境事件义务应急队（班）。应急队（班）主要由生产、设备、安全、环保、技术等管理和操作人员组成，基层主要负责人担任队长。

（4）风险识别小组。基层应成立由技术人员、管理人员和岗位操作人员组成的风险识别小组。

（5）治安保卫小组。负责治安反恐重点目标、重点部位、公共安全风险部位的门禁管理、巡逻防范、物防技防设施的使用与管理。

3. 基层 HSSE 职责

（1）基层 HSSE 领导小组职责。负责组织开展风险识别、隐患初期排查、初期应急处置和变更发起，全面落实属地 HSSE 责任。

（2）生产班组职责。主要负责操作、巡检、报告异常、记录数据、初期应急处置等工作，回归生产班组执行属性，班组长对本班组的 HSSE 工作全面负责。

（3）义务应急队（班）职责。负责初期应急响应，突出“防小、防早”，按照基层 HSSE 领导小组指令，开展应急处置，并负责班组初期应急能力培训与考核。

（4）风险识别小组职责。负责从设备设施、操作活动、维修施工、公共安全、环境保护等方面开展 HSSE 风险识别，建立岗位风险清单。并将识别出各类风险及管控措施逐一分解到岗位，组织审查和确认并监督实施。

4. HSSE 责任制及考核

基层从安全责任、责任范围和考核标准三个方面建立和落实全员 HSSE 责任制，形成“人人有责、各负其责”的责任体系，并建立责任履职情况考核机制。

二、纪律和行为

1. 管理职责

（1）HSSE 部门负责制定员工安全环保行为规范和负面清单，并实施动态管理。

（2）技术、生产、设备、工程等部门负责组织制定业务范围的工艺、操作、巡检、交接班等制度，并监督实施。

（3）基层单位负责落实工艺、操作和劳动纪律制度，监督各项纪律和安全环保行为规范的执行，及时纠正“三违”现象。结合实际，进一步细化工作中的安全行为、专项安全行为、日常生活安全行为及绿色行为规范，建立员工安全环保行为负面清单。

2. 岗位操作标准化建设

（1）对于工艺操作及重要的特殊操作，相关专业部门应建立可视化操作卡片。

（2）对没有建立操作规程的有关操作，应由技术人员编制操作方案，确保班组任何操作均有依据可循。

（3）基层领导和专业技术人员应定期进行现场巡查，确保岗位操作人员严格执行操作规程和方案。

3. 严格落实“四项制度”

（1）交接班制。各生产班组应严格落实交接班制度，做好风险告知和确认，开好班前、班后交接班会，做到“十交”“五不接”，并做好记录。异常情况应及时分析和处理。

（2）巡回检查制。应明确基层干部、技术和操作人员的巡检路线、内容、时间和频次，及时解决巡检发现的问题。

（3）设备维护保养制。设备应实行“五定”（定岗、定责、定人、定目标、定检查责任人）管理，关键设备应落实“机、电、仪、管、操”五位一体特级维护制度。加强设备缺陷管理，落实及时发现和解决异常问题的消缺机制。

（4）干部跟班盯现场制。应结合基层生产实际，在特殊作业、非常规作业、重点施工、切换流程及其他高风险环节，严格落实干部跟班盯现场制度。

（5）建立并落实危险事件分析制度。基层应从事件发生的时间、地点、原因、对策措施等方面建立危险事件清单。

（6）建立并落实 HSSE 信息传递机制。应将上级 HSSE 管理要求、工作重点和制度文件有效传达到基层，基层 HSSE 工作建议及相关信息应及时反馈至上级管理部门。

三、现场 HSSE 管理

1. 管理职责

（1）HSSE 部门负责现场作业环境标准化建设工作的综合监督指导，并将基层作业环境标准化建设工作纳入 HSSE 检查考核范围。

（2）技术、生产、设管、工程等专业部门负责组织或督导业务范围内的基层作业环境标准化建设工作。

（3）基层单位负责落实现场 HSSE 管理要求，开展现场作业环节标准化建设。

2. 现场责任区域

基层单位应对生产装置、施工作业活动划分现场责任区域，明确责任人，实施网格化管理。

3. 现场封闭化管理

（1）产能建设项目、地面工程建设、装置检修现场应实施封闭化管理，进出人员和车辆必须持有效证件，并登记。

（2）生产场所应实行封闭化管理，并设置防止人员非法侵入的设施；消防道路和紧急通道畅通无阻。

4. 现场工作环境

（1）生产及施工现场应满足相关标准规范要求，合理布局设备设施，消防器材、防护用品、工具器具等定置摆放，严格落实能量源隔离和挂牌上锁等措施。

（2）生产、施工现场应按照要求设置 HSSE 标志、标识。

5. 现场 HSSE 管理措施

（1）应落实关键操作和特殊作业、非常规作业的许可和监护要求。

（2）基层单位负责人或技术干部应对重要工艺操作或危险性较大的污染防治作业过程进行现场监管。

（3）天然气采气、集输、净化装置现场应建立视频监控系统，钻井、井下作业、工程施工及其他检维修现场应配置视频监控设施，并作为日常检查、督查的内容，对发现的问题和隐患应及时整改，实现闭环。

6. 开展隐患排查整改与动态监控

基层单位应承担隐患排查监控工作的主体责任，对各类危险源、危险区域存在的隐患进行立查立改。一时不能消除的隐患，应落实责任人并做好监控；对难以消除的较大以上隐患，应及时向上级部门报告，并做好临时控制措施及应急准备工作。

四、基础资料管理

1. 管理职责

（1）HSSE 部门负责督促指导基层单位建立健全生产（施工）安全、交通安全、职业健康、特种设备、环境保护、清洁生产等方面的基础工作台账和资料档案。

（2）技术、生产、设备、工程等专业管理部门（单位）应督促指导基层单位，建立健全业务范围内的 HSSE 基础工作台账和资料档案。

（3）基层单位应按要求认真做好 HSSE 基础资料记录，确保可追溯。

2. 基础记录资料

（1）基层单位。应建立“周一”HSSE 活动、HSSE 检查（含安全观察）、隐患排查治理、风险识别与管控、直接作业环节、变更管理、应急预案与演练、教育培训、特种作业人员与特种设备等管理资料档案和台账；油气服务类基层单位，还应建立开工许可、工程设计、地质设计、施工组织设计、井控等方面的记录资料档案；涉及工艺操作的基层单位，应建立工艺管理、泄漏管理台账；建立固体废物识别与管理台账、内部转运交接记录、环保设施台账等。

（2）生产班组。应建立班组 HSSE 活动、应急演练、设备运转、岗位风险清单、交接班、群众安全监督等记录资料档案。

（3）有关台账、资料和记录的数据应真实、准确、及时、完整，并分类管理。

五、基层 HSSE 活动

基层单位负责基层 HSSE 活动的实施，具体要求如下：

（1）实操培训活动。应依据岗位设置和技能要求，以员工日常遵循的制度、标准、规范和操作（作业）规程为重点，制定各岗位的安全培训矩阵，有针对性地开展安全操作、隐患初步排查、初期应急处置和自救互救等实操培训。

（2）岗位练兵活动。应以班组为单位、班组长为主导，结合生产班组实际，开展“师带徒”、操作比武等多种练兵活动。

（3）应急演练活动。应针对生产、作业过程可能发生的生产异常及生产安全事故（事件）、突发环境事件，对照现场处置方案或岗位应急处置卡，采取桌面或实战演练等形式，开展应急演练活动，达到锻炼队伍、改进预案的目的，提升应急初期处置能力。

（4）安全生产示范活动。应积极开展安全生产示范基层单位、示范班组创建活动，发挥典型示范引领作用，营造“比学赶帮超”氛围。

（5）“周一”及班组 HSSE 活动。应抓实“周一”HSSE 活动和班组每日 HSSE 活动。

（6）教训与经验分享活动。基层、班组应建立“会前、岗前、作业前 5min”事故事件教训及安全经验分享机制，发挥事故案例的警示作用，推广先进经验，提高员工的安全意识和技能。

（7）“全员安全诊断”和“绿色低碳合理化建议”活动。发动员工，立足岗位，从人、机、物、环、管等方面开展“全员安全诊断”和“绿色低碳合理化建议”工作，评选和推荐优秀诊断建议，改进 HSSE 管理。

（8）安全、绿色、健康文化建设活动。

①应按照“理念、行为、管理与物态”安全、绿色、健康文化体系建设要求，积极构建具有丰富内涵、符合基层特色的安全、绿色、健康文化体系。

②采取板报、橱窗、亲情寄语、安全知识竞赛、案例分析讨论等方式，建设贴近基层、贴近实际、贴近生活的安全、绿色、健康文化阵地，广泛开展全员、绿色、健康安全知识普及教育活动，营造浓厚的安全、绿色、健康文化氛围。

③积极参加环保公益活动，征集清洁生产无低费方案，加强过程管控，维护好群众环境权益，自觉接受社会监督。从细微入手，倡导绿色生产方式、绿色办公方式和绿色生活方式，增加绿化面积，建设美好工作生活环境，树立良好社会形象。

（9）其他 HSSE 活动。积极组织开展“安全生产月”“职业病防治法宣传周”“六·五”环境日和“安全生产警示日”等活动。

第五节　含硫气田持续改进体系

一、检查与审核

1. 管理职责

（1）应建立公司安全、职业健康、环境保护检查监督制度，定期组织 HSSE 综合检查、HSSE 体系审核。

（2）专业管理部门（单位）负责编制实施检查监督计划，参与公司 HSSE 综合检查和体系审核。

（3）安全环保督查大队负责制（修）订 HSSE 督查制度，组织对重要安全环保事项、重点工程建设项目开展督查，对发现问题进行跟踪和复查，并参与分公司 HSSE 综合检查和体系审核。

（4）各单位应结合实际，组织实施本单位 HSSE 检查监督，并对上级部门 HSSE 检查监督、HSSE 管理体系审核发现的问题进行整改反馈。

（5）基层单位负责日常检查和岗位巡检。

2. HSSE 检查监督的分类

（1）检查监督分为 HSSE 检查、HSSE 管理体系审核。

（2）HSSE 检查是根据国家有关法律法规和标准规范以及有关要求，对 HSSE 体系运行情况、HSSE 各项制度执行有效性和现场 HSSE 管理情况等进行检查。

（3）HSSE 管理体系审核是根据 HSSE 管理体系要求，进行 HSSE 管理体系全面（全要素）或专项（部分要素）审核，评价 HSSE 管理体系的有效性、充分性和适宜性，查找不符合项以及需要改进的要素，提升 HSSE 绩效。

3. 管理要求

（1）要强化日常检查和岗位巡检，确保及时发现问题和解决问题。

（2）应对政府组织的执法督察做好记录，根据要求做好整改和反馈。

4. HSSE 检查

（1）HSSE 检查分为 HSSE 综合检查、HSSE 专项检查和安全环保督查。

（2）HSSE 综合检查。HSSE 综合检查监督，每季度组织 1 次，年度内各层级 HSSE 综合检查必须全覆盖（所有单位、生产经营场所和装置、工程建设现场等）。

（3）HSSE 专项检查。

①专业性安全检查。由专业管理部门（单位）组织，每季度对其主管业务开展 1 次安全检查。

②工程 HSSE 检查。技术、生产、工程、设备等部门，应分别对其业务范围内的分公司重点产能建设项目和重点工程项目，适时开展现场的 HSSE 检查。

③开（停）工前安全环保检查。涉及天然气集输、天然气净化、处理装置的有关单位（部门）应组织开展装置开停工前、新装置竣工和试运行等关键工艺环节的安全环保检查。

④季节性安全环保检查。应结合季节性安全环保工作特点及要求，适时有针对地开展安全环保检查。

⑤特殊时期检查。应在节假日和特殊时段，重点对值班、达标排放、专项预案、应急消防和安保等情况开展安全环保、公共安全检查。

⑥安全环保督查。督查室应开展经常性的安全环保督查。

⑦ HSSE 检查应采取“四不两直”方式开展，对检查发现的问题进行闭环管理。

5. HSSE 管理体系审核

（1）HSSE 管理体系审核，按覆盖 HSSE 管理体系要素范围不同，分为全面审核和专项审核。

（2）内部审核每年组织 1 次。重点审核 HSSE 管理体系符合性和有效性，检查体系是否满足法律法规、标准规范、上级相关制度要求。

（3）审核队伍对审核过程和结果应在内审检查表予以记录，并根据审核问题提出改进建议，编制审核报告，并反馈至被审核单位（部门）。

（4）业务主管部门针对审核发现的问题、建议，督促有关单位、部门进行整改和闭环管理。

（5）发生严重伤残或死亡 1 人及以上生产安全事故、较大环境影响事件，法律法规及其他外部要求或管理体系发生变更，生产工艺、装备或生产场所发生较大变化时，应及时开展专项审核。

（6）HSSE 管理体系审核人员及培训。

①根据实际，培训并配备审核员队伍。

②审核员应由具有专业知识背景、现场经验丰富的安全环保专业人员或技术人员担任。

③审核员应接受 HSSE 管理体系审核培训，做到持证上岗，每 3 年复审 1 次。

二、事故（事件）管理

1. 管理职责

（1）HSSE 部门负责制（修）订事故管理细则，明确事故的分类分级、报告统计、调查处理、责任追究等要求，监督各类事故的调查处理情况，负责（配合）人身伤亡、交通事故及环境事件的调查处理。

（2）生产部门负责接收各类事故（事件）报告，并按有关规定及时报告。

（3）设备部门负责（配合）设备事故的调查处理。

（4）生产部门、技术部门、工程部门等业务部门分别负责（配合）业务范围内各类生产事故的调查处理。

（5）工会部门负责建立健全事故信息对外发布和舆情监控机制；参与事故调查处理，并对防范、整改措施的落实情况进行监督。

2. 生产安全事故、环境事件、公共安全事件的分类与分级

（1）生产安全事故分类。分为人身伤亡事故、火灾事故、爆炸事故、生产事故、设备事故、交通事故。

（2）生产安全事故分级。分为特别重大、重大、较大和一般四级。

（3）环境事件的分级。分为特别重大、重大、较大和一般四级。一般环境事件按照严重程度从高到低分为一类、二类、三类。

（4）公共安全事件分级。分为特别重大、重大、较大和一般四级。

3. 报告、统计及异常管理

（1）应做好事故（事件）的报告统计工作，及时报送安全事件（事故）、环境事件和公共安全事件等信息。

（2）异常管理。应建立生产异常、未遂事件（风险经历）管理机制，做好统计分析，查找管理原因，跟踪验证整改措施，鼓励员工积极上报。

4. 事故处置

事故发生后，立即启动应急预案，全力组织事故处置，保护好事故现场，保存监控数据、视频监控等相关证据。同时，做好事故新闻发布和舆情监控工作。

5. 事故调查

（1）事故调查应成立调查组，实行组长负责制，坚持“科学严谨、依法依规、实事求是、注重实效”的原则，查明事故原因，认定事故性质和责任，总结事故教训，提出对事故单位和责任人员的处理建议，形成事故调查报告。

（2）事故调查和分析应重点分析技术标准、技术方案、操作规程等技术原因和制度执行、责任落实等管理原因。

6. 责任追究

发生安全环保事故按照相关规定进行问责。

7. 事故事件整改与防范

（1）事故单位举一反三吸取事故教训。对照事故暴露出的问题，逐条制定整改措施并抓好落实。整改措施落实情况在事故报告批准后 1 个月内报送业务主管部门及 HSSE 部门备案。安全环保督查大队进行专项督查和跟踪验证。

（2）对照事故暴露出的问题，逐条分析本单位是否存在类似问题和隐患，防止类似事故重复发生。

（3）建立事故警示经验分享工作机制。及时收集有关事故案例，分门别类研究事故机理和发生规律，制成卡片发至基层单位、班组，开展经验分享。

三、绩效考核

1. 管理职责

（1）安全部门负责制定分公司 QHSSE 检查考核制度，每季度对各单位进行 QHSSE 检查考核，提出考核评比意见。

（2）专业管理部门负责每季度对业务范围内的安全、环保工作进行日常考核。

（3）依据安全、环保和公共安全考核结果进行兑现。

2. 绩效考核管理

（1）安全绩效考核。安全绩效考核包括结果性指标和过程性指标。结果性指标主要指事故（事件）指标、行政处罚情况等；过程性指标包括过程关键指标和过程管理指标，过程关键指标包括井控、职业健康、硫化氢管控、特种设备管理、集输管道管理等，过程管理指标包括领导行为、风险管理、隐患排查治理、应急与消防、安全基础等。

（2）环保绩效考核包括结果性指标和过程性指标。结果性指标主要指事故（事件）指标、总量减排及达标排放等指标；过程性指标包括隐患治理、环境监测、清洁生产、信息公开和“三同时”等指标。

（3）公共安全考核指标主要包括风险部位分级管理，生产区域、作业工地封闭化管理，“两特两重”时期升级管理，重（特）大涉气案（事）件管理，特殊群体管理，重大活动安保管理等过程管理指标。

（4）对各直属单位的 HSSE 过程性指标考核结果，主要依据公司组织的各类检查督查、HSSE 体系审核及日常工作情况，综合分析评定。

（5）应按照公司绩效考核的要求，建立 HSSE 绩效考核机制，对员工进行 HSSE 绩效考核。

（6）应对 HSSE 管理做出重要贡献的个人给予奖励。

四、持续改进

1. 管理职责

（1）体系要素主管部门（单位）及相关管理部门负责所管要素的运行纠偏及持续改进工作。应依据日常检查、内部审核、外部检查情况和业务管理要求，编制、提交要素运行情况、存在问题情况及下年度管理提升措施等材料。

（2）HSSE 部门负责持续改进的统一协调和指导，按照 HSSE 管理评审实施要求，汇总、整理管理评审资料，编制管理评审报告。

2. 管理评审

（1）普光分公司主要负责人以组织召开 HSSE 委员会的方式，实施体系管理评审。

（2）每年组织 1 次 HSSE 体系管理评审，评审体系的有效性、充分性和适宜性，总结 HSSE 管理工作，研究确定下一步 HSSE 工作目标和措施，并制定计划、配置资源。

（3）管理评审应重点关注：HSSE 体系审核的结果、HSSE 绩效、各类 HSSE 检查结果及存在的突出问题、合规性、HSSE 投入的效果、内外部环境变化、HSSE 优秀实践等。

（4）针对管理评审发现的问题和体系运行的薄弱环节，及时督促有关部门和单位进行整改。审核过程和结果应予以记录，并形成管理评审报告。

3. 总结和改进

（1）应根据 HSSE 体系管理评审结果，结合国家最新管理要求，组织制定年度 HSSE 目标、HSSE 工作计划或工作要点，提出 HSSE 管理体系有关要素的改进措施，明确时间节点，并分解落实到相关部门（单位）。

（2）应注重职工代表大会或其他形式收集的有关 HSSE 工作的建议，积极推进 HSSE 管理体系改进。

（3）各部门和单位应注重 HSSE 体系运行中的日常纠偏，注重各要素的运行情况，广泛吸取行业内外相关事故事件教训，不断优化完善 HSSE 体系运行，做到持续改进。

参考文献

[1] 何生厚 . 高含硫化氢和二氧化碳天然气田开发工程技术［M］. 北京：中国石化出版社，2010.

[2] 曹耀峰 . 超深高酸性气田钻井工程技术与实践［M］. 北京：中国石化出版社，2011.

[3] 孔凡群 . 普光高含硫气田开发关键技术［J］. 北京：天然气工业，2011，31（3）.

[4] 沈琛 . 普光高酸性气田采气工程技术与实践［M］. 北京：中国石化出版社，2013.

[5] 何生厚 . 普光高含 H_2S、CO_2 气田开发技术难题及对策［J］. 天然气工业，2008，28（4）：82-85.

[6] 张分电 . 高含硫气田快开盲板密封材料耐硫性能评价与失效分析［J］. 北京：合成材料老化与应用，2011,（4）.

[7] GB 50160—2008. 石油化工企业设计防火规范（附条文说明）（附 2018 年局部修订）［S］. 北京：中国计划出版社，2018.

[8] GB 50183—2016. 石油天然气工程设计防火规范［S］. 北京：中国计划出版社，2016.

[9] GB 50349—2015. 气田集输设计规范（附条文说明）［S］. 北京：中国计划出版社，2015.

[10] GB 3095—2012. 环境空气质量标准（附 2018 年第 1 号修改单）［S］. 北京：中国计划出版社，2016.

[11] GB/T 50493—2019. 石油化工可燃气体和有毒气体检测报警设计标准［S］. 北京：中国计划出版社，2019.

[12] GB/T 50823—2013. 油气田及管道工程计算机控制系统设计规范［S］. 北京：中国计划出版社，2019.

[13] AQ 2018—2008. 含硫化氢天然气井公众安全防护距离［S］.

[14] AQ 2017—2008. 含硫化氢天然气井公众危害程度分级方法［S］.

［15］SY/T 6277—2017. 硫化氢环境人身防护规范［S］.

［16］SY/T 6137—2017. 硫化氢环境天然气采集与处理安全规范［S］.

［17］SY/T 0612—2014. 高含硫化氢气田地面集输系统设计规范［S］.

［18］屈丹龙. 高含硫天然气净化关键塔器焊缝缺陷成因及修复技术［J］. 石油化工设备技术，2019，40（06）：28-34+7-8.

［19］吴基荣，毛红艳. 高含硫天然气净化新工艺技术在普光气田的应用［J］. 天然气工业，2011，31（05）：99-102+125.

［20］裴爱霞，张立胜，于艳秋，等. 高含硫天然气脱硫脱碳工艺技术在普光气田的应用研究［J］. 石油与天然气化工，2012，41（01）：17-23+119.

［21］于艳秋，毛红艳，裴爱霞. 普光高含硫气田特大型天然气净化厂关键技术解析［J］. 天然气工业，2011，31（03）：22-25+107-108.

［22］周桂娟，徐璟. 克劳斯反应炉内流动及燃烧反应过程数值模拟研究［J］. 石油化工设计，2019，36（02）：1-3+5.

［23］尹琦岭，兰宦勤，张杰，等.20 万 t 级克劳斯反应炉余热锅炉陶瓷套管国产化改造［J］. 石油化工设备，2012，41（04）：102-105.

［24］朱利凯，鲍钧. 用最小自由能法计算克劳斯反应的平衡组成［J］. 石油学报（石油加工），1990（02）：75-82.

［25］赵猛，史合，李青，等. 含硫化氢天然气井井喷事故后果的影响因素分析［J］. 安全，2018，039（002）：20-23.

［26］杨超，王世平，郝艳华. 应急处置技术指南［M］. 人民卫生出版社，2014.

［27］张宏哲，赵永华，姜春明，等. 危险化学品泄漏事故应急处置技术［J］. 安全，健康和环境，2008（06）：2-4.

［28］黎焕珍. 关于危险化学品泄漏事故应急处置关键技术分析［J］. 资源节约与环保，2019，000（002）：84，92.

［29］邵志勇，褚文营. 浅谈普光气田应急救援工作［J］. 化工管理，2014，000（024）：35-35.

［30］李环，杨威，郭晓晓，等. 高含硫气井硫化氢泄露扩散模拟和应急处置［J］. 科技视界，2015，000（024）：72-72.

［31］朱渊. 高含硫气田集输系统泄漏控制与应急方法研究［D］. 中国石油大学，2010.

［32］王寿平，龚金海，刘德绪，等. 普光气田集输系统安全控制与应急管理［J］. 天然气工业，2011，031（009）：116-119.